U0685588

长江设计集团改革发展20年

重大工程科技创新

水利规划与水网

长江设计集团有限公司 编著

编委会

水利规划与水网

编　写（按姓氏笔画排序）

王　乐　王雪波　王　程　王翠平　王　磊

尹忠武　朱成明　向光红　刘少华　刘国强

刘恒恒　李安强　杨荣华　何子杰　冷星火

汪　洋　宋红波　张传健　张利升　张　琳

张智敏　张黎明　陈正兵　陈前海　武　松

周　利　周　琴　孟明星　赵树辰　胡春燕

胡　涛　要　威　徐兴亚　徐　驰　高　乐

郭铁女　黄站峰　黄　辉　彭　军　韩　健

游万敏　游中琼　雷　静　蔡淑兵　樊咏阳

颜天佑　潘菲菲　瞿霜菊

序

自2002年改企以来，长江设计集团有限公司（原长江勘测规划设计研究院）始终坚持工程科技创新，取得了一大批国际领先的重大科技成果，助推“中国水利”“中国大坝”享誉全球，为“中国创造”“中国标准”走向世界贡献了长江设计智慧，铸就了熠熠生辉的“长江设计”金字招牌。

20年以来，长江设计集团负责规划勘察设计的三峡水利枢纽、南水北调中线一期工程、乌东德水电站等举世瞩目的国家重大工程相继全面建成，社会效益、经济效益十分显著，是助力中华民族实现伟大复兴的“大国重器”和重要标志。

20年以来，在竭力服务国家战略和提供水利事业技术支撑的同时，长江设计集团不断巩固水利水电勘察设计核心业务，加快水生态水环境、绿色建筑交通、新能源开发利用等新兴业务发展，取得了一系列重大成就，塑造了独具“长江设计”特色的优秀工程品牌，沉淀出深厚的文化底蕴，更为国家培养了一支具有国际水准的“工程师、科学家、战略家”三位一体的创新人才队伍。

20年以来，长江设计集团在重大工程科技创新、人才培养等领域硕果累累，成就非凡。今年恰逢集团改革发展20周年，组织编撰这部涵盖水利水电建设、生态环境治理、绿色建筑交通、新能源开发利用等领域的工程科技创新成果集，是对20年来科技创新成果系统梳理、总结凝练的重要举措，凝聚着长江设计人集体智慧的结晶，具有十分珍贵的史料价值和重要的实用价值。本书的出版，将为我们践行生态文明思想，技术支撑国家“江河战略”落地，创建人与自然和谐共生的环境，助力2030年前我国碳达峰目标实现提供有益的参考借鉴。

进入新发展阶段，经济社会高质量发展对水安全保障、绿色清洁能源有效供给、绿水青山般的优良生态环境等提出了更新更高的要求。站在"两个一百年"奋斗目标的历史交会点，长江设计集团将胸怀"国之大者"，锚定"国际一流工程咨询公司"战略目标，精准把握集团"勘测设计咨询、科技创新研发、高端战略智库"三大定位，坚持创新驱动发展理念，秉承大国工匠精神，弘扬科学家精神，聚焦大江大河保护与治理，立足实践，开拓创新，为绘制一幅人民富裕、国家强盛、中国美丽的多彩画卷持续贡献长江设计力量。

是为序。

钮新强

中国工程院院士

2022年9月

前言

长江设计集团有限公司(简称长江设计集团)前身为长江勘测规划设计研究院,是由水利部长江水利委员会(简称长江委)出资设立的国有独资企业。2002年3月,长江委所属勘测设计单位合并组建成立了长江勘测规划设计研究院,并由事业性质改制成为全民所有制企业。2021年6月,长江勘测规划设计研究院完成公司制改制,更名为长江设计集团有限公司,踏上全面实施市场化运作和创新发展新征程。长江设计集团总部位于武汉,下设长江勘测规划设计研究有限责任公司等12家子公司。

改企以来,长江设计集团紧抓发展机遇,发挥人才资源优势,传承科技创新基因,激发科技创新活力,高质量完成长江三峡水利枢纽、南水北调中线一期工程、乌东德水电站、清江水布垭水电站、乌江构皮滩水电站、马来西亚沐若水电站、巴基斯坦卡洛特水电站等一座座享誉国内外的重大工程的勘察设计与科研工作,为经济社会高质量发展和生态环境保护作出了重要贡献,创造了彪炳水利水电史册的辉煌业绩!

长江设计集团通过重大工程科技创新实践,掌握了大型江河流域水资源综合规划利用、工程地质勘察可视化、复杂条件下高坝大库建设、大型跨流域长距离调水、巨型水力发电厂建造、超大容量百万千瓦级水轮发电机组、高水头巨型连续多级船闸、超大型升船机建造等一批处于国际领先水平或处于领跑地位的核心技术,自主研发了大坝深水渗漏检测与加固、通江湖泊生境修复与综合调控、仿自然生态大型鱼道、超高坝大型升鱼机、城市地下空间综合利用、漂浮式水面光伏、风光水储集成开发等一批高新技术。这些重大科技成果不仅成功应用于数个项目和地区,破解重大工程关键技术难题,且打造出享誉世界的“长江设计”金字品牌,丰富了企业文化的核心内涵。

在集团改革发展20周年之际,总结重大工程科技创新实践中积累的宝贵经验,编辑出版本书,以回顾长江设计人忠诚奉献、求真务实、坚持创新的光辉岁月,传承发扬克难攻坚、勇攀高峰的科学创新精神,从走过的发展道路中汲取智慧、增添力量,激发长江设计人胸怀“国之大者”、守护江河安澜。

2021年5月，组建编委会并启动该书编撰工作，组织各工程项目负责人、项目总工程师和项目一线主要参与者等技术专家主笔撰写。2021年9月，完成初稿，编委会专家对初稿内容进行修改完善。2022年3月，审稿专家对各篇文章进行仔细认真的审核。2022年4月，组织编委会专家和出版社编辑进行总校、统稿和全面审定。

本书分三册，共127篇：

第一册为水利规划与水网，共31篇，涵盖以长江流域综合规划（2012—2030年）、长江流域防洪规划、长江经济带发展水利专项规划、长江三角洲区域一体化发展水安全保障规划等为代表的大型流域综合规划、专业规划、专项规划的规划思路、规划理念和创新成果，如首次完整地提出长江治理与开发保护分区体系和长江流域干支流重要控制断面的指标体系，首次按防洪减灾、水资源综合利用、水资源与水生态环境保护、流域综合管理四大体系对长江流域进行系统规划。

第二册为重大水利水电，共49篇，集结三峡水利枢纽，南水北调中线一期工程，乌东德水电站，水布垭水电站，构皮滩水电站，拉洛水利枢纽，三峡水利枢纽升船机，巴基斯坦卡洛特水电站，缅甸密松、其培、孟东水电站等一批重大工程技术创新成果，如高水头超大泄量泄洪消能技术、巨型水轮机蜗壳组合埋设技术、大坝混凝土高强度快速施工及温控防裂技术、浅埋超大地下洞室围岩稳定控制技术、复杂条件下超大型齿轮齿条爬升式升船机成套技术、大型重力坝加高加固成套技术、超大型预应力渡槽设计施工技术、深厚粉细砂基闸坝建造技术、高拱坝生态保障新技术。

第三册为移民、生态环境、市政交通、电力与新能源，共47篇，总结三峡水利枢纽、南水北调中线一期工程、乌东德水电站等大型水利水电工程建设过程中移民工作技术创新成果，如建立移民安置环境容量理论及分析方法，以及完整的建设征地移民安置规划技术体系，创立并不断研发移民信息化产品，实现移民“一张图”数据管

前言

理和应用，补充和丰富传统移民安置规划设计成果表达与交付方式；介绍了武汉市东湖水环境提升、安庆市水系综合治理、湖北国际物流核心枢纽花马湖水系综合治理等水生态水环境治理工程典型技术创新成果，如构建的灰色、绿色、蓝色基础设施体系，提出的排水系统雨污混接快速识别与精准定量技术、变化环境下城市水系优化布局与调度技术，研发的城市硬质河道生态化改造技术、城市河湖内源污染治理技术与装备；选取白鹤梁水下博物馆、福建三峡海上风电产业园、武汉江北快速路等绿色建筑、市政交通工程亮点创新成果，如创建性提出"无压容器"保护原理、平压净水系统及深水照明与遥控观察系统，首创一种楼板大开洞条件下的抗侧向水土压力结构体系，创新性提出城市道路与堤防结合设计的新理念；汇集河南安阳华润内黄400MW风电场、安徽淮南漂浮式水面光伏电站、汉口滨江国际商务区江水源可再生能源站、安徽石台抽水蓄能电站、湖北大冶毛铺抽水蓄能电站、科特迪瓦电网、乌拉圭500kV输变电环网等电力以及风能、太阳能、江水热能、地热能等可再生能源高效利用的技术创新成果，如大型低风速高风切变风电场设计、三维精细化复杂坡地条件下光伏阵列布置设计、倾角可调插拔式水面光伏系统。

本书是众多长江设计人集体劳动的重要成果，在编写和出版过程中，得到了各级领导、专家的悉心指导和无私帮助，各位作者、审稿和统稿专家、责任编辑在紧张繁忙工作之余，不计报酬热心参与编著工作，付出了辛勤劳动。在即将成书付梓之际，谨向他们致以最衷心感谢和崇高敬意。

由于本书涉及专业众多，受水平和经验所限，书中疏漏之处在所难免，敬请读者批评指正。

编　者

2022年9月

目录

目录

长江流域综合规划(2012—2030 年)

▲ 长江第一湾

《长江流域综合规划(2012—2030 年)》是一部涵盖防洪、供水、灌溉、水力发电、跨流域调水、航运、水资源保护、水生态环境保护与修复、水土保持、水利血防、水利管理等的系统规划。

长江流域涉及我国19个省(自治区、直辖市),干流全长6300余千米,流域面积180万km^2,人口、GDP均占全国的30%以上,流域内水资源总量、技术可开发水能资源、内河通航里程分别占全国的35%、48%和56%,是我国水资源配置的战略水源地、实施能源战略的主要基地、珍稀水生生物的天然宝库、连接东中西部的"黄金水道"和改善我国北方生态与环境的重要支撑点,战略地位十分突出。

《长江流域综合规划(2012—2030年)》(以下简称《规划》)是一部涵盖防洪、供水、灌溉、水力发电、跨流域调水、航运、水资源保护、水生态环境保护与修复、水土保持、水利血防、水利管理等的系统规划。《规划》以"维护健康长江,促进人水和谐"为主线,根据"在保护中促进开发,在开发中落实保护"的原则,按防洪减灾、水资源综合利用、水资源与水生态环境保护、流域综合管理四大体系进行了较为全面的规划,对保护好、利用好、治理好、管理好长江,提升长江流域人民福祉,支撑全国经济社会高质量发展具有十分重要的战略意义。《规划》于2012年经国务院批复实施,2015年获全国优秀水利水电勘测设计金质奖。

 1 规划编制背景

20世纪50年代初期,新中国百废待兴,为防治水害,兴利除弊,开始了第一轮长江流域综合规划编制工作,于1959年提出了《长江流域综合利用规划要点报告》;20世纪80年代,为适应当时经济社会发展要求,对要点报告进行了第一次修订,于1990年提出了《长江流域综合利用规划简要报告(1990年修订)》。多年的治江实践证明,1959年、1990年两次长江流域综合规划,准确地把握了长江特点和不同时期经济社会发展需求,有效指导和促进了长江治理开发与保护,长江流域防洪能力显著提高,水资源综合利用与保护取得了较大成绩,涉水事务管理明显增强,为支撑和保障我国经济社会发展发挥了不可替代的作用。但流域内洪水灾害依然是心腹之患,干旱问题仍然很突出,水污染问题尚未得到有效遏制,水土流失仍较严重。特别是进入21世纪以来,拟定的2020年规划目标已基本实现,经济社会发展对流域水资源开发利用与保护提出了新的要求,流域内水情、工情、河流生态系统也发生了新的变化,发展与保护矛盾增大,迫切需要对原流域综合规划进行修订,编制一部适应新时期经济社会发展的流域综合规划,更好地指导新时期长江流域水利建设。

 2 规划主体框架

《规划》分为4大板块,共12章。前言和第1章至第3章为第一板块,主要介绍规划编

制的背景，梳理分析长江流域基本概况、治理开发与保护现状及存在问题，分析经济社会发展对长江治理开发与保护的要求，明确规划总体思路、基本原则、规划目标、任务、总体布局等；第4章至第7章为第二板块，通过防洪减灾、水资源综合利用、水资源与水生态环境保护、流域综合管理四大体系，全面谋划了长江流域治理开发与保护的重点任务；第8章至第11章为第三板块，分别为干流、主要支流及湖泊治理开发与保护规划，以及环境影响评价和规划实施效果分析等内容；第12章为第四板块，总结提出了规划的主要结论和今后工作建议。

3 规划主要内容

3.1 完善了河流治理开发与保护分区体系，提出了干支流主要控制断面的控制性指标

《规划》根据国家现行有关法律法规和中央关于“实行最严格的水资源管理制度”的要求，对上游干流河段水能资源开发、干流岸线利用和采砂等专业进行了分区，与防洪、水功能区划等已有专业分区共同构成了长江治理开发与保护分区体系；有重点地选择了主要控制站防洪控制水位、控制断面水资源开发利用率、用水总量、工业增加值用水量、农田灌溉亩均用水量、控制断面生态基流、控制断面水质管理目标、限制排污总量意见等8项指标作为控制性指标，为明确治理开发重点、规范开发秩序、强化保护措施、加强流域管理提供了基础依据。

3.2 完成了防洪减灾、水资源综合利用、水资源与水生态环境保护、流域综合管理四大体系规划

(1)防洪减灾体系规划

防洪减灾历来是长江流域治理开发与保护的首要任务。为保障长江流域经济社会可持续发展，必须加强长江水害防治，协调好江湖关系和左右岸、上下游关系，全面安排好防洪、治涝、中下游干流河道治理布局，建立完善的防洪减灾体系。防洪减灾体系包括防洪、治涝和中下游干流河道治理等规划。

防洪减灾以保障防洪安全为目标，总体上应遵循“蓄泄兼筹、以泄为主”的治理方针和“人水和谐、江湖两利、左右岸兼顾、上下游协调”的治理原则。根据长江洪水在未来气候变化和三峡等控制性水利水电工程建成运行背景下出现的新形势与新问题，采取加强两湖地区重点堤防、连江支堤、支流重要堤防和防洪矛盾突出的省际支流堤防的达标建设，加快重点蓄滞洪区建设，结合兴利修建干支流水库，充分发挥三峡工程及干支流控制性水库的防洪作用，加快病险水库除险加固，加强城市防洪工程建设，加大山洪灾害防治力度，加强防洪非工程措施建设，进一步完善综合防洪体系。

涝区治理以提高治涝标准为目标。根据"高低分排、合理蓄涝"的原则，以湖南省洞庭湖区、湖北省江汉平原区、江西省鄱阳湖区（含沿江圩区）、安徽省沿江圩区、江苏省通南地区、上海市长江口三岛地区等平原圩区为重点，坚持排、滞、蓄、截相结合，妥善处理好蓄涝与排涝、排涝与防洪的关系，完善"自排、调蓄、电排"相结合的治涝体系，使涝区达到规划的排涝标准。

中下游干流河道治理以控制和改善河势、稳定岸线、保障堤防安全、扩大泄流能力和改善航运条件为目标，实行"分段控制、分类管理"。在全面控制河势的基础上，对已有护岸工程进行全面加固，治理新增崩岸，实施局部河段河势调整工程，保障防洪安全，促进航运发展。

(2)水资源综合利用体系规划

为支撑经济社会可持续发展，必须提高长江服务功能，协调好各部门和上下游、左右岸的用水需求，合理安排好供水、灌溉、水力发电、跨流域调水和航运等布局，建立可持续的水资源综合利用体系。水资源综合利用体系包括供水、灌溉、发电、跨流域调水和航运等规划。按照"控制用水总量、提高用水效率、兼顾三生用水、综合利用"的原则，在全面加强节约与保护的基础上，安排供水、灌溉骨干水源工程和跨流域调水工程建设，合理开发水能资源，大力发展航运，不断提高水资源的综合利用效益，确保2030年全流域用水总量控制在2348亿m^3以内（含太湖）。

供水以保障城乡饮水安全为目标。在推进节水型社会建设的同时，多渠道开辟水源，加强城市供水水源工程和应急备用水源建设，保护水源地，不断改善水质；加快解决农村安全饮水问题，中上游山地丘陵区以村落为单元建设分散式集中供水设施，中下游平原农村地区建设集中供水设施，优先解决饮用高氟水、高砷水、苦咸水、污染水、血吸虫疫水等地区农村的安全饮水问题。

灌溉以保障粮食安全为目标。在加快现有灌区续建配套和节水改造、积极发展节水灌溉、提高灌溉效率的同时，兴建水源工程解决灌溉水源不足问题，发展部分新增灌区。上游地区耕地分散，以分片解决灌溉为主，建设中小型水库，发展自流灌溉和喷、微灌，在地高水低的地区发展集雨灌溉；中上游成片耕地分布地区建设大中型水库，解决灌溉水源问题；中下游平原区以建设提水与引水工程为主解决灌溉问题。建设四川盆地腹地、滇中高原、黔中高原、南阳盆地、衡娄邵丘陵区、湘南地区、洞庭湖区、吉泰盆地、鄱阳湖区和皖江地区等重点地区的灌区。

水力发电以加快开发水能资源、保障能源安全为目标。在注重生态环境保护和综合利用的基础上合理有序开发水能资源，开发的重点为金沙江、雅砻江、大渡河等水能资源较丰富的河流。

跨流域调水以实现我国水资源优化配置为目标。近期完成南水北调东、中线一期工程建设，东线一期引水规模500m^3/s，年调水量87亿m^3，中线一期引水规模350～420m^3/s，年调水量 95 亿 m^3；开工建设引汉济渭工程，年平均调水量 10 亿 m^3；适时实施滇中引水工程、引江济淮工程等；同时，加强南水北调中线后期引江补汉和南水北调西线工程的研究，深入论证调水对当地用水、生态环境的影响和需要采取的对策措施。

航运以提供畅通、高效、安全的水上运输服务为目标。结合梯级渠化，加强航道整治，重点建设国家高等级航道（即“一横十线一网”），达到延上游、畅中游、深下游的要求；抓紧港口和船舶标准化建设，构筑起一个以高等级航道为骨架、以主要港口为中心、航道干支通畅、港口布局合理的现代化长江水运体系。

（3）水资源与水生态环境保护体系规划

为促进人与自然的协调发展，必须维持长江生态功能，处理好治理开发与保护的关系。在保护现有水环境质量、水生生境和生物多样性的基础上，逐步修复受损的水生态系统，改善受污染水体水质，建立良性循环的水生态环境保护体系。水资源与水生态环境保护体系包括水资源保护、水生态环境保护及修复、水土保持和水利血防等规划。

水资源保护以促进水环境良性循环为目标。遵照国家法律法规，加强饮用水水源地保护，加强污染物入河量控制，加大城市污水和工业废水处理力度，保持生态基流，实施河湖生态补水，实现水资源可持续利用。水资源保护的重点地区包括“五大城市”（上海、南京、武汉、重庆、攀枝花）、“五条支流”（岷江、汉江、湘江、嘉陵江、沱江）”、“四个重点湖泊”（巢湖、滇池、洞庭湖、鄱阳湖）、“两个重要水库”（三峡、丹江口）和“一口”（长江口）。

水生态环境保护及修复以维护生物多样性和完整性为目标。严格控制生态环境敏感区域的治理开发活动；在金沙江及重要支流建设必要的增殖放流站，结合其他综合措施，保护物种与生物资源；强化湿地生境保护与修复；加强自然保护区建设，保护水生生物群落结构，实现水生态系统功能正常发挥。

水土保持以维护优良生态和改善人民群众生产生活条件为目标。分类实施预防保护、监督管理和综合治理，突出“两大生态脆弱区”（长江源头、西南石漠化地区）、“两大产沙区”（金沙江下游、嘉陵江上游）、“两大库区”（三峡库区、丹江口库区及上游）、“两大湖区”（洞庭湖、鄱阳湖）的水土流失综合防治，加快生态建设的步伐。

水利血防以控制血吸虫病传播为目标。按照疫区优先治水、治水结合灭螺的原则，结合河流综合治理、饮水安全、灌区改造、小流域治理等水利工程建设，实施防螺灭螺工程。2015 年前力争流域内所有血吸虫病流行县（市、区）达到血吸虫病传播控制标准，达到血吸虫病传播控制标准 10 年以上的县（市、区）力争达到血吸虫病传播阻断标准；至 2020 年，继续巩固水利血防成果，血吸虫病疫情不出现回升。

（4）流域综合管理体系规划

为有效实施流域综合管理，需要综合运用法律、行政、经济和技术手段，创新性地发展民主、协调、权威、高效的流域综合管理，为长江治理开发与保护提供法律、制度、技术和人才保障。流域综合管理体系包括法律法规、管理体制与机制、执法监督、水行政事务管理和管理能力建设等规划。

在现有法律框架下，逐步建立和完善流域涉水法律法规体系；建立流域会商与协调机制、补偿机制和投融资机制，培育水权和排污权交易机制，建立公众参与机制；强化监督执法制度建设，推行水利综合执法，探索跨部门协调配合执法；健全规划体系，通过实施规划同意书制度、水资源论证制度、防洪影响评价制度、采砂统一规划和许可制度、排污许可制度、水土保持报告书和环境影响评价制度等，进一步强化水行政事务管理；加强水利信息化等基础设施建设，大力培养水利科技人才，开展水利科技重大问题研究，提高流域综合管理能力。

提出了干流、主要支流及湖泊治理开发与保护规划。在长江上游干流河段水能资源开发、干流岸线利用和干流采砂分区的基础上，提出了长江上游干流河段、宜昌至徐六泾河段及长江口的规划方案。

提出了 48 条主要支流与湖泊规划意见。支流治理开发与保护以满足本流域经济社会发展要求为主，同时又要在防洪、水资源配置和水资源保护方面服从全流域的整体规划布局，以实现流域整体效益的最大化。

4 规划编制难点与创新点

4.1 项目难点

长江流域综合规划是一项用定量和定性相结合的系统思想和方法处理流域复杂系统问题、多目标优化的系统工程。由于涉及面广、协调难度大、问题多而复杂的特点，决定了其是一项宏伟的、复杂的系统工程。《规划》编制主要有以下五大难点：

难点之一：流域综合规划首要的工作就是要摸清全流域的基本情况。长江流域横跨我国东部、中部和西部，幅员辽阔，涉及省级行政区域多达 19 个，干流全长 6300 余千米，流域面积大于 80000km^{2}的支流有 8 条，大于 10000km^{2}的支流有 49 条。针对这样一条水系复杂又经过多年的水利建设发生了新的变化的巨大河流，在规划编制有限的时间内，需要调查摸清全流域社会经济、治理开发与保护现状、问题与需求等基本情况，形成规划基础数据台账。

难点之二：河流综合规划既要有前瞻性又要有可操作性和可达性。需要以新的理念和创新思维，采用新技术、新方法，进行流域防洪、供水、灌溉、水力发电、跨流域调水、航运、水资源保护、水生态环境保护与修复、水土保持、水利血防、水利管理等系统规划。并要正确处理好需要与可能、兴利与除害、开发与保护、不同区域与相关行业、上下游、左右岸、近期与远期的关系。

难点之三：和谐社会建设对保障防洪安全提出了新的要求。长江流域洪水灾害仍然是心腹之患，特别是近些年气候变化导致山洪灾害频繁发生，也暴露出水利基础设施还很薄弱等问题，需要针对长江流域洪水、山洪灾害的新特点和三峡工程建成后出现的新问题等加以深入研究，并在长江流域综合规划中得到有效解决。

难点之四:水污染防治和加强生态环境保护是全社会关注的焦点。长江流域水资源虽总体形势较好,但干支流局部河段水污染问题仍然较突出、河源区生态环境愈加脆弱问题引起人们的高度关注,必须实施科技攻关和创新,提出有效应对措施以改善和保护水环境和生态环境。

难点之五:水资源形势对流域管理提出了更高的要求。需要针对流域的特点,采用定量与定性相结合的方法进行全流域治理开发与保护分区,制定干支流控制断面的控制性指标,提出长江治理开发与保护分区体系和长江流域控制性指标体系,为流域现代化管理、保障水资源可持续利用和水安全奠定重要基础。

4.2 项目创新点与先进性

《规划》是新一轮大江大河流域综合规划中国务院首个批复实施的规划,在全面了解和掌握流域治理开发与保护现状的基础上,针对流域内出现的新问题、新情况和新要求,创新规划思路和理念,开展了多项专题研究和攻关,破解了基础层面和规划层面诸多关键技术问题,取得了一系列创新性和先进性成果,《规划》达到了同期国际领先水平,对国内外大型复杂的流域综合规划具有重要的参考价值和借鉴作用。项目创新点与先进性主要体现在四个方面。

一是首次完整性地提出了长江治理开发与保护分区体系。根据资源条件、开发潜力、生态环境保护要求、河段形态及存在问题、经济社会发展需求等,对河流治理开发与保护分区及生态环境敏感区进行了深入研究,科学完善了防洪、水功能区划,全面制定了水能资源开发、岸线利用和采砂功能区划,为明确治理开发重点、规范开发秩序提供了切实可行的基础依据,填补了流域综合规划无治理开发与保护分区体系的空白。

二是首次完整性地提出了长江流域干支流重要控制断面指标体系,在干流和重要支流合理选取控制断面,提出了防洪安全控制指标、水资源合理开发利用控制指标、水资源与水生态环境保护控制指标等三方面八类指标,制定各控制断面控制指标,以此作为相关约束条件,填补了无控制性指标体系为管理依据的空缺。

三是首次在长江流域按四大体系进行系统规划。规划以“维护健康长江,促进人水和谐”为规划主线,按防洪减灾、水资源综合利用、水资源与水生态环境保护、流域综合管理四大体系进行综合规划,完成了从“开发为主”向“开发与保护并重”,进而“更加注重保护”的治江理念转变,实现了流域水利发展战略的转换和升级,创新了规划思路和理念,对国内外流域综合规划具有重要参考价值。

四是为三峡后续规划的编制提供了重要技术支撑。《规划》采用三峡工程投入运行后实测资料,系统地分析了三峡工程建成后长江中下游新的水沙条件下河道冲淤、江湖关系变化以及对防洪、水资源利用、航运、生态的作用和影响,提出了长江上游水库群综合调度及相应的工程措施与非工程措施布局。

 5 长江流域综合规划实施成效

《规划》批复后，长江流域内各省（自治区、直辖市）及国务院有关部门依据《规划》开展了大量的防洪、治涝、供水、灌溉、发电、跨流域调水、航运、水资源保护、水生态环境保护、水土保持、水利血防等工程建设和管理工作，提高了长江流域防洪安全、供水安全、粮食安全和生态安全的保障程度，生态环境效益、社会效益和经济效益显著，有效支撑了长江流域经济社会发展。

5.1 防洪减灾体系基本建立

逐步形成了以堤防为基础、三峡工程为骨干，干支流水库、蓄滞洪区、河道整治相配合，防洪工程措施与非工程措施相结合的综合防洪体系。长江流域已形成了总长约 3.4 万 km 的堤防工程体系，防洪能力得到明显提高；以三峡工程为重点的大量干支流水库陆续建成，并发挥防洪效益，成为调蓄洪水、配置资源的重要利器；蓄滞洪区建设逐步推进，为遇大洪水能适时适量启用创造了条件；长江河道治理工作持续加强，维护了长江中下游有利河势。

5.2 水资源综合利用体系初步形成

长江流域基本建成以大中型骨干水库，引水、提水、调水工程为主体的水资源配置体系，一批重大引水、调水和重点水源工程建设实施，流域内城乡供水安全保障程度全面提高。南水北调东中线一期工程建成通水，引江济淮、引汉济渭等跨流域调水和滇中引水等重大区域水资源配置工程相继开工建设，逐步形成我国南北调配、东西互济的水资源配置骨干水网，南水北调东中线一期工程累计调水超过 450 亿 m^3，40 多个大中城市和超过 1 亿人受益，有效缓解了华北地区水资源过度开发问题，社会效益和生态效益显著；水力发电取得长足进展，截至 2018 年，全流域已建、在建水电站总装机容量超过 23 万 MW，年发电量8700 亿 kW·h；经过多年的航道整治和枢纽工程的建设，长江航运条件得到进一步改善，长江黄金水道功能得到进一步发挥，2018 年干支流内河航道通航里程约 9.5 万 km（包括京杭大运河和淮河水系），货物运输量约 50 亿 t。

5.3 水资源与水生态环境保护成效显著

流域内已建立水功能区管理体系，饮用水水源地保护及入河排污口管理逐步规范化，2020 年长江流域水质为Ⅰ～Ⅲ类水的国控断面比例较 2015 年提高了 7.2 个百分点，南水北调中线工程陶岔取水口水质常年保持或优于Ⅱ类水标准，水质总体上保持良好状态，河流生态需水保障程度进一步提高，重点河湖主要控制断面的生态流量满足程度在 90%以上；水生态保护与修复成效显著，建设实施牛栏江引水、大东湖生态水网等一批生态补水工程，局部水生态受损的湖库水质显著改善，滇池水质实现从劣Ⅴ类向Ⅳ类转变，洱海水质下降趋势得到有效遏制；水土流

失严重状况得到全面遏制，水土流失面积由“增”到“减”，强度由“强”到“弱”。

5.4 流域综合管理体系不断完善

《长江保护法》自2021年3月1日起施行，长江流域依法治水管水取得了重大进展；创新流域管理体制机制，建立了长江流域水资源调配协调机制、长江流域岸线保护利用协调机制等，成立长江治理与保护科技创新联盟，并每年发布《长江治理与保护报告》，构建共建、共研、共享的协同创新机制，凝聚共抓长江大保护、共促长江经济带高质量发展的强大科技合力；澜湄水资源合作机制有序推进，流域综合管理和跨境水资源合作能力不断提升。持续推进水利“放管服”改革，水行政执法监督检查进一步加强，河湖面貌明显改善，采砂管理局面总体可控、稳定向好。水利信息化管理能力不断提升，科技创新不断加强，建立了长江流域生态流量监管平台，国家重要饮用水水源地水质监测实现全覆盖，实现了水工程的统一调度，山洪灾害防治基本实现了流域全覆盖。

撰稿/周琴、张琳

全国山洪灾害防治规划

▲ 2020 年四川省冕宁县“6・26”山洪灾害景象

《全国山洪灾害防治规划》是我国首部获得国务院批复的山洪灾害防治规划，涵盖了监测通信及预警系统、防灾预案、搬迁避让、政策法规建设等非工程措施以及山洪沟治理、泥石流沟治理、滑坡治理、山坡水土保持治理、病险水库除险加固等工程措施的系统规划。

规划背景

山洪灾害点多面广，具有突发性强、频发性高、破坏性大等特点，预测预防难度极大，是当今世界上灾害防治难度最大的前沿问题之一。我国是世界上山洪灾害最严重的国家之一。近年来灾害损失统计表明，因山洪灾害造成的死亡人数占洪灾死亡人数的一半以上，且随着经济社会的发展，危害愈来愈重，损失愈来愈大。

严重的山洪灾害问题引起了党中央、国务院的高度重视。2002 年 9 月，时任副总理的温家宝同志批示："山洪灾害频发，造成损失巨大，已成为防灾减灾工作中的一个突出问题。必须把防治山洪灾害摆在重要位置，认真总结经验教训，研究山洪发生的特点和规律，采取综合防治对策，最大限度地减少灾害损失。"

2002 年 11 月，遵照温总理的批示精神，水利部会同国土资源部、中国气象局、建设部、国家环保总局联合成立了全国山洪灾害防治规划领导小组、领导小组办公室和规划编写组，水利部长江水利委员会为规划编制的技术牵头单位。该规划编制分为三个阶段：第一阶段由规划编写组统一编制任务书及技术大纲；第二阶段是由各省区编制本地区的山洪灾害防治规划；第三阶段是由规划编写组完成全国山洪灾害防治规划。

《规划》所述山洪灾害是指由于降雨在山丘区引发的洪水及由山洪诱发的泥石流、滑坡等对国民经济和人民生命财产造成损失的灾害。规划所指的山洪是山丘区小流域由降雨引起的突发性、暴涨暴落的地表径流，泥石流为由降雨引起的山洪诱发的泥石流，滑坡为由降雨引起的山洪诱发的滑坡，坡体的前缘高程低于历史最高洪水位。山丘区小流域的流域面积原则上小于 200km^2，对于山洪灾害特别严重的流域，面积可适当放宽。

国务院于 2006 年 10 月以国函〔2006〕116 号文批复了《全国山洪灾害防治规划》；2007 年 3 月，水利部联合发改委、财政部、国土资源部、建设部、环境保护总局、气象局等 7 部局以水汛〔2007〕75 号文印发了规划报告；"全国山洪灾害防治关键技术研究"获大禹水利科学技术奖；《全国山洪灾害防治规划》获"全国优秀水利水电工程勘测设计奖银质奖"。

规划意义

由于缺乏对山洪灾害防治的系统研究和防灾知识宣传，人们主动防灾避灾意识不强，进一步加剧了山洪灾害发生频次和损失，严重制约着山丘区经济社会的发展。随着经济社会的发展，山丘区人口、财产和资产密度还将进一步增长；加上城镇、基础设施及矿山的建设，可能进一步导致孕灾环境的变化，山洪灾害有加剧的趋势。若不采取切实可行的防治措施，山洪灾害所造成的人员伤亡和经济损失必将同步增长，其影响会越来越深。

编制《全国山洪灾害防治规划》，在规划的指导下加快山洪灾害的防治是必要和紧迫的，山洪灾害防治的目的是最大限度地减少人员伤亡，减免经济损失，改善和保护生态环境，保障区域经济社会的可持续发展，具有巨大意义。

3 规划方案

3.1 规划指导思想

规划提出以人为本，坚持全面、协调、可持续的科学发展观，促进山丘区经济社会发展、改善人民生存条件，提高山洪灾害防治水平，最大限度地减少山洪灾害导致的人员伤亡和财产损失，为我国山丘区构建和谐社会提供安全保障。

3.2 规划原则

规划提出的原则是：坚持人与自然和谐共处；坚持以防为主、防治结合，以非工程措施为主，非工程措施与工程措施相结合；产业发展和城市及村镇建设要根据各地山洪灾害风险的程度，合理进行布局；全面规划、统筹兼顾、标本兼治、综合治理；突出重点、兼顾一般；遵循国家有关法律、法规及批准的有关规划等。

3.3 规划范围和水平年

规划范围为除上海、江苏、香港、澳门和台湾以外的29个省（自治区、直辖市）中有山洪灾害防治任务的山丘区，以山洪灾害范围广、频发、损失严重的省（自治区、直辖市）为重点。

2000年为现状基准年，近期规划水平年为2010年，远期规划水平年为2020年。

3.4 规划目标

3.4.1 近期（2010年）规划目标

初步建成山洪灾害重点防治区以监测、通信、预报、预警等非工程措施为主与工程措施相结合的防灾减灾体系，基本改变我国山洪灾害日趋严重的局面，减少群死群伤事件发生，财产损失相对减少。

3.4.2 远期（2020年）规划目标

全面建成山洪灾害重点防治区非工程措施与工程措施相结合的综合防灾减灾体系，一般山洪灾害防治区初步建立以非工程措施为主的防灾减灾体系，最大限度地减少人员伤亡和财产损失，山洪灾害防治能力与山丘区全面建设小康社会的发展要求相适应。

3.5 山洪灾害防治区划

3.5.1 区划方法

山洪灾害是自然因素和社会经济因素综合作用的结果。通过分析山洪灾害形成的降雨条件、地形地质条件和经济社会特征，按照一定原则和方法对其进行类型区划分。

(1)降雨分区

降雨是诱发山洪灾害的直接因素和激发条件，是山洪灾害防治区划分和区划的基础。根据全国多年最大6小时点雨量均值等值线图上各点的6小时雨量与各区的6小时临界雨量之比计算的临界雨量系数用K6表述。划分标准为：K6＞1.2为山洪灾害高易发降雨区；K6介于1.0～1.2为中易发降雨区；K6＜1.0为低易发降雨区。

(2)地形地质分区

地形地质条件是形成山洪灾害的基本自然因素。根据小流域山洪、泥石流灾害发生的次数和滑坡灾害的个数，按照50年资料经验频率统计，山洪灾害发生的重现期小于5年的小流域，为山洪灾害高易发区；重现期5～20年为山洪灾害中易发区；重现期大于20年为山洪灾害低易发区。对于历史上曾发生过重大山洪灾害的小流域，划为高易发区。结合地形地质因素绘制全国山洪灾害易发程度分布图。

(3)经济社会分区

根据基准年小流域经济社会统计资料，依据经济社会分区判别标准(表1)，划分重要经济社会区和一般经济社会区，绘制全国山洪灾害防治重要经济社会区和一般经济社会区分布图。

表1　　经济社会分区判别标准

区类	判别标准	结果
重要经济社会区	1. 受山洪威胁达400人以上或受山洪诱发的泥石流、滑坡威胁达200人以上； 2. 区域内财产总值超过4000万元，有一定规模的工矿企业； 3. 区域内有国家和省级重要基础设施(如过境铁路、公路等)	满足其中任何一个条件的小流域即可
一般经济社会区	除重要经济区以外的山洪灾害防治区为一般经济社会区	

3.5.2 重点防治区和一般防治区划分

根据降雨强度、地形地质条件、人口稠密程度以及经济发展水平的不同，将以上三种方法分析的分布重叠，通过综合分析后确定重点防治区和一般防治区。

全国山洪灾害重点防治区面积96.93万km^2，占防治区总面积的20.94%(其中一级重点防治区面积40.36万km^2，占防治区总面积的8.72%；二级重点防治区面积56.57万km^2，占防治区总面积的12.22%)；一般防治区面积365.96万km^2，占防治区总面积的79.06%。

3.6 规划总体思路

规划以最大限度地减少人员伤亡为首要目标，立足于以防为主，防治结合，以非工程措施为主，非工程措施与工程措施相结合实施山洪灾害防治。具体措施为：

1）根据“以人为本，以防为主，防治结合”的指导原则，对处于山洪灾害危险区、生存条件恶劣、地势低洼而治理困难地方的居民实施永久搬迁。在有条件的情况下，永久搬迁结合移民建镇迁移。

2）对山丘区的重要防洪保护对象，如城镇、大型工矿企业、重要基础设施等，通过技术经济比较，因地制宜地采取必要的工程治理措施进行保护。对一旦溃坝将造成大量人员伤亡和财产损失的病险水库进行除险加固。

3）对居住于山洪灾害威胁区内的居民，在山洪来临前采取临时转移避灾措施；通过建立监测通信预警系统，制定、落实防灾预案和救灾措施等，在相关部门或责任人发布山洪灾害预警后，及时实现安全转移。

4）规划强调通过宣传教育，提高全民全社会的防灾意识及强化政策法规建设，加强执法力度等措施以进一步减少不合理的人类活动导致的山洪灾害发生。

5）水土保持在防治山洪灾害中具有重要作用，是立足长远治理山洪灾害的根本性措施之一；水利部于1998年编制了《全国水土保持生态环境建设规划（1998—2050年）》制定的总目标是到2050年将现有宜治理的水土流失面积基本治理一遍。该目标的实现，对于防治山洪灾害将起到重要的作用。

3.7 规划方案

规划在研究山洪灾害分布、成因及特点的基础上，以小流域为单元，提出了以非工程措施为主，非工程措施与工程措施相结合的综合防治规划。

3.7.1 非工程措施规划

非工程措施包括防灾知识宣传、监测通信预警系统、防灾预案及救灾措施、搬迁避让、政策法规和防灾管理等。

（1）防灾知识宣传教育

广泛深入地开展宣传教育，提高全民和全社会的防灾意识，使山洪灾害防治成为山丘区各级政府、人民群众的自觉行为。

山洪灾害的广泛性和严重性决定了防灾工作需要全社会的共同努力，全社会都有责任和义务参与和承担防灾工作，因此应在全社会加强山洪灾害风险宣传教育，通过报纸、广播、电台、电视等多种媒体进行宣传，增强群众防灾、避灾意识。要树立长期的预防山洪灾害观念，使社会全体成员都了解山洪灾害威胁是我国的基本国情，防治山洪灾害是我国基本国策的重要组成部分。要求了解本地山洪灾害的特点、防灾的指导思想和基本对策，并将其作为

科普常识进行普及，使广大社会公众在生活和生产活动中主动采取必要的防灾减灾措施。

(2)监测通信及预警系统

监测系统包括气象监测系统、水文监测系统、泥石流监测系统和滑坡监测系统。在充分利用现有资源的前提下，专业监测与群测群防相结合，微观监测与宏观监测相结合，突出重点、合理布局，为预报、预警提供基础资料。建立与山洪灾害防治相适应的通信网络，主要为：建立监测站(点)通信系统，在有山洪灾害防治任务的各县级行政区建立数据汇集及信息共享平台，实现各类监测信息的实时接收、处理、转发及共享。山洪灾害预报分为气象预报、溪河洪水预报和泥石流及滑坡灾害预报，三类预报相辅相承，应加强相互配合，协调、制作发布预报警报。

(3)防灾预案和救灾措施

根据山洪及其诱发的泥石流、滑坡特点，进行山洪灾害普查，划分危险区、警戒区和安全区，明确山洪灾害威胁范围与影响程度；建立山洪灾害防御领导、指挥及组织机构，确定避灾预警程序和临时转移人口的路线和地点；建立各地抢险救灾工作机制，制定救灾方案及救灾补偿措施等。

预案须切合实际，具有可操作性，通过落实预案，建立由各级政府部门负责的群测群防组织体系，保证在山洪初发时就能做到快速、准确地通知可能受灾区群众及时转移，最大限度地减少人员伤亡。

(4)搬迁避让

为减少山洪灾害损失，对处于山洪灾害危险区、生存条件恶劣、地势低洼而治理困难地方的居民实施永久搬迁。要创造条件，政策引导，鼓励居住分散的居民结合移民建镇永久迁移。

(5)政策法规

制定和完善与山洪灾害防治相配套的政策法规，是规范山丘区人类活动，保证山洪灾害防治措施顺利实施，建立和完善防灾减灾体系，提高防御山洪灾害的能力，促进山丘区人口、资源、环境和经济协调发展的重要保证。

(6)防灾管理

严格执行相关法律法规和规章制度，加强对开发建设活动的管理，加强河道、防灾设施的管理。建议对山洪灾害威胁区范围内的建设项目进行防灾评估。加强河道、防灾设施的管理，以维护河道泄流能力，确保防灾工程设施正常运行。

3.7.2 工程措施规划

山洪及其诱发的泥石流、滑坡致灾过程持续时间短，一般一次山洪灾害灾区范围较小且分散，因此对山洪灾害威胁区都采取工程措施进行防护是不经济的，对山丘区的重要防洪保护对象，根据山洪沟、泥石流沟和滑坡特点，通过技术经济比较，可适当采取防护措施。

(1)山洪沟治理规划

需采取工程措施治理的山洪沟为溪河洪水对村镇、县城、大型工矿企业、重要基础设施(铁路、国家级公路等)、大面积农田构成严重危害,对经济社会发展造成严重影响,需进行防护的小流域河沟。

综合考虑城镇和重要设施的防洪要求,根据相关规程规范,因地制宜地采取护岸及堤防工程、沟道疏浚工程、排洪渠工程等措施进行综合治理。

堤防防洪标准根据相关规程规范,按照防护对象的重要性合理确定。对依山而建、受山坡地表径流危害的城市、村镇、工矿企业等,规划修建排洪渠,排泄坡面地表径流。重点在城镇河段清除河道行洪障碍,确保沟道泄洪畅通。严格禁止人为设障,对侵占沟道的建筑物,按照“谁设障,谁清障”的原则清除。规划加固、新建护岸及堤防工程94710km,加固改造和新建排洪渠工程89650km,疏浚沟道8920km。

(2)泥石流沟治理规划

规划治理的泥石流沟为威胁城镇、工矿企业、重要基础设施等,需采取工程措施治理的泥石流沟。据统计,全国共有泥石流沟11109条,经综合分析,并与相关行业规划协调,规划治理的泥石流沟共2462条。

根据泥石流沟的类型及泥石流的特性、危害程度,结合防治实际,因地制宜地采取适宜的排导工程、拦挡工程、沟道治理工程和蓄水工程等治理措施。规划修建拦挡工程13457座、排导工程8546km、停淤工程1480座。

(3)滑坡治理规划

根据滑坡危险性分类,对威胁到集镇、大型工矿企业、重要基础设施安全,对经济社会发展造成严重影响的不稳定滑坡,考虑治理的技术可行性和经济合理性,采取必要的工程措施进行治理。全国应进行工程治理的滑坡1391个,滑坡总体积约10.08亿m^3。其中重点防治区内1096个,体积约8.05亿m^3;一般防治区内295个,体积约2.03亿m^3。

根据滑坡的类型、特点,采取切合实际的治理措施。主要有排水、削坡、减重反压、抗滑挡墙、抗滑桩、锚固、抗滑键等。规划的滑坡治理工程为截排水沟398.4km、挡土墙904.5万m^3、抗滑桩679.1万m^3、锚索347.0km、削坡减载8350万m^3。

(4)病险水库除险加固规划

纳入本次山洪灾害防治规划除险加固的病险水库为《全国病险水库除险加固专项规划》范围以外、山洪灾害防治区内失事后将对水库下游造成较大人员伤亡和财产损失的小(1)型、小(2)型病险水库,共16521座,其中小(1)型水库2999座,小(2)型水库13522座。

病险水库的除险加固是在现有工程基础上,通过采取综合加固措施,消除病险,确保工程安全和正常使用，充分发挥水库应有的防洪减灾作用。

对于防洪标准达不到规范要求的水库，依据洪水复核成果，因地制宜地采取加高大坝、扩建泄洪设施或两者结合等措施提高防洪标准；对于坝体质量差，渗漏严重或坝体有裂缝的土石坝，采用灌浆与土工膜结合处理，下游增设排水设施等，达到防渗堵漏，确保大坝安全；对泄洪建筑物泄量不足或水毁严重的水库，主要采取拓宽溢洪道或提高坝顶高程，增大调洪能力，对损坏的泄洪设施进行恢复加固；对淤积严重效益锐减的水库，主要采取加高大坝，增加滞洪库容，或改变水库运行方式，少数水库可降低标准或申请报废；对于闸门、启闭机等设备老化失修、启闭不灵的水库，更新改造闸门及启闭设施；对观测设施陈旧或不完善的水库，主要采取完善或增设安全监测、水情测报及通信系统，增修抢险上坝路，改造管理站房等措施。

(5)水土保持规划

由水利部于1998年编制的《全国水土保持生态环境建设规划(1998—2050年)》已对全国水土流失治理，特别是对水蚀作为重点进行了规划。主要由水土保持综合治理、水土流失预防监督与监测、水土流失监测站网建设三大部分组成，规划用半个世纪的时间，投资1.5万亿元治理水土流失面积195.54万km^2。列入此规划的山洪灾害防治区内水土流失治理措施有基本农田建设10.15万km^2，小型水利水保工程870万处，沟道工程94.25万座，水土保持林7.86万km^2，经果林22.33万km^2，种草20.3万km^2，封禁治理24.63万km^2。水土保持措施内容基本满足山洪灾害防治区水土流失治理的需要。

水土流失治理按照山水田林(草)路统一规划，采取工程措施、生物措施和水土保持耕作措施相结合，进行综合治理。根据山洪灾害防治区内水土流失特征、分布规律、成因，结合山洪灾害防治要求，安排实施进度。

3.7.3 山洪灾害分区防治主要对策措施

根据山洪灾害各分区的山洪灾害成因和特点，合理规划相应的山洪灾害防治对策措施。

(1)东部季风区(Ⅰ)

本区是我国经济发达的地区，也是全国山洪灾害最为严重的地区。建议按“以非工程措施为主、非工程措施与工程措施相结合”的原则开展治理。

(2)蒙新干旱区(Ⅱ)

本区地广人稀，经济相对落后，建议山洪灾害的防治主要采取以强化山洪灾害防治宣传教育、搬迁避让为主的非工程措施，并在加强监测、预警的基础上，适当采取工程措施进行治理。

(3)青藏高寒区(Ⅲ)

本区地形复杂，自然条件恶劣，是全国人口最为稀少、居住最为分散、经济最为落后的地区。是全国山洪灾害防治意识较弱的地区。建议加强防灾宣传教育，增加山丘区群众防灾意识，对局部地区受山洪灾害威胁的居民采取搬迁避让措施。

3.8 投资需求及实施意见

(1)投资需求

经初步估算，全国山洪灾害防治规划投资总需求为1869.89亿元，其中非工程投资539.18亿元，工程投资1328.53亿元。山洪灾害防治是一项长期的任务，规划的各项防治措施的全面实施投资需求巨大，应采取多渠道、多元化、多层次筹措资金。原则上应以地方自筹为主，对于经济比较落后的西部地区，国家适当加大投资比例；对于经济比较发达的东部地区，应以地方自筹为主，国家出台优惠和激励性政策，并给予适当补助。

(2)近期实施项目

由于需要建设的防治措施量大面广，投资需求巨大，目前的投入水平相对需求严重不足，因此对规划项目应按轻重缓急，分期实施。近期实施项目包括：

1) 全面开展山洪灾害普查，掌握山洪灾害威胁区分布状况、危险程度，划分山洪灾害危险区、警戒区，编制山洪灾害风险图；

2)全面制定山洪灾害防御预案，基本建成山洪灾害重点防治区群测群防的组织体系；

3)基本建成山洪灾害重点防治区监测通信及预警系统，主要包括加密站网、建设通信预警网络，建成山洪灾害信息数据库，构筑山洪灾害防治数据汇集及信息共享平台等；

4)基本完成一级重点防治区生存条件恶劣的危险区人员搬迁；

5)进一步完善和配套山洪灾害防治管理政策法规；

6)基本完成一级重点防治区山洪沟、泥石流沟、滑坡治理；

7)完成重点防治区防洪、泄洪能力不足，危及大坝及下游安全的病险水库除险加固。

4 规划过程中遇到的技术难题及解决方案

首次针对山洪灾害防治技术进行全面、系统研究，技术难度大，在收集、整理我国山丘区水文、气象、地形地质、经济社会、灾害等资料的基础上，分析山洪灾害的成因、时空分布特点和灾害特征；从选取具有代表性的典型区域开展分析入手，应用传统学科如气象学、地学、灾害学、环境学等的基本原理和理论，采用现代系统工程、信息学、计算机科学等领域的技术手段，研究、提炼具有科学性、可操作性、可推广性的方法和成果。项目实施工作中遇到的技术难题及解决方案：

(1)山洪灾害防治临界雨量计算方法研究

临界雨量是山洪灾害预报预警的重要指标，通过研究对于有实测资料的区域提出了单站临界雨量分析计算方法、区域临界雨量分析计算方法;对无实测资料区域提出了内插法、比拟法、灾害实例调查法、灾害与降雨频率分析法等 4 种方法。详细研究了各种方法,并给出了具体易操作的步骤,成功地应用于山洪灾害防治区划和山洪灾害防治的实践中。

(2)山洪灾害防治降雨区划、地形地质区划、经济社会区划和综合区划的区划方法研究

通过对山洪灾害成灾机理的研究,提出临界雨量系数的概念,建立了灾害易发程度的判别指标,拟定灾害条件下的经济社会发展程度的判别标准;提出了山洪灾害防治降雨区划、地形地质区划和经济社会区划的原则和方法;研究了山洪灾害形成诸因素的叠加机理,在综合集成后,提出了综合区划,完成了山洪灾害防治类型区的划分,运用 GIS、系统分析等现代技术手段,创新性地编制了全国山洪灾害防治系列图件,创造性地完成了我国第一部山洪灾害防治区划。

(3)山洪灾害防治区水文气象站网布设研究

以往的研究多以大江大河防汛、局部地区的单一灾种或国民经济的某一特定服务对象(如农业、军事等)进行水文气象站网的布设,山洪灾害防治区水文气象站网布设研究没有先例。本规划从国家层面,全面、系统地进行了山洪灾害防治水文气象站网布设研究,完整地提出了全国山洪灾害防治区水文气象站网布设密度标准。

(4)山洪灾害防治监测预警系统设计方案研究

根据山洪灾害分布面广的特点,充分考虑地理条件、受山洪灾害威胁程度以及暴雨分布特点,通过研究提出了山洪灾害监测预警系统设计原则及山洪灾害监测预警系统建设的基础模式,详细阐明了组成监测预警系统的监测子系统、信息汇集与预警平台、信息汇集及信息查询子系统、预报决策子系统和预警子系统的设计要求和方案。

(5)山洪灾害防御预案编制研究

山洪灾害防御预案是及时规避山洪灾害风险的主要非工程措施之一,是实施山洪灾害防御指挥决策和调度以及抢险救灾的依据,是基层组织和人民群众防灾、救灾各项工作的行动指南。经研究,制定了山洪灾害防御预案的编制要求及主要内容。

(6)山洪灾害防治效益计算方法研究

目前,国内外尚未建立山洪灾害防治效益评估指标体系,没有提出适宜于山洪灾害防治的效益分析和评价方法。本规划创新性地建立了山洪灾害防治效益评估指标体系,提出了山洪灾害防治的效益分析和评价方法,并成功地应用于典型地区山洪灾害防治的实践中。

本规划涉及了灾害学、水文学、气象学、水力学、地理学、地质学、社会学、经济学、水土保持学、生态环境、区划等多学科的理论及应用,规划通过对多学科的交叉研究,在山洪灾害形成机理、灾害类型划分、区划、灾害防治原则及措施等灾害学理论和防治应用方面做了有益

的拓展，填补了山洪灾害防治规划在灾害理论及应用上的空白。

 规划实施后取得的社会效益和经济效益

《全国山洪灾害防治规划》填补了我国一直以来没有山洪灾害防治规划的空白。目前，国务院已正式批复了《全国山洪灾害防治规划》，全面指导了山洪灾害防治工作，取得了显著的社会效益和经济效益，指导了各省（自治区、直辖市）开展山洪灾害防御预案和监测预警系统的建设，为我国山区、丘陵区经济长期平稳较快发展和社会和谐稳定提供了强有力的技术支撑。

通过规划，加深了对山洪灾害发生的特点和规律、灾害分布的了解，规划了以监测预警、责任制体系、防御预案、社会管理等非工程措施为主的对策措施，对我国山洪灾害的防治具有重大的指导和推动作用，预期的经济社会和环境效益巨大，随着规划的逐步实施，必将在我国山洪灾害防治的实践中发挥更大的作用。

规划实施后，可最大限度地减少山洪灾害造成的人员伤亡和财产损失，改善和保护生态环境。

社会效益主要体现在：减少受灾人口、减少人员伤亡；减轻人们的精神负担和心理创伤；稳定社会，保证社会正常的生产和生活活动；保护重要基础设施（主要是交通线路）；促进山丘区经济社会的可持续发展等。

生态环境效益主要体现在：减少水土流失，保护山丘区宝贵的土地资源，保护森林植被、水质和自然景观，改善人居环境等。

经济效益主要包括：直接减免的农、林、牧、渔业损失，基础设施损失，城镇和农村居民财产损失，城乡企、事业财产及停产停业损失，骨干运输线中断的营运损失以及其他经济损失等；减免因山洪灾害造成的直接损失给受灾区内、外带来影响而间接造成的经济损失等，据估算经济效益约400亿元。

撰稿/郭铁女、要威

全国血吸虫病综合治理水利专项规划

▲ 湖北省咸宁市咸安区汀泗河右岸血防二期工程

血吸虫病是一种具有地方性和自然疫源性的人畜共患传染病。2004 年以来，面对严峻的血防形势，根据全国血吸虫病综合防治的总体安排，水利部组织长江水利委员会会同疫区 7 个省先后编制完成了《全国血吸虫病综合治理水利专项规划报告(2004—2008 年)》《全国血吸虫病防治水利二期规划》。该规划以环境改造灭螺为主，通过采取河道护坡、渠道硬化、隔离沟、抬洲降滩、涵闸设沉螺池、中层取水等措施防螺灭螺，为改善疫区水环境状况、阻止钉螺扩散、有效控制血吸虫病蔓延发挥了重要作用。

 项目背景

血吸虫病是一种具有地方性和自然疫源性的人畜共患传染病，在我国流行已有2100余年。“千村薜荔人遗矢，万户萧疏鬼唱歌”是血吸虫病流行严重地区曾经出现的悲惨景象。新中国成立初期，我国血吸虫病流行区遍及长江流域及以南的上海、江苏、浙江、安徽、福建、江西、湖北、湖南、广东、广西、四川、云南等12个省（自治区、直辖市），全国累计查出钉螺面积达143亿m^2，血吸虫病患病人数达1160万，其中晚期病人60万，受血吸虫病威胁的人口达1亿多。平均每年有1万人发生急性感染，病死率约为1%。

党中央、国务院历来十分重视血防工作。经过新中国成立以来半个多世纪的努力，至1995年，已有广东、上海、福建、广西、浙江5个省（自治区、直辖市）消灭了血吸虫病。至2003年，全国血吸虫病流行区主要分布在江苏、安徽、江西、湖北、湖南、四川、云南等7个省，钉螺面积37.9亿m^2，患病人数84.2万，急性感染的病人1110人，分别占全国有螺面积的99.86%、病人总数的99.64%和急性感染病人总数的99.98%。但受多种因素影响，近几年国内血吸虫病疫情回升显著，血吸虫病患病人数增多，急性感染人数呈上升趋势，局部地区钉螺扩散明显，出现向城市蔓延趋势，对人民健康、经济发展和社会进步构成严重威胁。

党中央始终把保护人民的身体健康和生命安全放在第一位。面对严峻的血防形势，2004年2月国务院成立了血防工作领导小组，5月下发了《国务院关于进一步加强血吸虫病防治工作的通知》（国发〔2004〕14号，以下简称《通知》），国务院办公厅印发了《全国预防控制血吸虫病中长期规划纲要（2004—2015年）》（国办发〔2004〕59号，以下简称《中长期规划纲要》）。卫生部联合国家发改委、农业部、水利部、国家林业局、财政部等部委出台了《血吸虫病综合治理重点项目规划纲要（2004—2008年）》（卫疾控发〔2004〕357号，以下简称《2004—2008年规划纲要》）、《血吸虫病综合治理重点项目规划纲要（2009—2015年）》（卫疾控发〔2010〕36号文，以下简称《2009—2015年规划纲要》），要求农业部、水利部、国家林业局和卫生部负责，会同有关部门制定专项规划（项目）。为此，水利部组织长江委会同疫区7个省先后编制完成了《全国血吸虫病综合治理水利专项规划报告（2004—2008年）》（发改农经〔2006〕1274号，以下简称《一期规划》）和《全国血吸虫病防治水利二期规划》（发改农经〔2014〕216号，以下简称《二期规划》）。

2 项目意义

2.1 有效控制血吸虫病流行，守护国民健康和生命安全的重大举措

血吸虫病是一种人畜共患、严重危害人民群众身体健康、影响经济发展和社会稳定的重大传染病，曾在我国南方的上海、江苏、浙江、安徽、福建、江西、湖北、湖南、广东、广西、四川、云南等12个省（自治区、直辖市）广泛流行。开展血吸虫病综合防治，是切实遏制血吸虫病疫情回升趋势，有效控制血吸虫病的流行，保障人体健康、动物健康和公共卫生，促进疫区经济发展和社会稳定，惠及广大民众的重大举措。

2.2 发挥水利工程综合效益，落实综合防治策略的迫切要求

水利血防是血吸虫病综合防治的重要组成部分。《通知》明确了血吸虫病防治坚持"统一规划、分步实施、标本兼治、综合治理、群防群控、联防联控、突出重点、分类指导的原则"，"水利部门要将进螺涵闸改造、有螺水系治理、垸外易感地带治理纳入水利综合治理工程规划，结合人畜饮水工程、小流域治理、微型水利工程、灌区改造、山区集雨节水灌溉、农田节水灌溉等项目，改善农村水环境，防止疫区钉螺滋生"。《一期规划》和《二期规划》全面贯彻血吸虫病综合防治策略，在河流（湖泊）综合治理、人畜饮水、灌区改造、小流域治理等水利工程项目中，通过采取硬化护坡、抬洲降滩等环境整治灭螺，增设拦螺阻螺设施等，实现了防洪、灌溉、供水、生态等综合效益，对促进水利与经济社会、环境协调发展发挥了重要作用。

2.3 落实《血吸虫病防治条例》的具体实践

《血吸虫病防治条例》是为了预防、控制和消灭血吸虫病，依据《中华人民共和国传染病防治法》《中华人民共和国动物防疫法》而制定的，2006年3月22日国务院第129次常务会议通过，2006年5月1日起施行，要求国务院卫生、农业、水利、林业主管部门依照本条例规定的职责和全国血吸虫病防治规划，制定血吸虫病防治专项工作计划并组织实施。《一期规划》是《血吸虫病防治条例》颁布前编制的，各省主要针对螺情、疫情严重的重点河段、部分灌区的灌溉干支渠进行治理，包括已列入相关规划的河流综合治理和灌区改造等项目，以及过去已整治的河流治理但不能满足血防要求的项目，将水利血防相关措施及投资列入规划。《血吸虫病防治条例》规定，"县级以上人民政府水利主管部门在血吸虫病防治地区进行水利建设项目，应当同步建设血吸虫病防治设施；结合血吸虫病防治地区的江河、湖泊治理工程和人畜饮水、灌区改造等水利工程项目，改善水环境，防止钉螺滋生"。因此，疫区水利工程均应按照《血吸虫病防治条例》要求同步建设水利血防措施。《二期规划》结合血吸虫病综合防治总体要求，考虑尚有部分未能列入相关水利建设规划的中小河流和中小灌区是钉螺滋

生的重要地区，作为水利血防建设的重点，安排血防专项资金进行建设。随着《血吸虫病防治条例》深入实施，2015 年以后中央再没有单独安排水利血防专项建设项目。

3 规划方案

3.1 规划范围与规划水平年

（1）《一期规划》

依据《2004—2008 年规划纲要》，规划范围主要为云南、四川、湖北、湖南、江西、安徽、江苏等 7 个省的 164 个综合治理重点项目县（市、区），其中疫情尚未控制的 110 个，达到传播控制标准的 37 个（含 21 个疫情回升县），达到阻断标准的疫情回升县 17 个。规划水平年为 2008 年。

（2）《二期规划》

根据《2009—2015 年规划纲要》，规划范围为云南、四川、湖北、湖南、江西、安徽、江苏等 7 个省尚未达到传播阻断标准的 189 个血吸虫病流行县（市、区），其中达到疫情控制标准的 92 个，达到传播控制标准的 97 个。规划水平年为 2015 年。

3.2 规划原则与目标

3.2.1 规划指导思想和原则

坚持“预防为主，标本兼治，侧重治本，综合治理，群防群控，联防联控”的工作方针，根据钉螺沿水系扩散的特点，因地制宜地实施水利血防各项防治措施，加强易感地带治理和监测，配合其他综合治理措施，实现 2008 年、2015 年血吸虫病综合治理目标。

规划遵循以人为本，协调发展；综合治理，结合实施；因地制宜，分类指导；统筹规划、有序实施的原则。

3.2.2 规划目标

截至 2008 年底，全国所有流行县（市、区）达到疫情控制标准，不发生或极少发生暴发疫情。云南、四川以及其他省以山丘型为主或水系相对独立的流行县（市、区）要全部达到传播控制标准。已达到传播控制或传播阻断标准，2003 年底前出现疫情回升的流行县（市、区），要重新达到传播控制和传播阻断标准。164 个重点项目县预期目标为：67 个县（市、区）达到疫情控制目标，61 个县（市、区）达到传播控制目标，36 个县（市、区）达到传播阻断目标（表 1）。

截至 2015 年底，全国所有流行县（市、区）达到传播控制标准；已达到传播控制标准的县（市、区）力争达到传播阻断标准。189 个重点项目县（市、区）预期目标为：92 个县（市、区）达到传播控制标准，97 个县（市、区）达到传播阻断标准（表 2）。

表 1　截至 2008 年底全国血吸虫病综合治理重点项目县(市、区)预期目标分类

省份	疫情控制县(市、区)		传播控制县(市、区)		传播阻断县(市、区)		合计
	数量(个)	县(市、区)名称	数量(个)	县(市、区)名称	数量(个)	县(市、区)名称	
云南			6	巍山县、洱源县、永胜县、大理市*、鹤庆县*、南涧县*	4	弥渡县*、剑川县*、古城区*、宾川县*	10
四川			23	沙湾区、洪雅县、邛崃市、蒲江县、丹棱县、夹江县、大邑县、芦山县、昭觉县、彭山县、西昌市、德昌县、普格县、东坡区、仁寿县、广汉市*、绵阳高新*、涪城区*、旌阳区*、罗江县*、安县*、中江县*、天全县*			23
湖北	20	汉南区、蔡甸区、黄陂区、沌口开发区、阳新县、黄州区、团风县、孝南区、汉川市、赤壁市、嘉鱼县、石首市、洪湖市、江陵县、松滋市、公安县、监利县、沙市区、潜江市、仙桃市	5	江夏区、东西湖区、洪山区、江岸区、荆州区	11	青山区、鄂城区、新洲区*、南漳县*、东宝区*、沙洋县*、武穴市*、浠水县*、蕲春县*、黄梅县*、咸安区*	36
湖南	12	汉寿县、澧县、鼎城区(含贺家山农场)、津市市、岳阳县、湘阴县、华容县、汨罗市、君山区(含建新农场)、屈原管理区、沅江市、南县	15	赫山区、桃源县、望城县、临湘市、岳阳楼区、云溪区、大通湖管理区、资阳区、安乡县、岳麓区、天心区、长沙县、荷塘区、芦淞区、石峰区	3	西湖管理区、涔澹农场*、宁乡县*	30
江西	9	进贤县、星子县、共青城、南昌县、新建县、都昌县、永修县、余干县、鄱阳县	2	彭泽县、瑞昌市	8	德安县、湖口县、九江县、九江开发区、南昌高新区、丰城市、上饶县、玉山县	19

续表

省份	疫情控制县(市、区)		传播控制县(市、区)		传播阻断县(市、区)		合计
	数量(个)	县(市、区)名称	数量(个)	县(市、区)名称	数量(个)	县(市、区)名称	
安徽	13	无为县、安庆市市辖区、宿松县、望江县、怀宁县、枞阳县、贵池区、东至县、宣州区、铜陵县、南陵县、繁昌县、当涂县	8	和县、石台县*、青阳县*、泾县*、铜陵市市辖区*、芜湖市市辖区*、芜湖县*、马鞍山市市辖区*	6	桐城市、潜山县、广德县、郎溪县、天长市、太湖县*	27
江苏	13	江宁区、雨花台区、建邺区、浦口区、栖霞区、六合区、丹徒区、京口区、润州区、扬中市、邗江区、扬州开发区、镇江新区	2	鼓楼区、仪征市	4	东台市、大丰市、宜兴市、高淳县*	19
合计	67		61		36		164

注:带*表示重新达到传播控制标准或重新达到传播阻断标准的流行县。

表 2　　截至 2015 年底全国血吸虫病综合治理重点项目县(市、区)预期目标分类

省份	传播控制县(市、区)		传播阻断县(市、区)		合计
	数量(个)	县(市、区)名称	数量(个)	县(市、区)名称	
云南	3	巍山县、洱源县、鹤庆县	4	大理市、南涧县、永胜县、弥渡县	7
四川			36	青白江区、彭州市、崇州市、邛崃市、金堂县、双流县、新都区、大邑县、蒲江县、新津县、旌阳区、罗江县、绵竹市、中江县、什邡市、广汉市、绵阳市高新区、涪城区、安县、北川县、沙湾区、夹江县、雨城区、名山县、天全县、芦山县、西昌市、德昌县、普格县、昭觉县、喜德县、彭山县、丹棱县、东坡区、仁寿县、洪雅县	36
湖北	23	洪山区、汉南区、蔡甸区、江夏区、黄陂区、团风县、黄州区、孝南区、阳新县、汉川市、赤壁市、嘉鱼县、石首市、洪湖市、江陵县、松滋市、公安县、监利县、荆州区、沙市区、荆州开发区、潜江市、仙桃市	19	江岸区、沌口开发区、东西湖区、华容区、鄂城区、屈家岭管理区、钟祥市、京山县、应城市、云梦县、天门市、南漳县、东宝区、沙洋县、武穴市、蕲春县、浠水县、黄梅县(龙感湖农场)、咸安区	42

续表

省份	传播控制县(市、区)		传播阻断县(市、区)		合计
	数量(个)	县(市、区)名称	数量(个)	县(市、区)名称	
湖南	20	华容县、君山区(含建新农场)、临湘市、汨罗市、湘阴县、岳阳楼区、南湖风景区、岳阳县、云溪区、屈原管理区、安乡县、鼎城区(含贺家山农场、西洞庭区)、汉寿县、津市市、澧县、大通湖区、南县、沅江市、资阳区、临澧县	14	西湖区、桃源县、宁乡县、涔澹农场、长沙县、开福区、天心区、望城县、岳麓区、荷塘区、芦淞区、石峰区、赫山区、岳阳市经济开发区	34
江西	11	南昌县、新建县、进贤县、鄱阳县、余干县、星子县、都昌县、永修县、共青城开放开发区、彭泽县、瑞昌市	8	南昌高新区、上饶县、玉山县、九江县、湖口县、庐山区、丰城市、信州区	19
安徽	27	鸠江区、三山区、繁昌县、南陵县、当涂县、铜陵市郊区、铜陵县、迎江区、大观区、宜秀区、怀宁县、枞阳县、宿松县、望江县、宣州区、无为县、和县、贵池区、东至县、石台县、弋江区、芜湖市开发区、芜湖县、太湖县、桐城市、泾县、青阳县	6	潜山县、广德县、雨山区、金家庄区、狮子山区、镜湖区	33
江苏	8	浦口区、栖霞区、江宁区、六合区、润洲区、丹徒区、扬中市、邗江区	10	建邺区、雨花台区、京口区、扬州开发区、下关区、沿江工业开发区(原大厂区)、句容市、江都市、仪征市、镇江新区	18
合计	92		97		189

上述总体目标在国务院的统一部署下，由农业、林业、水利、卫生各部门共同实现。

3.2.3 治理任务及主要措施

水利血防在血吸虫病综合防治中以环境改造灭螺为主，通过采取河道护坡、渠道硬化、隔离沟、抬洲降滩、涵闸设沉螺池、中层取水等措施防螺灭螺，最终达到改善疫区水环境状况、阻止钉螺扩散、有效控制血吸虫病蔓延的目的。

(1)河道护坡、渠道硬化灭螺

在进行防洪、河道治理或灌区建设和改造时，对河道或有螺渠道采用混凝土或其他材料衬砌，使钉螺无法生存和繁衍。

(2)隔断灭螺

在堤防外侧修筑护堤平台，覆盖堤脚和部分堤坡。结合筑台取土，一般形成宽3～5m、深2m的隔离沟，沟中常年淹水（每年至少持续8个月），从而隔断和杀灭钉螺。

(3)抬洲降滩灭螺

将河湖中滩地高程降至常年水位以下，岸边洲地抬高至无螺分布的高程以上，使钉螺无法生存和繁衍。

(4)涵闸设沉螺池灭螺

在易感地带涵闸的闸口处修建沉螺池，使经过沉螺池的水流流速骤减，当钉螺随水流进入沉螺池时，沉淀于池底，防止钉螺向渠道扩散，池内钉螺用药物杀死。由于目前大流量涵闸的拦螺阻螺技术措施尚不成熟，涵闸规划或改建原则上只考虑15m^3/s流量以下、具有控制作用的中小涵闸。

(5)中层取水避螺

根据钉螺主要分布在河岸常水位线上下1m范围内的习性，将引水涵闸的进水口底板高程置于当地最低有螺分布高程以下2～3m，避开有螺水层取水。

(6)人畜饮水工程

采取建水厂、修蓄水池、打井等办法，解决疫区农村人畜饮水安全问题，减小生活中接触疫水的概率。

(7)小流域治理

通过小型塘堰整治、坡面水系工程等小流域治理措施，改善疫区人居环境。

(8)水利行业血防

通过采取改水（供水管网改造）、改厕（新建或改建血防厕所、三格式化粪池），以及填土灭螺、地面硬化、内部通道、绿化、排水（污）沟、观测路（栈桥式）、挡水（土）墙、护坡等环境改造措施，减小人群感染概率。

3.3 规划布局

3.3.1 规划区概况

血吸虫病流行区分为山丘型、湖沼型和水网型。以山丘型为主的云南、四川两省，血吸虫病疫区主要分布在金沙江、澜沧江、红河、岷江、沱江流域的山区和局部沿江区域；以湖沼、水网型为主的湖北、湖南、江西、安徽、江苏等5省，血吸虫病疫区主要分布在长江干流中下游沿线的江汉平原、洞庭湖、鄱阳湖以及沿江两岸大小通江河流、通江内湖地区。

据2003年统计资料，164个重点项目县（市、区）涉及2049个流行乡5501万人，现有血吸虫病病人 81.22 万，其中急感病人 1067 人，有螺面积 37.31 亿 m^2，分别占全国总病人数的 96.5%和有螺面积的 98.6%。

据 2008 年资料统计，189 个重点项目县(市、区)涉及流行乡 1939 个 6517 万人，现有血吸虫病病人 38.00 万，其中急感病人 52 人，钉螺面积 36.96 亿 m^2，分别占全国总病人数的 92.0%和钉螺面积的 99.3%。

3.3.2 项目分类

按工程措施分类，规划项目分为河流综合治理、人畜饮水(农村饮水安全)、节水灌溉(灌区改造)、小流域治理四类工程措施，以及水利行业血防项目。

3.3.3 总体安排

(1)《一期规划》

①对已列入《主要支流规划》和已整治的河流治理项目，以及不在《主要支流规划》之列，但所处区域疫情和螺情特别严重、影响范围大且对血吸虫病防治具有较大作用的其他中小河流治理项目，根据防洪等方面的要求将其中护坡、抬洲降滩、涵闸改建等纳入河道综合治理工程规划，根据防洪等方面的要求已经进行过治理的其他河流项目，过去在工程设计和建设中未考虑穿堤涵闸的血防功能，根据目前的血防需要，可在条件适宜的情况下对涵闸进行改建，增设阻螺、拦螺设施。②对列入《大型灌区规划》《中型灌区规划》的灌区项目，以及列入其他中小型灌区项目，将支渠以上渠道硬化工程，现有口门(涵闸)增建阻螺、拦螺血防设施工程等列入节水灌溉工程规划。③人饮工程结合水利部正在组织编制的《2004—2006 年农村饮水安全应急工程规划》进行统筹考虑。④小流域综合治理对山区小流域水系采取沟渠硬化、修建蓄水塘堰等微水工程的综合整治措施；对湖沼型地区水系相对独立、受外界影响较小的流行区，主要考虑涵闸改建，增建阻螺、拦螺等血防设施。

(2)《二期规划》

项目分为已有投资渠道项目和水利血防专项项目两类。将已经列入农村饮水安全、中小河流治理、灌区续建配套与节水改造等规划，以及其他已有明确投资渠道、可结合血防实施的水利项目，列入已有投资渠道项目，其水利血防投资包含在项目总投资中，规划不再单独计列；对未能列入各项水利建设规划、没有其他投资渠道的项目，拟作为水利血防专项项目，安排血防专项资金进行建设。

3.4 规划方案

(1)《一期规划》

《一期规划》水利血防规划总投资 68.72 亿元，其中河流综合治理规划工程项目 54 项，治理总长度 4807km，投资 31.16 亿元；人畜饮水工程规划解困人数 386 万，投资 15.10 亿元；节水灌溉规划大中型灌区项目74个，渠道硬化10105km，投资17.67亿元；小流域治理规划工程项目169个，投资1.48亿元；7个省的水利部门和长江委基层单位规划环境改造灭螺工程3024处、改水2349处、改厕3181处，以及水利职工查治病、个人防护、血防健康教育等非工程措施，水利血防机构能力建设等，投资3.31亿元。《一期规划》各类规划项目投资及占比见图1、图2。

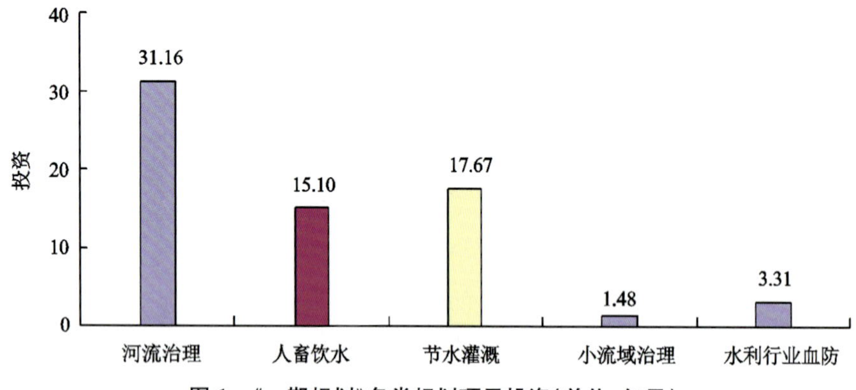

图1 《一期规划》各类规划项目投资(单位:亿元)

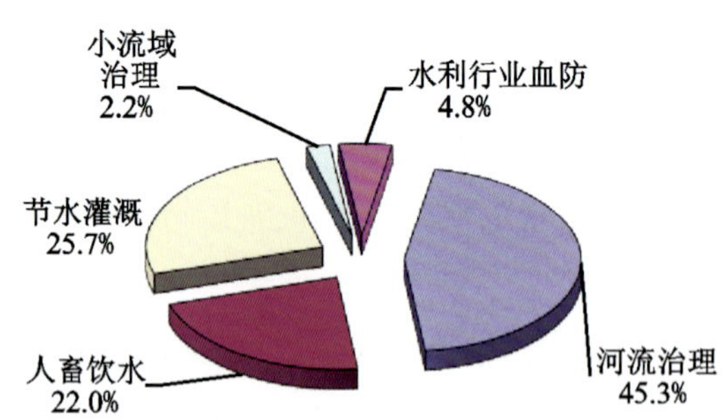

图2 《一期规划》各类规划项目投资比例

(2)《二期规划》

已有投资渠道项目包括河流综合治理项目123个，治理河长1494km；灌区改造项目80个，硬化渠道3339km；解决718万疫区群众饮水安全；云南省小流域治理5个，治理渠道54km。

水利血防专项项目包括河流综合治理、灌区改造、水利行业血防3类，规划总投资24.97亿元。其中，河流综合治理项目56个，规划治理河长822km，投资13.96亿元；灌区改造项目54个，规划硬化渠道1833km，投资10.64亿元；水利行业血防规划安排长江水利委员会下属单位环境改造灭螺工程108处、改水11处、改厕18处、健康教育6.17万人次，以及水利血防机构监测、管理、信息以及科研能力建设，投资0.37亿元。《二期规划》各类规划项目投资及占比见图3、图4。

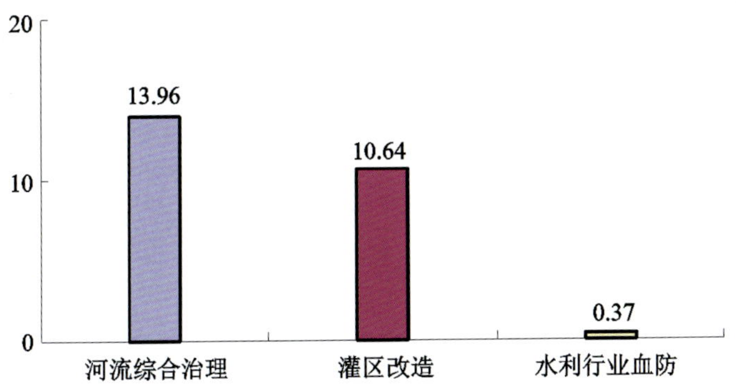

图 3 《二期规划》各类规划项目投资(单位:亿元)

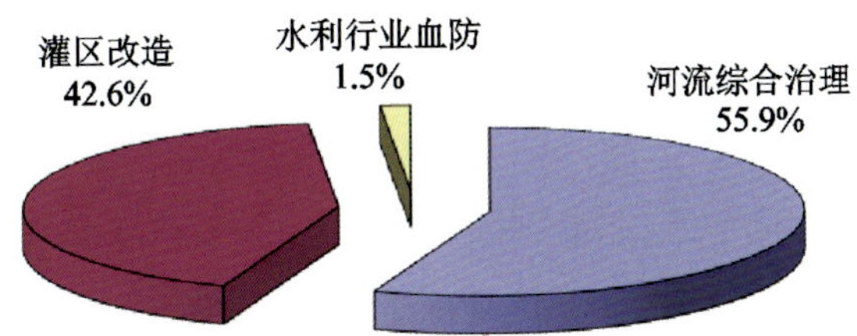

图 4 《二期规划》各类规划项目投资占比

4 规划中遇到的技术难题及解决方案

(1)协同推进规划编制

《一期规划》和《二期规划》涉及疫区7个省,范围广,需统筹考虑因素多,协调工作量大。规划通过编制工作大纲,明确工作技术路线、成果主要内容和要求,并附规则工作表格及填报说明,细化典型工程投资单价分析、效益指标(直接灭螺面积、控制影响钉螺面积)分析等技术要点,全程指导各省规则项目填报和规划报告编制,严格成果审核;结合疫情螺情、前期工作基础及项目规划投资资金来源等因素,拟定了项目筛选基本原则,协调各省水利血防专项项目及投资规模。加强与相关各省与各部门之间沟通与协调,协同推进规划进展。

(2)规范水利血防工程灭(阻)螺效益指标

提出直接灭螺面积和控制影响钉螺面积两个水利血防工程灭(阻)螺效益指标,分别定义为:通过硬化、填埋有螺土层等措施直接杀灭堤坡、河滩、渠道等工程覆盖范围内钉螺面积为直接灭螺面积;工程控制钉螺沿水系及渠系向下游及垸内扩散蔓延对应受益区域的钉螺面积为控制影响钉螺面积。直接灭螺面积包含在控制影响钉螺面积之中。通过规范水利血防工程灭(阻)螺效益指标,为合理量化水利血防工程灭(阻)螺效益提供了依据。

(3)过程中通过阶段性评价改进规划工作

为及时总结经验教训,长江水利委员会组织开展了《一期规划》初步评价工作,对规划指导思想、规划原则、规划思路等总体要求,河流综合治理、节水灌溉、人畜饮水、小流域治理、水利行业血防等规划措施,项目前期工作、审批立项、投资到位、建设过程等实施进展,以及实施效果和效益等进行全面系统的分析评价,找出存在的主要问题,提出评价意见和改进措施,为《二期规划》提供参考和借鉴。

5 主要技术创新

开展水利血防专项规划是一项开创性工作。《一期规划》编制时,尚未有全面系统的水利血防规划可参考,疫区水利血防各自为政,"头痛治头,脚痛治脚",缺乏全局和长远观,特别是跨省跨地区河流未能实现联防联控,造成已治理达标地区疫情加重或死灰复燃。水利工程结合灭螺设施随意性大,部分地区未能较好地协调与防洪、生态等的关系,矛盾和问题较多,影响了防治效果。为了克服上述问题,《一期规划》建立了系统的水利血防规划体系,创造性地提出了疫区水利工程应与水利血防设施同步规划、同步设计、同步建设、同步运行的"四同"指导原则,对推动疫区水利行业技术进步与发展起到了引领作用,技术创新成就突出,技术水平达到同期国内领先水平,社会效益、环境效益和经济效益显著,受到有关部门表彰,《一期规划》获 2008 年湖北省优秀工程设计二等奖,水利血防理论及关键技术研究与应用获 2014 年大禹水利科学技术奖。

(1)建立了血吸虫病综合治理水利血防规划体系

《一期规划》在系统总结已有水利血防经验的基础上,采取分类规划的方法,形成了河流(湖泊)综合治理、人畜饮水、节水灌溉、水系相对独立的小流域治理四类工程项目为主体的水利血防工程规划体系。明确了水利结合灭螺的水利血防工作基本原则,较好地将水利血防措施与传统的防洪工程、灌区续建配套与节水改造工程、人畜饮水工程等相结合,避免了重复建设和投资。

(2)创造性地提出了疫区水利工程应与水利血防设施同步规划、同步设计、同步建设、同步运行的"四同"指导原则

《一期规划》制定了水利血防综合防治总体布局,创造性地提出了疫区可结合血防的水利工程,水利血防设施应与水利工程同步规划、同步设计、同步建设、同步运行的"四同"指导原则,相关要求反映在 2006 年颁布实施的《血吸虫病防治条例》中,在水利血防工程实践中得到全面推广。

(3)运用系统工程的理论和方法处理水利血防与水利工程综合效益的关系

规划中创造性地运用系统工程的理论知识和方法,妥善地处理了将防螺、灭螺、防病相结合的水利血防措施与防洪工程、供水工程及灌溉工程的关系,环境保护与水利血防的关

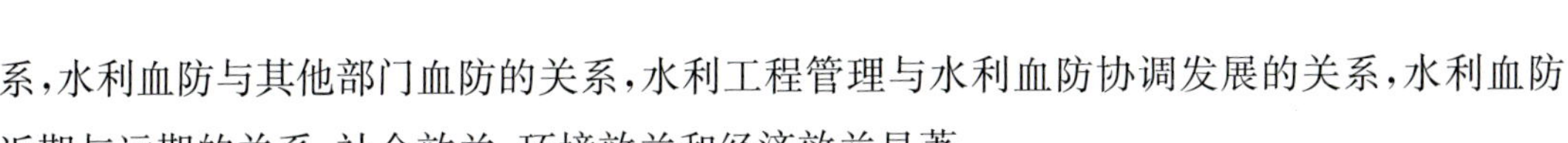

系，水利血防与其他部门血防的关系，水利工程管理与水利血防协调发展的关系，水利血防近期与远期的关系，社会效益、环境效益和经济效益显著。

(4)推动水利行业技术进步与发展

规划中采用了一系列创新技术。基于钉螺运动力学及钉螺扩散规律相关的研究成果，将沉螺池、中层取水、抬洲降滩、渠系硬化等有关水利血防技术研发成果在规划中应用与推广，显著提高了工程灭螺阻螺效果，有效控制了钉螺的扩散和血吸虫病的传播。对推动水利血防理论体系建设与完善做出了突出贡献，积累了宝贵经验，推动了水利行业技术进步与发展。灭螺技术综合运用实例见图 5。

图 5　灭螺技术综合运用实例

6　综合效益

水利血防是一项“以人为本”、保障人民生命健康的系统工程，规划实施后与其他部门血防措施共同作用，大幅度减轻疫情，压缩流行区范围，规划区已分别于 2008 年和 2015 年实现了疫情控制标准和传播控制标准的预期目标，取得了巨大的社会效益、生态环境效益和经济效益。

(1)社会效益

《一期规划》《二期规划》实施后，疫区 7 个省 2015 年血吸虫病人数较 2004 年下降了 91.0%；耕牛感染率由 2004 年的 3.95%下降至 2015 年的 0.09%；有螺面积 2015 年比 2004 年下降了5.9%，极大地减轻了血吸虫病对疫区人畜的威胁，有效保护了疫区群众的身体健康和生命安全，提高了疫区群众生活质量和生活水平，对促进疫区人民脱贫致富、促进疫区民族团结和社会稳定具有重要意义。两个规划实施前后疫区 7 个省血吸虫病流行状况对比见表 3 和图 6。

(2)生态环境效益

通过实施护坡、渠道硬化、抬洲降滩、涵闸改建、设置沉螺池等一系列措施，从根本上改善了疫区环境，如白石港整治示范工程和一期工程分别于 2005 年 10 月和 2007 年 4 月全面完工并运用。经监测，钉螺密度由 2003 年 0.61 只/框下降至 2007 年 0.08 只/框，下降了 86.89%；钉螺面积从 2003 年 431.7 万 m^2 下降至 2007 年 315.3 万 m^2，下降了 26.96%；人群感染率由 2003 年 5.79%下降至 2007 年 0.65%，下降了 88.77%。湖北省富水下游干堤防洪灭螺治理一期工程2004年12月实施以后至2007年，监测资料表明：钉螺面积减少83.7%，活螺平均密度下降99.55%，人群感染率下降75.44%，治理后未发生急感病人。实施的其他水利血防工程均取得了明显的生态环境效益。

表3　两次规划实施前后疫区7个省血吸虫病流行状况对比

类别	疫区7个省			全国		
	2003年	2008年	2015年	2003年	2008年	2015年
血吸虫病人数	841820	411862	76156	843007	412927	77194
其中：急感病人数	1110	50	0	1114	52	0
有螺面积(hm^2)	378597	372156	356212	378683	372263	356288

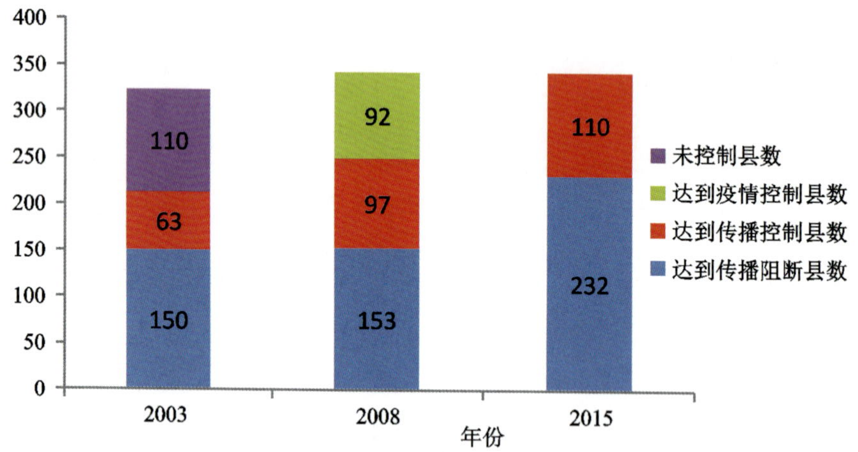

图6　两次规划实施前后疫区7个省血吸虫病流行状况对比

(3)经济效益

灌区渠系硬化处理后，减少渠道输水损失，节约了水资源，实现了灌溉节水和粮食增产增效；河岸护坡后抗冲能力增强，减少了防洪抢险的费用，实现了工程的防洪减灾效益。通过水利血防配合其他综合治理措施，使流行区疫情得到有效控制，降低了人畜感染率，减少了疫区群众防病治病费用。

撰稿/宋红波、张琳

长江经济带发展水利专项规划

▲ 三峡风光

改革开放以来，长江经济带已发展成为我国综合实力最强、战略支撑作用最大的区域之一。《长江经济带发展水利专项规划》系统梳理了长江经济带水利发展现状和主要水问题，科学制定了 2020 年和 2030 年水利建设目标与控制性指标，从河道综合治理、防洪排涝与抗旱减灾、节约用水与水资源配置、水资源保护与水生态修复、水利管理体制与机制创新五个方面统筹治理开发与保护关系，明确了建设任务和规划布局，精准服务于长江经济带发展。

1 项目背景

长江是我国第一大河，是中华文明的重要发祥地。长江经济带横跨我国东、中、西三大地区，覆盖上海、江苏、浙江、安徽、江西、湖北、湖南、重庆、四川、云南、贵州等11个省(直辖市)，涉及长江三角洲城市群、长江中游城市群、成渝城市群、滇中地区、黔中地区等重点区域，跨越长江、西南诸河、东南沿海诸河、珠江、淮河等几大水系，地域广阔，面积约205万km^2。该区域以全国21%的国土面积承载了全国43%的人口和45%的GDP，拥有全国约45%的水资源和超过1/2的内河航运里程，是我国水资源配置的战略水源地、重要的清洁能源战略基地、横贯东西的“黄金水道”、珍稀水生生物的天然宝库和改善我国北方生态环境的重要支撑点，在我国经济社会发展和生态环境保护中具有十分重要的战略地位。2013年7月，习近平总书记在武汉考察时指出“长江流域要加强合作，发挥内河航运作用，打造全流域黄金水道”。为进一步开发长江黄金水道、加快推动长江经济带发展，2014年9月，国务院印发《国务院关于依托黄金水道推动长江经济带发展的指导意见》(国发〔2014〕39号)，标志着长江经济带正式上升为国家战略。

经过多年的水利建设，长江经济带防洪减灾能力显著提高，水资源综合利用体系基本形成，水资源与水生态保护取得重大进展，涉水行政管理能力明显加强，在支撑和保障经济社会发展中发挥了重要作用。但洪涝灾害频繁仍然是心腹之患，水资源供需矛盾日益加剧、生态与环境压力日趋增大依然是可持续发展的主要瓶颈，河势不稳依然是黄金水道建设的掣肘。为充分发挥水利在长江经济带发展中的支撑保障与约束引导作用，切实提高水安全保障程度，2014年12月，水利部组织开展《长江经济带发展水利专项规划》(以下简称《规划》)工作。由长江水利委员会承担《规划》编制工作。2015年11月，水利部印发《规划》。

2 规划意义

2.1 国家重大发展战略和实现中国梦的重要支撑

改革开放以来，长江经济带已发展成为我国综合实力最强、战略支撑作用最大的区域之一。《规划》的提出，为服务好长江经济带的建设，促进经济社会发展与水资源和水环境承载能力相适应，提供了全方位的水利支撑与保障，对于全面建成小康社会、实现中华民族伟大复兴的中国梦具有重要的现实意义和深远的战略意义。

2.2 增强长江经济带发展的有力水利保障

水安全是实现长江经济带发展战略的关键环节。伴随着工业化、城镇化的深入发展，全球气候变化影响加大，长江经济带面临部分河段河势不稳、防洪体系不完善、水资源保障能力不足、水环境承载能力有限、水生态系统功能退化等问题将日趋严峻。《规划》通过制定2020年和2030年水利发展目标，明确最严格水资源管理约束性指标，开展长江宜宾以下干流、长江口、主要支流综合治理，加强防洪薄弱环节和供水灌溉等民生工程建设，优化区域水资源调配格局，全面保护和系统治理水资源与水生态环境，加强综合管理等，使长江经济带发展的水利约束引导与支撑保障作用进一步提升。

2.3 打造畅通、高效、平安、绿色的黄金水道的重要举措之一

河道综合治理是改善长江黄金水道航运条件的重要举措之一。《规划》通过采取对长江干流河段河道综合治理、长江中下游干流与长江口河段的河势控制、长江岸线开发利用与保护等措施，为长江黄金水道提高通过能力、长江口深水航道安全运行提供了稳定的河势条件；规划引江济淮工程的实施，将形成以长江、淮河为纵向，江淮水道、京杭大运河为横向的江淮“两纵两横”水运新格局，为打造畅通、高效、平安、绿色的黄金水道提供水利支撑与保障。

2.4 更好地保护长江经济带生态环境

长江经济带水资源质量总体良好，大部分能满足所在水域功能的要求，但受不合理开发等人类活动的影响，部分城市岸边水域、部分支流河段水质污染严重，一些河流河段生态环境问题不容忽视，局部地区水土流失问题依然突出。长江上游干支流控制性水利水电工程陆续建成投入运行后，因水库蓄泄调度、清水下泄等致使江湖关系呈现新变化，影响长江中下游地区水质、供水及生态安全。《规划》通过加强重要生态保护区、水源涵养区、江河源头区和湿地的保护，严格控制入河排污量，加强生态环境保护与修复，科学恢复和调整江湖关系，加大水土流失综合治理力度，研究建立重点区域和领域生态补偿机制等，对促进自然资源的合理利用与保护，维护河湖健康，更好发挥河流生态系统服务功能，推动区域绿色循环低碳发展等将发挥重要作用。

2.5 全面提升流域管理水平

长江上游干支流控制性水利水电工程对长江中下游防洪、航运、供水、生态以及经济社会的发展产生重大影响，联合调度管理面临挑战，管理法规尚不健全，管理体制机制亟待创新，管理制度尚需完善，执法监督有待加强，行业能力需进一步提升。《规划》通过健全流域水法规体系，创新区域协调发展体制机制，健全有关管理制度，加强水利信息化建设，将全面提高水利综合管理水平、推进治理体系治理能力现代化。

3 规划方案

《规划》以《长江流域综合规划(2012—2030年)》及防洪、水资源等相关规划为基础,系统梳理了长江经济带水利发展现状和主要水问题,科学制定了2020年和2030年长江经济带水利建设目标与控制性指标,明确了建设任务和规划布局,精准服务于长江经济带发展。

3.1 规划范围和规划水平年

规划范围为长江经济带11个省(直辖市)属于长江流域的区域。

规划近期水平年为2020年,规划远期水平年为2030年。

3.2 规划目标与任务

3.2.1 规划指导思想和原则

深入贯彻落实党的十八大和十八届三中、四中全会精神,按照党中央"四个全面"的新时期治国理政总方略和习近平总书记"节水优先、空间均衡、系统治理、两手发力"的水利工作方针,紧紧围绕国家"依托黄金水道推动长江经济带发展"战略的总体部署,以全面提高水安全保障能力为目标,以加强水利薄弱环节建设为重点,以实行最严格的水资源管理制度为抓手,以全面深化水利改革为动力,切实完善防洪排涝与抗旱减灾、水资源综合利用、水资源与水生态环境保护、水利综合管理四大体系,保障长江经济带的防洪安全、供水安全、通航安全和生态安全。

规划遵循节水优先、高效利用,量水而行、空间均衡,科学布局、系统治理,强化保护、修复生态,两手发力、依法治水的原则。

3.2.2 规划目标

到2020年,长江宜宾以下干流和主要支流基本得到治理,河势得到明显改善和有效控制,基本满足黄金水道能力提升对河道综合治理的需要;防洪排涝与抗旱减灾体系基本建成,防洪排涝与抗旱能力得到提升,长江干流、主要支流和重要防洪保护区达到《规划》确定的防洪标准,基本满足经济社会发展对防洪排涝与抗旱保安的要求;水资源综合利用体系基本建成,工业、农业与城镇生活用水效率全面提高;江河湖库水体水质逐步改善,基本形成城市供水安全保障体系,江湖关系不利变化趋势得到遏制,水生态状况得到较好改善,生态系统健康状况整体向好,初步满足生态廊道建设对水资源与水生态保护的要求;水利综合管理体系得到全面加强,基本满足涉水事务管理要求。

到2030年,长江宜宾以下干流及主要支流得到系统治理,形成河势稳定、堤防稳固、泄洪通畅的河道,满足黄金水道能力提升对河道综合治理的需要;防洪排涝与抗旱体系全面建成,防洪排涝与抗旱能力全面提升,满足经济社会发展对防洪排涝与抗旱保安的要求;水资源综合利用体系全面建成，基本建成节水型社会，城乡供水保障能力进一步提高，满足经济社会发展的用水要求；江河湖库水体水质全面改善，全面建成城市供水安全保障体系；湖库富营养化得到有效控制，江湖关系基本恢复，水生态状况明显改善，生态系统健康状况整体良好，基本满足生态廊道建设对水资源与水生态保护的要求；水利综合管理体系基本建成，满足涉水事务管理要求。

规划区域发展水利规划主要指标体系见表1。

表1　规划区域发展水利规划主要指标体系

分项	主要指标	2013年	2020年	2030年
河道综合治理	长江中下游崩岸治理率(%)		70	90
	长江中下游干流河道治理率(%)		60	75
	主要支流河道治理率(%)		40	60
防洪排涝与抗旱减灾	洪涝旱灾年均损失率(%)		<1.5	<1.2
	主要城市防洪标准达标率(%)		80	100
水资源节约与利用	水资源开发利用率(%)	22	23.9	24.5
	多年平均用水总量(亿 m^3)	1991	2177	2228
	万元工业增加值用水量(m^3)	81	54	29
	灌溉水利用系数	0.48	0.53	0.57
	节水灌溉率(%)	30	57	68
	工业用水重复利用率(%)	60	78	86
	城市管网漏损率(%)	15	≤13	≤11
	城市废污水处理率(%)	89	95	100
水资源保护与水生态修复	生态需水保障程度(%)	85	90	95
	重要江河湖泊水功能区水质达标率(%)	66	84	95
	集中式饮用水水源地水质合格率(%)	75	95	100
	化学需氧量削减量(万 t/a)		49.09	72.23
	氨氮削减量(万 t/a)		7.42	10.25
	新增水土流失治理面积(万 km^2)		12.86	24.11
水利综合管理	控制性水利水电工程联合调度覆盖率(%)	55	90	100
	综合站网建成率(%)	50	80	100

3.2.3　规划任务与规划思路

为统筹推进长江经济带水利发展，规划主要任务包括：综合治理干支流河道，助推黄金水道建设；加强薄弱环节建设，完善防洪排涝与抗旱减灾体系；强化节约用水，合理配置水资源；推进水功能区达标建设，改善水环境；促进水生态保护与水生态修复，维护水生态系统健康；深化水利改革，创新管理体制机制。规划从河道综合治理、防洪排涝与抗旱减灾、节约用水与水资源配置、水资源保护与水生态修复、水利管理体制与机制创新等五个方面，统筹治理开发与保护关系，提出规划总体思路。

(1)河道综合治理

根据干支流水库蓄水运用以来河道变化特点，统筹考虑黄金水道建设及长江经济带主要设施布局对河势稳定和防洪保安的新要求，实施长江宜宾至宜昌段、宜昌至徐六泾段、长江河口段及主要支流的治理，以达到明显改善和有效控制河势、保障防洪安全、促进航运发展的目标。科学规划，严格长江岸线和中下游洲滩分区与分类管理。

(2)防洪排涝与抗旱减灾

在现有防洪排涝与抗旱减灾总体布局的基础上，根据长江经济带发展的新要求，加强防洪薄弱环节建设，并提出重点地区排涝工程和抗旱应急水源工程建设方案。

(3)节约用水与水资源配置

以各地区水资源承载能力为基础，统筹协调人口、资源、环境和经济社会发展需要，按照"开源与节流并重，节流优先、治污为本，科学开源、综合利用"的建设思路，合理优化水资源配置格局，完善供水灌溉设施，强化水资源管理，提高水资源保障能力。

(4)水资源保护与水生态修复

按照全面保护、系统治理的思路，通过水功能区和重点饮用水水源地水资源保护、内源和面源污染防治、生态环境需水保障、水生态保护与修复、水土保持重点治理，稳步提高区域水质，显著改善区域生态环境，维护区域生态系统健康。

(5)水利管理体制与机制创新

按照"健全管理法规、创新管理体制、建立管理机制、完善管理制度"的思路，逐步建立协调、权威、高效的流域管理与区域管理相结合的水利管理体系。

3.3 规划方案

(1)河道综合治理

长江宜宾至宜昌河段结合枢纽渠化，重点推进宜宾至重庆段、重庆至涪陵段、三峡至葛洲坝段的河道综合治理，治理河长 538km；长江中下游干流宜昌至徐六泾段崩岸治理河长 1600km、综合治理河长 1710km，实施引江济淮工程；长江口河势控导工程治理长 181.8km，开展"江海运河"(南通通州至洋口)研究论证；与支线航道建设密切相关的汉江、"四水"(湘江、资水、沅江、澧水)、荆南"四河"、"五河"(赣江、抚河、信河、饶河、修水)、乌江、岷江、滁河、青弋江、水阳江等主要支流河道综合治理和洞庭湖、鄱阳湖等湖泊洪道整治，以及长江中下游河口区域平原河道治理。统筹保护和利用的关系，科学规划长江岸线资源，合理划定保护区、保留区、控制利用区和开发利用区，严格分区管理和用途管制。对长江中下游洲滩进行分段控制与分类管理，强化执法监督。

(2)防洪排涝与抗旱减灾规划

开展钱粮湖、共双茶、大通湖东分块等重要蓄滞洪区围堤达标和安全设施建设，蓄滞洪区布局与调整研究并适时进行调整；完成长江干堤重点薄弱环节和连江支堤的达标建设，加强松滋江堤、南线大堤等长江干堤除险加固，研究提高江苏、上海等长江干堤防洪(潮)标准并适时推进建设；继续实施洞庭湖、鄱阳湖综合治理，加强乌江、汉江、“四水”、“五河”、“五江一河”(嘉陵江、涪江、沱江、岷江、渠江、安宁河)、富水、黄盖湖、裕溪河、皖河、秋浦河、滁河等主要支流重点河段堤防建设，实施重点海堤达标建设；结合兴利建设干支流水库，拦蓄洪水，推进长江上游金沙江、雅砻江、大渡河等干支流水库前期工作；完成列入国家相关规划的中小河流重要河段治理，开展山洪灾害防治；加快湖南洞庭湖区、湖北江汉平原区、江西鄱阳湖区、安徽沿江圩区、江苏通南地区、上海三岛地区、浙江杭嘉湖地区等重点涝区的排涝、蓄涝工程，抗旱应急水源工程等建设，完善防洪抗旱非工程措施建设，保障城乡居民生命财产和公共基础设施安全。

(3)节约用水与水资源配置

切实落实最严格水资源管理制度，优化水资源配置格局，加快下浒山水库、涔天河水库扩建工程、金佛山水库、夹岩水利枢纽以及黔西北供水工程等大中型骨干水源工程建设，积极推进牛栏江滇池补水、引汉济渭、湖州市太湖引水工程等重大引调水工程建设，抓紧湖北省“一江三河”水资源配置工程、湖南省洞庭湖区河湖连通生态水网工程等水系连通工程的研究与实施，加强城乡饮水工程，以及湖北省泽口灌区等已成灌区续建配套与节水改造、四川省武引二期灌区等工程建设，提高水资源保障能力。

(4)水资源保护与水生态修复

积极采取江湖关系变化应对措施，实施洞庭湖四口水系综合整治工程、推进鄱阳湖水利枢纽工程建设，研究三峡库区、丹江口库区及主要入库支流生态修复综合治理等重大水生态修复工程；继续推进滇池、洱海、泸沽湖、程海、草海等高原湖泊生态修复工程；加强入河排污口优化布局与整治；开展区域内重要饮用水水源地保护达标建设；加强水资源监管，加快河湖水系连通工程建设，推动水资源统一调度，保障生态环境需水；实施源头水源保护与涵养、岸边带生态修复和湿地保护、重要生境和栖息地恢复、小流域生态综合整治；开展小流域综合治理、坡耕地治理、石漠化治理和崩岗治理等水土保持重点治理工程。

(5)水利管理体制与机制创新

健全法律法规，完善执法监督机制，建立流域管理协商协调机制、生态补偿机制，建立控制性水利水电工程联合调度制度，健全河湖保护与管理制度，完善水利综合监测站网建设，推进水利信息化。

 规划工作中的技术难题及解决方案

（1）明确最严格水资源管理制度相关管控目标及要求

按照实行最严格水资源管理制度相关要求，应明确长江经济带水资源开发利用、用水效率和水功能区限制纳污控制指标。

《规划》根据《国务院办公厅关于印发实行最严格水资源管理制度考核办法的通知》（国办发〔2013〕2号），在《长江流域综合规划（2012—2030年）》《全国水资源综合规划》《全国水资源保护规划》等基础上，提出了规划区2020年、2030年最严格水资源管理制度相关控制指标，包括11个省（直辖市）用水总量指标及水资源配置初步成果、节水型社会建设（农业节水、工业节水、城乡生活节水、非常规水利用）节水目标、重要水功能区水质达标率、水功能区限制排污总量意见等。

（2）围绕构建支撑长江经济带高质量发展的水安全保障体系，梳理重点工程项目

为支撑规划区经济社会发展，需统筹规划、系统梳理规划期内拟重点推进的项目，进一步完善水安全保障体系。

《规划》本着分类施策、突出重点、统筹安排的原则，结合地方需求及相关前期工作基础，对拟列入《规划》的项目进行系统梳理和复核，提出了包括河道综合治理工程、防洪排涝工程、重大水资源配置工程、城乡饮水工程、灌区工程、重大水生态修复工程、入河排污口布局与整治工程、重要饮用水水源地保护、水生态保护与修复、水土保持重点治理等10大类重点工程。

 取得的先进创新技术

（1）首个保障长江经济带水安全的宏观性、指导性规划

《规划》在全面掌握规划区水资源治理开发与保护现状的基础上，从支撑长江经济带发展国家战略的全局角度，针对规划区内出现的新情况、新问题和新要求，明确了规划目标、主要任务、规划总体布局和规则重点工程。结合已完成的相关专题研究和技术成果，着力破解关键技术难题，确定了河道综合治理、防洪排涝与抗旱减灾、节约用水与水资源配置、水资源保护与水生态修复、水利管理体制与机制创新等水安全保障规划体系，为长江经济带高质量发展构筑全面的水安全保障。《规划》明确了“编制沿江取水口、排污口和应急水源布局规划”“统筹规划长江岸线资源，促进长江岸线的保护和有序开发”相关建议和要求，具有前瞻性和引领性。

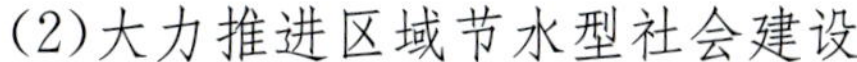

(2)大力推进区域节水型社会建设

《规划》坚持节水优先方针，强化水资源刚性约束，在全面分析评价规划区水资源开发利用现状、用水水平、节水状况、节水潜力及存在的主要问题的基础上，以提高水资源的利用效率和效益、改善生态环境为重点，统筹协调经济社会发展和水资源开发利用与生态环境保护的关系，研究节水标准与指标，提出2020年、2030年节水型社会建设目标、任务和实施方案。

(3)首次提出基于系统思维的优化沿江入河排污口布局与整治的总体思路

为大力保护长江生态环境，依据国家相关法律法规要求，《规划》针对入河排污口分布情况，首次提出了统一规划区域入河排污口布局，划定入河排污口禁设区、严格限制排污区和一般限制排污区水域范围的总体思路，弥补了国内外关于入河排污口布设分区理论的空白。通过水域纳污能力分析，结合重要水功能区、生态敏感区等管理及水质保护等要求，对设置不合理的入河排污口，分类提出了包括关闭、搬迁、迁建、归并、深度处理回用优先、集中处理、调整入河方式等整治措施的指导意见，为进一步优化与整治沿江入河排污口布局奠定了基础。

6 社会效益和经济效益

规划实施后，将促进区域经济社会发展与水资源承载能力相适应，有力促进区域绿色循环低碳发展，对推动长江经济带发展，打造我国经济发展新支撑带，提供全面防洪、供水、航运和生态水安全保障。

1)长江干流、主要支流和重要防洪保护区达到规划的防洪标准，减少了洪涝干旱灾害损失率。

2)节水型社会基本建成，城乡供水保障能力得到提高，实现供水、灌溉、防洪、发电、航运等水资源综合利用效益。

3)水资源与水生态保护全面加强，保障城镇集中式饮用水水源地安全，全面完成地市级集中式饮用水水源地备用应急水源建设；重要水功能区水质达标率提高，湖库富营养化得到有效控制，江湖关系基本恢复，生态需水保障程度提高到90%～95%，水生态状况明显改善，减轻水土流失程度，实现生态系统健康状况整体良好。

撰稿/宋红波、张琳

长江三角洲区域一体化发展水安全保障规划

▲ 长江三角洲河湖水系

《长江三角洲区域一体化发展水安全保障规划》以习近平新时代中国特色社会主义思想为指导，坚持“节水优先、空间均衡、系统治理、两手发力”的治水思路，紧扣“一体化”和“高质量”两个关键，对标国内国际先进水平，提出了保安澜、提品质、互连通、强联动的水安全保障战略举措，为整体提升长江三角洲区域一体化发展水安全保障能力提供规划蓝图，是细化落实《长江三角洲区域一体化发展规划纲要》有关任务的重要举措。

规划背景

长江三角洲(以下简称“长三角”)地区是我国经济发展最活跃、开放程度最高、创新能力最强的区域之一,在国家现代化建设大局和全方位开放格局中具有举足轻重的战略地位。推动长三角一体化发展是习近平总书记亲自谋划、亲自部署、亲自推动的重大战略。2019年5月,中共中央、国务院印发《长江三角洲区域一体化发展规划纲要》(以下简称《规划纲要》),明确了长三角一体化发展的总体思路、战略定位、发展目标、空间布局、重点任务,为推进长三角一体化发展指明了方向。

长三角区域江海湖通达,河网水系纵横交错,独具特色,古往今来因水而兴,亦因水而忧。解决好水问题,发展好水优势,保障好水安全,事关长三角一体化发展战略全局。为深入贯彻习近平总书记重要讲话精神和党中央、国务院关于长三角一体化发展的决策部署,细化落实《规划纲要》有关任务,根据推动长三角一体化发展领导小组的要求,水利部组织长江、淮河、太湖流域管理机构和上海、江苏、浙江、安徽三省一市水利部门编制了《长江三角洲区域一体化发展水安全保障规划》(以下简称《规划》)。《规划》以习近平新时代中国特色社会主义思想为指导,坚持“节水优先、空间均衡、系统治理、两手发力”的治水思路,紧扣“一体化”和“高质量”两个关键,对标国内国际先进水平,从率先实现水利现代化的目标出发,提出了保安澜、提品质、互连通、强联动的水安全保障战略举措,并对长三角生态绿色一体化发展示范区水安全保障进行了重点研究,为整体提升长三角一体化发展水安全保障能力提供规划蓝图。

规划范围为长三角区域涵盖的上海市、江苏省、浙江省和安徽省全域,总面积35.8万km^2,涉及长江和淮河流域中下游地区、太湖流域全域及东南诸河浙皖地区。

规划基准年为2019年,近期规划水平年为2025年,远期规划水平年为2035年。

规划意义

长三角区域涉及上海、江苏、浙江、安徽三省一市,涉及长江、淮河、太湖、东南沿海诸河四大水系,在世界上独具特色。古往今来,长三角区域因水而兴、因水而优、因水而名,经济社会发展一直领先全国。随着长三角区域一体化发展国家战略的实施,经济社会高质量、一体化发展的新形势、新要求对区域水利发展提出了更高要求,编制《规划》对促进长江、淮河、太湖流域管理机构和三省一市水行政主管部门协同推进水利创新发展意义重大。

2.1 贯彻新发展理念、建立高标准水安全保障体系、支撑区域高质量发展的需要

党的十九大报告指出，我国经济已由高速增长阶段转向高质量发展阶段，正处在转变发展方式、优化经济结构、转换增长动力的攻关期。长三角区域需要全面贯彻新发展理念，坚持质量第一、效益优先，促进人水和谐关系，推动经济发展质量变革、效率变革、动力变革，建立更高质量、更有效率、更加公平、更可持续、更为安全的水安全保障体系，更好满足人民群众对水安全以及优质水资源、健康水生态、宜居水环境的需求。

高质量发展要求构建更高标准的防灾减灾体系。完善的洪涝灾害防治体系是人民生命财产安全和区域经济社会安全有序发展的基础保障。长三角区域临江拥湖滨海，历来受到洪涝水患和沿海风暴潮的多重威胁。经过长期建设，区域防灾减灾体系不断完善，但离高质量发展还有一定差距。一是长江中下游河道局部河势调整加剧、长江口河道河势变化复杂，防洪控制水位需进一步优化，流域洲滩、蓄滞洪区等行蓄洪空间被侵占等问题普遍存在，行洪通道受阻，蓄滞洪区功能降低，淮河中游河道行洪不畅，特别是中小洪水时行洪能力不足，下游河湖洪水出路不足。二是近些年经济社会加速发展，但极端天气加剧，江苏、安徽部分城市的堤防建设标准需提标升级，沂沭泗水系中下游重要防洪保护区的防洪标准与其重要性不相适应，太湖流域泄洪河道的防洪工程建设滞后，部分城市和地区排涝能力不足导致“关门淹”等问题突出，需协调利用自然条件和工程建设，实现防洪、供水、生态等综合效益。三是需加强蓄滞洪区管控，强化蓄滞洪区建设与管理。

高质量发展需要更高水平的水资源保障能力。长三角区域水资源禀赋条件空间差异大，长江沿线、大别山、黄山、天目山等地水资源禀赋较好，但长江口长期面临水体污染和咸潮入侵的双重威胁，环太湖平原区人口稠密但本地水资源量不足，淮北、苏北地区水资源短缺，水资源保障质量需要进一步提升。一是需要进一步提高水资源利用效率，建立节水增效的内生机制，提升中水回用、节水减排、节水减污水平。二是需要统筹区域水资源丰枯变化、水质条件、工程条件，构建更高保障水平的水资源配置网络，增强工程“量质并优”的供水效益。三是需要完善地级以上城市的双水源和应急备用水源体系，提升水资源应对风险的能力。四是要统筹水资源利用、防洪除涝、水资源保护的各个方面，加强水资源的合理利用水平。

高质量发展需要构建和谐的人水关系。长三角区域人水关系还存在一些突出矛盾，需要更长远谋划，促进人与生态公平、当代与后代公平、不同地域公平。一是区域人水争地的矛盾较为突出，大量的河道、湖泊、洲滩被占用，长此以往势必造成水系统发生不可逆转的变化，侵占人类子孙后代的生存活动空间。二是受人类活动和密集水工程建设的影响，河道内生态用水被挤占，河湖干涸、水生生境退化、生物通道阻隔，水生态系统功能面临退化风险。三是环太湖等重要经济区的污染负荷持续保持高位，入河湖污染长期保持较高水平，水环境保护处于高压状态。因此，亟须协调生态环境保护与经济社会发展的关系，以强化水域和岸线空间管控为前提，统筹山水林田湖草多样生态空间，全面系统推进水生态环境修复与保护。

2.2 优化跨区域合作、统筹提升长三角区域水安全保障能力、促进区域一体化协调发展的需要

长三角区域河湖水网纵横，跨界水体众多，水安全保障体系天然存在跨流域、跨区域的关联关系。然而，各流域、各区域水治理规划方案缺乏协调，防灾减灾、用水定额、水资源保护等标准不统一，跨界洪涝灾害防治体系标准存在差异，水资源承载能力与经济社会发展布局空间错位，水环境污染长期存在跨界转移风险，水生态环境协同保护力度不足，水事管理也面临条块化分割的制约，这些问题都需要从全域整体层面出发，统筹流域和区域加以解决。

一体化发展需要统筹区域水利基础设施一体化，提升水安全基础保障能力。洪涝灾害防治方面，需要进一步协调流域、区域和重点城市防洪体系，统筹主干河道、防洪湖泊、蓄滞洪区行洪安排。水资源调控方面，需加强山区、平原区的水资源均衡配置，协调水资源水环境承载能力与经济社会发展布局。长三角区域水资源承载能力与经济社会发展需求存在空间错位，长江口及太湖附近区域人口和经济集中分布，本地水资源的量和质都难以支撑更大规模的经济社会发展；安徽、浙江南部调蓄工程较多，优质水资源量巨大，但尚未得到高效利用，区域一体化连通联动的水资源配置网络还需进一步完善。因此，需要以洪涝灾害防治和水资源保障为重点，优化水利工程建设布局，增强区域水资源配置能力，促进建立全域优水优用的水资源配置格局，着力推进省际重大水利工程建设，进一步完善区域一体化水利基础设施网络。

一体化发展需要加强水生态环境共保联治，提升水生态环境安全保障能力。一是长三角区域现状城市废污水排放量居高不下，长江流域部分城区的近岸河段污染严重，太湖部分地区饮用水水质较差，水源地水质安全面临风险，亟须进一步统筹各地区管控入河湖污染物排放、加大污染水体的治理力度，加强重要水源地涵养保护。二是由于区域内跨界河湖众多，水生态环境保护需要从流域统筹治理的层面出发，推进省际协同管理，共同推进长江、淮河、京杭大运河等跨界河流和太湖、巢湖、淀山湖、石臼湖等重要跨界湖泊的水生态环境联保治理，推进水生态环境保护按统一标准执行。三是长三角区域部分水系割裂、水体流动不畅、河湖生态水位和生态流量保障不足等问题依然存在，亟须从区域水系联动的层面出发，加强河湖水系连通，优化水工程调度，全方位推进生态水网建设，发挥江湖水系综合功能。

一体化发展需要建立区域协同的水管理机制，提升水安全制度保障能力。长三角区域管理精细化、标准化、信息化水平还有待提高，省际涉水事务管理机制还不完善，需要发挥水工程防洪排涝、水资源利用、水资源水环境水生态保护综合效益，推动水生态和水环境共保联治，加强流域区域涉水事务协同管理，构建综合管理体系，提高管理能力和管理效率。长江、淮河、太湖以及东南诸河各流域内干支流、左右岸、上下游相互关联，需要跨流域统筹治理；南水北调东线、引江济淮、引江济太等一系列跨流域调水工程的建设和运行需要更加协调的跨流域跨区域水事管理机制。

2.3 夯实长三角区域水利发展基础优势、激发创新活力、引领新时代水利现代化的需要

在新时期治水思路的指引下，水利部作出了新时代水利改革发展的总体部署，提出了加快推进水利现代化的要求；同时，加快推进水利现代化建设也是长三角区域建设成为“率先基本实现现代化引领区”的基础支撑和内涵要求。长三角区域历来是我国水利发展的重点区域，水利发展一直走在全国前列，为率先实现水利现代化奠定了良好基础。

水利现代化需要以水利基础设施现代化为基础。长三角区域水利基础设施相对完善，但与高质量一体化发展的要求尚存在一定差距，仍面临着水利工程维护、提升、建设的重大任务要求，亟须以新发展理念为指引，全方位推进水利基础设施现代化。一是需要突出创新引领，探索建立更高的水安全标准及工程建设标准，加强先进技术的研发和集成，坚持新建与升级改造并重，着力提升水利基础设施的建设质量、自动化水平和运行效率，建立调配自如、功能齐全的水利基础设施网。二是突出系统协调，从长三角全域层面系统谋划水利工程的布局和建设方案，统筹河湖水系网、人工渠系网、组织调控网等水利基础设施的各个方面，建设互连互通、高效联动、层次分明的水利基础设施网络，充分挖掘现状工程的综合效益。三是突出绿色和谐，水利工程的布局、建设和运行以构建和谐的人水关系为导向，建设环湖、沿河市民活动空间，探索生态航道、生态水网等水工程生态化建设模式，破解水工程建设与生态环境保护的矛盾。四是突出共建共享，强化基础设施规划布局的衔接和统筹，促进区域之间、城乡之间水利基础平衡发展和共建共享，提升和拓展水利基础设施综合功能，促进多功能融合和多领域共享。

水利现代化需要以水利管理能力现代化为抓手。长三角区域水利管理能力全国领先，但与现代化管理的要求仍存在差距。一是需要以智慧水利建设为突破口，全面开展长三角区域数字流域和智能水网建设，建立全要素动态感知的水利监测体系、建设高速连通和共享共用的水利信息网络，结合水利基础设施自动化建设，大幅提升水利智慧化管理和服务能力。二是需要更高效的水工程运行管理方案，探索区域协同的水工程多目标联合调度，统筹防洪减灾和洪水资源利用、水资源利用和水生态保护，探索水利工程安全风险和洪涝灾害风险的新管理模式，多角度提升水工程运用水平和综合效益。三是需要进一步加强水利人才队伍建设，培养具有国际水平的水利科技创新人才和创新团队，构建水利专业化服务体系，为推进水利现代化提供人才保障。

水利现代化需要以水利管理机制现代化为保障。长三角区域是我国水利管理机制最为健全的地区之一，并创新发展了河长制、湖长制、新安江流域生态补偿等一系列可复制、可推广的先进机制。但是涉水事务的条块化管理仍然制约着水安全保障体系的一体化建设，亟须打破跨区域跨领域的机制障碍，提高涉水政策制定的统一性、规则一致性和执行协同性，建立健全区域水利管理协同机制。同时，水利现代化也对机制的保障提出了新的要求，亟须以全面深化水利改革为契机，在城乡水务一体化、水服务便利共享、水市场改革、水利工程管

理机制、水利安全生产责任等方面探索创新的、可复制、可推广的机制，探索建立利益补偿机制，在更好保障长三角区域水安全保障体系建设的同时，也为全国水利事业改革发展提供示范。

3 规划方案

3.1 《规划》提出了水安全保障总体格局

《规划》全面统筹协调了长江、淮河、太湖流域、东南诸河综合治理体系，提出以长江沿线为主轴，以太湖流域为核心，以皖西大别山区和皖南—浙西—浙南山区为生态屏障，以长江口、杭州湾等河口及海岸线为保护带，以淮河、钱塘江、大运河为三条骨干廊道，以巢湖、滆湖、洪泽湖、千岛湖、高邮湖、淀山湖、骆马湖、石臼湖等重要湖库为节点，通过流域区域互连互通、联防联控、共建共管、协作协同，擘画了“一轴一核、一屏一带、三廊多点”的长三角区域水安全保障总体布局，系统解决水灾害、水资源、水生态和水环境问题，支撑长三角一体化高质量发展。

长江主轴是长三角区域最主要的行洪通道、水源地和生态宝库，重在强化生态大廊道、洪水主通道、调配主水源等核心作用，为长三角水安全奠定坚实本底。

太湖核心是长三角区域高质量发展的“引擎”，太湖流域洪水和水资源调蓄中心，维系水生态统的关键，重在加强太湖与长江、杭州湾水力联系，完善利用太湖调蓄、北向长江引排、东出黄浦江供排、南排杭州湾的综合治理格局。

皖西大别山区和皖南—浙西—浙南山区生态屏障重在实施水源地保护、水源涵养、水土保持和清洁小流域治理，为长三角区域提供充足清洁水源。

沿海保护带重在实施生态海堤建设、沿海平原排涝能力提升、河口滩涂保护和岸线岸滩修复等，打造东部河口水域及沿海岸线保护带。

淮河廊道重在发挥泄洪、水资源配置和生态廊道等综合功能；钱塘江廊道重在发挥上游优质水源效益，同步提升防洪和水生态环境保护能力；大运河廊道重在发挥沟通南北、传承文化的优势，分段提升水资源输配、沿线城市防洪、水资源保护水平。

重要节点湖库重在统筹协调多源来水和多向配水，发挥调蓄洪水、配置水资源和维护生态等功能。

3.2 《规划》提出了水安全保障“四大体系”

一是通过优化防洪除涝格局、合理安排洪涝出路、协调防洪排涝标准、加强江河综合整治和提质升级、强化防洪短板和薄弱环节建设、提升洪涝风险应对能力等措施，共筑安全可靠的防洪减灾体系，保障防洪安全。

二是充分发挥河网水系横贯东西、沟通南北的优势，在水资源集约安全利用的前提下，以长江为重点优化水资源配置格局，促进水资源连通互济、多源互补，加强水资源统一调度与管理，打造互连互通的水资源供给保障体系，保障区域供水安全和高质量发展对优质水资源的需求。

三是坚持山水林田湖草是生命共同体思想，通过合力加强涉水空间保护与管控、协同推进水资源保护、大力开展水生态治理与修复、联合推动区域特色水文化建设等措施，构建共保联动的水生态环境保护与修复体系，逐步实现“美丽河湖”“幸福河湖”。

四是坚持全面深化改革，通过创新协同治水体制机制、健全水利监管体系、深化水利改革创新、推进数字流域和水利智能化建设、强化水安全风险防控等措施，构建一体化协同治水管水体系，全面提升水治理体系和治理能力水平。

4 规划亮点

高质量发展是党中央、国务院在新发展阶段贯彻新发展理念、构建新发展格局中提出的核心要求，一体化是长三角地区突破行政壁垒、实现高质量发展的重要手段。长三角区域作为全国水利发展的领先地区，如何在新的阶段提出高质量、一体化发展的水安全保障布局，一直是规划编制组需要重点解决的问题，也是规划的亮点。

一是明确了复杂河网区高质量、一体化水利发展面临的短板和薄弱环节。长三角地区涉及流域机构多、行政区域多，水资源禀赋差异较大，且不同地区在防洪除涝、水资源利用、水生态环境保护与修复、水利管理水平等各方面均有较大差异。例如，上海处于长江口地区，水资源禀赋不足，为进一步提升供水安全，正在实施原水连通成环的工作；浙江山区的水资源量质并优，但存在时空分布不均的问题，本地正在依托已建的大型水库群，打造浙北、浙中、浙东三条配水大动脉，覆盖浙江全省重要地市，并实施局部水库连通工程，打造供水水网体系；相比较而言，安徽水利基础设施建设步伐还需要进一步加快，在皖南推进大中型水库建设，在江淮地区谋划江淮分水岭水资源配置工程，提升水安全保障能力。为梳理以上现状、短板、需求，规划编制组多次与各省、市水利部门对接，收集资料 100 余 GB，分专业组织多名人员，结合已有经济发展规划、流域规划、区域规划等，梳理分析每个城市经济社会发展现状及需求，重要防洪保护对象的防洪保障能力，重大水源的建设及供水能力，重大工程的建设情况及工程任务，提炼长三角每片区的水安全保障现状及需求，为制定水安全保障格局提供基础。

二是坚持“创新、协调、绿色、开发、共享”五大发展理念，坚持山水林田湖海是生命共同体思想，用绿色、生态理念和一体化思维打造人水和谐的水利发展布局，促进经济社会发展布局与水资源、水环境承载能力相协调。为达到以上目标，规划编制组首先在深入分析长三角已建立的水安全保障体系在高质量、一体化方面存在的不充分、不协调因素，分门别类地提出了长三角地区需要重点协调的问题；同时组织长江、淮河、太湖三大流域机构，及三省一市的水利规划设计领域的专家、学者，围绕重要水系和重大工程，共同梳理出流域间在防洪除涝、水资源输配、水生态保护、水环境修复等方面需要加强统筹、协调和协同的重点领域、关键措施。从方案一体化、标准一体化、管理一体化三个方面，分近期、中期、远期梳理出各专业实现一体化的重点，将一体化发展作为实现高质量发展的重要手段，并最终提出构建“互连互通、多向立体”的水网体系作为水安全保障的总体格局。这是长三角区域跨流域跨区域水利规划设计的又一重大突破。

三是以发展眼光、世界标准，对标国际先进水平，展望长三角水安全保障的未来要求，提出更高质量的水安全保障一体化措施。规划编制组充分基于长三角的人文历史和水情、工情，从长三角水利发展的历史沿革出发，研究了适合长三角区域特点的高质量发展需求，并充分对比分析了纽约、伦敦、巴黎、东京等世界著名城市群水安全保障的方方面面，分析提出了适度超前长三角区域每个经济社会发展阶段的规划措施，能够支撑、保障和引领经济社会发展的水利高质量发展蓝图。规划中提出的一些重要措施均有鲜明的时代特征，如协调水利工程与市民休闲活动空间的超级堤防，保障水资源输送品质的清水廊道，提升水生态保护力度的生态廊道，协调防洪和水资源利用效益的汛期运行水位动态控制，提升供水保障能力和品质的原水连通成环及分质供水，协调人口、土地管理和产业发展的蓄滞洪区管理新模式，提出从控制洪水向洪水风险管理的新理念等。

四是立足于长三角区域更大能级的经济社会发展要求，提出了适应高质量发展的重大水利工程建设思路，长远谋划了一批重大综合性水利工程。如《规划》提出了皖南山区优化陈村、港口湾等大型水库的水资源配置，提升安徽省铜陵、芜湖、宣城优水优用水平，统筹需要和可能，进一步研究论证利用山区优质水资源向上海及环太湖城市群供水的必要性和可行性；大别山区发挥梅山、响洪甸、佛子岭、花凉亭、下浒山等大型水库的调蓄能力和优质水源潜力，提升合肥、六安、安庆等城乡供水水质和保障水平；考虑长江口远期海运量和船舶流量持续增长，深化江海运河研究论证，实现船舶有效分流，为长江口生态减负；合肥、滁州等江淮分水岭地区的城市，结合淠史杭、驷马山干渠建设江淮分水岭水资源配置工程，构建互连互通的城市群供水体系；苏北地区推荐沿海输水通道工程研究，增加沿线城乡供水能力，破解苏北及长三角区域以北地区缺水困局。

撰稿/徐驰、何子杰

成渝地区双城经济圈水安全保障规划

▲ 嘉陵江 2021 年 1 号洪水

为贯彻落实《成渝地区双城经济圈建设规划纲要》对水安全保障的要求,《成渝地区双城经济圈水安全保障规划》全面评估了成渝地区双城经济圈的水安全现状,研判了区域水安全保障形势,谋划了"双圈、两翼、四屏、多廊"的水安全保障总体布局,提出了加快区域水网建设、完善流域防洪减灾体系、优化水资源配置、加强水生态保护与修复、推进智慧水利建设、构建现代水治理体系等水安全保障的重点任务。

规划背景

成渝地区双城经济圈位于“一带一路”和长江经济带交会处，是我国西部人口最密集、产业基础最雄厚、创新能力最强、市场空间最广阔、开放程度最高的区域，在国家发展大局中具有独特而重要的战略地位。党中央、国务院高度重视成渝地区发展。2020 年 1 月 3 日，习近平总书记在中央财经委员会第六次会议作出推动成渝地区双城经济圈建设、打造高质量发展重要增长极的重大决策部署，为成渝地区发展提供了根本遵循和重要指引。2020 年 11 月，中共中央、国务院印发《成渝地区双城经济圈建设规划纲要》(以下简称《纲要》)，明确了总体要求、战略定位、发展目标和重点任务，要求把成渝地区双城经济圈建设成为具有全国影响力的重要经济中心、科技创新中心、改革开放新高地、高品质生活宜居地，为推进成渝地区双城经济圈发展指明了方向。

为深入贯彻以习近平同志为核心的党中央关于推动成渝地区双城经济圈建设的决策部署，落实《纲要》提出的“加强水利基础设施建设，推动形成多源互补、引排得当的水网体系，推进水利资源共享、调配、监管一体化”等有关任务要求，经商国家发展和改革委员会、水利部组织水利水电规划设计总院、长江水利委员会和重庆市、四川省水利部门编制了《成渝地区双城经济圈水安全保障规划》(以下简称《规划》)。《规划》在深入调查研究、专家咨询、征求意见等基础上，全面评估了成渝地区双城经济圈的水安全现状，研判了区域水安全保障形势，谋划了“双圈、两翼、四屏、多廊”的水安全保障总体布局，提出了加快区域水网建设、完善流域防洪减灾体系、优化水资源配置、加强水生态保护与修复、推进智慧水利建设、构建现代水治理体系等水安全保障的重点任务。

2 规划范围与规划水平年

规划范围包括重庆市的中心城区及万州、涪陵、綦江、大足、黔江、长寿、江津、合川、永川、南川、璧山、铜梁、潼南、荣昌、梁平、丰都、垫江、忠县等 27 个区(县)以及开州、云阳的部分地区，四川省的成都、自贡、泸州、德阳、绵阳(除北川县、平武县)、遂宁、内江、乐山、南充、眉山、宜宾、广安、达州(除万源市)、雅安(除天全县、宝兴县)、资阳等 15 个市，总面积 18.5 万 km^2，其中重庆面积占 27%、四川面积占 73%(含成都市面积占 8%)。规划有关任务措施范围适当拓展至重庆、四川全域。规划现状水平年为 2020 年，规划近期至 2025 年，远期到 2035 年。

 规划目标

到2025年，成渝水网主骨架建设加快推进，市县水网有序实施，着力补齐水资源配置、城乡供水、防洪排涝、水生态保护、水网智慧化等短板和薄弱环节，水资源集约节约安全利用水平明显提高，水资源配置体系不断优化，水旱灾害防御能力进一步提升，水生态系统质量和稳定性不断提升，治水管水一体化格局进一步显现。

到2035年，“多源互补、引排得当”的成渝水网格局基本建成，水利基本公共服务均等化水平全面提高，水治理体系和治理能力现代化水平全面提升，高效绿色、安全可控、协同融合、智慧现代的水安全保障格局基本形成。

 总体布局

根据成渝地区双城经济圈战略定位和发展目标，结合经济社会发展、生态环境保护等要求和防洪减灾、水资源开发利用等特征，针对不同区域水安全存在的短板和薄弱环节，构建“双圈、两翼、四屏、多廊”的水安全保障总体空间布局，明确不同分区保障策略和重点，为成渝地区双城经济圈建设提供水安全保障。

(1)双圈

双圈，即重庆都市圈和成都都市圈。重庆都市圈，包括重庆市中心城区及涪陵、綦江、大足、长寿、江津、合川、永川、南川、璧山、铜梁、潼南、荣昌和四川省广安市，人口和GDP分别占成渝地区双城经济圈的25%、31%。以城市防洪工程建设、骨干河道综合治理、上游防洪控制性水库建设为重点，结合已建水库调度运用，提高重庆中心城区、合川区、綦江区等地区防洪减灾能力；统筹本地水、过境水和外调水，以长江干流、嘉陵江等天然河流水系为基础，以跨区域水资源配置工程为重点，形成互补互济的多水源配置格局；以濑溪河、龙溪河等河流生态环境治理为重点，构建健康宜居的水生态体系。成都都市圈，包括成都、德阳、眉山、资阳，人口和GDP分别占成渝地区双城经济圈的30%、34%。以保障岷江、沱江、涪江安澜为重点，通过骨干河流重点河段堤防工程达标建设和提标升级，结合防洪控制性水库建设和运用，优化防洪工程布局，提升流域防洪减灾能力；强化现有供水工程挖潜和非常规水利用，加强岷江都江堰水源调度利用，建设多源互济、纵横连通的水资源配置格局，提升成都都市圈供水安全保障水平；通过加强河流水系连通，科学开展生态补水，加强沱江、岷江等流域水资源保护，建成生态宜居、绿色宜人、人水交融的现代化都市区。在资阳、大足、潼南等融合区域，推动一批水资源配置工程建设，为推动重庆都市圈和成都都市圈相向发展提供更高标准的供水安全保障。

(2)两翼

两翼，即北翼和南翼。北翼，主要包括川东北的绵阳、遂宁、南充、达州和渝东北的开州、

梁平、垫江、云阳、万州、忠县、丰都、黔江等地区，人口和 GDP 分别占成渝地区双城经济圈的 26%、19%。以保障渠江流域防洪安全为重点，加快解决防洪薄弱环节；以推进川渝东北毗邻地区水资源配置体系建设为重点，提升供水安全保障程度；以三峡库区及周边水土保持生态建设和消落区治理为重点，加大对重点流域、三峡库区“共抓大保护”项目及三峡后续工作专项支持力度，改善水生态环境，保护好三峡水库重要战略性淡水资源。南翼，主要包括雅安、乐山、自贡、宜宾、内江、泸州等地区，人口和 GDP 分别占成渝地区双城经济圈的 19%、16%。以长江干流、岷江、沱江等沿线重要城市堤防建设为重点，加快完善流域防洪工程体系；依托长江干流及岷江、沱江，加快构建贯穿东西、连通南北的水资源配置格局；以推进水源涵养和水土流失综合治理为抓手，构建水陆统筹的水生态体系。

(3)四屏

坚持“共抓大保护、不搞大开发”，以盆周的岷山—邛崃山—凉山、米仓山—大巴山、武陵山、大娄山等四片为重要生态屏障，加强水源涵养与保护，加强岷江、涪江、渠江等河流上游生态保护与修复，实施森林生态系统休养生息，开展水土流失和石漠化治理与修复，保护天然林，禁止陡坡开垦和森林砍伐，共保盆周生态安全屏障，为盆中地区和长江中下游地区提供充足的清洁水源，筑牢长江上游生态屏障。

(4)多廊

以长江干流及其重要支流为廊道。依托长江干流黄金水道，重点解决重庆都市圈和南翼沿江城市的缺水问题，通过河道综合整治，解决长江干流部分河段堤防不达标的问题，建设美丽长江岸线。加强大渡河、岷江、沱江、涪江、嘉陵江、渠江、綦江、乌江等重要支流治理，畅通洪水排泄通道，提升廊道沿线城市、重要基础设施防洪保安水平。以长江干流、岷江、沱江、嘉陵江、涪江、乌江为重点，构建河流生态廊道，维护河流健康。

“双圈、两翼、四屏、多廊”水安全空间布局示意图见图 1。

图 1 “双圈、两翼、四屏、多廊”水安全空间布局示意图

5 主要内容

5.1 加快区域水网建设，支撑协同发展新格局

立足保障川渝及毗邻地区、长江流域乃至国家水安全的战略高度，以长江干流及其重要支流等自然河流水系为基础，以重大引调排水工程为通道，以重要调蓄工程为结点，以智慧化调控为手段，以完善流域防洪减灾体系、水资源优化配置体系、水生态保护治理体系为重点，兼顾疏通拓展中小河流、供水管网、灌排渠系等毛细血管，统筹存量和增量，加强互联互通、联调联供、协同防控，推动形成多源互补、引排得当的水网体系，助力"双圈、两翼"高质量发展，推动"四屏、多廊"生态保护，为国家骨干水网构建提供重要支撑。

(1)完善区域水网格局

根据盆周、盆中经济社会发展定位、水安全保障总体布局，综合考虑川渝河流水系特点和防洪、供水、灌溉、生态、水力发电、航运、旅游、景观等需求，加快完善"周水济腹、西水东引、南北拓源、统筹调配、调控有力"的水网格局，有效调控长江上游洪水蓄泄关系，合理调配水资源时空分布，科学调节河流水文节律，提升水旱灾害防御能力、水资源优化配置能力和河流生态保护治理能力，促进产业、人口及各类生产要素合理流动和高效聚集。

(2)加快成渝水网主骨架建设

坚持"川渝一盘棋"思维，尊重客观规律，通过加强重要河流水系和人工基础设施融合，打通东西、南北通道，加快构建"一干七支、五横八纵"的成渝水网主骨架，保障成渝地区双城经济圈水安全，助力经济循环畅通和社会稳定发展。

(3)增强水网调蓄能力

针对存在薄弱环节和突出问题的重点流域与区域，以增强洪水调蓄能力和水资源调配能力为目标，加强大型防洪控制性水库和水源工程建设，强化水工程科学统一联合调度，提升水网调蓄能力。

(4)构建江河生态廊道

坚持生态优先、绿色发展，加强水源涵养与水土保持生态建设，实施江河生态保护与治理修复和水环境治理，构建绿色生态廊道，让水生态空间成为城镇公共生活的重要载体，为人民群众提供更多优质的水生态产品。

5.2 完善流域防洪减灾体系，保障防洪安全

按照"两个坚持、三个转变"的防灾减灾救灾新理念，根据成渝地区双城经济圈防洪形势新变化和经济社会发展新要求，结合成渝水网主要行洪通道，加快防洪护岸综合治理工程建设，推进防洪控制性水库建设，合理提升防洪工程标准，强化洪水预报、预警、预演、预案措施

和水工程联合调度，完善流域防洪减灾体系，着力解决防洪薄弱环节，保障防洪安全，维护人民群众生命财产安全和经济社会和谐稳定。

(1)优化防洪格局

根据长江流域综合规划、流域防洪规划等相关规划确定的防洪总体布局要求，以及长江上游水情、工情新变化和新问题，统筹成渝地区双城经济圈内外、上下游、干支流洪涝关系，坚持“蓄泄兼筹、以泄为主”的防洪治理方针，充分发挥流域防洪工程体系整体作用，以长江干流为骨干泄洪通道，以主要支流为重要承泄载体，以重庆中心城区、合川区，四川乐山市、泸州市、宜宾市、成都市金堂县、达州市渠县等江河交汇城市为关键防护对象，统筹协调干支流、上下游蓄泄关系，优化洪水出路，全局性谋划、战略性布局防洪控制性水库，因地制宜实施分洪工程，整体性推进长江干流综合整治和支流防洪体系建设，结合搬迁避让和非工程措施，形成川渝一体化洪水蓄泄格局，到2035年，建立有效的流域防洪体系，1～5级江河堤防达标率超过90%。

(2)加强长江干流及重要支流治理

根据区域防洪布局，以防洪水库、堤防护岸、河道治理等骨干工程为重点，加强长江干流及重要支流综合整治，确保防洪安全。

(3)加快防洪控制性水库建设

充分发挥乌东德、白鹤滩、溪洛渡、向家坝、瀑布沟、亭子口等长江上游已建防洪控制性水库的蓄洪调峰作用，加强对完善流域防洪减灾体系、提高流域和重点区域洪水调控能力有重要作用的红鱼洞、黄石盘、土溪口、固军等防洪控制性水库建设，加快实施成渝地区双城经济圈外金沙江、雅砻江、岷江以及区域内岷江、沱江、涪江、渠江等流域控制性水库建设，到2025年新增水库防洪库容3.5亿m^3以上。研究嘉陵江、沱江、渠江、涪江、綦江等跨省河流新建防洪水库方案，优化洪水出路安排，提高流域和区域洪水调蓄能力，到2035年新增水库防洪库容10亿m^3以上。开展东方红、酉阳米田等淤积严重的大中型水库清淤试点工作，研究水库库容长期保持的措施。

(4)加强中小河流治理和山洪灾害防治

坚持系统治理，优先安排人口相对集中、保护对象重要、洪涝灾害严重、风险隐患突出河段的中小河流治理。按照“防治结合，以防为主”的原则，继续加强山洪灾害防治，最大限度地减少人员伤亡和财产损失。

(5)实施病险水库除险加固

加强水库安全鉴定和除险加固工作，加快完成现有病险水库除险加固，消除存量隐患。实施常态化和信息化管理，建立水库常态化除险加固机制，实现新出现一座，及时除险加固一座。

(6)加强城市防洪排涝能力建设

全面统筹协调流域防洪工程布局，以防洪水库和堤防达标提标建设为重点，提升城市防洪减灾能力。加强重庆、成都、绵阳、宜宾等4座防洪重点重要城市以及金堂、新津、乐山、泸州、合川、綦江、巴南、大足、潼南等城市防洪工程体系建设，加快94座城市防洪保护圈堤防全面达标建设，有条件地区可结合生态环境建设、交通道路建设等开展多功能高标准堤防建设。实施中小城镇防洪能力达标提升工程，保障县级及以上城市防洪达标。因地制宜、因城施策，防御外洪与治理内涝并重，有效提升城市防洪排涝能力；强化城市防洪与流域防洪统筹协调，妥善安排城市洪涝水滞蓄和外排出路，同步协调开展外围承泄洪水区治理。

5.3 优化水资源配置，保障供水安全

坚持节水优先、空间均衡，优化水资源配置格局，强化水资源刚性约束，推进跨区域重大水资源配置工程建设，强化蓄引提调、大中小微供水工程协调配套，推动形成丰枯互济、多源互补、安全高效的供水网络，增强水资源调配能力，提升城乡供水保障能力，加强灌区建设与现代化改造，探索战略储备水源基地建设，以水资源可持续利用支撑成渝地区双城经济圈高质量发展。

(1)优化水资源配置格局

综合考虑经济社会发展布局与水资源时空分布特点，准确把握盆周人口集聚、产业结构调整的新要求，以充分节水为前提，按照合理开发利用当地地表水和地下水、加大利用非常规水、高效利用外调水的原则，统筹河道内外用水需求，构建与成渝地区双城经济圈发展格局相适应的水资源配置格局。

(2)强化节水和水资源刚性约束

坚持以水定城、以水定地、以水定人、以水定产，把水资源作为刚性约束，严格水资源消耗总量和强度双控，坚决抑制不合理用水需求，把节约用水贯穿到经济社会发展的全过程和各领域，建设资源节约型社会，建立健全有利于节约用水的体制机制，全面提高水资源利用效率与效益。

(3)推进重大水资源配置工程建设

加快跨流域跨区域骨干水资源配置工程建设，推进重点水源工程建设，增强跨区域水资源调配能力，促进水资源供给量质齐增、合理配置。

(4)提升城乡供水保障能力

全面加强城乡供水基础设施建设，强化城市供水多源保障，推进实施县域供水工程，促进城乡供水基本公共服务均等化，提高供水能力和供水保证率，形成较为完备的城乡供水体系。

(5)加强灌区建设与现代化改造

以保障粮食安全为首要目标，充分发挥区域水土资源优势，加强灌区工程建设，实施大中型灌区升级改造，夯实粮食生产能力基础，力争到2025年新增灌溉面积400万亩以上，到2035年再新增灌溉面积600万亩以上，为成渝地区双城经济圈建设现代高效特色农业带提

供有力支撑，为维护国家粮食安全提供坚强保障。

(6)加强战略储备水源基地建设

针对气候变化、水资源演变等不确定性，加强水资源战略储备能力建设，应对远期水资源安全面临的诸多风险，为成渝地区双城经济圈长远发展提供水资源战略支撑。

5.4 加强保护与修复，提升水生态系统质量和稳定性

坚持山水林田湖草沙系统治理、综合治理、源头治理，厚植自然山水基底，守住河湖生态安全边界，保持和提升河湖健康生命形态，提升生态廊道功能，弘扬成渝水文化魅力，打造高品质生态宜居环境，筑牢长江上游生态屏障，促进人水和谐。

(1)共筑水生态安全格局

遵循水循环过程，从生态整体性和流域系统性出发，统筹考虑自然生态环境各要素、水域陆域、地表地下、城市乡村，进行整体保护、系统修复、综合治理，提升生态系统质量和稳定性。

(2)加强河湖生态空间管控

依托山、水、林、田、城的空间格局和自然本底特征，保护河湖面貌的原真性、完整性，加强河湖生态空间分区分类管控，促进人水和谐。

(3)加强水源涵养与水土保持

坚持预防为主、防治结合，加强水土流失预防保护，科学推进水土流失综合治理，严格防控人为水土流失，进一步提升水源涵养、水土保持生态功能。

(4)协同深化水资源保护

加强饮用水水源地保护与管理，保障饮用水水源水质稳定达标。加强水资源联合保护，逐步实现河流水质稳中向好。

(5)推进生态廊道建设

坚持保护优先，自然恢复与治理修复相结合，共建绿色生态廊道，重塑和保持河流健康生命形态，不断满足人民群众对高品质生活宜居地的需求，促进山水人城融合发展。

(6)强化三峡库区综合治理

结合三峡后续工作，重点开展三峡库区水土流失综合治理、消落区生态保护与修复、入库河流富营养化联合防治，因地制宜实施退耕还林还草还湿，保护好我国最大淡水资源库三峡水库，守护好一库清水。

(7)挖掘提升水文化

保护好、传承好、弘扬好巴蜀水文化，探索具有成渝特色的水生态产品价值实现机制，共享水生态产品和服务。

5.5 加强数字融合，推进智慧水利建设

按照"需求牵引、应用至上、数字赋能、提升能力"要求，以提升水利数字化、网络化、智能化水平为目标，以数字化场景、智慧化模拟、精准化决策为路径，全面推进算据、算法、算力建设，加快构建具有预报、预警、预演、预案"四预"功能的智慧水利体系。

(1)加强水利信息基础设施建设

按照"整合已建、统筹在建、规范新建"的要求，强化现有资源整合，促进集约化利用，完善成渝地区水安全监测站网体系，建设水利信息基础设施体系，提升监测感知和工程智能化水平，为水利业务应用提供完善的基础支撑环境。

(2)构建水利数字孪生平台

以物理流域为单元、时空数据为底板，利用大数据、AI、仿真模拟等技术，推进算据、算法、算力建设，构建数字孪生平台，强化物理流域与数字流域之间的动态实时信息交互和深度融合，实现治水管水工作全息精准化模拟和超前仿真推演，为水利智慧化决策提供支撑。

(3)构建水利智能业务应用体系

按照实现一体化协同管理的要求，以川渝大数据水利云为支撑，充分整合现有信息应用系统，构建水利数字孪生应用场景，在重点业务、重点区域实现"四预"功能，推动成渝地区"2+N"水利业务一体化应用体系建设。

5.6 深化创新协同，构建现代水治理体系

坚持改革创新、统筹协同，创新一体化协同治水管理体制机制，强化水利行业监管，深化重点领域改革，强化水安全风险防控，加强水利科技创新，全面提升水治理能力现代化水平。

(1)创新协同治水管水体制机制

坚持创新机制，提升治理效能，充分发挥流域管理机构长江水利委员会的作用，强化省市间协同监管和水事协调合作，破除行政壁垒和体制机制障碍，凝聚团结治水合力，做到目标一致、布局一体、步调有序。

(2)强化水利行业监管

针对监管薄弱环节，强化全过程、全要素监管，全面提升水利行业监管水平。

(3)深化重点领域改革

发挥政府与市场的"两只手"作用，大力推进水资源配置要素市场化改革，加快建立健全水流生态保护补偿机制，创新水利建设投融资机制，深化水权水价水市场改革，提升水利发展内生动力。

(4)强化水安全风险联合防控

牢固树立底线思维，增强忧患意识，强化水安全风险联合防控能力建设，增强全社会水

安全风险意识，最大限度预防和减少水安全事件造成的损害。

(5)加强水利科技创新和人才培养

以全面提升自主创新能力为核心，强化水利科技创新，加强重大科技问题研究，推动产学研转化应用，加快推进水利科技推广，为成渝地区双城经济圈水安全保障提供强有力的科技支撑。

6 规划指导意义

该规划是落实和细化《成渝地区双城经济圈建设规划纲要》有关水利任务，推动成渝地区双城经济圈新阶段水利高质量发展的总体设计和行动指南，是当前和今后一段时期开展成渝地区双城经济圈水安全保障工作的重要依据。

撰稿/刘恒恒、刘少华

长江流域防洪规划

▲ 荆江大堤

《长江流域防洪规划》是第一部全面涵盖整个长江流域防洪问题、系统应对流域内各类洪灾的规划，是 21 世纪初期 20～30 年长江流域防洪建设和管理的基本依据，对保障流域内人民生命财产安全和经济社会可持续发展具有重要意义。

规划背景

1.1 规划编制过程

长江流域地域辽阔、资源丰富，是我国经济发达的地区。由于流域广大地区暴雨洪水很大，特别是中下游平原地区地势低平，洪涝灾害频繁而严重。新中国成立以来，党和国家高度重视长江防洪减灾工作，进行了大规模的防洪建设，提高了流域防洪能力。1990 年国务院批准的《长江流域综合利用规划简要报告(1990 年修订)》和 1999 年批转的《水利部关于长江近期防洪建设的若干意见》，对流域的防洪减灾做了全面安排，在流域防洪建设和管理中发挥了重要的作用。随着流域经济社会发展，对防洪的要求逐步提高，1998 年长江大洪水后流域水情、工情、灾情等也发生了重大变化。为适应经济社会发展需求，依据《中华人民共和国防洪法》，水利部布置开展长江流域防洪规划编制工作。

根据 1998 年 10 月水利部《防洪规划任务书》的安排及要求，结合长江流域实际，长江水利委员会编制完成了《长江流域防洪规划工作大纲》，并组织流域内各省(自治区、直辖市)共同开展了长江流域防洪规划编制工作。太湖水系是长江下游重要水系之一，其流域防洪规划水利部已安排太湖流域管理局编制，本规划只纳入太湖流域的经济社会状况资料。

2005 年 1 月 19—21 日，水利部组织召开了长江流域防洪规划审查会，国务院有关部委和流域内各省(自治区、直辖市)的代表及特邀专家审查通过了《长江流域防洪规划》(以下简称《规划》)。2008 年 7 月，国务院以国函〔2008〕62 号文正式批复《规划》。

1.2 规划面临的防洪形势

自新中国成立以来，经过大力建设，长江初步形成以堤防、蓄滞洪区、防洪水库为主体的防洪体系，一般常遇洪水，经过严密防守，基本可以安全度汛。但长江防洪仍存在诸多问题，流域防洪形势仍很严峻。

长江防洪存在的主要问题有：长江中下游洪水来量大，而各河段的安全泄量相对不足；规划的蓄滞洪区建设滞后，适时按量分洪十分困难；规划拟定的防洪控制水库尚未完建；长江中下游连江支堤，洞庭湖区、鄱阳湖区和主要支流的主要堤防仍存在薄弱环节和隐患，且缺乏必要的安全监测和抢险设备、技术手段；长江中下游干流河道局部河势变化剧烈，威胁堤防安全，特别是三峡工程蓄水运用后，坝下游河道发生冲刷，荆江河段河床下切尤为突出；由于泥沙淤积和围垦，江湖行蓄洪能力下降；山丘区面积广，局部暴雨强度大，山洪灾害频发，常造成人员伤亡和财产损失。

三峡工程是长江综合治理开发的关键工程，建成后长江中下游防洪能力有较大提高，特别是荆江地区防洪形势发生根本性变化：①荆江地区遇百年一遇及以下洪水，通过三峡水库调蓄，可使沙市水位不超过44.50m，不需要启用荆江分洪区；遇千年一遇或类似1870年洪水，可控制枝城流量不超过80000m^3/s，配合荆江地区的分洪区运用，可使沙市水位不超过45.00m，从而保证荆江两岸的防洪安全。②城陵矶附近地区一般年份基本上可不分洪(各支流尾闾除外)；遇1931年、1935年大洪水，可减少分蓄洪量和土地淹没。③武汉附近区可以避免荆江大堤溃决后洪水取捷径对武汉的威胁；三峡水库调蓄提高了对城陵矶附近地区洪水控制的能力，配合丹江口水库和武汉市附近地区的蓄滞洪区运用，可避免武汉水位失控。

由于长江河道安全泄量与长江峰高量大洪水的矛盾十分突出，三峡工程建成后长江中下游部分地区的防洪形势仍然严峻，长江防洪仍然要依靠综合措施，防洪建设需进一步加强。三峡工程建成以后，将会引起中下游河道冲淤变化，长江干流的蓄泄关系、江湖关系及长江中下游河势都将发生新的变化，这些都还需认真研究。长江防洪问题的复杂性决定了长江防洪治理的艰巨性与长期性。

2 编制意义

防洪是长江流域治理开发的首要任务，《规划》是第一部全面涵盖整个长江流域防洪问题、系统应对流域内各类洪灾(大江大河洪灾、中小河流及山区洪灾、沿海风暴潮灾害等)的规划，采用新技术、新方法对长江防洪重大问题进行了深入、系统的研究，取得了大量的创新性成果，在此基础上科学制定了长江流域防洪布局及规划方案，对之后20年长江流域的防洪建设和管理进行了全面、系统的部署，是21世纪初期20～30年长江流域防洪建设和管理的基本依据，对保障流域内人民生命财产安全和经济社会可持续发展具有重要意义。

3 规划方案

3.1 规划指导思想、原则及目标

(1)规划指导思想

《规划》以科学发展观为指导，以《中华人民共和国水法》和《中华人民共和国防洪法》为依据，按照"蓄泄兼筹、以泄为主"的防洪治理方针，坚持全面规划、统筹兼顾、标本兼治、综合治理的原则，加强长江流域防洪建设，进一步完善流域防洪工程体系的总体布局，以反映三峡工程及上游大型水库建成后防洪形势出现的新变化，满足经济社会可持续发展对防洪的要求；按照人与自然和谐相处的理念，正确处理人与自然的关系，合理、有序、综合开发利用

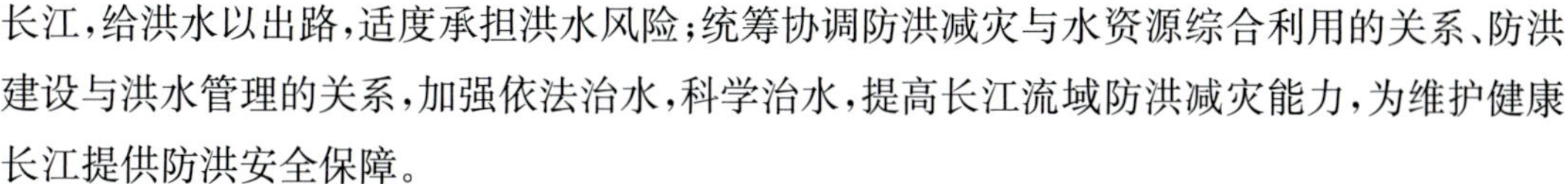

长江，给洪水以出路，适度承担洪水风险；统筹协调防洪减灾与水资源综合利用的关系、防洪建设与洪水管理的关系，加强依法治水，科学治水，提高长江流域防洪减灾能力，为维护健康长江提供防洪安全保障。

(2)规划原则

1)根据长江洪水与洪灾特点，对上中下游、干支流洪水治理做出全面规划，并以长江中下游地区为规划重点。根据国家防洪标准和防洪保护区经济社会发展状况，制定相应的防洪标准，做到确保重点，兼顾一般。分析研究上中下游、干支流的洪水规律及相互之间的联系，统筹安排洪水治理措施，做到"综合治理""江湖两利""左右岸兼顾、上中下游协调"。

2)工程措施与非工程措施相结合，采用多种措施进行综合治理，突出防洪体系的整体作用。

3)坚持防洪与改善生态环境相结合，积极推行封山育林，对过度开垦的土地有步骤地退耕还林，加快林草植被恢复建设，采取综合措施防治水土流失，恢复与改善已遭破坏的生态环境，减少江河、湖泊、水库的泥沙淤积。

4)规划拟定的防洪目标、防洪标准及防洪工程布局，要与土地利用总体规划以及其他相关规划相衔接协调。

(3)规划水平年

近期规划水平年为 2015 年，远期规划水平年为 2025 年。

(4)规划目标

规划到近期 2015 年，巩固、完善现有防洪体系，考虑三峡工程建成后对长江防洪的作用和影响，加快长江综合防洪体系建设，使荆江地区防洪标准达到 100 年一遇，在遭遇类似 1870 年型特大洪水时有对策和措施，两岸主要防洪大堤不溃决，避免发生毁灭性灾害；城陵矶以下河段能防御 1954 年洪水；重要蓄滞洪区能适时按量使用；主要城市、洞庭湖区和鄱阳湖区重点圩垸、主要支流堤防基本达到规定的防洪标准。初步建成山洪灾害重点防治区以监测、通信、预报、预警等非工程措施为主与工程措施相结合的防灾减灾体系。

规划到 2025 年，进一步健全和提高与流域经济社会发展相适应的防洪减灾体系，妥善处理超额洪水，增强防洪减灾能力，遇常遇洪水和较大洪水时可保障经济发展和社会安全，在遭遇大洪水或特大洪水时经济活动和社会生活不致发生大的动荡，生态环境不会遭到严重破坏，可持续发展进程不会受到重大干扰。对山洪灾害、风暴潮灾害等，有对策和措施，减少人员伤亡和财产损失。

3.2 防洪标准

(1)长江中下游干流

长江中下游干流荆江河段防御枝城 100 年一遇洪水洪峰流量，城陵矶及以下河段防御新中国成立以来最大的1954年洪水；河口段（徐六泾以下）江苏省长江口堤防防洪潮标准为100年一遇高潮位遇11级风，上海市宝山区、浦东新区防洪潮标准为200年一遇高潮位遇12级风，其余堤段均为100年一遇高潮位遇11级风。

（2）长江上游干流及主要支流

长江上游干流及主要支流总体防洪标准应达20年一遇，同时对流域内已发生的造成严重灾害的大洪水要有可靠的防御对策，确保重点地区防洪安全。流域内地级城市的防洪标准一般为50年一遇，县级城镇的防洪标准一般为20年一遇，重要地级、县级城市和工业重镇的防洪标准可适当提高。

（3）主要城市

位于长江上游的重点城市成都市防洪标准为200年一遇，重庆、昆明、贵阳市主城区防洪标准为100年一遇，宜宾、泸州等重要城市防洪标准为50年一遇。

位于长江中下游干流的荆州、岳阳、武汉、黄石、九江、安庆、芜湖、南京等重点防洪城市及马鞍山、镇江等地级城市的防洪标准与中下游干流整体防御对象一致。位于中下游支流的省会城市长沙、南昌、合肥，防洪标准为100～200年一遇。位于河口段的上海市城区黄浦江干流及主要支流防洪标准为1000年一遇。

3.3 防洪总体布局

3.3.1 长江中下游防洪总体布局

长江中下游防洪区面积大，防洪任务重，防洪采取综合措施，逐步建成以堤防为基础，三峡工程为骨干，干支流水库、蓄滞洪区、河道整治相配套，结合封山植树、退耕还林、平垸行洪、退田还湖、水土保持等措施以及防洪非工程措施组成的综合防洪体系。

根据长江中下游干流堤防保护对象的重要性，按照《堤防工程设计规范》进行分级，根据《长江流域综合利用规划简要报告（1990年修订）》拟定的控制站设计水位进行建设。

随着三峡水库和上中游干支流水库的兴建，长江中下游蓄滞洪区的分洪量会减少，使用概率会降低。蓄滞洪区应从可持续发展的要求出发，按移民建镇的思路搞好安全建设，同时加强蓄滞洪区的管理，真正做到遇大洪水时能及时足量使用。

长江上游金沙江、雅砻江、岷江、嘉陵江、乌江等要结合综合利用兴建有较大防洪库容的水库并与三峡工程联合运用，使长江中下游的防洪能力进一步提高。长江中下游支流历史上发生过特大洪水并造成严重灾害的，除了已建的控制性工程外，还要规划兴建一批水库拦蓄洪水。已建对本支流和长江中下游有较大防洪作用的大型水库，要进一步挖掘防洪潜力，充分发挥其防洪作用。

长江河道整治要按照统一规划、综合治理的原则，既考虑防洪，又兼顾航运、取水以及两岸经济发展的需要。对《长江流域综合利用规划简要报告（1990年修订）》及《长江中下游干流河道治理规划报告》确定的重要河段的崩岸尽快进行守护和加固，对河势加强控制。荆江

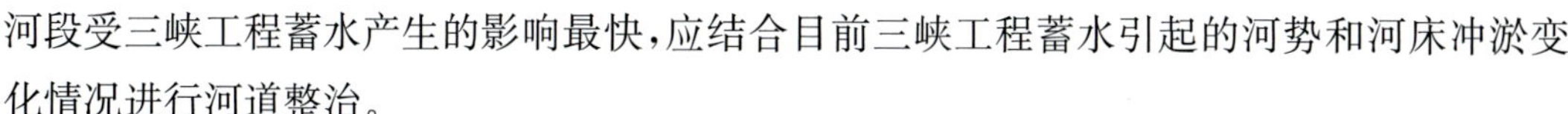

河段受三峡工程蓄水产生的影响最快，应结合目前三峡工程蓄水引起的河势和河床冲淤变化情况进行河道整治。

3.3.2 长江上游防洪总体布局

长江上游结合兴利逐步兴建调洪水库，整治河道，适当修建堤防、护岸，加强水土保持，加强水情测报及其他防洪非工程措施建设。

除了兴建对长江中下游防洪起较大作用的水库外，还要结合兴利建设对提高支流防洪标准有明显作用的骨干水库。

加强河道管理，严禁在行洪河道内乱占、乱倒、乱采砂石，以保证排洪畅通。对城镇河段采取必要的清淤疏浚、扩卡等措施，加强崩岸严重段特别是城镇段崩岸的治理。

保护面积集中的地区及上游较重要的城镇，可结合水库规划适当兴建堤防，堤防修建应以保证洪水畅泄为原则，严格控制挤占河道及围滩、围江心洲坝。

3.3.3 山洪灾害防治总体布局

对于受山洪灾害威胁的地区，根据山洪灾害的严重性，划分山洪灾害重点防治区与一般防治区，规划采取建立监测预警系统和群测群防的组织体系、风险区管理、编制防御预案、宣传教育等非工程措施，结合堤防、护岸、谷坊、拦沙坝、排导沟、水库等工程措施，逐步形成完善的山洪灾害防治体系。长江流域山洪灾害防治方案、布局、措施，以《全国山洪灾害防治规划报告》为依据。

3.4 防洪规划方案

3.4.1 长江中下游防洪规划

3.4.1.1 堤防规划

(1)堤防级别

荆江大堤、无为大堤、南线大堤、汉江遥堤以及沿江重点防洪城市堤防等为 1 级堤防。松滋江堤、荆南长江干堤、洪湖监利江堤、岳阳长江干堤、四邑公堤、粑铺大堤、黄广大堤、同马大堤、广济圩江堤、枞阳江堤、和县江堤、江苏长江干堤等为 2 级堤防。洞庭湖、鄱阳湖区重点圩垸堤防为 2 级堤防，蓄洪垸堤防为 3 级堤防。江苏和上海两省(直辖市)的海塘工程还要考虑与海洋功能区划相衔接。

(2)设计水位和超高

长江中下游干流堤防采用同一设计水面线，汉江及洞庭湖、鄱阳湖区的堤防也是如此，堤防标准的差别主要体现在堤顶超高不同、堤防设计断面不同、堤防设计采用的安全值不同。

长江中下游干流 1 级堤防堤顶超高为 2.0m，2 级及 3 级堤防堤顶超高为 1.5m，其他堤防超高为 1.0m。城陵矶附近河段的设计堤顶高程，比上述超高再增加 0.5m，规划超高增加

0.5m的范围为长江干流北岸监利、洪湖江堤(龙口以上)、南岸岳阳长江干堤。洞庭湖及鄱阳湖考虑临湖堤风浪大、吹程远等特点,规划2级堤防即重点垸堤防临湖堤超高2.0m,临河堤超高1.5m,3级堤防即蓄洪垸堤防临湖堤超高1.5m,临河堤超高1.0m。

3.4.1.2 河(洪)道整治规划

(1)干流河道整治规划

按照河型和控制节点,将长江中下游干流河道划分为33个河段,并根据河段重要性和治理的迫切性分为三类,分期分批进行治理。第一类为现有重要堤防、城市、港口和重点工程,在国民经济建设中有重要作用,需要抓紧解决在防洪与航运方面存在问题的河段,计有14个河段;第二类为在防洪、航运或其他方面存在问题较突出需要进行整治的河段,计有10个河段;第三类为河势基本稳定,存在问题不突出,或虽有某些问题可暂缓进行整治的河段,计有9个河段。根据目前的河势演变和沿岸经济发展现状与趋势,将第一类河段确定为重点治理河段,第二类和第三类河段确定为一般治理河段。

(2)洞庭湖、鄱阳湖区洪道整治规划

洞庭湖区四口洪道整治规划以不影响现状分流能力为原则,减轻部分河道冲刷,减缓洪水位抬高趋势,努力缩短临河堤线。整治工程以疏浚、削矶、堵支并流调整水系为主。

鄱阳湖区洪道整治规划通过清障和高洲疏挖等工程措施,理顺水系,缩短洪道。以增大泄量、降低洪水位、确保安全为原则,近期为主,远近结合,综合治理。

3.4.1.3 蓄滞洪区规划

(1)蓄滞洪区分类

按照蓄滞洪区总体布局、启用概率和重要性,将长江中下游蓄滞洪区分为重要、一般和蓄滞洪保留区三类。重要蓄滞洪区为现状条件下使用概率较大(一般在20年一遇以下)的蓄滞洪区,属于这类的蓄滞洪区有13处,分别为荆江分洪区、钱粮湖、共双茶、大通湖东、洪湖东分块、围堤湖、民主、城西、澧南、西官、建设、杜家台、康山蓄滞洪区。一般蓄滞洪区为三峡工程建成后为防御1954年洪水,除重要蓄滞洪区外,还需启用的蓄滞洪区,属于这类的蓄滞洪区有14处,分别为洪湖中分块、屈原、九垸、江南陆城、建新、西凉湖、武湖、涨渡湖、白潭湖、东西湖、珠湖、黄湖、方洲斜塘、华阳河蓄滞洪区。蓄滞洪保留区是指三峡工程建成后为防御超标准洪水或特大洪水需要使用的蓄滞洪区,属于这类的蓄滞洪区有15处,分别为涴市扩大区、人民大垸、虎西备蓄区、君山、集成安合、南汉、和康、安化、安澧、安昌、北湖、义合、南顶、六角山、洪湖西分块蓄滞洪区。

(2)蓄滞洪区建设思路

重要蓄滞洪区和一般蓄滞洪区的规划和建设,既要保证分蓄洪的需要,也要使区内居民有生存和适当发展的环境。重要蓄滞洪区因启用较频繁,应限制经济发展规模,避免人口入迁和新增重要资产进入。一般蓄滞洪区因使用概率比重要蓄滞洪区小,可适当放宽对经济发展的限制。

鉴于荆江防洪的重要性，考虑三峡工程及上游建库后荆江分洪区使用概率逐步减小的实际情况和对防御特大洪水的作用，应放宽对荆江分洪区经济发展的限制，其安全建设以转移道路、通信预警设施建设为主，有条件时适当扩大主要安全区的范围。

蓄滞洪保留区在三峡工程建成后运用概率较少，是规划作为遇超标准洪水的蓄滞洪区。因此，除不能发展一旦分蓄洪给环境造成严重污染的企业外，可基本不限制其发展，蓄滞洪区安全建设结合地区经济社会发展需要，以建设安全转移道路、通信预警系统为主。

3.4.1.4 平垸行洪、退田还湖规划

考虑到沿江及湖区人多地少和长江洪水的特点，对严重影响行洪的洲滩民垸，采取退人又退耕的“双退”方式，坚决平毁；其他圩垸采取退人不退耕的“单退”方式，即平时处于空垸待蓄状态，一般年份或非汛期仍可进行农业生产，在汛期或遇洪水年份则破圩滞蓄洪水。

根据初步规划，3～5 年有 1505 个一般圩垸拟实施平垸行洪、退田还湖，总面积 5317km^2，总人口 378.9 万。其中长江中下游干流有洲滩民垸 581 个，面积 2882km^2，总人口 213.4 万；洞庭湖区有一般圩垸 301 个，面积 512.2km^2，人口 36.28 万；鄱阳湖区有一般圩垸 294 个，面积 885.6km^2，人口 73.68 万；其他 329 个为支流或内湖圩垸。

3.4.1.5 水库工程规划

(1)水库工程总体规划

长江上游干支流建库除满足所在河流(河段)防洪要求外，同时配合三峡水库对长江中下游发挥防洪作用。规划长江上游干支流预留防洪库容共约 400 亿 m^3，利用长江中下游成灾洪水出现时间上的特性，考虑防洪与兴利的有机结合，实行分期洪水调度的优化方案。规划金沙江干流石鼓—宜宾河段预留防洪库容 220 亿～249 亿 m^3；雅砻江预留防洪库容 50 亿～60 亿 m^3；岷江拟定 7—8 月预留防洪库容 30 亿～40 亿 m^3；嘉陵江亭子口、草街水库分别安排防洪库容 14.6 亿 m^3、6.48 亿 m^3，支流白龙江安排防洪库容 3.0 亿 m^3；乌江干流(含六冲河)预留防洪库容 11.66 亿 m^3。

长江中下游防洪水库主要是对各自支流防洪保护区发挥拦洪、削峰、错峰的作用，与其他防洪工程联合运用，提高各支流尾闾地区的防洪能力，同时直接或间接地对长江中下游总体防洪发挥作用。其中，清江规划预留防洪库容 11.1 亿 m^3；洞庭湖水系规划扩大五强溪、柘溪、涔天河等水库防洪库容，新建资水金塘冲、澧水皂市、宜冲桥水库；汉江规划丹江口水库防洪库容扩大至 110 亿 m^3；鄱阳湖水系规划新建赣江峡江、抚河廖坊及饶河浯溪口水库，已建赣江万安、修水柘林水库防洪库容分别扩大至 10.19 亿 m^3、15.72 亿 m^3。

(2)病险水库加固规划

规划近期水平年完成列入全国第一、二批规划中的大、中型及重点小型水库的除险加固；远期水平年全面完成大、中型及重要小型水库的除险加固。

3.4.1.6　防洪非工程措施

建设覆盖长江流域高效、可靠、先进、实用的防汛指挥调度系统，全面提高水文基础设施防洪能力和水文测报能力，完善水文站网，提高洪水测预报的精度；修订现行的洪水预报方案；建立完善的长江流域防洪政策法规体系，制定蓄滞洪区运用补偿法规，加强蓄滞洪区内人口土地的管理，并在长江中下游蓄滞洪区实行强制性洪水保险方式；建立全流域统一的防洪骨干水库调度系统，加强排涝管理；加强防洪法规与防洪知识宣传教育；制定超标准洪水的防御对策等。

3.4.2　长江上游干流及主要支流防洪规划

长江上游干流及主要支流依据各自的开发治理条件，采用必要的工程措施和非工程措施解决各自河流的防洪问题。其中川江、金马河及成都平原、嘉陵江干流中下游、乌江下游、清江中下游采用堤库结合；沱江、涪江及渠河中下游主要以护岸结合堤防加固为主；汉江中下游在续建丹江口水库，扩大其防洪作用的基础上，加固现有堤防，必要时配合分蓄洪工程；洞庭湖、鄱阳湖水系按规划标准加固现有堤防，新建具有防洪能力的水库，扩大已建大型水库的防洪作用，完善已建蓄滞洪区，加强河道整治；下游各支流以堤防为主，上游山谷水库和下游蓄滞洪区配合。

3.4.3　主要城市防洪规划

规划范围城市总计 24 个，除列为全国防洪重点城市的成都、荆州、长沙、岳阳、武汉、黄石、九江、南昌、安庆、芜湖、合肥、南京和上海等 13 个城市外，还包括 1 个中央直辖市重庆、2 个省会城市昆明和贵阳及宜宾、泸州、宜昌、池州、铜陵、马鞍山、镇江、南通等长江干流的 8 个地级城市。城市防洪规划以所在江河流域规划为依据，与城市规划相协调。

3.4.4　水土保持规划

规划范围主要为长江上中游地区，水土流失治理的重点地区是主要支流、水系内水土流失严重的县。规划近期水平年内治理水土流失面积 16 万 km^2，远期水平年内治理水土流失面积 13 万 km^2。

4　技术难题及解决方案

4.1　设计洪水研究方面

由于长江中下游防洪工程组成复杂，有堤防、蓄滞洪区、水库和湖泊调蓄等，防护对象线路长、范围广，洪水的来源和地区组成复杂，很难用某一固定断面来表述。长江中下游某次实际发生的洪水，在各设计断面的重现期不相同，同一断面的洪水，其洪峰流量、各时段洪量的重现期也可能不相同。江湖调蓄水量和分洪溃口水量不能及时下泄归入河槽，使得汛期中下游水文站实测洪水过程难以反映洪水的真实面目，实测洪峰流量和时段洪量与天然情况有较大差别。此外，长江中下游通江湖泊对洪水的调蓄作用较大，由于河道和湖泊逐年演变，河槽和通江湖泊调蓄量也逐年不同。分洪区的有计划分蓄洪和两岸堤防溃决这两种突变因素，以及平原水网区江槽、湖泊对洪水过程调蓄逐年变化这一渐变因素综合影响，使得长江中下游自枝城以下各站实测水文资料较难满足系列一致性要求。

为了保证长江中下游各控制站洪水系列的一致性，并能更真实地反映上游天然来水情况，在分析枝城以下各站设计洪水时，研究采用“总入流过程分析法”，结合 20 世纪 90 年代相继出现的 1998 年全流域性大洪水以及 1991 年、1995 年、1996 年等中下游大洪水资料，分析计算枝城以下螺山、汉口、大通各站设计洪水。另外，根据三峡工程建成后的防洪形势，对长江干流防洪控制水位进行复核，并针对近年来城陵矶附近发生高洪水位的情况，考虑这一地区洪水组成的复杂性，研究提出了增加防洪调度的灵活性措施。

4.2 三峡工程运用后江湖关系变化及其应对措施研究方面

长江防洪采取“蓄泄兼筹、以泄为主”的治理方针，河道、湖泊是长江洪水下泄和调蓄的主要载体，长江中下游河道湖泊的行洪能力和蓄泄关系，是防洪规划的基本依据。本规划通过实测资料分析与理论研究相结合，明晰了三峡工程建成以来江湖关系新变化；为分析复杂江湖水沙联系，定量预测三峡水库运用后江湖关系的响应，建立了将荆江与洞庭湖联为一体的水沙数学模型，计算得到三峡工程运行后不同时期河湖冲淤变化、荆江三口分流分沙及洞庭湖淤积变化、中下游各主要控制站水位流量关系变化、江湖调蓄能力变化等成果，分析了三峡工程运用对长江中下游防洪格局的影响。

江湖关系是影响长江中下游防洪策略的主要因素之一。处理好江湖关系，做到江湖两利，是长江防洪的关键。在处理复杂的江湖关系、解决洪涝频繁的洞庭湖区防洪问题方面，曾经提出过荆江“四口”建闸控制、簰洲裁弯、螺山扩卡等方案，对鄱阳湖区治理提出了湖口建闸控制的方案。这些方案将对江湖关系、上下游关系带来很大影响，是长江流域防洪规划需要明确的问题。以往对部分问题开展的研究主要依据的是三峡水库运用前的河道及水沙条件，有一定局限性。本规划通过实测资料分析与数学模型模拟计算相结合，考虑三峡工程建成后江湖关系新变化，对荆江“四口”建闸、簰洲裁弯、螺山扩卡、鄱阳湖湖口控制等影响江湖关系的四个重大专题进行了系统的定量研究，全面分析工程的效果和影响，提出了相关决策意见。

4.3 流域防洪规划方案制定方面

长江流域面积大，涉及 19 个省（自治区、直辖市），流域上下游、左右岸之间关系复杂，流域防洪规划方案的制定需开展深入、细致的工作，进行统筹考虑。长江河道安全泄量与长江洪水峰高量大的矛盾十分突出，利用蓄滞洪区分泄超额洪水，是保障重点地区防洪安全的有效措施。三峡水库建成后，荆江河段防洪能力显著提高，需要根据三峡工程建成后的长江中下游防洪形势变化，对蓄滞洪区的运用概率、运用效果等开展深入研究，在此基础上研究蓄滞洪区布局调整的方案，提出急需建设的重点。由于长江上游洪水来量巨大，三峡水库受防洪库容限制，对减少城陵矶以下分洪量的效果仍不够理想。三峡水库建成后，上游干支流建库，配合三峡水库对长江中下游防洪，能发挥更大的防洪效能，进一步提高长江中下游的防洪标准，大幅度减少分洪量。

在长江中下游超额洪量与蓄滞洪区布局研究方面，构建了集三峡水库防洪调度和中下游洪水演进于一体的水文学模型，研究分析了三峡工程建成后长江中下游的超额洪量及其时空分布规律。同时，根据长江中下游防洪现状，考虑三峡工程等大型水利枢纽建成后长江中下游防洪形势的变化，按照蓄滞洪区总体布局、启用概率和重要性，将长江中下游蓄滞洪区分为重要、一般和规划保留区三类，分类提出了蓄滞洪区建设思路和建设安排；按远近结合、分期实施的原则，特别提出近期需重点建设城陵矶附近分蓄 100 亿 m^3 超额洪量的蓄滞洪区。

金沙江洪水是形成长江中下游洪量的主要来源，金沙江梯级水库具有保障本流域干流下游河段和部分支流防洪安全，配合川江河段防洪提高宜宾、泸州和重庆等城市的防洪标准，配合三峡水库保障长江中下游防洪安全等多重任务。在金沙江梯级水库防洪作用研究方面，根据金沙江梯级水库建设进程，通过数学模型计算，研究提出了金沙江梯级预留防洪库容安排和库容分配方案。

5 取得的先进创新技术

安澜汉江建成后，汉江总体防洪除涝减灾能力将进一步提高。遇类似 1935 年大洪水，丹江口水库配合中游分蓄洪民垸的运用，可确保遥堤安全，避免江汉平原遭遇毁灭性灾害。可提高防涝能力，对减免涝灾损失，为粮食增产和农民增收提供有力保障。

绿色汉江建成后，将建立城乡饮水安全保障体系，提高城镇供水保证率；流域灌溉面积进一步增加，改善现有农田灌溉面积的供水条件，为保障粮食安全创造良好条件；引江补汉工程和引汉济渭工程不仅可满足缺水地区用水，还可促进受水区生态环境的动态平衡；通过梯级渠化和航道整治，将形成流域畅通的水运交通体系，促进沿江产业带的建设。

美丽汉江建成后，将改善汉江流域的水生态环境，维护汉江流域的水生生物多样性和完整性，促进人与自然的和谐发展；水土流失严重地区将得到治理，耕地资源得到有效保护，丹江口水库优良水质得到维持；做好水利结合血防工作，可减少钉螺面积，有效保护疫区人民的身体健康和生命安全。

和谐汉江建成后，将增强流域综合管理能力，为流域的高质量发展提供坚实基础。

汉江流域地处我国中部地区和西部地区的接合部，连接着中原、西北、华中、西南几大经济区。规划实施后，将进一步健全与流域经济社会发展相适应的防洪保安、水资源综合利用、水生态环境保护和水资源管理四大体系，效益显著，可保障流域内社会稳定和防洪安全、供水安全，推动汉江流域经济社会又好又快发展，促进人水和谐、维系优良生态，保持汉江水资源的可持续利用，为经济社会高质量发展提供有力支撑。

6 取得的社会效益和经济效益

在《规划》指导下，经过多年建设，长江流域基本建成了以堤防为基础，三峡工程为骨干，其他干支流水库、蓄滞洪区、河道整治相配合，平垸行洪、退田还湖、水土保持等工程措施和防洪非工程措施相结合的综合防洪减灾体系，防洪减灾能力显著提高。目前，长江中下游3900余千米干堤已达规划防洪标准，洞庭湖区、鄱阳湖区重要堤防和主要支流堤防防洪能力明显提高；已建成包括三峡、丹江口在内的一大批有较大防洪作用的控制性水库，在拦洪削峰、减轻中下游防洪压力方面作用显著；长江中下游规划的42处蓄滞洪区逐步推进，已完成33处围堤加固，5处分洪闸建设，4处安全建设，正在加快钱粮湖、共双茶、大通湖东、洪湖东分块等蓄滞洪区建设；对直接危及重要堤防安全的崩岸段和部分河势变化剧烈的河段进行了治理；实施了平垸行洪、退田还湖1400余处；城市防洪能力得到进一步提高；中小河流治理、山洪灾害防治、重点易涝区治理等防洪薄弱环节建设得到加强，完成了流域内1029座大中型水库以及大量小型病险水库的除险加固工作；长江上中游控制性水工程纳入联合调度，防洪调度能力进一步提升；洪水防御方案预案、山洪灾害监测预警、防汛水情信息、防汛指挥等防洪非工程措施明显增强。

规划工程实施后，经近些年大水检验，发挥了较大的社会效益和经济效益。社会效益主要体现在：长江流域总体防洪能力显著提高，一般洪水年防洪更安全，大洪水年可大幅减少洪灾损失，有效防止洪灾引起的疾病流行和环境污染等问题，为保护区内工农业生产和人民生命财产提供可靠保障，增加社会安全感，改善生存环境和投资环境，为长江流域经济社会可持续发展创造了有利条件。2012年、2016年、2017年和2020年大洪水，流域防洪体系发挥的防洪减灾经济效益分别约为496亿元、1797亿元、302亿元和622亿元。在现有防洪工程体系作用下，若再遇1954年洪水，长江中下游地区超额洪量约350亿m^3，相对于规划时492亿m^3的超额洪量已大幅减少，防洪效益估算为9250亿元。

撰稿/王乐、要威

通天河及江源区综合规划

▲ 长江南源——当曲

通天河及江源区是长江的发源地，2/3 的流域面积为三江源国家级自然保护区，具有水源涵养和生物多样性保护等多重生态功能，在全国生态文明建设中具有特殊重要的地位。该规划以流域水资源与水生态环境保护为首要任务，坚持保护优先、自然恢复、绿色发展的原则，科学协调生态环境保护、民生改善与区域经济社会发展关系，研究提出了流域保护、治理与开发的总体部署，明确了 2030 年规划目标指标和主要任务，为今后一个时期流域保护治理提供了重要依据。

1 规划背景

通天河及江源区地处青藏高原腹地，是长江的发源地，干流全长 1174km，流域面积 14.2 万 km^2，2/3 的面积为三江源国家级自然保护区，具有水源涵养和生物多样性保护等多重生态功能。党中央、国务院历来高度重视三江源地区的生态保护和建设，2003 年国务院批准设立三江源国家级自然保护区，其中通天河及江源区自然保护区面积 9.4 万 km^2；2005 年国务院第 79 次常务会议审议通过《青海三江源自然保护区生态保护和建设总体规划》；2014 年国务院批准实施《青海三江源生态保护和建设二期工程规划》。随着规划的逐步实施，通天河及江源区草场退化的趋势得到缓解、水源涵养功能逐步恢复、湿地生境有所改善，但尚未遏制区域生态退化的总体趋势，局部地区仍存在牲畜超载、草地退化和沙化、湿地萎缩等现象。同时该区域为藏民族聚居区，地广人稀，水利基础设施相对落后，水资源监测管理能力有待加强。

随着生态文明建设向纵深推进、国土空间开发格局持续优化，三江源区将着力建设成为全国乃至国际生态文明高地，为规范和指导通天河及江源区水资源的有效保护和合理利用，正确处理好生态环境保护、民生改善和区域经济协调发展关系，巩固脱贫攻坚成果，促进当地经济社会可持续发展，筑牢国家生态屏障，编制《通天河及江源区综合规划》(以下简称《规划》)十分必要。

2014 年 4 月，水利部批复《通天河及江源区综合规划项目任务书》(水规计〔2014〕142 号)，由长江水利委员会负责组织，长江勘测规划设计研究有限责任公司牵头开展《规划》编制工作。2017 年 3 月、2021 年 3 月，《规划》分别通过水利部水利水电规划设计总院组织的审查和复审，2021 年 8 月水利部部长专题办公会审议通过。《规划》研究提出了流域保护、治理与开发的总体部署，明确了 2030 年规划目标指标和主要任务，为今后一个时期流域保护治理提供了重要依据。

2 规划意义

通天河及江源区是我国淡水资源的重要补给地和青藏高原生态安全屏障的重要组成部分，是世界高海拔地区生物多样性最集中和生态最敏感的地区，被誉为世界高原生物自然种质资源库，在全国生态文明建设中具有特殊重要的地位，关系到国家生态安全和中华民族长远发展。

《规划》从国家生态文明建设、西部大开发战略部署和经济社会高质量发展要求出发，根据区域特点及保护开发治理需求，坚持保护优先、自然恢复、绿色发展的原则，以保护和改善流域生态环境为前提，以科学协调生态保护、民生改善与经济社会发展为宗旨，研究制定流域综合规划总体布局和规划目标，提出水生态环境保护、水土保持、防洪减灾、供水与灌溉等为重点的流域保护治理方案，为促进流域水资源保护利用和经济社会可持续发展提供了有力支撑。《规划》首次系统完整地提出了长江干流江源区控制性指标体系，作为该区域保护与治理开发的约束条件，为强化流域管理提供了重要依据。

3 规划方案

《规划》以《全国主体功能区规划》《长江流域综合规划（2012—2030 年）》确定的江源区功能定位和通天河河段治理开发与保护任务为依据，充分利用已有工作基础，以保护通天河及江源区生态环境为宗旨，正确处理生态环境保护与经济社会协调发展的关系，加强水资源保护和水生态环境保护，提高水资源保障能力，研究制定区域水资源保护和开发利用方案，提出了以水资源与水生态环境保护、防洪减灾、水资源综合利用和流域综合管理等四大体系为主体框架的 9 项专业规划。

3.1 规划范围和水平年

（1）规划范围

规划范围为通天河及江源区，即长江正源沱沱河、南源当曲、北源楚玛尔河和通天河，考虑到玉树市城区结古镇位于巴塘河，因此将巴塘河区间流域面积纳入本规划范围，面积 14.2 万 km^2。涉及青海省玉树州的玉树市、称多、治多、杂多、曲麻莱县及海西州格尔木市的唐古拉山镇 2 州 6 县（市），包含行政区划属于青海省但由西藏自治区那曲市安多、聂荣、巴青县实际管辖的部分乡镇。

（2）规划水平年

规划基准年为 2019 年，规划水平年为 2030 年。

3.2 规划指导思想和原则

（1）规划指导思想

以习近平新时代中国特色社会主义思想为指导，全面贯彻落实党的十九大和十九届历次全会精神，紧紧围绕统筹推进“五位一体”总体布局和“四个全面”战略布局，坚定不移贯彻新发展理念，把修复长江生态环境摆在压倒性位置，树立尊重自然、顺应自然、保护自然的生态文明理念，增强绿水青山就是金山银山的意识，坚持以生态保护优先、自然恢复为主，尊重江源区生态系统特点，扎扎实实推进生态环境保护，扎扎实实保障和改善民生，正确处理人与自然关系，科学规划区域水利发展布局，全力推进全国草地生态畜牧业试验区建设，着力促进生态保护、民生改善和区域经济协调发展，建立生态保护长效机制，促进区域协调发展，推进长江源头区生态文明建设，筑牢国家重要生态安全屏障。

(2)规划原则

坚持保护优先、绿色发展；坚持以人为本、人水和谐；坚持以草定畜、草畜平衡；坚持因地制宜、突出重点。

3.3 规划目标及控制性指标

到2030年，山水林田湖草沙冰生态系统得到严格保护，长江源头区水源持续保持清洁、丰沛，水生态系统步入良性循环，生态环境根本好转。水土资源得到有效保护，生物多样性明显恢复；水利民生保障能力显著增强，人与自然和谐共生的水生态保护格局全面形成，城镇防洪安全体系和城乡供水安全体系全面建成，水生态监管体系全面建立。

(1)水环境呈良性发展

维持流域内河流湖泊良好的水质状况，城镇生活污水收集处理率达到95%以上，农业面源污染监测网络和监管制度基本建立，水环境呈良性发展，沱沱河、楚玛尔河、通天河、布曲、巴塘河5个水质控制断面的水质目标达到Ⅱ类及以上；保障玉树市以及称多、治多、曲麻莱县主要城镇的饮用水水源地安全；重要河湖生态流量得到有效保障，直门达、当曲、雁石坪、曲麻河、新寨等控制断面生态基流保证率达到90%以上。

(2)有效修复和保护水生态环境

以三江源国家级自然保护区为重点，保护珍稀特有鱼类资源，减少人类开发活动对自然环境的扰动，充分发挥自然界的自我修复能力，实现水资源利用、保护和水生态系统的良性循环。建立健全水生态补偿机制和生态环境保护监测管理机制，保护珍稀特有水生生物生境，重要鱼类栖息生境不受水资源开发利用破坏，完善自然保护区、水产种质资源保护区监督管理。

(3)加强水土流失防治

基本建成与经济社会发展相适应的水土流失综合防治体系，重点防治地区生态环境步入良性循环轨道；防治水土流失面积89.9万hm^2，林草植被得到保护和恢复；建立水土流失预防监督管理体系和完善的水土流失监测网络及信息系统，人为水土流失得到全面控制。

(4)完善防洪减灾体系

初步建成堤防护岸、河道整治、山洪灾害防治等防洪工程措施与监测、预警预报系统等非工程措施相结合的防洪减灾体系。玉树市防洪标准达到30年一遇，称多、治多、曲麻莱县城区防洪标准达到20年一遇，重点乡镇、人口较为集中的村庄以及大片牧草地防洪标准达到10～20年一遇；山洪灾害防御能力得到普遍提升；山洪防治监测预警系统基本建成。

(5)不断提高城乡供水安全保障水平

2030年用水总量控制在0.58亿m^3以内,建成较完善的城乡供水保障体系,县级以上城市供水保证率达到95%以上,应急水源储备能力显著提高,农村饮水安全保障体系得到进一步改善。

(6)建立保护草原生态和牧区经济社会发展的水利支撑体系

按照《草畜平衡管理办法》和草原生态保护补偿奖励机制,倡导传统牧业向生态牧业转变,中度退化以上草场全面实施禁牧,其他可利用草场严格控制载畜量,在有条件的地方适度发展节水灌溉饲草料地,区域内牲畜数量维持现状不增加,基本实现草畜平衡,保障草原生态健康发展。

(7)加强流域综合管理

进一步强化流域治理管理,大力提升流域治理管理能力和水平,初步实现流域协调与统一管理,生态保护与经济社会协调发展,跨区域跨部门协调机制更加成熟高效,水行政事务管理水平、水利信息化水平和水利科技发展水平进一步提升,推动新阶段通天河及江源区水利高质量发展。

3.4 规划总体布局

江源区及通天河上段:以生态保护为主,加强水资源保护、水生态保护与修复。封育草原,涵养水源,保障区域人畜饮水安全。

通天河下段:在贯彻落实长江大保护的前提下,提高区域生态环境承载能力,结合城镇发展适当建设防洪、供水和灌溉工程,在有条件地区建设规模适宜的节水灌溉饲草料地,适度发展牧区水利,保障民生和生态用水需求。

3.5 规划主要内容

3.5.1 水资源与水生态环境保护规划

通天河及江源区是“中华水塔”的重要组成部分,是长江上游珍稀濒危鱼类天然集中分布区和重要河湖湿地分布区,为促进人与自然和谐共处,在保护现有水环境质量、水生生境和生物多样性的基础上,加强水生态文明建设,推进河湖水生态保护与修复,维持流域良好的水质状况,修复受损的水生态系统,构建和谐健康、良性循环的水资源与水生态环境保护体系。

(1)水资源保护规划

加强通天河上段及江源区牧业面源污染防治,进一步加强通天河下段城镇点源和沿河农业面源污染综合防治。通过发展生态畜牧业,推进农牧区生活垃圾和牲畜粪便减量化与资源化利用,完善城镇、乡村生活污水和垃圾收集处理设施建设,健全饮用水水源地安全保障体系，加强水资源监测和管理能力建设。

(2)水生态保护与修复规划

强化国家公园、自然保护区、重要湿地、水产种质资源保护区等自然保护地生态保护，加强局部生境修复。加强封育保护、退耕还林还湿和退牧还草，推进退化湿地、滩地修复，开展湿地公园建设，划定鱼类栖息地保护河段，保障河流生态流量，推进已建电站退出或生态化改造，加强监测能力建设和基础研究。

(3)水土保持规划

以预防措施为主，分类实施预防保护和防治。水土流失重点项目以封育保护为主，综合治理村庄农田周边水土流失，完善水土保持监测站点建设，开展流域动态监测。

3.5.2 防洪减灾规划

加强防洪综合措施建设，完善防洪减灾体系。沿河城镇及人口集中地区的通天河下游段，在保护原生态的前提下，适当以堤防拦挡洪水、河道及排洪渠输送洪水，草地面积较大河段以护岸放冲固土。完善水情测报和预警预报系统，建立工程措施与非工程措施相结合的防洪减灾体系，使流域内重要城镇达到其规划的防洪标准，进一步提高流域整体防洪减灾能力。

(1)防洪标准

规划区沿河城镇及人口集中地区基本位于通天河下段，主要防洪任务为玉树市、称多、治多和曲麻莱各县城区，以及青海省和西藏自治区实际管辖的主要重点乡镇等。按照国务院批复的《长江流域综合规划(2012—2030年)》，玉树市防洪标准为50年一遇，考虑玉树市灾后重建时已按防洪标准30年一遇达标建设，且该河段30年一遇与50年一遇设计洪水位相差不大，本规划拟定玉树市城区防洪标准为30年一遇，今后可根据当地经济社会发展状况，经充分论证后适当提高。

根据《长江流域防洪规划》和《防洪标准》(GB 50201—2014)及防洪保护区重要性，治多、称多、曲麻莱县城区防洪标准为20年一遇，重点乡镇、人口较为集中的村庄以及大片牧草地防洪标准为10～20年一遇。

(2)防洪工程措施

防洪工程措施主要有堤防工程和护岸工程、中小河流治理及山洪灾害防治。规划建设流域面积200km^{2}以上河道堤防106km，护岸162km，河道疏浚31km；称多、治多城市达标建设堤防12km，护岸0.25km，排洪渠10km；实施山洪沟治理13条，新建堤防36km、护岸29km、排洪渠26km，疏浚11km。

(3)防洪非工程措施

在建设防洪工程措施的同时，加快防洪非工程措施及山洪灾害防治建设，初步建成重要、重点防治区洪水和山洪灾害预警系统，并完善超标准洪水和重大山洪灾害防御应急预案。

3.5.3 水资源综合利用规划

统筹考虑经济社会用水需求，在节水优先的前提下加快供水基础设施建设，完善水资源综合利用体系，提高城乡供水保证率，保障饮水安全。

3.5.3.1 水资源供需分析及配置

通天河及江源区多年平均(1957—2016 年系列)水资源量为 137.6 亿 m^3。现状供水设施以分散的小型水利工程为主，2019 年供水量为 1779 万 m^3，其中地表水源占 91%，地下水源占 9%。规划区涉及三江源国家级自然保护区，又属于少数民族聚居区，经济发展缓慢，水利基础设施建设相对滞后，现状水资源开发利用率仅 0.1%。

规划 2030 年多年平均供水量 5332 万 m^3，其中地表水源供水量 4631 万 m^3，占总供水量的 87%；地下水源供水量 701 万 m^3，占总供水量的 13%。分行业来看，主要集中在第一产业用水和生活用水，分别占总配置水量的 78.4%和 16.1%。

3.5.3.2 供水规划

加快建设国庆水库，规划新建称多岔拉沟、治多聂洽、曲麻莱龙纳沟 3 座小型水库，完善供水体系，提高城乡供水保证率；继续实施农村饮水安全巩固提升工程和提质增效工程，保障农村饮水安全。

3.5.3.3 灌溉规划

适度发展节水灌溉饲草料地。加快灌区续建配套和节水改造，提高灌溉水利用系数和灌溉保证率。结合水库工程建设，因地制宜新增玉树市国庆水库灌区和称多岔拉沟水库灌区共 3000 亩，在玉树市、称多、治多、曲麻莱县建设节水灌溉饲草料地 11.84 万亩，遏制草场超载过度放牧。

3.5.3.4 跨流域调水意见

(1)南水北调西线工程

通天河干流为南水北调西线工程的水源方案之一，《南水北调工程总体规划》曾提出西线三期工程从通天河干流侧仿坝址调水 80 亿 m^3。南水北调西线工程涉及面广、环境影响大、问题复杂，其调水规模、调水方案、调水后对水源区的影响等需要在今后进一步深入论证研究。

(2)引通济柴工程

初步规划从通天河干流引水至柴达木盆地格尔木河，该工程涉及三江源国家级自然保护区索加—曲麻河保护区的试验区，今后需要对工程引水河段、引水规模及引水对自然保护区的影响等方面进一步深入研究论证，合理协调生态保护与区域经济社会发展的关系。

3.5.3.5 水电开发意见

通天河及江源区涉及多个国家重点生态保护区域，规划禁止开发河段长度约占 80%，规

划期内干支流均不新建水电梯级。

3.5.4 流域管理规划

通天河及江源区行政区划均在青海省境内，部分乡镇属西藏自治区那曲市安多县、聂荣县、巴青县实际管辖，本区域气候条件恶劣，生态环境复杂而脆弱，自然环境和生态的保护是首要任务。在三江源国家公园管理局和长江源、黄河源、澜沧江源3个园区管理委员会的机构框架下，结合三江源国家公园体制试点，加强流域综合管理和主要控制断面监测管理，配套完善流域生态环境保护与管理法规，健全和完善流域保护开发的管理体制和协调机制，深化河湖长制联防联控机制，强化执法监督和水行政事务管理，加快推进流域水利信息化建设，提高水利智慧化水平，大力培养水利科技人才，开展水利科技重大问题研究，全面提升流域治理管理能力和水平，推动新阶段通天河及江源区水利高质量发展。

4 规划编制过程中解决的技术难题

《规划》在全面了解和掌握通天河及江源区保护与治理开发现状的基础上，针对流域内出现的新问题、新情况和新要求，采用实地查勘调研、实测资料分析、数学模型计算等多种技术手段，破解了编制过程中遇到的多项技术难题。

（1）系统梳理分析与相关规划的协调性，全面摸清流域保护与治理开发的现状和存在问题

规划区地处青藏高原腹地，交通不便，以往未开展过全面系统的流域综合规划，基础资料十分薄弱，系统梳理分析流域保护与治理开发现状及与相关规划之间的关系难度较大。本规划对《青海三江源自然保护区生态保护和建设总体规划》（以下简称《一期规划》）、《青海三江源生态保护和建设二期工程规划》（以下简称《二期规划》）、《全国主体功能区规划》《长江流域综合规划（2012—2030年）》《玉树地震灾后恢复重建总体规划》《青海省三江源区水资源综合规划》《青海省水资源综合规划修编报告》《三江源国家公园总体规划》等众多相关规划逐一梳理分析，系统阐述了与这些规划之间的关系，梳理了《一期规划》《二期规划》等实施情况及实施效果，并在规划编制过程中注重与上述相关规划在规划范围、建设内容等方面的协调。

（2）正确处理生态环境保护与经济社会协调发展的关系，做到全面规划、统筹兼顾、突出重点

《规划》以“保护优先、绿色发展、以人为本、人水和谐”为主线，按水资源及水生态环境保护、防洪减灾、水资源综合利用、流域综合管理四大体系进行综合规划，创新了规划思路，对推进长江源头区生态文明建设，筑牢国家重要生态安全屏障，促进生态保护、民生改善和区域经济协调发展具有重要的指导意义，对编制其他类似流域综合规划具有重要的参考价值。

(3)统筹发展与安全,保障牧区水草资源的可持续利用

畜牧业是流域内支柱产业,牧区长期沿袭传统的靠天养畜放牧方式,根据现状草场载畜情况分析,玉树、称多地区存在局部草场超载过牧情况,现状超载率超过30%。《规划》根据江源区生态保护与牧区经济社会发展需求,统筹发展与安全,坚持保护优先、自然恢复为主的原则,以水、草资源承载能力为约束,对天然草场全面实施禁牧、休牧和轮牧,充分发挥大自然的自我修复能力,配合国家实施的禁牧与草畜平衡政策措施,全面推行以草定牧,严格控制天然草地载畜量,减缓天然草地放牧压力,逐步恢复退化草地植被,提高草原生态容量。同时,根据规划区内牧业分布及建设条件,因地制宜、合理布局、适度发展人工灌溉草场,规划在玉树市、称多、治多、曲麻莱县等有条件的区域建设节水灌溉饲草料地11.84万亩,促进流域内畜牧业由传统生产方式向生态畜牧业生产方式转变,提高草场质量及载畜能力,保持水、草、畜动态平衡,提高草地水涵养能力,遏制草场退化,维护江源区草原生态安全,保障牧区水草资源的可持续利用,促进牧区经济社会稳定和可持续发展。提高草地水涵养能力,遏制草场退化。

5 规划实施后取得的效益

规划实施后,将进一步健全与流域经济社会发展相适应的水生态和环境保护、防洪减灾、水资源综合利用、流域综合管理体系,使生态环境向好的态势发展,促进流域水生态与环境良性循环,实现水资源可持续利用,促进人与自然的和谐发展,对保障经济社会的可持续发展有重要作用,社会效益、生态效益和经济效益显著。

5.1 社会效益

防洪规划实施后,可使称多、治多县城区防洪达到20年一遇防洪标准,玉树灾后重建居民安置点附近的山洪沟治理基本完成,保障人民生命财产安全,流域总体防洪能力得到进一步提高,基本保证干支流沿河城镇及村庄的防洪安全,一般洪水年防洪更安全,大洪水年可大幅减少洪灾损失,有效防止洪灾引起的疾病流行和环境污染等问题,增加社会安全感,为地区社会、经济、环境的可持续发展创造有利条件。

城乡供水规划和灌溉规划实施后,将逐步建立与流域发展相适应的水资源合理配置格局,基本保障城镇生活、生产及生态用水,重要城镇应急水源储备能力明显增加,城乡供水保证率有较大提高,实现水草畜动态平衡,增强人民群众的幸福感。

流域综合管理规划实施后,将增强流域综合管理能力,构建流域内与中下游地区的纵向协调机制,完善生态环境保护联合执法机制,维护生态环境安全,保障公众生态权益,为流域水利的可持续发展提供坚实的基础。

5.2 生态效益

规划实施后，将维系和改善通天河及江源区良好的水质和水生态环境状况，维护水生生物多样性和生态系统的完整性，保护和合理利用水土资源，提高水源涵养能力，有效遏制草地退化、沙化趋势，扩大绿地面积和天然草地植被覆盖度，生产建设活动导致的人为水土流失将得到全面控制，逐步改善流域气候条件，减轻风沙危害，全面改善草原生态环境和牧区生产生活环境，有利于乡村振兴战略的实施和牧区经济协调发展。

5.3 经济效益

规划实施后，将促进经济社会与生态环境协调发展，产生直接和间接的经济效益。供水及灌溉工程的实施，将为工农业发展及经济繁荣提供用水保障，促进粮食增产增收；防洪规划的实施可普遍提高区域内的防洪能力，减少洪灾损失。

撰稿/周琴、张琳

雅砻江流域综合规划

▲ 雅砻江

雅砻江是金沙江最大的一级支流，也是长江八大支流之一。雅砻江在长江流域治理开发与保护中具有重要地位，是我国十三大水电基地之一，也是南水北调西线工程的调水水源区之一，关系我国“四横三纵”水资源配置总体布局；同时，雅砻江上中游梯级水电站需配合三峡水库承担长江中下游防洪任务。《雅砻江流域综合规划》围绕流域治水新矛盾，遵循治水新思路，提出了流域治理与保护的总体布局，支撑流域高质量发展。

规划背景

雅砻江是金沙江最大的一级支流，也是长江八大支流之一，干流全长1535km，流域面积约12.84万km^2，河口多年平均流量1934m^3/s；主要支流有鲜水河、理塘河、安宁河、力丘河、马木考河、霍曲河、九龙河等。雅砻江流域拥有水能、矿产、森林等众多优势资源，具有转化为产业优势的良好条件，但受自然地理条件及历史等综合因素的制约，流域治理开发和保护相对滞后。为促进流域治理开发和保护，加强流域综合管理，亟须编制《雅砻江流域综合规划》，以指导和协调流域内各行业、各部门的涉水需求，支撑和保障经济社会的可持续发展，促进流域生态环境保护。

2010年7月，水利部批复《雅砻江流域综合规划任务书》(水规计〔2010〕271号)，由长江水利委员会组织开展《雅砻江流域综合规划》(以下简称《规划》)编制工作。2015年6月、2016年1月，水利部水利水电规划设计总院组织对《规划》进行了审查和复审。2020年12月，《规划》获水利部批复(水规计〔2020〕268号)。《规划》研究提出了流域保护、治理与开发的总体部署，明确了2030年规划目标指标和主要任务，为今后一个时期流域保护治理提供了重要依据。

规划意义

雅砻江区内资源丰富，是西部大开发的重点区域。《规划》坚持“节水优先、空间均衡、系统治理、两手发力”的治水思路，从国家经济总体发展要求和西部大开发战略部署出发，根据雅砻江流域自然和经济社会特点及开发治理需求，坚持“在保护中发展，在发展中保护”的原则，把握流域在国民经济社会发展中的定位，明确了流域保护和治理开发的主要任务、发展方向，研究提出了流域保护、治理与开发的总体部署，提出了包括供水、灌溉、防洪、水力发电、生态与环境保护、水土保持等为重点的流域治理开发与保护方案，为促进流域水资源和经济社会可持续发展提供了指导意见，为今后一个时期雅砻江流域保护治理提供了重要依据。

《规划》印发以来，流域内防洪减灾、水资源综合利用、水生态环境保护与修复、流域水利管理等规划方案和措施有序推进，农村饮水工程得到巩固提升，有力保障了城镇生活、生产及生态用水，重要城镇应急水源储备能力明显增加，城乡供水保证率有较大提高，人民群众的幸福感不断增强;规划防洪工程的实施,使流域总体防洪能力得到进一步提高,一般洪水年防洪更安全,大洪水年可大幅减少洪灾损失,有效防止洪灾引起的疾病流行和环境污染等问题,为保护区内工农业生产和人民生命财产提供可靠保障;流域水力发电工程的实施,有力推动了当地经济社会的快速发展,并惠及华中地区、华东地区,为其经济社会发展提供电力支撑;流域水质得以维护并改善,干支流水功能区水质主要控制性指标基本达标;雅砻江干流局部河段水生态环境修复初显成效,水土流失重点治理区的水土流失初步得以控制,河流珍稀特有鱼类、水生生物的多样性及生态系统的完整性得以有效保护,生态环境向好的态势发展。规划实施将有力推动流域经济社会高质量发展。

3 规划方案

3.1 规划范围与规划水平年

规划范围为雅砻江流域,面积为12.84万km^2,重点为雅砻江干流及安宁河、鲜水河、理塘河等重要支流。

规划基准年为2018年,规划水平年为2030年。

3.2 规划目标与任务

3.2.1 规划指导思想和原则

以习近平新时代中国特色社会主义思想为指导,全面贯彻党的十九大和十九届二中、三中、四中、五中全会精神,紧紧围绕统筹推进"五位一体"总体布局和协调推进"四个全面"战略布局,牢固树立新发展理念,坚持生态优先、绿色发展,坚持"节水优先、空间均衡、系统治理、两手发力"的治水思路,践行"水利工程补短板、水利行业强监管"水利改革发展的总基调,全面推进节水型社会建设,落实最严格水资源管理制度,以满足流域人民日益增长的美好生活需要为首要任务,切实加强水资源综合利用、防洪减灾、水资源与水生态环境保护、流域综合管理四大体系建设,保障流域区域水安全,巩固拓展脱贫攻坚成果,促进生态环境保护,支撑和保障经济社会高质量发展。

规划原则为:以人为本,民生优先;保护优先,节水优先;统筹兼顾,综合治理;强化监管,严守红线。

3.2.2 规划目标

通过完善工程措施和非工程措施,基本实现水资源节约集约与高效利用,进一步提高流域防洪减灾能力,全面维系优良水生态环境,基本实现流域水利管理现代化,保障经济社会可持续发展。

(1)水资源得到节约高效利用

基本建成节水型社会;流域经济社会用水总量控制在 22.45 亿 m^3 以内。流域内城镇供水保证率达 95%以上,建立完善的水权管理制度和水资源配置体系;新增有效灌溉面积 210 万亩(其中农田灌溉面积 141 万亩),农田灌溉保证率达 75%,草场灌溉保证率达 50%,灌溉水有效利用系数达 0.60;在满足本流域水资源供需平衡的前提下,根据国家经济社会发展需要,适时开展跨流域调水;合理开发水力资源,基本完成干流两河口以下河段水电梯级开发。

(2)进一步提高流域防洪减灾能力

落实对川渝河段防洪和配合三峡水库对长江中下游防洪的库容安排。西昌市防洪标准达到 50 年一遇,沿江道孚、炉霍、甘孜、雅江 4 座县城防洪标准达到 30 年一遇,其他沿江县城及沿江各建制镇防洪标准达到 20 年一遇,一般乡镇、重点村及集中成片农田防洪标准达到 10 年一遇,完善非工程措施,基本建成完善的防洪减灾体系,防御洪水能力得到有效提升;山洪防治监测预警系统基本建成,山洪灾害得到有效治理。

(3)全面维系优良水生态环境

全面解决流域内城镇集中式饮用水水源地安全保障问题,流域内重要江河湖泊水功能区主要控制指标全部达标;水功能区污染物入河量基本控制在水功能区限制排污总量范围内;维持河道合理的流量,满足生态环境需水;鱼类资源得到恢复,不同类型的生境得到有效保护;流域内现有水土流失得到较好治理,治理面积 1.6 万 km^2,水蚀和风蚀治理率达到 75%以上,林草覆盖率在现状基础上提高了 2 个百分点以上,治理区减少土壤侵蚀量 70%以上,全面建成流域水土保持监测网络体系。

(4)基本实现流域水利管理现代化

全面落实河湖长制,建立高效的跨地区和跨部门的协调机制,公共参与机制成熟高效;基本建立有效的跨部门协调配合执法机制;建成流域水量、水质、水生态监测系统。

3.2.3 规划总体布局

针对雅砻江流域特点,拟定甘孜以上、甘孜以下及安宁河谷三个区域进行总体布局。

(1)甘孜以上区域

规划做好河源区的生态系统保护和修复工作,保证河源生态环境不被破坏;以封育保护和生态修复为主,大力营造水源涵养林。贯彻精准扶贫、脱贫攻坚总体部署,积极发展牧区灌溉草场,续建打火沟引水工程灌区、新建温拖水利工程灌区,通过“五小”供水工程及农村饮水巩固提升工程建设,提高区域用水保证率,改善人民生产生活条件,巩固脱贫攻坚成果。新建或加固干支流沿河两岸堤防、中小河流及山洪治理等措施,使甘孜县城防洪标准达到 30 年一遇,石渠县城防洪标准达到 20 年一遇,一般乡镇及沿江保护区防洪标准达到 10 年一遇。干流源头至仰日河段禁止水能资源开发；仰日至甘孜河段水能资源应慎重开发，开发方案应统筹考虑生态环境保护与水电开发的关系，统筹考虑供水与灌溉、防洪、西线调水等综合利用需求。

(2)甘孜以下区域

该区域应统筹考虑水资源综合利用、能源安全与生态环境保护的关系，合理制定治理开发与保护方案。以现有供水工程为基础，规划新建龙塘水库、沙坝水库、马鹿水库等大中型水源工程及其他小型水源工程，完善炉霍县、雅江县、宁蒗县等县级以上城镇供水工程及配套管网工程，加强农村集中供水工程及饮水安全巩固提升工程建设，改善居民生活、生产和生态用水条件，提高区域用水保证率。续建易日河引水工程灌区、老沟水库灌区工程等在建中型灌区工程，新建龙塘水库灌区、莫洛槽水库灌区、藤桥河引水工程灌区等大中型灌区，开展中小型灌区续建配套和节水改造；逐步开展以草场灌溉为主的牧区水利建设；通过各种措施提高流域耕地灌溉率及用水效率。通过新建或加固干支流沿河两岸堤防、中小河流及山洪治理等措施，使道孚、炉霍及雅江县城防洪标准达到30年一遇，新龙、理塘、宁蒗等县城防洪标准达到20年一遇，一般乡镇及沿江保护区防洪标准达到10年一遇。加强水资源与水生态保护，重点加强县级饮用水水源地保护，加强高原鱼类、长江上游特有的东部江河鱼类保护，并保护河流、浅水湖泊等水生生物、两栖生物和鸟类的自然生境。区域水土保持以保护自然植被、防止乱砍滥伐为主，25°以上坡耕地实行退耕还林、退牧还草，同时做好局部水土流失严重区的水土流失治理工作。干流甘孜以下河段近期建设完成的两河口、杨房沟等水电站，优先开发甘孜以下河段的牙根一级、牙根二级、楞古、孟底沟、卡拉等梯级；干流两河口、锦屏一级、二滩水库需分担川江河段及长江中下游防洪任务。支流鲜水河的达曲和泥曲开发需考虑南水北调西线调水的要求。

(3)安宁河谷区域

该区域在统筹考虑水资源综合利用与生态环境保护的前提下，以发展农田灌溉为主。规划新建具有灌溉、供水及防洪综合功能的岔河水库、米市水库；续建马鞍山水库灌区、和平水库灌区等在建中型灌区，新建大桥水库灌区二期及三期工程、米市水库灌区、老街子水库灌区等大中型灌区，开展中小型灌区续建配套和节水改造，提高流域耕地灌溉率及用水效率。完善西昌市、冕宁县、米易县等县级以上城镇供水工程及配套管网工程，加强农村集中供水工程及饮水安全巩固提升工程建设，改善居民生活、生产和生态用水条件，提高区域用水保证率。安宁河流域防洪采用蓄泄结合，利用已建的大桥水库，以及拟建的米市、岔河水库的防洪库容，配合堤防及护岸工程建设，使西昌市防洪标准达到50年一遇，冕宁县、德昌县、米易县、喜德等县城防洪标准达到20年一遇，一般乡镇及沿江保护区防洪标准达到10年一遇。加强水资源与水生态保护，重点加快安宁河沿江米易、西昌、冕宁、盐边、德昌等城市河段水污染治理，加强对沿岸重污染企业排污的控制与治理，加强安宁河流域冕宁、德昌、攀枝花等区域矿产开发废污水的治理，加强邛海富营养化预防，加强生态脆弱的源头区水资源监测、保护与管理。安宁河流域水土流失较严重，是当前迫切需要治理的区域，主要开展以小流域为单元的综合治理，突出基本农田坡面水系建设，有效保护和恢复山地植被，促进生态自我修复。

3.3 规划方案

3.3.1 水资源综合利用规划体系

(1)城乡供水规划

建设完善城乡供水工程及配套设施，加强西昌市、冕宁县、喜德县、德昌县、米易县、宁蒗县等县级以上城镇应急水源建设，形成多源互补的水资源配置格局。依托城乡供水水厂和骨干水源工程，结合实施乡村振兴战略，推进城乡供水一体化建设。

(2)灌溉规划

规划水平年内，流域重点配套改造与建设大桥水库灌区和龙塘水库灌区等大中型灌区21个(均位于四川省境内)，总设计灌溉面积268.29万亩(1亩＝0.067hm^2)，新增农田有效灌溉面积132.44万亩，改善灌溉面积62.09万亩。规划至2030年，流域草场有效灌溉面积达到71.52万亩，新增68.69万亩。其中，青海省有效灌溉草场1.5万亩，四川省有效灌溉草场70.02万亩。根据经济社会发展需要，先期建设凉山州龙塘、米市、和平、东河、老沟(扩建)、马鹿塘等6处大中型水库，在攀枝花市新建马鞍山、沙坝、莫落槽、老街子等4处中型水库，在丽江市新建马鹿水库，总库容4.81亿m^3；建设打火沟、易日河、力曲河、藤桥河等14处大中型引水工程，总引水流量71.69m^3/s。适时在凉山州、攀枝花市建设岔河、河口、海塔(扩建)、李家河坝等4处中型水库，总库容0.57亿m^3。

(3)水力发电规划

充分考虑生态环境保护要求，根据流域经济社会发展需要及国家能源建设战略的部署，结合已有水电规划成果及流域水力资源开发现状，本次规划主要对雅砻江干流甘孜以下河段水力资源开发梯级进行了研究，初拟干流甘孜以下河段共布置木罗、仁达、林达、乐安、新龙、共科、甲西、两河口、牙根一级、牙根二级、楞古、孟底沟、杨房沟、卡拉、锦屏一级、锦屏二级、官地、二滩、桐子林共19个梯级，总装机容量28105MW，促进水电与当地风电、光电实施多能互补综合利用，发挥水库群生态旅游等综合效益，支撑国家水电公园建设。其中，甘孜至两河口河段干流规划的木罗、仁达、林达、乐安、新龙、共科、甲西7座水电站临近沙鲁里山生物多样性维护生态保护红线，是多种保护鱼类的重要栖息地，考虑该河段生态脆弱性、区域生物多样性及生态保护红线保护要求，建议规划期内暂缓实施。干流楞古水电站涉及力丘河水生生物栖息地，存在较大环境制约因素，下阶段进一步论证。

3.3.2 防洪减灾规划体系

规划干支流新建加固堤防及护岸工程总长为583.29km，其中干流新建堤防及护岸工程长104.32km，支流新建堤防及护岸工程长467.83km，加固堤防及护岸工程长11.14km。雅砻江干流已建及规划的梯级水库设置防洪库容50亿m^3。该防洪库容承担川江河段和长江中下游地区防洪任务，不承担本流域防洪任务。支流安宁河拟规划新建米市、东河、岔河3座具有防洪作用的大中型水库，初拟3座水库的防洪库容共计0.30亿m^3，配合已建的大桥水库，可减轻下游西昌、冕宁、喜德、德昌、米易等城镇的防洪压力。规划中小河流治理总长138.1km，其中新建堤防及护岸工程长126.58km，加固堤防及护岸工程长11.52km。按照"以防为主、防治结合"的治理原则，采取以非工程措施为主、非工程措施与工程措施相结合的原则开展山洪灾害防治。

3.3.3 水资源与水生态环境保护规划体系

(1)水资源保护规划

采用多种措施保护流域水资源质量，保障国家重要饮用水水源地水质安全。加快安宁河沿江米易、西昌、冕宁、盐边、德昌等城市河段水污染治理，加强对沿岸重污染企业排污的控制与治理，加强安宁河流域冕宁、德昌、攀枝花等区域矿产开发废污水的治理；加强宁蒗河沿岸水土流失治理和鳡鱼河沿岸烟草种植管理，加大面源污染治理力度；加强邛海富营养化预防，加强生态脆弱的源头区水资源监测、保护与管理。

(2)水生态环境保护规划

严格保护生态空间，干流两河口库尾以上流水江段，曲入河、庆大河、鲜水河、达曲河、卧龙寺沟、惠民河、永兴河流水段，力丘河、鳡鱼河干支流等河段作为鱼类栖息地纳入生态保护空间。加强物种资源保护，在深入调查雅砻江上游鱼类资源状况的基础上，结合水电开发专项规划，在上游建设1～2个增殖放流站，以裂腹鱼增殖放流为主；在雅砻江中下游干流桐子林、锦屏、杨房沟、两河口分别建设增殖放流站，有计划地开展人工驯养、繁殖和放流，储备繁殖亲体后备群体。加强生境保护与修复，建设必要的过鱼设施，开展生态调度，强化渔政管理。

(3)水土保持规划

强化预防保护区的预防保护，大力发展植树造林，提高林草覆盖率；实施雅砻江下游及其支流安宁河的水土流失区域的综合治理，有效防治水土流失；建立完善的水土流失预防监督体系和水土保持监测网络，有效遏制人为水土流失。

3.3.4 流域综合管理规划体系

健全体制机制。全面推进落实河湖长制。完善流域、区域管理相结合的管理体制。建立高效的跨地区和部门协调机制、合理的补偿机制、广泛的公众参与机制和全面的信息采集与共享机制。加强执法监督，规范执法行为。强化水行政事务管理，完善水旱灾害防御管理、水资源综合利用管理、水资源保护管理、水土保持管理、河道管理、水利工程建设与运行管理、骨干水利水电工程统一调度管理、控制断面监督管理和应急管理等制度。提升管理能力，强化水文气象和水利科技支撑；加强流域综合监测信息采集系统、数据传输和存储系统、决策支持系统等信息化基础设施建设；加强流域人才队伍建设。

4 取得的先进创新技术

在协调好各部门和上下游、左右岸用水要求的基础上，统筹考虑经济社会用水需求，合理安排供水、灌溉、发电等布局，建立可持续的水资源综合利用体系。

供水以提高城乡供水保证率、保障饮水安全为目标。以现状供水工程格局为基础，在推进节水型社会建设的同时，加快供水基础设施建设。重点建设凉山州大桥水库引调水工程、西昌市引调水工程、三岔河水库扩建工程、米市水库、东河水库等水源工程，同时因地制宜增建、扩（改）建一批中小型及微型水源工程，完善供水体系，提高城乡供水保证率，优先解决县级以上城镇生活用水，实现农村饮水安全巩固提升。

灌溉以保障粮食安全为主要目标，在发展节水灌溉、加快已成灌区的续建配套及节水改造的同时，重点建设一批水源充分、开发条件好的大中型灌溉工程，因地制宜地发展小型及微型灌溉工程，提高灌溉水利用系数和灌溉保证率。近期主要完成打火沟水利工程、易日河水利工程、力曲河水利工程、马鞍山水库、和平水库、老沟水库（扩建）等在建工程的建设及大桥水库灌区二期工程、龙塘水库灌区等大型工程建设，重点新建一批骨干灌溉工程。

水力发电在满足生态环境保护的前提下，以发展需求和能源安全为目标。雅砻江干流河段划分为禁止开发、规划保留和可开发等三类河段，其中干流源头至仰日河段，属江源保护区，划为禁止开发河段；干流仰日至甘孜河段，是我国三大藏区之一的康巴藏区，是康巴文化的发祥地，划为规划保留河段；干流甘孜以下河段水能资源丰富，开发条件较好，前期工作较充分，且规划开发方案经环评审查无生态环境限制性因素，划为可开发河段。近期除建设完成的两河口、杨房沟等水电站外，优先开发甘孜以下河段的牙根一级、牙根二级、孟底沟、卡拉等梯级，深化论证楞古梯级。

5 项目建成后取得的社会效益、生态效益和经济效益

开展流域内农村饮水工程巩固提升，基本保障城镇生活、生产及生态用水，重要城镇应急水源储备能力明显增加，城乡供水保证率有较大提高，增强人民群众的幸福感。城乡供水与灌溉工程建设，配合流域已有的水利工程，可新增农田有效灌溉面积 141.39 万亩，基本保障流域粮食生产用水，并有效提高城乡供水保证率及供水水平。

规划防洪工程的实施，可使西昌市城市防洪达到 50 年一遇的标准，县城及沿江各建制镇达到 20～30 年一遇防洪标准，流域总体防洪能力得到进一步提高，一般洪水年防洪更安全，大洪水年可大幅减少洪灾损失，有效防止洪灾引起的疾病流行和环境污染等问题，为保护区内工农业生产和人民生命财产提供可靠保障。

雅砻江流域水力发电工程的实施，可新增装机容量 11622MW，可以推动当地经济社会的快速发展，促使人民群众早日实现脱贫致富和全面建成小康社会，还可惠及华中地区、华东地区，为其经济社会发展提供电力支撑。

雅砻江水质得以维护并改善，干支流水功能区水质主要控制性指标基本达标；雅砻江干流局部河段水生态环境修复初显成效，水土流失重点治理区的水土流失初步得以控制，河流珍稀特有鱼类、水生生物的多样性及生态系统的完整性得以有效保护，生态环境向好的态势发展。

总之，综合规划实施后，社会效益、生态效益和经济效益显著，将有力推动流域内和谐社会建设进程和全面建成小康社会目标的实现。

撰稿/刘国强、雷静

岷江流域综合规划

▲ 岷江四川茂县段

岷江是长江八大支流之一，水量居长江各大支流之首。岷江流域是我国“四横三纵”水资源配置总体布局的重要组成部分，也是四川省“五横六纵”引水补水网络的重要支撑，是我国十三大水电基地之一。岷江下游是四川省“一横两纵”高等级航道网和长江黄金水道的组成部分，岷江干支流梯级水库还承担了川江河段及长江中下游的防洪任务，在长江流域治理开发与保护中具有重要地位。

 规划背景

岷江是长江八大支流之一，发源于四川省与甘肃省交界的岷山南麓，干流全长 735km，河口多年平均流量 3022m^3/s，涉及青海、四川两省，流域面积 13.54 万 km^2。岷江流域支流众多，其中流域面积在 1 万 km^2 以上的支流有绰斯甲河、大渡河、青衣江 3 条。

岷江流域水资源时空分布不均，随着经济社会发展，局部地区水资源供需矛盾突显。部分河段防洪标准偏低，局部地区涝灾频发，干支流上游山洪、泥石流灾害多发，防洪减灾体系尚待加强。流域水生态环境状况堪忧，尚有茫溪河等部分支流水质不达标；岷江干流上游水电开发导致局部河道减水，生态环境退化、鱼类多样性和资源量降低；受自然条件、人类开发建设活动影响，崩塌、滑坡、泥石流等灾害频繁，水土流失问题不容忽视；血吸虫病危害尚未全面消除。流域管理薄弱等问题亟待解决。为适应新形势和治水新要求，加强流域管理，协调岷江流域保护、开发和治理的关系，开展岷江流域综合规划十分必要和迫切。

2010 年 7 月，《岷江流域综合规划任务书》获水利部批复，由长江水利委员会组织，长江勘测规划设计有限责任公司牵头开展《岷江流域综合规划》（以下简称《规划》）编制工作。2021 年 9 月，《规划》获水利部批复（水规计〔2021〕287 号）。《规划》是今后一个时期流域开发、利用、节约、保护水资源和防治水害的依据。

 规划意义

（1）国家战略的重要支撑

岷江流域地处长江经济带和成渝地区双城经济圈两大国家战略交汇点，具有沟通西南西北、连接国内国外的独特区位优势。岷江流域水量居长江各大支流之首，水力资源富集，是南水北调西线工程的重要水源地，是构建我国“四横三纵”水资源配置总体布局和四川省“五横六纵”引水补水网络的重要支撑，是西电东送工程的电源点之一。国务院批复的《长江流域防洪规划》明确要求岷江干支流梯级水库承担川江河段及长江中下游的防洪任务。岷江下游是贯通四川“一横两纵”高等级航道网和长江黄金水道的组成部分，四川腹地的货源将不断增长并通过岷江干流实现通江达海。《规划》认真落实“共抓大保护、不搞大开发”方针，秉承“节水优先、空间均衡、系统治理、两手发力”的治水思路，坚持“生态优先、绿色发展”，提出岷江流域治理开发与保护的目标、任务和总体安排，服从和服务于国家重大战略的总体安排。

(2)为区域经济社会发展提供全面水安全保障

岷江流域水资源总体丰富，是南水北调西线的战略水源地。但流域内水资源分布与人口、耕地和经济社会发展不匹配，盆地西部边缘地区水源丰沛，盆地腹部地区人口耕地集中，经济发展基础好，人均水资源量相对不足。岷江流域内地势西北高、东南低，西部为龙门山、峨眉山侵蚀构造高中山，东部为构造剥蚀低山、丘陵区及侵蚀堆积平原，高程由2500～4000m过渡至300～500m，具有向盆地腹部地区调水的得天独厚优势。规划坚持节水优先，统筹流域内与流域外、上下游、左右岸、干支流关系，通过优化调配、合理开发和综合利用水资源，解决岷江干流中下游区及涪江、沱江流域的长远用水需求，着力完善灌溉供水基础设施，补齐防洪短板，全面落实水资源与水生态环境保护举措，加强流域管理，为经济社会高质量发展提供了全面的水安全保障。

(3)协调河流开发与保护的关系

岷江流域自然条件优越，是长江上游重要生态屏障和水源涵养区，生态环境类型多样，环境敏感区众多，生态保护地位突出。岷江中下游地区是四川省政治经济文化中心，也是重要的粮食主产区，富饶的天府之国。但受人类不合理开发活动的影响，茫溪河等部分支流水质不达标。岷江干流上游水电开发导致局部河道减水，生态环境退化、鱼类多样性和资源量降低，水土流失问题不容忽视。《规划》结合流域经济社会发展和生态环境保护面临的新形势新要求，以及流域治理开发与保护中存在的突出问题和矛盾，充分考虑流域内的环境敏感目标及保护对象，对航运规划和水力发电规划方案进行优化调整，与“三线一单”管控要求相协调，对保障区域粮食安全、供水安全、航运安全、生态安全，促进经济社会可持续发展和生态环境全面保护具有十分重要的意义。

3 规划方案

3.1 规划范围与规划水平年

规划范围为岷江流域，涉及青海、四川两省，规划面积13.54万km^2。

规划现状年为2018年，规划水平年为2030年。

3.2 规划目标与任务

3.2.1 规划指导思想和原则

以习近平新时代中国特色社会主义思想为指导，深入贯彻落实党的十九大和十九届二中、三中、四中、五中全会精神，积极践行“创新、协调、绿色、开放、共享”新发展理念，紧紧围绕统筹推进“五位一体”总体布局和协调推进“四个全面”战略布局，认真落实“共抓大保护、不搞大开发”方针，秉承“节水优先、空间均衡、系统治理、两手发力”的治水思路，坚持“生态优先、绿色发展”，全面推进节水型社会建设，以不断满足人民日益增长的美好生活需要为出发点，统筹流域治理开发与保护任务，有效抗御洪旱灾害，优化配置与综合利用水资源，山水林田湖草系统治理，维系河流健康生态环境，为经济社会高质量发展提供强有力的水利支撑和保障。

规划遵循以人为本，民生优先；强化保护，节水优先；统筹兼顾，系统治理；强化监管，严守底线的原则。

3.2.2 规划目标

基本实现水资源节约集约与高效利用，防洪保护对象规划标准内洪水可防御，水资源保护有效提升，生态环境质量总体改善，受损水生态系统逐步恢复并呈良性发展，基本实现流域管理现代化，保障经济社会可持续发展。

(1)水资源节约高效利用

基本建成节水型社会。全流域用水总量控制在100.76亿m^3以内，水资源调配能力进一步提高。确保城乡饮水安全，城乡一体的供水安全保障体系日趋完善，成都市供水保证率达到97%，其他城镇供水保证率达到95%以上。灌溉保证率达75%～85%。岷江干流乐山以下达到Ⅲ级航道标准，基本建成现代化内河水运体系。

(2)防洪减灾能力进一步提高

保证县级以上城市、重点乡镇、耕地集中区、人口稠密区等防洪保护区的安全：考虑紫坪铺水库作用，成都市区、金马河段分别达到200年和100年一遇防洪标准；地级市、自治州府达到50年一遇防洪标准，县级市、县城达到20年一遇防洪标准，沿江乡镇、耕地集中区、人口稠密区达到10年一遇防洪标准。山洪灾害防御能力得到普遍提升。

(3)水资源与水生态环境保护不断加强

重要江河湖泊水功能区主要控制指标水质达标率达92%以上，岷江中游干流和府河等支流水质明显改善，流域水环境呈良性发展。岷江上游河段水生态系统逐步恢复，流域绝大多数的珍稀濒危物种种群得到恢复和增殖，维系水生生物的多样性和完整性。流域内260.35万hm^2水土流失面积得到治理，林草覆盖率在现状基础上提高5个百分点左右。各流行县(市、区)全部达到血吸虫病消除标准。

(4)流域管理现代化基本实现

河湖长制全面落实，水管理法规制度和标准完备，管理体制完善，跨区域、跨部门协商与协调机制高效，管理能力和水平显著提升。

3.2.3 控制指标

2030年岷江流域主要控制断面生态基流和水质管理目标分别见表1和表2，各省级行政区用水总量和用水效率控制性指标见表3。

表 1　　岷江流域主要控制断面生态基流

序号	河流	控制断面	生态基流(m^3/s)
1	岷江干流	镇江关	7.4
2	岷江干流	都江堰	68.4
3	岷江干流	金马河外江控制闸	15
4	岷江干流	高场	551
5	大渡河	福禄镇	366
6	青衣江	夹江	98

表 2　　岷江流域主要控制断面水质管理目标

河流	水质控制断面	涉及水功能区	断面类型	水质目标
岷江干流	镇江关	岷江松潘、茂县保留区	水文站	Ⅱ～Ⅲ
	董村	岷江新津景观、工业用水区	水系节点	Ⅲ
	彭山	岷江彭山灵石工业用水区	水文站	Ⅲ
	五通桥	岷江犍为、宜宾保留区	水系节点	Ⅲ
	宜宾二水厂	岷江宜宾翠屏区渔业、饮用水水源区	水文站	Ⅱ～Ⅲ
大渡河	水口	大渡河乐山饮用、景观、工业用水区	水系节点	Ⅱ
青衣江	夹江	青衣江乐山青衣饮用、工业水源区	水文站	Ⅲ

表 3　　岷江流域各省级行政区用水总量和用水效率控制指标

省级行政区	用水总量(亿 m^3)	万元工业增加值用水量(m^3)	农田灌溉水有效利用系数
青海省	0.50	35	0.50
四川省	100.26	25	0.56
合计	100.76	25	0.56

3.2.4　规划任务与规划总体布局

根据岷江流域自然条件、生态环境保护要求和经济社会发展需要，拟定治理开发与保护的主要任务是供水、灌溉、防洪、水资源与水生态环境保护、跨流域调水、水力发电、航运、水土保持、水利血防等。

(1)岷江干流

上游地区推进雁门麦地水库、青峰岭引水、风南土水利工程等建设。防洪以护岸、稳固滑坡体为主。严格控制硅业、铝业等矿产开发废污水。加强江源区原生态保护，修复岷江上游干流和黑水河等河流生态。开展江源区水土资源保护和水源涵养，加强地质灾害防治和监测预警预报。

中游地区加快都江堰、通济堰等灌区续建配套与节水改造，推进邮江三坝、思蒙河晋凤等水库建设。开展金马河段及成都水网堤防工程达标建设。开展成都平原及府河、南河等水污染治理。保护都江堰世界遗产地。优化紫坪铺、都江堰等水利枢纽调度管理。加强山洪灾害防治和水土流失综合治理。

下游地区推进向家坝灌区和支流水库等工程建设。实施河道整治和堤防、护岸工程。建设岷江干流乐山至龙溪口河段航电梯级。加强长吻鮠国家级水产种质资源保护区、峨眉山—乐山大佛、长江上游珍稀特有鱼类自然保护区等保护。加强坡耕地水土流失综合治理。

(2)大渡河干流

实施崇化水利工程、甲尔多引水工程、果洛州节水灌溉饲草料地等工程，有序开发大渡河干流水电基地，适时推进引大济岷、南水北调西线等重大工程建设。加强堤防、护岸工程建设，并通过瀑布沟、双江口、下尔呷等控制性水库有效调控洪水。加强水工程调度和生态下泄水量监控管理。保护三江源国家级自然保护区的生态环境、川陕哲罗鲑的重要栖息地和河口生态环境。加强源头区水源涵养，以坡耕地为重点开展水土流失综合治理。

(3)青衣江

加快玉溪河灌区、青衣江沿河灌区续建配套与节水改造，开展黑滩子水库灌区、荥经河灌区等建设，适时推进长征渠引水工程建设。开展沿江重要城镇防洪工程达标建设。加强城镇生产生活污水治理。重点保护青衣江干流下游以及周公河、天全河等支流自然生境。加强山洪灾害防治和坡耕地水土流失综合治理。

3.3 规划方案

3.3.1 水资源综合利用规划体系

(1)城乡供水规划

在改扩建现有水源工程的基础上，多渠道开源，加快文锦江李家岩水库建设，适时推进邮江三坝水库、引大济岷工程等重点工程建设，构建完善的水资源配置工程网络体系。加强上游紫坪铺、狮子坪、毛尔盖和剑科等水库联合调度，进一步研究利用流域内干支流已建水电站承担供水、灌溉任务。制定水量调度及应急供水调度预案，加快应急备用水源建设，形成多源互补的水资源配置格局。依托城乡供水水厂和骨干水源工程，推进城乡供水一体化建设。

(2)灌溉规划

加快都江堰、通济堰、玉溪河、青衣江沿河灌区等续建配套和挖潜改造，推广节水、节能、高产、高效的灌溉新技术，新建向家坝灌区、长征渠引水、李家岩水库、晋凤水库等一批大型骨干工程，以及马蹄山等13座中型水库。规划2030年农田灌溉面积新增366.06万亩，发展岷江上游、大渡河饲草料地节水灌溉面积139.73万亩。科学制定特殊干旱年抗旱对策。

(3)跨流域调水

通过统筹流域内用水和流域外调水，构建岷江与沱江、涪江和金沙江等的供水网络。南水北调西线工程是我国“四横三纵”水资源配置体系的重要组成之一，鉴于西线工程涉及面广、问题复杂，今后应根据国家总体安排，深化南水北调西线工程方案比选论证。

(4)水力发电规划

岷江干流源头至松潘县大屯河段、月波至岷江河口河段划为禁止开发区，松潘县大屯至下游月波河段划为开发利用区。在加强水生态环境保护的前提下，有序推进大渡河干流规划的巴拉、安宁、巴底、丹巴、老鹰岩一级和老鹰岩二级等水电站建设，下尔呷、达维、卜寺沟梯级涉及川陕哲罗鲑的重要生境，规划期内暂缓开发。

按照《水利部关于推进绿色小水电发展的指导意见》和青海、四川两省要求，持续推进小水电绿色改造，严控新建商业开发的小水电项目。

(5)航运规划

干流乐山—龙溪口河段规划建设老木孔、东风岩、犍为、龙溪口航电梯级，辅助必要的航道整治措施，使航道标准达到Ⅲ级；大渡河干流沙湾—乐山河段现状达到Ⅴ级航道标准，可根据经济社会发展需要研究进一步提高航道标准。

3.3.2 防洪减灾规划体系

岷江流域规划堤防、护岸工程共计1204.74km。通过紫坪铺、十里铺、瀑布沟、双江口、下尔呷等水库调控洪水，同时还分担川江河段及长江中下游的防洪任务。规划治理70条中小河流。完善水雨情观测站网及灾害监测预警系统，制定标准内及超标准洪水防御方案及洪水调度方案。开展山洪灾害防治，完善山洪灾害监测预报预警系统，加强重点山洪灾害隐患排查及防治。

3.3.3 水资源与水生态环境保护规划体系

(1)水资源保护规划

全面保障集中式饮用水水源地安全。加强污染源控制和水污染治理，严格工业、城镇废污水及农业面源污染控制，加快府河、南河、杨柳河、泥溪河、茫溪河、沐川河和龙溪河等支流水污染综合治理，推进岷茫水系工程等水生态修复工程。加强岷江上游河段引水式电站、大渡河、青衣江水利水电工程生态调度管理和生态下泄水量监控管理，逐步恢复河流生态服务功能。严格都江堰等水利工程调度管理，逐步满足金马河段生态需水要求，改善河流生态环境。维持岷江下游河段良好的水资源质量，保障珍稀水生生物用水需求。

(2)水生态与环境保护规划

加强河流连通性改善,新建电站均需建设鱼道或升鱼机等过鱼设施,研究和落实其余各河段河流连通性改善和恢复措施。强化上游高原鱼类及川陕哲罗鲑、下游东部江河等鱼类栖息地保护,建立12个鱼类人工增殖放流站。加强生境保护与修复,实施江湖连通性维持、生境保护与建设。加强物种保护与生物资源养护,加强环境敏感区保护与修复。

(3)水土保持规划

实施岷江上游和源头区以及重要城市饮用水水源地水土流失预防保护。以小流域为单元,开展水土保持综合治理。健全完善水土保持监测体系。坚持预防为主,山、水、林、田、路、村系统治理,以小流域为单元,因地制宜采取坡面整治、沟道治理、林草工程、生态修复以及人居环境整治试点等综合措施。到2030年,治理水土流失面积6782.30km^2。规划设置19个监测点,形成比较完整的水土保持监测网络。

(4)水利血防规划

血吸虫病防治区同步建设水利血防措施。在河流(湖泊)综合治理、人畜饮水、灌区改造等项目中采取防(灭)螺措施,改造水环境,防止钉螺滋生。

3.3.4 流域水利管理

全面落实河湖长制,完善法规制度体系,建立完善的管理体制机制,积极探索管理体制改革,建立健全流域管理长效机制。强化规划支撑,加强防洪抗旱减灾、水资源、水土保持、河道、水资源保护、水利工程建设与运行等水行政管理。加强流域管理能力提升和管理决策信息化建设,提升科技支撑和人才保障能力。

4 规划编制过程中遇到的技术难题及解决方案

岷江流域水资源和水能资源丰富,岷江干流乐山—宜宾河段是四川腹地货源重要的出川通道,现状通航标准较低,不能满足日益增加的大件运输需要,水资源开发需求迫切。但流域内生态敏感区众多,鱼类有164种之多,涉及国家级保护鱼类5种、省级保护水生野生动物12种、濒危种(EN)5种、长江上游特有鱼类37种,水资源开发利用与生态环境保护之间的矛盾亟待协调。《规划》从以下几个方面着手,较好地处理了水资源开发利用与生态环境保护之间的矛盾。

(1)以保障流域生态安全为目标,明确了流域保护与开发定位

岷江上游以生态保护修复为主;中游以水污染治理为主,保障供水和防洪安全;下游是长江黄金水道重要组成部分,在水生态以及乐山大佛等环境敏感目标保护的前提下适度进行航运开发,岷江干流月波至河口河段禁止新建拦河建筑物。大渡河在保护和修复生态环

境的前提下实施水电开发；青衣江以生态修复和保育为主。

(2)以“三线一单”为指导，优化了生态空间和规划方案

将水资源与水生态环境保护作为综合规划的重要任务，将岷江干流松潘县大屯河段和月波至岷江河口河段划为禁止开发区，取消了位于长江上游珍稀特有鱼类国家级自然保护区的 2 个梯级；取消了岷江干流上游 6 个梯级，减缓对上游的不利影响；取消了大渡河下尔呷以上的 9 个梯级，保护源头区生态环境；规划期内暂缓下尔呷、达维、卜寺沟 3 个梯级开发；优化大渡河老鹰岩河段的开发方案，避免了对贡嘎山风景名胜区安顺场和红军强渡大渡河遗址的淹没影响；取消了青衣江干流杨湾和金水湾 2 个梯级，保障青衣江河口连通性。

(3)以突出生态环境问题为导向，强化生态环境保护措施

主动避让了四川大熊猫栖息地、长江上游珍稀特有鱼类自然保护区等敏感区域；在流域生态系统整体保护的基础上，通过取消部分水电梯级、实施退化河段生态修复、开展干流和支流联合栖息地保护、制定主要控制断面生态基流等方式，保障上游高原鱼类和下游东部江河鱼类生境；在岷江干流中下游水环境恶化河段开展水环境治理；提出严格下阶段项目环评要求。通过针对性地强化各类措施，可缓解流域存在的突出生态环境问题。

5 取得的先进创新技术

(1)优化空间布局

为指导流域水资源开发利用提出的空间布局保护需求，同时与地方“三线一单”成果衔接，规划统筹水域和陆域生态空间保护，创新性地开展生态空间划分工作。生态空间划分为水域和陆域两个类型。水域生态空间对岷江干流、大渡河干流、青衣江干流共划分保护河段 24 处，总河长 2086km，涉及优先保护河段、重点保护河段、治理修复类河段和引导发展水域。陆域生态空间分为优先保护陆域、重点保护陆域、治理修复陆域和引导发展陆域四类。生态空间明确保护定位、保护类型、保护范围、划分依据和管控及保护要求等，通过优化空间布局，为合理制定流域保护、治理和开发方案提供了重要支撑。

(2)鱼类栖息地保护在规划中全面落实

为保护长江上游珍稀特有鱼类，以及重要鱼类三场、洄游通道等，《规划》提出了以流域层面为重点开展上游高原鱼类及川陕哲罗鲑栖息地保护和下游东部江河鱼类栖息地保护，明确了相关保护范围、保护方法，同时提出将部分中小支流河口段作为鱼类栖息地保护并进行相关论证研究。鱼类栖息地保护在河流开发方案中得到全面落实。为更好地解决河流开发与开发鱼类保护之间的矛盾，规划创新性地提出大渡河干流下尔呷、达维、卜寺沟 3 个水电梯级应以川陕哲罗鲑人工增殖放流成功作为开发前置条件，规划期内暂缓开发。

6 项目建成后取得的效益

6.1 社会效益

节水型社会基本建成，城乡供水与农业灌溉安全保障水平显著提高；干支流沿岸城镇及重要防护区防洪达标，保障流域防洪安全；岷江干流通航条件较大改善，岷江高等级航道网基本建成；管理能力和管理现代化水平显著提升。

6.2 生态效益

岷江水质得以维护并改善，水环境呈良性发展；岷江干流局部河段水生态环境修复初显成效，生态环境向好；岷江上游和源头区得到全面保护，中下游水土流失重点治理区的水土流失初步得以控制，林草植被得到有效保护和恢复，实现美丽乡村宜居生态环境。

6.3 经济效益

可基本满足流域内2820万人和经济社会发展需水要求，新增366.06万亩农田有效灌溉面积，新增水电站装机容量5299.6MW，多年平均年发电量29.37亿kW·h；减轻了洪灾带来的人员伤亡和财产损失；航运条件极大改善，推动沿江优势资源开发，促进经济社会长远发展。

撰稿/宋红波、张琳

赤水河流域综合规划

▲ 美酒河

赤水河流域是长江上游为数不多生态保持良好的河流，有“美酒河”“生态河”“美景河”“英雄河”之美誉。随着赤水河流域经济社会发展，生态环境保护与开发利用之间的矛盾日益凸显。规划以赤水河水资源与水生态环境保护为首要任务，按照“干流保护优先，支流适度开发利用”的原则，严格控制水生态环境敏感区域的治理开发活动，优化空间布局，合理规划流域保护、治理和开发方案，实现赤水河保护和治理开发与经济社会发展相协调。

1 规划背景

赤水河位于川、黔、滇三省接壤地带，系长江上游右岸一级支流，干流全长 436.5km，流域面积约 2 万 km^2，河口多年平均流量 $284m^3/s$；主要支流有二道河、桐梓河、古蔺河、大同河、习水河、同民河等。赤水河流域是长江上游为数不多生态保持良好的河流，其独特的自然地理、温润的气候条件、良好的生态环境，造就了我国酱香型酒的典型代表——茅台酒。赤水河流域具有丰富的动植物资源，2005 年，经国务院批准，赤水河干流及部分支流河段纳入长江上游珍稀特有鱼类国家级自然保护区，红军“四渡赤水”留下了珍贵的历史文物，优良的自然生态和红色文化，故赤水河有“美酒河”“生态河”“美景河”“英雄河”之美誉，对水资源和生态环境保护均提出了更高要求。

但受人类不合理开发和建设活动影响，赤水河干流下游部分断面存在水质超标现象，盐津河、沙坝河等支流水质较差。河道内生态用水被挤占，局部河段枯水季节甚至出现断流。生物多样性和湿地资源受到破坏，鱼类种类和资源量下降，呈现出鱼类个体小型化趋势。赤水河山高坡陡，岩溶发育，水土涵养能力低，加之人为破坏，加剧了水土流失。为适应新形势和治水新要求，加强流域管理、协调流域水资源保护、开发和治理的关系，开展赤水河流域综合规划修编十分必要和迫切。

2009 年 4 月，《赤水河流域综合规划任务书》获水利部批复，由长江水利委员会组织开展《赤水河流域综合规划》(以下简称《规划》)编制工作。2020 年 12 月，《规划》获水利部批复(水规计〔2020〕268 号)。《规划》是今后一个时期流域开发、利用、节约、保护水资源和防治水害的依据。

2 规划意义

2.1 充分体现了保护优先

赤水河流域生态与环境保护地位突出。长江上游是世界鱼类多样性保护焦点地区之一，受人类活动尤其是梯级水电站相继开发影响，长江上游鱼类的栖息生境发生了极大改变，不仅改变区域鱼类种类组成与资源数量，而且对其种群赖以生存的遗传多样性产生不利影响。为了维护长江上游鱼类种群多样性和长江上游自然生境，2005 年 4 月，经国务院办公

厅批准，将 2000 年 4 月批准建立的“长江合江—雷波段珍稀鱼类国家级自然保护区”范围调整，并更名为“长江上游珍稀特有鱼类国家级自然保护区”，保护区江段包括总长1162.61km，总面积 33174.23hm^2，涉及云南、贵州、重庆、四川 4 个省（直辖市），其中包括赤水河源至赤水河河口 628.23km^2 河段。维护赤水河优良的水质和良好生态，是以茅台酒为代表的酿酒支柱产业生存和发展的基石，也是支撑经济社会可持续发展的重要保障。《规划》以水资源与水生态环境保护为首要任务，严格入河污染物总量控制，保障河流生态需水，强化生态空间保护，加强生态环境保护与修复，加大水土流失治理力度，加强流域管理，对维持赤水河优良水质、保护长江上游珍稀特有鱼类及其生境、维护生物多样性和生态完整性提供了重要支撑。

2.2 为区域经济社会发展提供全面水安全保障

赤水河流域位于云南、贵州、四川接合部，经济社会发展相对落后，水资源与水生态环境保护面临巨大压力，水利支撑与保障能力不足，局部地区水资源供需矛盾突出，防洪减灾体系尚不完善，流域管理需进一步强化。《规划》认真落实“共抓大保护、不搞大开发”方针，贯彻“生态优先、绿色发展”，统筹开发治理与保护，通过合理开发利用赤水河，完善供水灌溉等基础设施，补齐防洪短板，加强水资源与水生态环境保护，为流域经济社会高质量发展提供了全面的水安全保障。

2.3 实现河流开发功能优化调整

从 20 世纪 50 年代中期至 90 年代初以来，有关部门（单位）通过查勘和开展相关前期工作，提出赤水河干流的主要开发任务为发电和航运。2005 年 4 月，赤水河批准列入“长江上游珍稀特有鱼类国家级自然保护区”，按照自然保护区的相关规定，河流保护与治理开发之间存在矛盾。随着赤水河流域特色产业迅速发展，赤水河沿岸优质酿酒业成为当地重要的经济增长极，水资源保护地位也日显突出，优良的水质成为以茅台酒为代表的酿酒支柱产业生存和发展的基石。早在 2011 年就已率先颁布实施了《贵州省赤水河流域保护条例》。《规划》结合流域经济社会发展和生态环境保护面临的新形势、新要求，通过优化调整河流开发功能定位，严格水资源与水生态环境保护，优化岸线功能，对保护赤水河流域独特的自然、生态和人文环境，保护名优白酒生产环境安全，促进流域经济社会高质量发展，具有十分重要意义。

2.4 全面提升流域管理水平

《规划》通过建立和完善水法规体系，健全流域长效管理机制，严格执法监督，加强水行政管理，提升管理能力和现代化水平，对保障流域治理开发与保护，全面建成协调高效、管理先进的赤水河流域管理模式提供更加全面的保障。

3 规划方案

3.1 规划范围与规划水平年

规划范围为赤水河流域。

规划现状年为 2018 年，涉及云南、贵州、四川 3 省 15 个县(市、区)，规划水平年为 2030 年。

3.2 规划目标与任务

3.2.1 规划指导思想和原则

以习近平新时代中国特色社会主义思想为指导，深入贯彻落实党的十九大和十九届二中、三中、四中、五中全会精神，积极践行“创新、协调、绿色、开放、共享”新发展理念，紧紧围绕统筹推进“五位一体”总体布局和协调推进“四个全面”战略布局，认真落实“共抓大保护、不搞大开发”方针，秉承“节水优先、空间均衡、系统治理、两手发力”的治水思路，坚持“生态优先、绿色发展”，践行“水利工程补短板、水利行业强监管”水利改革发展总基调，以着力解决人民日益增长的美好生活需要与不平衡不充分发展之间的矛盾出发，统筹流域保护与治理开发任务，山水林田湖草系统治理，有效抗御洪旱灾害，优化配置与综合利用水资源，维系河流健康生态环境，为经济社会高质量发展提供强有力的水利支撑和保障。

规划遵循以人为本，民生优先；生态优先，绿色发展；统筹兼顾，系统治理；强化监管，严守红线的原则。

3.2.2 规划目标

构建完善的流域防洪减灾、水资源综合利用、水资源与水生态环境保护、流域综合管理四大体系，保障防洪安全、供水安全、粮食安全和生态安全，提高流域管理水平，支撑经济社会高质量发展。

(1)水资源节约高效利用

基本建成节水型社会，流域经济社会用水总量控制在 12.52 亿 m^3 以内。不断完善城乡供水保障体系，流域内县级以上城镇供水保证率不低于 95%，农村供水保证率不低于 90%。城市自来水普及率达到 95%以上，农村自来水普及率达到 85%以上；新增农田有效灌溉面积 53.38 万亩，农业灌溉保证率达 75%～85%，农田有效灌溉率 27.9%，灌溉水利用系数达到 0.62。按照自然保护区管理的相关规定和要求，逐步优化岸线利用功能，形成通畅、绿色

环保的水运通道。

(2)防洪减灾能力进一步提高

加强防洪体系建设,保证主要防洪对象的安全:大型企业茅台酒厂达到100年一遇防洪标准,各县(市、区)城区及重点企业达到20年一遇防洪标准,乡镇根据其重要性达到10~20年一遇防洪标准。

(3)水资源与水生态环境保护不断加强

维护并改善河流现有水质;各水功能区主要控制指标全部达标;主要城镇集中式饮用水水源地安全保障问题得到有效解决;满足重点河段生态需水要求;有效保护珍稀特有鱼类物种种群,维系赤水河干流的连通性、水生生物的多样性和完整性,实现水生态系统的良性循环;流域水土流失治理程度达90%以上,建成完善的水土保持预防监督体系和水土保持监测网络。

(4)流域综合管理现代化基本实现

法规制度和标准基本完备,协调、民主的水管理体制基本建成,河长制全面落实,跨区域跨部门协商与协调机制高效,生态产品价值实现机制完善,管理能力和现代化水平显著提升,全面实现协调高效、管理先进的赤水河流域管理模式。

3.2.3 控制指标

2030年赤水河流域控制断面生态基流见表1,水质目标见表2,多年平均各省级行政区用水总量控制指标见表3,用水效率控制指标见表4。

表1　赤水河流域控制断面生态基流　(单位:m^3/s)

河流	控制断面	断面位置	生态基流
赤水河干流	赤水河	赤水河滇黔川缓冲区	11
赤水河干流	茅台	长江上游珍稀特有鱼类自然保护区(赤水河贵州段)	23
赤水河干流	赤水	赤水河黔川缓冲区	59
同民河	同民川黔	川黔边界	0.36
大同河	大同	川黔边界	1.56
习水河	习水黔川	黔川边界	2.61

表2　赤水河流域控制断面水质目标

河流	断面名称	水功能区	水质目标
赤水河干流	高山	赤水河滇黔川缓冲区	Ⅱ
赤水河干流	鲢鱼溪	赤水河黔川缓冲区	Ⅲ
习水河	长沙	习水河黔川缓冲区	Ⅲ
大同河	天星桥	大同河川黔缓冲区	Ⅲ

表 3　　赤水河流域多年平均各省级行政区用水总量控制指标　　(单位:亿 m^3)

省级行政区	2030 年
云南	0.80
贵州	8.68
四川	3.04
合计	12.52

表 4　　赤水河流域用水效率控制指标

省级行政区	万元工业增加值用水量(m^3/万元)	灌溉水利用系数
云南	32	0.60
贵州	19	0.63
四川	18	0.61
赤水河流域	19	0.62

3.2.4　规划任务与规划总体布局

根据赤水河流域自然条件、生态环境保护要求,治理开发与保护现状、存在问题和经济社会发展需要,拟定流域保护与治理开发的主要任务是水资源与水生态环境保护、供水、灌溉、防洪、水土保持、航运和水力发电等。在现已形成的治理开发与保护格局的基础上,统筹流域经济社会发展对保护、治理、开发的要求,逐步建成完善的防洪减灾、水资源综合利用、水资源与水生态环境保护和流域综合管理体系。

(1)茅台镇以上上游河段

开展威信和仁怀城区段、茅台酒厂及干支流其他重点河段防洪达标建设;新建苏木、岩角塘、观口等骨干水源工程,完善供水灌溉设施;加强茅台镇上游水资源保护,严格控制污染较重企业发展;保障赤水河、茅台重要控制断面生态基流,保护珍稀特有物种和重要生境;加强水土流失治理,完善水土保持监测网络。

(2)茅台镇以下中下游河段

实施桐梓、赤水、习水、古蔺及习酒、郎酒酒厂等重点河段防洪达标建设,新建观音、白水洞、袁家坝等骨干水源工程,完善供水灌溉设施;加强水资源保护,保障赤水、同民川黔、大同、习水黔川断面生态基流,保护珍稀特有物种和重要生境;加强水土流失治理,完善水土保持监测网络。

3.3 规划方案

3.3.1 水资源综合利用规划体系

(1)城乡供水规划

建设完善城乡供水工程及配套设施,加强威信县、赤水市、仁怀市、习水市、桐梓县、古蔺县各县城应急水源工程建设,形成多源互补的水资源配置格局。依托城乡供水水厂和骨干水源工程,推进城乡供水一体化建设。

(2)灌溉规划

开展现有灌溉工程配套、挖潜和改造,新建观音、苏木、白水洞、岩角塘、四坪上、观口、袁家坝、燕子岩等大中型水库,向家坝灌区引水工程等,加强已有灌区续建配套与节水改造,新建苏木水库灌区、油沙河水库灌区、观音水库灌区、锁口水库灌区等一批重点灌溉工程,并结合小型灌溉工程作为补充。制定应急供水预案,增加有效供水量。

(3)航运规划

赤水河航运开发与生态环境保护存在冲突,航道标准基本维持现有等级,加强航道维护,提升维护水平,注重生态环保。仁怀港、习水港、赤水港等港口,应遵守自然保护区管理相关要求,逐步优化岸线利用功能,提升港口管理水平。

(4)水力发电规划

根据长江上游珍稀特有鱼类国家级自然保护区相关规定和保护要求,赤水河干流禁止开发水电,支流不再新增开发小水电。针对水电梯级尚存在的生态环境等方面问题,全面落实水电梯级退出、整改工作。

3.3.2 防洪减灾规划体系

以赤水河干支流沿岸大型企业、县城、重点乡镇等保护对象为重点,规划新建、加固堤防253.98km,整治河道135.66km。加强山洪灾害防治,对于受山洪威胁的城镇、工矿企业、主要基础设施(如公路等)所在区域,采取必要的工程治理措施。加强水情测报、预警预报系统等防洪非工程措施建设。

3.3.3 水资源与水生态环境保护规划体系

(1)水资源保护规划

严格入河排污总量控制,加强沿江重要城镇污水处理设施建设,关闭或迁移化工、造纸等重污染企业,严格控制污染较重企业的发展,加强污染严重支流的小流域水污染综合治理。加强隔离防护和生物防护,保障饮用水水源地水质安全。

(2)水生态与环境保护规划

加强生态空间保护,合理规划流域保护、治理和开发方案,严格控制水生态环境敏感区域的治理开发活动。采取人工增殖放流，对支流已建梯级进行河流连通性修复，加强自然保护区管理，加强鱼类种群、栖息地监测，保护水生生物群落结构。加强生态环境保护和生态需水保障，维持水生态系统功能良好态势。

(3)水土保持规划

坚持以预防为主，山、水、林、田、路、村系统治理，以小流域为单元，因地制宜采取坡面整治、沟道治理、林草工程、生态修复以及人居环境整治试点等综合措施。到2030年，治理水土流失面积6782.30km^2。规划设置19个监测点，形成比较完整的水土保持监测网络。

3.3.4 流域水利管理

全面落实河湖长制，建立完善的水管理法规体系，创新赤水河流域管理协调机制、小水电退出整改机制和生态产品价值实现机制，加强规划、水资源保护与利用、防洪抗旱、河道、水土保持、水利工程建设与运行等水行政管理，完善水利综合监测站网建设，推进水利信息化。

 4 规划编制过程中遇到的技术难题及解决方案

保护与开发利用的矛盾亟待协调。赤水河流域自然景观奇特，动植物资源丰富，生态敏感区众多，有世界自然遗产地1个，省级以上自然保护区5处，风景名胜区8处，森林公园8处、地质公园1个、湿地公园1个。赤水河流域主要生态敏感区见表5。

表5　赤水河流域主要生态敏感区

类型	敏感保护目标
世界自然遗产地	中国丹霞赤水世界自然遗产地
自然保护区	国家级：长江上游珍稀特有鱼类、画稿溪、赤水桫椤、习水中亚热带常绿阔叶林 省级：古蔺黄荆
风景名胜区	国家级：赤水 省级：仁怀茅台、遵义娄山关、习水、丹山、黄荆十节瀑布、威信、笔架山
森林公园	国家级：习水、赤水竹海、燕子岩 省级：凉风垭、玉皇观、古蔺黄荆、冷水河、红龙湖
地质公园	国家级：赤水丹霞
湿地公园	国家级：习水东风湖

随着赤水河流域经济社会发展，生态环境保护与开发利用之间的矛盾日益凸显。《规划》以赤水河水资源与水生态环境保护为首要任务，按照"干流保护优先、支流适度开发利

用”的原则，进一步优化供水与灌溉、航运、水力发电等规划布局。

(1)供水与灌溉

规划严格控制水生态环境敏感区域的治理开发活动，主要开发利用支流水资源，在观音寺河、铜车河、九仓河、沙溪河等支流上建设一批骨干水源工程，完善城乡供水、灌溉等基础设施。

(2)航运

赤水河历来是黔北地区水上交通通道，赤水河中下游白杨坪至河口段，全长 248km，为Ⅵ～Ⅴ级航道，涉及长江上游珍稀特有鱼类国家级自然保护区的核心区和缓冲区。《中华人民共和国自然保护区条例》第三十二条规定：“在自然保护区的核心区和缓冲区内，不得建设任何生产设施。”贵州省相关航运规划曾提出在赤水河“开展航道整治，逐步提高干流白杨坪—合江县城航道标准”，但航道整治、航道疏浚等涉水施工活动影响长江上游珍稀特有鱼类国家级自然保护区。《规划》严格落实自然保护区的相关要求，提出“赤水河航道标准基本维持现有等级，加强航道维护，提升维护水平，注重生态环保”“赤水河仁怀港、习水港、赤水港等港口，应遵守自然保护区管理的相关要求，逐步优化岸线利用功能，提升港口管理水平”。

(3)水力发电

据 2003 年水力资源复查成果，赤水河水系水力资源理论蕴藏量 1475.5MW，技术可开发量和经济可开发量均为 1173.6 MW，其中干流技术可开发量为 885.5MW，占全流域技术可开发量的 75.5%，目前尚未开发赤水河5 条主要支流二道河、桐梓河、古蔺河、习水河、大同河技术可开发量为 257.225MW，目前已、正开发电站装机容量约 184.825MW，约占技术可开发量的 72%。赤水河各支流过去已开展的水电开发方案研究中，往往只注重水能资源的开发和利用，而忽视了对生态环境的负面影响。已建引水式水电站，由于未泄放生态流量，对生态环境造成一定程度的破坏。根据长江上游珍稀特有鱼类国家级自然保护区的相关规定和保护要求，《规划》将赤水河干流河源至河口全长 436.5km 河段，全部划分为水能资源禁止开发区，规划期内禁止开发水电，保持原生态河流；小水电开发应与相关政策衔接，取消相关支流规划拟新建的水电梯级，明确支流不再新增开发小水电项目。

5 取得的先进创新技术

5.1 优化空间布局

《规划》根据流域自然条件和经济社会发展需要，从维护流域自然生态系统完整、生态功能和格局稳定出发，划分水生态与环境优先保护区，统筹水域和陆域生态空间保护。干流严格限制开发，维护珍稀特有鱼类良好生境。扎西河、倒流河、妥泥河、铜车河等支流位于赤水河镇以上源头区，桐梓河兰子口至河口河段、古蔺河太平至河口河段、同民河铜灌口至河口河段、大同河正中至河口河段、习水河黔鱼洞至河口河段是长江上游珍稀特有鱼类栖息河段，支流二道河位于茅台酒等白酒基地上游，以上支流以生态环境保护、保育和修复为主，除确有必要的民生工程外禁止开发。取消规划水电开发、航道整治与等级提升工程，严格控制水生态环境敏感区域的治理开发活动，将治理开发活动对水生态环境的影响限制在水生态环境系统能够承受的范围内，实现赤水河保护和治理开发与经济社会发展相协调。

5.2 小水电退出、整改机制

赤水河流域已建小水电 368 座。针对小水电违规建设，以及由此带来的河流连通性受阻、局部河段枯水季断流等生态环境突出问题，《规划》提出，“按照国家和云南、贵州、四川三省关于小水电退出、整改等文件和相关要求，全面落实水电梯级退出、整改工作”。由云南、贵州、四川三省作为责任主体，水利、发展和改革、生态环境、能源等部门加强协调配合，负责小水电清理和整改工作的指导与监督，建立赤水河流域上下联动、部门协作、责任清晰、高效有力的小水电整改、退出工作机制，为小水电整改、退出工作顺利推进提供保证。

5.3 生态产品价值实现机制

赤水河具有重要的生态保护价值。但随着赤水河上游资源开发和城镇化进程的加快，生态环境保护面临较大压力，开发与保护矛盾日益突出。

建立政府主导、企业和社会各界参与、市场化运作、可持续的生态产品价值实现机制，是学习贯彻习近平生态文明思想、践行“绿水青山就是金山银山”理念的重要举措，也是推进生态文明建设的必然要求。为保护长江上游珍稀特有鱼类和赤水河水资源环境，维护酿酒业等产业发展所需优良水生态环境，《规划》提出遵循“保护者受益、利用者补偿”的原则，加快建立赤水河流域生态产品价值实现机制，并配套相关法律法规，推进赤水河流域生态功能重要区域的生态补偿，促进生态环境保护和经济社会协同发展。

6 项目建成后取得的社会效益、生态效益和经济效益

6.1 社会效益

《规划》实施后，节水型社会基本建成，城乡供水与农业灌溉安全保障水平显著提高；可有效降低区域内洪灾发生频率，减少洪灾损失；基本控制水土流失；加快形成与自然保护区管理要求更加协调的绿色、环保水运体系；建设赤水河流域管理典范，水行政管理能力和管理现代化水平显著提升。

6.2 生态效益

《规划》实施后，将维护和改善赤水河水质、保护茅台酒等当地特色产业所需的水质与微生物环境。有效保护珍稀特有鱼类生境和物种资源，维系水生生物的多样性和完整性。有效保护耕地资源，减少赤水河上中游水土流失，并实施人居环境整治，建设美丽乡村宜居生态环境，促进流域水生态系统良性循环和水资源可持续利用。

6.3 经济效益

《规划》实施后，城乡供水灌溉保障体系将不断完善，2030 年流域多年平均共配置供（用）水量 12.52 亿 m^3，新增农田有效灌溉面积 53.38 万亩，为工农业发展及经济繁荣提供用水保障，促进粮食增产增效；保障大型企业茅台酒厂、各县（市、区）城区及重点企业、乡镇等主要保护对象的防洪安全，减少洪灾损失；可在一定程度上促进水运业和相关产业的协调发展，提升发展质量和水平。

撰稿/宋红波、张琳

嘉陵江流域综合规划

▲ 嘉陵江阆中段

嘉陵江是长江八大支流之一，流域面积居长江各大支流之首。嘉陵江自古以来就担负着陕西、甘肃物资南运及四川、重庆物资东输的重任，是国家规划的高等级航道，干支流梯级水库配合三峡水库承担长江中下游的防洪任务。在长江流域治理开发与保护中具有十分重要的地位。

规划背景

嘉陵江位于长江上游左岸，流域面积15.98万km^2，是长江流域面积最大的支流。干流流经陕西、甘肃、四川、重庆4个省（直辖市），全长1120km，落差2300m，平均比降2.05‰。嘉陵江水系发育，主要支流有西汉水、白龙江、东河、西河、渠江、涪江等。嘉陵江流域水资源较丰富，多年平均水资源量677.8亿m^3，水力资源理论蕴藏量16136.6MW，其中干流3521.2MW，支流12615.4MW。嘉陵江干流已建、在建梯级装机容量2877.1MW，占技术可开发总装机容量的95.8%。嘉陵江流域动植物资源丰富，涉及长薄鳅、白鲟、青石爬鮡、云南鲴、黄石爬鮡、中华鮡等珍稀濒危保护鱼类。

嘉陵江流域地形条件复杂，水资源时空分布不均，部分地区水低田高，水资源开发利用困难，存在工程性和资源性缺水问题；流域防洪减灾体系仍不够完善；干支流已（正）开发的水电和航电梯级使河段连通性受阻，引水式电站坝下河段存在一定程度减水，导致生境破碎化；嘉陵江部分支流水质尚不能稳定达标；嘉陵江上游、西汉水、白龙江水土流失严重。西部大开发等国家重大战略实施以来，对嘉陵江流域水资源优化配置、合理开发和“减灾”“兴利”提出了更高要求。为保障和支撑流域经济社会的可持续高质量发展、合理开发利用嘉陵江水资源、保护和修复流域水生态环境，迫切需要编制满足经济社会发展需要、适应新时期治水思路的流域综合规划。

2005年3月，《嘉陵江流域综合规划任务书》获水利部批复（水规计〔2005〕87号），由长江水利委员会组织，长江勘测规划设计有限责任公司牵头开展《嘉陵江流域综合规划》（以下简称《规划》）编制工作。2016年8月，水利部水利水电规划设计总院印发关于嘉陵江流域综合规划审查意见（水规计〔2016〕955号）。2020年以来，结合流域治理、开发和保护的新情况、新变化和新要求，对《规划》进行了不断的完善。2022年8月，《嘉陵江流域综合规划环境影响报告书》通过生态环境部审查（环审〔2022〕119号）。

规划意义

（1）区域经济社会发展和国家战略的重要支撑

嘉陵江地处长江经济带和成渝地区双城经济圈两大国家战略交汇点，跨越陕西、甘肃、四川、重庆4个省（直辖市），自然资源丰富，生态环境多样，是长江上游和我国西部重要的生态屏障。四川盆地腹部地区和重庆主城区耕地和人口集中，产业集聚，分布有重庆、广元、南充、绵阳等重要城市，主要工业有钢铁、机械、电力、汽车、化工、纺织和食品等。嘉陵江自古以来就是我国西南地区一条重要的通航河流，担负着陕西、甘肃物资南运及四川、重庆物资东输的重任，也是国家规划的高等级航道。《规划》认真落实“共抓大保护、不搞大开发”方针，秉承“节水优先、空间均衡、系统治理、两手发力”的治水思路，坚持“生态优先、绿色发展”，提出嘉陵江流域治理开发与保护的目标、任务和总体安排，为区域经济社会发展和国家重大战略提供强有力的支撑和保障。

(2)实现流域综合开发、利用、治理、节约和保护的需要

嘉陵江在长江流域治理开发与保护中具有十分重要的地位。流域多年平均降雨量923.9mm，降雨分配不均，干旱缺水问题历来突出，局部地区资源性缺水问题尚未全面解决。干流中下游地处深丘向浅丘过渡地带，城镇、农田沿两岸阶地分布，人口稠密，农业发达，工业基础较好，也是长江上游易受洪涝灾害的重点区域之一。由于人类不合理开发带来的水土流失、水资源与水生态环境破坏问题尚待进一步治理。近些年有关部门先后在嘉陵江开展了不同的河段规划或专业规划，但还没有统一的流域规划，缺乏规划的系统性和完整性，不能适应流域经济社会发展的需要。《规划》从合理开发和节约集约利用水资源、减轻洪水威胁、加强水土保持和水生态环境保护、防治水污染等方面进行了统筹规划。

优化工程布局，优先安排民生保障工程，取消尚存在重大环境影响因素的水电梯级，对部分前期工作研究深度不够、规划方案尚须进一步深化论证的重点工程，要求抓紧开展相关研究，充分体现了保护优先的原则，较好地协调了开发与保护、近期与远期的关系。

3 规划方案

3.1 规划范围与规划水平年

规划范围为嘉陵江流域，涉及陕西、甘肃、四川、重庆4个省(直辖市)，流域面积15.98万km^2。

规划现状年为2020年，规划水平年为2030年。

3.2 规划目标与任务

3.2.1 规划指导思想和原则

以习近平新时代中国特色社会主义思想为指导，全面贯彻党的十九大和十九届历次全会精神，准确把握新发展阶段，深入贯彻新发展理念，坚持“节水优先、空间均衡、系统治理、两手发力”的治水思路，紧扣治水兴水主要矛盾，以改善民生为核心，坚持“生态优先、绿色发展”，着力加强流域治理、开发、保护和水资源综合利用，科学谋划水利高质量发展，进一步完善防洪减灾体系、提升高品质水资源保障能力、改善水生态环境服务功能、强化流域智慧化

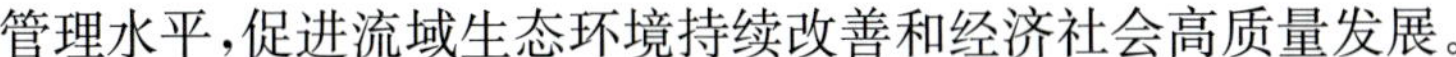

管理水平，促进流域生态环境持续改善和经济社会高质量发展。

规划遵循以人为本，民生为重；生态优先，绿色发展；统筹兼顾，系统治理；强化监管，严守底线的原则。

3.2.2 规划目标

基本实现水资源高效利用，防洪保护对象规划标准内洪水可防御，水资源保护有效提升，生态环境质量总体改善，受损水生态系统逐步恢复并呈良性发展，基本实现流域管理现代化，保障经济社会可持续发展。

(1)水资源节约高效利用

流域用水总量控制在133.12亿m^3以内，万元工业增加值用水量不超过12m^3，灌溉水有效利用系数达到0.55；水资源调配能力进一步提高。确保城乡供水安全，重庆市供水保证率达到97%，其他城镇供水保证率达到95%以上，城乡一体的供水安全保障体系日趋完善，主要城市应急供水体系基本健全。加强川渝互联互通，打造高效畅通、绿色环保的国家高等级水运通道。干流合川以上至广元段达到Ⅳ级航道标准，合川至河口段达到Ⅲ级航道标准，渠江达州以下段达到Ⅳ级航道标准，涪江达到Ⅳ～Ⅴ级航道标准。

(2)防洪减灾能力进一步提高

建立起较为可靠的流域防洪保安体系，保证县级以上城镇、沿江乡镇及相对集中居民区、农田等防洪保护区的安全：重庆市中心城区达到100年一遇防洪标准，甘肃省陇南市，四川省绵阳、广元、南充、遂宁、巴中、广安、达州及江油市、射洪区、阆中市，重庆市北碚区、潼南区、合川区城区达到50年一遇防洪标准，沿江县级城镇达到20一遇防洪标准，沿江乡镇和相对集中居民区、相对集中农田达到10年一遇防洪标准，随着流域内经济社会发展，防洪保护区的防洪标准经论证后可适当提高。山洪灾害防御能力得到普遍提升。

(3)水资源与水生态环境保护不断加强

干流和重要支流稳定保持优良水质，生态系统质量和稳定性明显提升。水资源开发保护不断优化，河湖生态流量得到保障。绝大多数的珍稀特有物种种群得到有效保护，维系流域水生生物的多样性和完整性。水生态恢复取得明显进展，水生生物多样性保护水平有效提升。流域内3.57万km^2水土流失面积得到治理，林草覆盖率显著提高。

(4)流域管理现代化基本实现

河湖长制全面落实，水管理法规制度和标准完备，管理体制完善，跨区域、跨部门协商与协调机制高效，管理能力和水平显著提升。

3.2.3 控制指标

2030年嘉陵江流域主要控制断面生态基流控制指标和水质管理目标分别见表1和表2，多年平均各省行政区用水总量控制性指标见表3。

表 1　　嘉陵江流域主要控制断面生态基流控制指标

序号	河流	站点名称	生态基流(m^3/s)
1	嘉陵江干流	广元	25
2	嘉陵江干流	苍溪	124
3	嘉陵江干流	武胜	157
4	嘉陵江干流	北碚	257
5	涪江	射洪	59
6	涪江	小河坝	72
7	渠江	罗渡溪	61.9
8	渠江—大通江	万僧寺	0.64
9	渠江—大通江	西街	1.18
10	渠江—州河	河口(州河)	1.37
11	西汉水	谭家坝	4.6
12	白龙江	白云	枯水期(11 月至次年 3 月)1.96; 丰水期(4—10 月)2.28
13	白龙江	白水街(碧口)	24.6
14	白龙江	三磊坝	33.3
15	白龙江—白水江	文县	7.24

表 2　　嘉陵江流域主要控制断面水质管理目标

序号	河流	断面	水功能区	水质管理目标
1	嘉陵江	白水江	嘉陵江陕甘缓冲区	Ⅱ
2	嘉陵江	燕子砭	嘉陵江陕川缓冲区	Ⅱ
3	嘉陵江	武　胜	嘉陵江川渝缓冲区	Ⅱ
4	嘉陵江	北　碚	嘉陵江合川北碚保留区	Ⅱ
5	涪江	潼　南	涪江川渝缓冲区	Ⅲ
6	渠江	罗渡溪	渠江川渝缓冲区	Ⅲ
7	白龙江	白水街	白龙江武都广元保留区	Ⅲ
8	西汉水	谭家坝	西汉水甘陕缓冲区	Ⅲ

表 3　　嘉陵江流域多年平均各省级行政区用水总量控制指标

省级行政区	用水总量(亿 m^3)
陕西	1.64
甘肃	7.49
四川	100.59
重庆	23.40
合计	133.12

3.2.4 规划任务与规划总体布局

根据嘉陵江流域自然条件、生态环境保护要求和经济社会发展需要，提出流域治理开发与保护的主要任务为灌溉与供水、防洪、航运、水资源保护与水生态环境修复、水土保持、发电。

(1)水资源综合利用

嘉陵江干流上游以当地径流为主，通过水库、塘堰、引(提)水工程等解决区域用水；中游广元至合川构建以岷江都江堰(含毗河供水)，以及涪江武都引水、通口河引水、西河升钟水库、嘉陵江亭子口等水资源配置工程为骨干，当地水和外调水多源互补的供水格局。合川以下重庆片区以中小型水库以及引(提)水工程等为主解决区域用水。加强川渝互联互通，打造干支流高效畅通、绿色环保的高等级水运通道。在研究区域经济社会发展对电力需求基础上适时开发略阳至广元河段水能资源，科学管理水能资源。

(2)防洪减灾

沿江防洪形成以堤防护岸和河道整治等为基础，干流亭子口、草街等水库蓄洪为骨干，支流水库相配合的工程措施及非工程措施共同构成的总体防洪体系，嘉陵江干流苍溪以上河段主要依靠堤防护岸，配合支流防洪水库防御洪水；苍溪至武胜河段采取堤防护岸，结合亭子口和西河升钟等水库联合调度防御洪水；嘉陵江武胜以下主要依靠堤防护岸，并结合干支流水库调度、应急转移等综合措施防御洪水。

(3)水资源与水生态环境保护

加强嘉陵江各支流源头预防保护，嘉陵江上游陇南及陕南地区侵蚀沟道治理和嘉陵江中下游坡面整治；强化水土流失预防监督、综合治理和自然修复。加强嘉陵江干流广元、南充、合川、北碚、沙坪坝、渝北等城镇江段以及西汉水、青泥河、渠江、涪江等支流重点江段水污染治理。统筹干支流水生态环境保护与修复：略阳以上河段以水生生物栖息地保护建设为主，略阳至广元河段以生态修复为主，广元以下河段采取河流连通性恢复措施；强化生态调度；加强物种资源保护，开展鱼类保护栖息地建设等。

3.3 规划方案

3.3.1 水资源综合利用规划

(1)灌溉规划

嘉陵江干流上游及涪江、渠江上游，山高岸陡、谷狭水急，两岸耕地少，分布零星，以当地径流为主，通过水库、塘堰、引(提)水工程等解决灌溉用水问题。中游广元至合川，由深丘区进入浅丘区，河谷开阔，农田集中，包括涪江右岸区、涪嘉区、嘉渠区、渠江左岸区等区域，在都江堰(含毗河供水)“西水东调”和亭子口灌区、升钟水库灌区、武都引水、通口河“北水南调”水资源配置体系下，当地水和外调水多源互补，大力发展农业灌溉。重庆片区以中小型水库以及引(提)水工程等为主解决周边灌溉。甘肃省和陕西省主要位于嘉陵江上游，产量较低的耕地进行农作物结构改造，提高耕地的综合生产能力。

(2)城乡供水规划

四川省通过武都引水工程解决梓潼、盐亭、蓬溪的缺水，升钟水库工程引水解决西充的缺水，亭子口水库引水解决营山、仪陇老县城、岳池的缺水，都江堰毗河供水工程解决乐至、安岳缺水问题，同时规划新建老鹰嘴水库解决剑阁老县城的缺水问题，由涪江右岸水资源配置工程和都江堰毗河供水工程共同解决大英、安居缺水问题。重庆市以长江、嘉陵江及其支流为主要水源。重庆、甘肃、陕西通过已有工程改(扩)建，多渠道开源优化供水结构等增加供水。结合当地城乡统筹和乡村规划，以农村供水城镇化，城乡供水一体化，实现城乡供水融合发展为目标，通过新建规模化供水工程，城市供水管网延伸；或以人口集聚的乡镇或行政村为中心，推进建设规模化农村供水工程；并通过以大并小、小小联合和达标改造、辅以新建等措施，推进小型分散供水工程标准化建设和改造，全面提升农村供水保障水平。

(3)航运规划

嘉陵江是成渝双城经济圈重要的水运通道，目前嘉陵江干流渠化工程建设已基本完成，广元以下规划18级航电梯级中，水东坝和井口两级尚未实施，应在坚持“共抓大保护、不搞大开发”的前提下，围绕国家成渝地区双城经济圈建设重大战略，加强川渝互联互通，规划以水运高质量发展为目标，进一步开展生态航运相关研究论证，打造高效畅通、绿色环保的国家高等级水运通道。未来统筹发展需要与可能，系统研究嘉陵江干支流航运的总体发展要求，有序推进部分河段航道标准的提升。

(4)水力发电规划

加强嘉陵江干流略阳以上河段水电开发前期论证，重点做好生态脆弱河段水源涵养及水生态环境保护。规划期内不再开发建设水电工程，在条件成熟、影响开发的主要问题能很好解决后，确定开发时机和规模。持续推进小水电绿色改造。略阳至广元河段规划期内重点做好水土保持及生态修复工作，后期在电力发展需求分析和深化开发方案研究论证的基础上开发水电资源。

3.3.2 防洪减灾规划

嘉陵江是长江中下游成灾洪水的主要来源之一，《长江流域综合规划(2012—2030年)》和《长江流域防洪规划》中，拟定嘉陵江防洪任务为：以提高嘉陵江干流防洪能力为重点，适当减轻长江中下游的防洪压力，明确嘉陵江流域包括干流亭子口水库、草街水库，以及支流白龙江碧口、宝珠寺水库，西河升钟水库，共计预留最大防洪库容21.89亿m^3。规划新建堤防587.41km，新建护岸241km，加固堤防40.98km。规划新建西汉水双庙崖水库，涪江铁笼堡水库，渠江流域高桥、青峪口、鲜家湾、皇柏林、兰草等水库共计可新增防洪库容

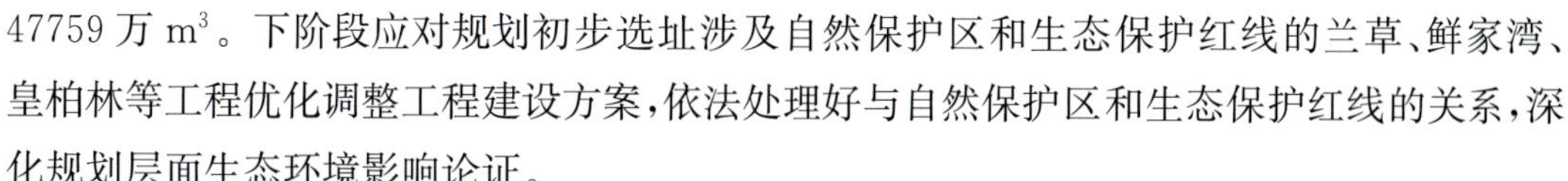

47759 万 m^3。下阶段应对规划初步选址涉及自然保护区和生态保护红线的兰草、鲜家湾、皇柏林等工程优化调整工程建设方案，依法处理好与自然保护区和生态保护红线的关系，深化规划层面生态环境影响论证。

3.3.3 水资源与水生态环境保护规划

（1）水资源保护规划

针对当前流域存在的主要问题，加快流域内广元、南充、合川、北碚、沙坪坝、渝北等城镇江段水污染治理，加强城镇生活污水集中收集与处理；调整农业结构，加强农业基础设施建设，改善农业生产条件，因地制宜大力发展生态农业，减少面源入河量；抓紧上游西汉水、白龙江等支流水土流失治理，以及中下游渠江、涪江等支流水环境综合治理。对流域内亭子口、武都、寨子河、龙潭、老鹰嘴等供水水库水源地进行保护，预防水库可能存在的富营养化问题。完善水源地水质监测和信息通报制度，进一步建立和完善水污染事件快速反应机制。

（2）水生态与环境保护规划

强化流域生态空间的保护力度，规范水资源开发利用活动。通过严格控制水生态环境敏感区域的治理开发活动，将治理开发活动对水生态环境的影响限制在水生态环境系统能承受的范围内，采取物种资源保护、加强鱼类保护栖息地建设等多种措施，保护水生生物群落结构，加强生态需水保障及生态脆弱、敏感区水资源监测、保护与管理。全面推进小水电清理整改，并持续开展整改措施“回头看”。

（3）水土保持规划

根据规划目标和各区特点，在嘉陵江各支流源头植被较好的区域开展预防保护，采取保护管理、封育保护、综合治理等措施；在嘉陵江上游陇南及陕南地区加强侵蚀沟道治理；在嘉陵江中下游人口密集、坡耕地集中分布的区域重点实施坡面整治，加强坡面水系工程配置。综合治理水土流失面积 357 万 hm^2。建立水土保持监测网络，规划建立 30 个监测站和 162 个监测点。

3.3.4 流域水利管理

全面落实河湖长制，建立完善的水管理法规体系，建立跨区域和跨部门会商、协调和通报制度。探索构建流域生态补偿机制，健全公众参与机制，建立信息资源共建共享机制。强化行政执法监督。加强规划、水资源、防洪抗旱、水利工程建设与运行、水资源保护、水土保持、河道等水行政管理，完善水利综合监测站网建设，推进水利信息化。

4 规划编制过程中遇到的技术难题及解决方案

（1）治理开发保护与生态环境保护矛盾突出

嘉陵江流域承担供水、灌溉、防洪、航运、发电等综合利用任务。受人类不合理开发活动的影响，流域内水土流失较为严重，部分支流水质尚不能稳定达标，干支流已(在)建梯级使河段连通性受阻，生境破碎化，引水式电站坝下河段存在一定程度减水。为解决流域治理开发与生态环境保护之间的矛盾，规划根据各河段的特点和保护要求，通过采取优化河流开发布局、修复受损生态等措施，以减轻河流开发可能对环境带来的不利影响。

嘉陵江干流：略阳以上河段纳入嘉陵江干流栖息地保护范围，规划期内不再开发建设水利水电工程，完善栖息地保护措施。略阳至广元河段水土流失相对严重，规划期内重点做好水土保持及生态修复工作。广元以下河段基本被渠化，已建各梯级多未设置过鱼设施，对鱼类洄游已产生了一定的阻隔影响，规划提出采取栖息地保护、补建过鱼设施等手段，修复水生生境，进一步研究利用亭子口水库开展梯级联合生态调度，保护水生生物资源。取消水东坝、井口2级航电枢纽。

涪江、渠江：涪江和渠江干流同行河段已基本渠化，应进一步开展已建梯级环境影响后评价，结合评价结果，研究制定栖息地保护、过鱼措施和增殖放流实施方案。严控新建水电项目，保障河流生态需水。

白龙江：白龙江已建梯级电站众多且大多为引水式开发，造成河道生境碎片化和减水等环境问题，规划严控新建水电项目，保障河流生态需水。建议加强白龙江引水工程前期论证工作，深入研究论证调水工程实施对生态保护红线、生态敏感区、下游水生生态环境和生态需水的影响，进一步优化工程规模与布局。

(2)协调河道内和河道外用水矛盾

嘉陵江流域干支流梯级开发强度较高。嘉陵江干流广元以下河段以亭子口水库为控制性水库，除亭子口水库、草街水库具有灌溉、供水、防洪、发电、航运等综合利用任务外，其余各梯级均只有航运、发电任务。支流上已建有灌溉功能的武都水库、升钟水库等大型蓄水工程，白龙江均为水电开发，其中引水式占78%，造成下游河段有一定程度的减水。近年来随着生态流量保障工作的不断加强，嘉陵江流域内生态水量保障问题逐步得到解决，规划加强监管力度，将生态水量保障纳入最严格的水资源管理制度加强管理，进一步研究利用亭子口水库开展梯级联合生态调度，完善联合调度方式，并通过实施后的跟踪监测结果对生态调度方案进行优化。

5 取得的先进创新技术

(1)构建了较为完善的综合利用水网体系

规划结合区域资源禀赋和发展需求，统筹本地水与外调水关系，构建了以岷江都江堰(含毗河供水)，以及涪江武都引水、通口河引水、西河升钟水库、嘉陵江亭子口水库等为骨干，大中小微水利工程相结合的水资源配置体系，形成当地水和外调水多源互补的供水格局。

嘉陵江广元昭化以上用水需求相对不大，通过以中小型引、蓄水工程为主解决；嘉陵江广元昭化以下随着经济社会发展，对水资源开发提出了更高的要求，区域内水土资源时空分布不均，局部地区水资源供需矛盾突出，规划提出了依托亭子口灌区、升钟水库灌区、武都引水、通口河引水等水资源配置格局，实现“北水南调”，着力解决嘉涪片、嘉渠片用水；涪江右岸通过都江堰灌区(含毗河供水)工程实现“西水东调”以及涪江右岸水资源配置工程等解决中下游右岸丘陵平坝区缺水。渠江左岸片以发展中小型蓄水工程，分区、分片灌溉为主，并辅以江、河提灌工程解决。重庆市通过中小型水库和引提水工程解决用水需求。针对川渝东北华蓥山、精华山之间的平行岭谷区人口和耕地密集、发展潜力巨大、水资源短缺的问题，规划进一步研究论证从渠江及其支流引水解决长江干流和渠江水系分水岭区域内的缺水问题。嘉陵江流域还承担向邻近流域调水的任务，规划白龙江引水工程由嘉陵江流域引水至泾渭河流域及陕西省延河流域，解决相关区域缺水问题，保障“关中—天水经济区”、陇东能源基地等重点地区供水安全。嘉陵江上游还具有向邻近流域补水提高引汉济渭工程供水保证率和保证后期水源的潜力。

(2)优化空间布局

规划统筹做好全流域干支流开发和保护，严守生态保护红线。在保障流域防洪安全的基础上，衔接国土空间规划、生态环境分区管控要求，强化流域生态空间的保护力度，规范水资源开发利用活动。将嘉陵江干流略阳以上、上石盘坝下至亭子口库尾、草街坝下至河口河段以及溪河、西河、南河等未开发河段，渠江富流滩枢纽以下至渠河嘴河段以及构溪河、驷马河、通江等未开发支流纳入鱼类栖息地整体保护，原则上不再建设各种类型拦河建筑物。开展嘉陵江干流略阳以上、草街坝下至嘉陵江河口河段，以及渠江富流滩枢纽以下至渠河嘴、构溪河、西河、南河、红鱼洞水库库尾以上河段、洛坪河汇口段、神潭河高桥水库库尾以上河段、澌滩河江家口水库库尾以上河段、平通河、凯江、梓江、郪江、喜神河、恩阳河口、驷马河、大团鱼河、让水河、乔庄河、清江河月滩河洪口水电站坝下至汇口处河段、平通河、青片河、秀水河、白草河、白龙江亚古电站上游河段、腊子沟、大团鱼河、让水河、乔庄河、清江河等部分支流及未开发河段的生态环境保护、保育与修复，维护流域珍稀特有鱼类良好栖息环境。已有水电站，采取各种措施，尽可能保持河流生态系统的连通性；已建小水电，严格按照“一站一策”整改方案，全面推进小水电清理整改，并持续开展整改措施“回头看”。

(3)创新性地提出了生态航运的概念

嘉陵江是成渝双城经济圈重要的水运通道，通航标准要求高。结合发电和航运的要求，为实现梯级之间的有效衔接，广元至合川段水电专业规划提出 18 级开发方案，总装机容量 3001.1MW，多年平均年发电量 122.72 亿 kW·h。目前已(在)建 16 级，尚有水东坝和井口两级未实施，但由于梯级建设将淹没嘉陵江干流广元以下仅剩的两处规模以上产漂流性卵鱼类产卵场，生态环境影响较为突出。为加强川渝互联互通，规划创新性地提出在坚持“共抓大保护、不搞大开发”的前提下，以水运高质量发展为目标，进一步开展生态航运相关研究论证，打造高效畅通、绿色环保的国家高等级水运通道，为协调生态环境保护与水运高质量发展提出了解决途径。

6 项目建成后取得的效益

6.1 社会效益

节水型社会基本建成，城乡供水与农业灌溉安全保障水平显著提高；干支流沿岸城镇及重要防护区防洪达标，保障流域防洪安全；基本控制水土流失；以水运高质量发展为目标，为打造高效畅通、绿色环保的国家高等级水运通道提供支持；水行政管理能力和管理现代化水平显著提升。

6.2 生态效益

干流和重要支流稳定保持优良水质，满足生态环境需水，绝大多数的珍稀特有物种种群得到有效保护，维系流域水生生物的多样性和完整性。流域水生态状况得到改善，不同类型的生境得到有效保护，流域内 357 万 hm^2 的水土流失面积得到有效治理，治理区减少土壤侵蚀量 70%以上，林草覆盖率显著提高。

6.3 经济效益

城乡供水灌溉保障体系将不断完善，形成多源互补的供水格局。新增农田有效灌溉面积 522.85 万亩，极大地促进了粮食增产增效，为经济社会发展提供用水保障。减轻了洪灾带来的人员伤亡和财产损失风险。

撰稿/宋红波、张琳

汉江流域综合规划

▲ 丹江口水库

汉江处于我国中西部地区的接合部，是西北地区通江达海的重要通道，也是连接长江经济带和丝绸之路经济带的重要桥梁，具有承南启北、贯通东西的枢纽功能，在推进"一带一路"建设、长江经济带发展中具有十分重要的地位。《汉江流域综合规划》贯彻新时期治水思路，着力解决水灾害、水资源、水环境、水生态的突出问题，规划打造安澜、绿色、美丽、和谐的汉江，支撑流域经济社会高质量发展。

1 项目背景

汉江是长江中游的最大支流，发源于秦岭南麓，干流流经陕西、湖北两省，于武汉市汇入长江，支流展延至甘肃、四川、重庆、河南 4 个省(直辖市)，干流全长 1577km，流域面积 15.9 万 km^2，水资源总量 564 亿 m^3。

汉江流域地处我国中西部地区的接合部，是连接长江经济带和丝绸之路经济带的重要桥梁，具有承南启北、贯通东西的独特区位优势；同时也是我国南北植物区系的过渡带和东西植物区系的交汇区域，拥有秦巴山、伏牛山、桐柏山、大洪山等重要生态屏障，丹江口水库是南水北调中线工程的水源地，生态地位重要。

为满足经济社会发展对汉江治理与保护的要求，水利部启动了汉江流域综合规划编制工作。2018 年 10 月，国务院批复《汉江生态经济带发展规划》，针对汉江流域生态环境保护形势严峻、水运水利设施有待完善、经济转型任重道远、区域发展不平衡等问题，明确了国家战略水资源保障区、内河流域保护开发示范区、中西部联动发展试验区、长江流域绿色发展先行区的战略定位，提出了打造美丽、畅通、创新、幸福、开放、活力的汉江生态经济带。按照新形势、新目标、新要求，长江水利委员会在以往工作基础上组织编制了《汉江流域综合规划》。长江勘测规划设计研究有限责任公司为规划编制技术牵头单位。

《汉江流域综合规划》根据汉江流域特点，贯彻新时期治水思路，落实长江大保护、汉江生态经济带发展规划思路和要求，围绕提升流域水安全保障能力、改善生态环境，着力解决水灾害、水资源、水环境、水生态的突出问题，规划打造安澜、绿色、美丽、和谐的汉江，支撑流域经济社会可持续发展，确保“一库清水北送、一江清水东流”。

2021 年 4 月，《汉江流域综合规划》通过了水利部水利水电规划设计总院的审查。

规划意义

编制《汉江流域综合规划》，对规范和指导建设人水和谐的安澜汉江、节约高效的绿色汉江、水清岸绿的美丽汉江、管理有序的和谐汉江等具有巨大意义。

(1)完善防洪减灾体系，保障防洪安全

汉江流域防洪保护区是流域的精华地区，沿江城市汉中、安康、襄阳、武汉及中下游地区近千万亩耕地、数百万人经常受到汉江洪水的威胁。因此，解决汉江上游平川段、汉江中下游防洪保安问题，在经济上、政治上都有极其重要的意义。随着经济社会的发展、城市化水平提高、人口持续增长、财富更加积聚，对防洪减灾提出了新的、更高的要求。同时受全球气候变暖影响，流域内极端天气出现频次增加，大洪水发生概率可能增大，一旦遭遇特大洪水袭击，灾害损失将更大。因此，进一步完善流域综合防洪减灾体系，保障防洪安全仍是汉江治理与保护的首要任务。

(2)加强水资源综合利用，保障流域内外供水安全

汉江流域水资源不仅承载流域内经济社会发展的用水需求，同时也是南水北调中线、引汉济渭等调(引)水工程的重要水源地，水资源的综合利用尤为重要。要以“节水优先”为根本遵循，把节约用水作为水资源开发利用与保护的前提，控制不合理的用水需求，实施水资源消耗总量和强度双控，强化水资源承载能力刚性约束，建设节水型社会。在保障生态用水需求的前提下，优化流域水资源配置，统筹协调南水北调中线、引汉济渭、引江济汉等水资源配置工程，处理好水源区与受水区的关系，通过引长江水增强汉江的水资源配置能力，为流域内外提供更好的供水安全保障，保障生态用水需求。

(3)加强水资源与水生态保护，推进水生态文明建设

汉江作为国家战略水资源保障区，肩负“一库清水北送、一江清水东流”的历史重任。针对目前汉江流域存在的水环境问题，须加强水源地保护，确保流域内生活用水和南水北调中线工程水源地水质安全。汉江流域拥有秦巴山、伏牛山、桐柏山、大洪山等重要的生态屏障，神农架是全球中纬度地区保持最好的亚热带森林生态系统之一，丹江口水库是南水北调中线工程的重要水源地，生态地位十分重要。按照国务院把汉江流域打造成绿色发展先行区的战略部署，要以维护汉江流域生物多样性和完整性为目标，加快推进生态文明建设，加大水土流失综合治理力度，加强湖库与湿地生态修复，严格按照岸线功能分区及管控要求，有序保护和利用岸线资源。进一步开展血吸虫病综合防治，努力实现流域所有流行县(市、区)达到消除血吸虫病标准。

(4)加快水利现代化建设，提高流域管理水平

随着流域经济社会的发展，流域管理面临新的任务和挑战。为了实现水资源的可持续利用，需要实行最严格的水资源管理制度；为了减轻南水北调中线、引汉济渭等跨流域调水工程对调水区产生的影响，需要加强流域水资源与跨流域调水统一调度管理；为了应对全球气候变化引发洪涝和干旱等极端气候现象的增加以及突发性水污染事件，需要加强应急管理。因此必须综合运用法律、行政、市场和技术等手段，加强流域管理。要以加快水利现代化建设为支撑，促进流域管理水平的提高。

3 规划方案

3.1 规划范围及规划水平年

规划范围涵盖汉江全流域，国土面积15.9万 km^2，其中湖北占40.49%，陕西占40.05%，河南占17.49%，甘肃、四川、重庆合计占1.97%。

现状基准年为2019年，规划水平年为2035年。

3.2 规划指导思想

以习近平新时代中国特色社会主义思想为指导，全面贯彻党的十九大和十九届二中、三中、四中、五中全会精神，以及习近平总书记在全面推动长江经济带发展系列座谈会、黄河流域生态保护和高质量发展座谈会上的讲话精神，紧紧围绕统筹推进"五位一体"总体布局和协调推进"四个全面"战略布局，坚持生态优先、绿色发展，立足新发展阶段，贯彻新发展理念，构建新发展格局，遵循"节水优先、空间均衡、系统治理、两手发力"的治水思路，以改善民生为核心，以保护生态为前提，按照"共抓大保护，不搞大开发"的总体要求，全面推进节水型社会建设，以满足流域人民日益增长的美好生活需要为首要任务，加强流域防洪减灾、水资源综合利用、水资源与水生态环境保护、流域综合管理，打造安澜、绿色、美丽、和谐的汉江，支撑和保障汉江生态经济带高质量发展。

3.3 规划原则

(1)节水优先、高效利用

坚持节水优先，把水资源作为先导性、控制性和约束性要素，以水而定，严格落实最严格水资源管理制度，提高水资源利用效率和效益。

(2)量水而行、空间均衡

把水资源作为最大的刚性约束，严格用水总量控制，强化需求管理，统筹水源区与受水区的资源与需求，合理调配水资源，促进社会经济与水资源水环境承载能力相均衡。

(3)强化保护、修复生态

践行绿水青山就是金山银山的理念，尊重自然、顺应自然、保护自然，坚持生态优先、绿色发展，正确处理好保护与开发的关系。按照山水林田湖草系统治理的思路，加强江河湖库与湿地的生态修复，治理污染源，加强水源地保护，保障生态环境用水需求。

(4)科学布局、系统治理

统筹流域防洪、供水、灌溉、水资源保护、水生态环境保护与修复、水土保持、航运、发电、

水利血防等各方面的综合需求，注重兴利除害结合、防灾减灾并重、治标治本兼顾，协调上下游、左右岸、干支流关系，系统治理突出水问题，促进流域与区域协调发展。

（5）依法治水、强化管理

全面深化水利改革，建立健全水利科学发展的体制机制，坚持政府和市场协同发力，促进水利事业良性发展。加强水行政事务管理，强化水行政监督执法，提升水利信息化、科技创新等能力，促进流域内治水重大问题研究取得新进展。

3.4 规划目标

通过完善工程措施和非工程措施，进一步提高流域防洪减灾能力，基本实现水资源节约集约与高效利用，全面维系优良水生态环境，基本实现流域水利管理现代化，保障经济社会可持续发展。

流域防洪排涝减灾体系得到完善，流域防御洪涝能力得到提升。通过以丹江口水库为骨干的干支流控制性水工程联合调度，结合综合防洪减灾体系的联合运用，建立可靠的流域防洪体系，流域防洪安全保障能力全面提升；汉江干流、主要支流和重要防洪保护区达到规划防洪标准，遇超标准洪水时有对策措施；中小河流治理基本完成，山洪灾害防灾、避灾能力显著提高；重要城镇和涝区的排涝能力全面达标，涝区蓄涝排涝布局更加完善。

基本实现水资源节约高效利用。基本建成与社会主义现代化相协调的节水型社会，进一步优化水资源配置，满足本流域生活、生产、生态用水要求，用水总量控制在186.96亿m^3以内，万元GDP用水量、万元工业增加值用水量较2019年分别降低52%、40%，灌溉水利用系数提高到0.60；跨流域调水工程基本达到设计供水标准；干流规划梯级和主要支流水库全面发挥综合利用效益；干流通航河段基本实现航运规划目标。

实现水资源有效保护，全面维系优良水生态环境。巩固提升或维系汉江流域优良水质，中下游及重要湖库水华得到有效控制，实现全流域生态水量满足管理要求，实现水生态系统良性循环，构建科学合理的监督管理体系。水生态环境保护全面落实，流域湿地生态状况明显改善，不同类型的湿地生境得到有效保护，河流生态系统维持良好，生态环境根本好转。重点区域的水土流失得到全面治理，累计治理水土流失面积1.8万km^2，中度及以上侵蚀面积大幅减少，建立完善的水土流失监测和监管体系，人为水土流失得到全面防治。全面实现血吸虫病消除目标。

基本实现流域水利管理现代化。全面建立高效的跨地区和部门的协调机制，公共参与机制成熟高效；基本建立有效的跨部门协调配合执法机制；基本实现控制性水利水电工程水资源统一调度；基本建成流域水量、水质、水生态环境综合监测系统，实现数字汉江，流域管理智慧化。

3.5 规划总体布局

3.5.1 汉江上游

汉江上游是引汉济渭、南水北调中线等跨流域调水工程水源地，水土流失严重，水源涵养能力低；汉中平川段和安康盆地人口稠密、耕地集中，但防洪工程不足，未形成完整的防洪工程体系；降水时空分布极不均匀，汉中、安康、商洛等地区常发生夏旱；干流河段已按规划完成了水电梯级开发，基本形成了梯级渠化。

汉江上游治理与保护的首要任务为：加强水资源、水生态保护和水源涵养，依托节点城市和产业集聚区推进产业向生态化、绿色化升级，维护丹江口库区及上游地区生态安全；加强流域水资源统一调度，统筹协调汉江流域内用水与南水北调中线工程、引汉济渭工程等跨流域调水；提高汉中、安康、商洛等重点干旱地区水资源配置能力；建设以堤防护岸为基础，水库、河道整治相配合，结合非工程措施，以汉中市、安康市和沿江县城为重点的防洪减灾体系；按照规划航道标准开展河道整治、枢纽通航建筑物改造，为推动汉江航运发展创造条件。

3.5.2 汉江中下游

汉江中下游经济社会发达，自丹江口至河口段由丘陵逐渐过渡到平原地区，河床宽浅，洲滩众多，河床抗冲力较差，且越往下游河道越窄，安全泄量越小，近千万亩耕地、数百万人经常受到汉江洪水的威胁，防洪形势严峻；随着经济社会的快速发展，局部地区水污染加重、水生态环境恶化等问题随之出现，水资源保护形势严峻，水生态环境保护与修复任务艰巨；鄂北岗地常发生伏旱，是有名的“旱包子”，遇特枯水年，水资源供需矛盾突出；用水效率不高，节水灌溉发展偏慢；兴隆以上干流河段基本形成了梯级渠化，引江济汉工程已投入运行，航运条件得到极大改善。

汉江中下游治理与保护首要任务为防洪，须进一步完善以堤防为基础，丹江口水库为骨干，支流水库拦蓄和杜家台分洪、东荆河分流配合，中游民垸分蓄洪、河道整治相配套，结合非工程措施组成的综合防洪体系；强化水资源保护，加强生态水量保障及干支流水污染治理，从源头治理，控制水华，严格保护一江清水，积极开展湖库与湿地生态修复，加强河湖管理保护，做好水利血防；提高鄂北岗地等重点干旱地区水资源配置能力，开展节水型社会建设，推进大型灌区续建配套与现代化改造，推动南水北调中线后续工程建设，提升汉江水资源承载能力；通过梯级渠化、引江济汉和航道整治工程，逐步建成以汉江干流为主轴、干支流衔接和长江直达的航道网。强化与上游地区联动，推动形成汉江上游、中下游地区的系统治理保护格局，提升汉江流域整体发展水平。

3.6 控制性指标

3.6.1 防洪安全控制指标

汉江上游主要控制站不同频率洪峰流量见表1，汉江中下游主要控制站的防洪控制水位见表2。各主要支流防洪控制指标以控制点的设计洪峰流量为依据，堤防与河道整治工程设计水位由控制点设计水位推算。东荆河堤以洪湖市中革岭为界，以上按1964年实测最高洪水位设防，以下按1954年实测最高洪水位设防，右岸洪湖蓄滞洪区堤段还需要防御洪湖蓄滞洪区设计蓄洪水位。

表1　　汉江上游主要控制站不同频率洪峰流量

站名	洪峰流量(m^3/s)			
	$P=1\%$	$P=2\%$	$P=5\%$	$P=10\%$
武侯镇	6400	5580	4480	3640
汉中	12400	10800	8660	7030
洋县	17500	15100	12000	9670
石泉	21700	19300	16000	13400
安康	30000	27000	23000	19700
白河	31200	28400	24400	21200

表2　　汉江干流中下游主要控制站防洪控制水位

站名	设计洪水位(m)	站名	设计洪水位(m)
黄家港	96.45	杜家台闸前	35.45
皇庄	50.62	汉口(武汉关)	29.73
仙桃(二)	36.20		

3.6.2　水资源合理开发利用控制指标

(1)用水总量

汉江流域各省级行政区用水总量控制指标见表3。

表3　　汉江流域各省级行政区用水总量控制指标　　(单位:亿m^3)

省级行政区	用水总量
陕西	29.47
湖北	124.39
河南	32.45
重庆	0.57
四川	0.07
甘肃	0.01
汉江流域	186.96

(2)用水效率

汉江流域用水效率指标包括万元工业增加值用水量和灌溉水利用系数两个指标:2035年万元工业增加值用水量较2019年下降38%,灌溉水利用系数提高至0.60。

3.6.3 水资源与水生态环境保护控制指标

(1)主要控制断面生态基流及最小下泄流量

汉江主要控制断面生态基流及最小下泄流量见表4。流域其他支流生态基流的确定,按照国家关于生态流量计算、监管相关要求科学确定。

表4 汉江主要控制断面生态基流及最小下泄流量

序号	河流	断面	生态基流(m^3/s)	最小下泄流量(m^3/s)
1	汉江干流	汉中(二)	9.48	
1	汉江干流	安康	66.0	80(120)
2	汉江干流	白河	76.0	120
3	汉江干流	黄家港	174	490(400)
4	汉江干流	皇庄	200	500
5	堵河	黄龙滩	17.7	17.7
6	唐河	郭滩	4.50	5.85
7	白河	新店铺	4.90	6.92

注:安康断面近期最小下泄流量$80m^3/s$,至航道等级提高到Ⅳ级后,按需要提高到$120m^3/s$;黄家港断面下泄流量一般不小于$490m^3/s$,当丹江口水库来水小于$350m^3/s$且库水位低于150m时,下泄流量可按$400m^3/s$控制;郭滩、新店铺生态基流与《水利部关于印发第二批重点河湖生态流量保障目标的函》(水资管〔2020〕285号)一致。

(2)控制断面水质标准

根据《汉江生态经济带发展规划》,结合《全国重要江河湖泊水功能区划(2011—2030年)》确定的水质管理目标以及汉江水环境实际情况,到2035年,汉江干流重要水功能区水质达标率达到100%,丹江口水库水质不低于Ⅱ类标准,汉江干流武侯镇、安康大坝、安康、白河县兰滩镇、郧西县羊尾镇、丹江口、老河口、皇庄、小寺院等断面达到Ⅱ类水质标准,部分河段达到国家Ⅰ类水质标准,支流及重要湖库水质满足水功能区管理目标。

3.7 规划方案

3.7.1 建设人水和谐的安澜汉江

汉江流域防洪减灾体系仍存在薄弱环节。上游干流部分河段堤防未形成封闭保护圈,中下游干流堤防除险加固任务还未全面完成,重要支流堤防建设滞后;中下游洪水峰高量大，与河道泄流能力不足的矛盾仍较突出；上中游梯级水库建成及南水北调中线调水后，中下游干流河道将长期面临清水下泄、径流减少的局面，部分河段河势处于进一步调整中；中小河流治理进度缓慢，山洪灾害防治、病险水库除险加固等仍须加强；中下游沿江城市和平原区排涝能力不足；防汛法规制度、组织指挥、应急管理、社会保障等非工程体系须进一步完善。

以流域各保护区现有防洪体系为基础，进一步完善流域防洪减灾体系，提高流域整体防洪减灾能力，提出了建设人水和谐的安澜汉江规划。一是干支流堤防工程建设，规划干流新建堤防长度272.7km、除险加固堤防长度725.4km，支流新建堤防长度309.9km、除险加固堤防长度873.6km。二是蓄滞洪区/分蓄洪民垸建设，襄西垸和皇庄垸调整为防洪保护区，杜家台蓄滞洪区和中游12个分蓄洪民垸实施蓄洪工程和安全建设工程。三是开展河道整治工程，上游对干流沿江城区段实施护基坝、护滩、河道清障和疏浚等综合整治措施，中下游对干流及东荆河等重点河段进行治理；对主要支流丹江、堵河、褒河、唐白河等综合整治。四是病险水库除险加固，完成已鉴定的199座病险水库除险加固，对新出险的水库及时除险加固。五是主要支流和中小河流治理，对11条3000km^2以上的主要支流进行综合治理，加快220条200～3000km^2的中小河流重点河段防洪治理。六是强化涝区治理，加强沿江城市、上游平川段、中下游平原区等重点区域治理，维护涝区蓄涝能力，建设抽排泵站等提高外排能力。七是完善防洪非工程措施，完善流域水文、气象站网建设；完善流域防御洪水方案体系；继续加强山洪灾害防治，巩固提升山洪灾害防御非工程措施；开展流域以丹江口水库为核心的水工程联合调度研究，逐步实现联合调度的智能化和信息化；加强蓄滞洪区和洲滩民垸管理，建立流域洪涝灾害风险区划。

3.7.2 建设节约高效的绿色汉江

汉江水资源综合利用体系仍存在短板。流域节水型社会建设任务艰巨，中下游地区水资源利用效率偏低；流域内外用水统筹难度较大；流域内部分地区的供水安全保障尚须提高，局部地区供用水矛盾较为突出。

以流域现状水资源条件为基础，结合水资源综合利用中存在的问题，提出了建设节约高效的绿色汉江规划。一是做好水资源的节约与合理配置，加强流域内节水型社会建设，在保障河道内生态环境用水和强化节水的基础上，合理配置生活、生产和河道外生态环境用水。二是加强城乡供水体系建设，加快城市供水水源建设，新建大型水库4座，新(扩、续)建中型水库27座，加快城市备用水源建设，大力提高应急供水保障能力。三是抓紧灌溉基础设施建设，推进陕西省石门水库灌区，湖北省引丹灌区、泽口灌区、漳河灌区、高关灌区，河南省鸭河口灌区、引丹灌区、宋岗灌区等大型灌区续建配套与现代化改造；继续实施中型灌区续建配套与节水配套；新建一批灌溉水源工程。四是加快航运发展，在高度重视生态环境保护的前提下，加强汉江干流梯级渠化和航道整治工程建设研究论证。五是加强流域内控制性水库联合调度，发挥其调蓄能力，提高汉江流域防洪安全和供水安全保障水平，维护优良生态。

3.7.3 建设水清岸绿的美丽汉江

汉江流域水资源和水生态环境保护形势严峻。流域内总体水质较优，但部分支流如汉北河、小清河、唐白河仍有部分月份超Ⅲ类水质标准；中下游枯水期水环境自净能力下降，多次暴发水华，水生生物多样性降低；流域内集中式饮用水水源地尚未全部实现水质达标；流域水土流失问题仍较突出；岸线利用与防洪安全、河势稳定、水资源及水生态保护方面的矛盾突出，管理难度不断加大；有螺面积分布广，控制困难，人类活动等带来的血吸虫病传播风险因素依然存在。

以流域现状水资源和水生态环境保护中存在的问题，提出了建设水清岸绿的美丽汉江规划。一是加强水资源保护，上游地区加大水资源保护力度，加强水质监测能力建设，保障丹江口饮用水水源保护区水质安全；中下游采取节水、控污、治理、修复等综合措施以进一步改善水质，推进引江补汉工程，提升汉江水资源承载能力。二是严格保障生态需水，加强水生态保护与修复，通过实施汉江流域水资源统一调度管理，统筹考虑防洪、兴利与生态的关系，协调上下游生态环境需水量的关系，以满足不同河流基本生态环境流量的要求；完善汉江生态流量（水量）控制断面的监控站点建设；建立协调协商机制，与汉江流域水资源管理与保护联席会议制度相结合，通过联席会议协商协调。三是加强岸线管理与保护，加快划定河道管理范围，统筹规划汉江岸线资源；建设沿干流生态林带。四是推进水土保持，规划水土流失预防保护面积 3.5 万 km^2，小流域综合治理面积 1.35 万 km^2，生态清洁小流域建设工程 0.45 万 km^2。五是做好河湖与湿地生态修复，将丹江口库区、瀛湖、南湖、白河等湖泊湿地生态功能重要区域和生态环境敏感脆弱区域划入生态保护红线，大力实施退耕还湖（湿）、滨河（湖）生态建设等工程；加强鱼类栖息地建设与保护；加强城市江段生态修复与湿地保护；推进河湖水系连通工程建设；加大自然保护区建设力度。六是做好水利血防，在河流（湖泊）综合治理、灌区改造等项目中，做好水利结合血防工作。

3.7.4 建设管理有序的和谐汉江

流域水利管理应进一步强化。以河长制、湖长制为抓手的管理制度初步建立，但管理体制及运行机制有待进一步完善。流域内工农业及生活用水耗水量大，节水意识不强。取水、河道、采砂等管理能力和信息化应用水平有待进一步提高。

以流域现状水利管理中存在的问题，提出了建设管理有序的和谐汉江规划。一是理顺体制机制，全面推进落实河长制、湖长制；完善流域、区域管理相结合的管理体制。建立高效的跨地区和部门协调机制、合理的补偿机制、广泛的公众参与机制和全面的信息采集与共享机制。二是加强执法监督，制定和落实水行政执法责任制度、执法巡查制度、评议考核制度以及水政监察员行为规范制度；推行执法责任制度，加强执法的外部监督。三是强化水行政事务管理，完善规划管理、水旱灾害防御管理、水资源管理、水资源保护管理、河道管理、水利工程建设与运行管理等制度。四是提升管理能力，加强水资源管理能力建设，提高水资源调控、水利管理和工程运行的信息化水平，建设智慧汉江；加强流域水利科技发展和人才队伍建设，为流域经济社会快速发展提供高水平的科技支撑。

4 规划编制难点与创新点

4.1 项目难点

在全面了解和掌握汉江流域治理与保护现状的基础上，针对流域内出现的新问题、新情况和新要求，按照“节水优先、空间均衡、系统治理、两手发力”新时期治水思路，开展提高防洪安全保障程度、加强水资源合理开发利用、加强水资源与水生态环境保护、强化流域管理等研究。规划编制主要有以下难点。

(1)流域综合规划首要的工作就是要摸清全流域的基本情况

汉江流域地处我国中西部地区的接合部，是连接长江经济带和丝绸之路经济带的重要桥梁，具有承南启北、贯通东西的独特区位优势。汉江流域涉及省级行政区域 6 个，干流全长 1577km，流域面积大于 1000km^2 的一级支流有 21 条。这样一条位置重要、水系复杂又经过多年的水利建设发生了新的变化的河流，在规划编制有限的时间内，需要调查摸清全流域社会经济、治理开发与保护现状、问题与需求等基本情况，形成规划基础数据台账。

(2)流域经济社会高质量发展对保障防洪安全提出了新的要求

汉江流域洪水灾害仍然是心腹之患，特别是近些年气候变化导致山洪灾害频繁发生，暴露出防洪减灾体系仍存在薄弱环节，需要针对汉江流域洪水、山洪灾害的新特点和丹江口水库工程建成后出现的新问题等加以深入研究，并在汉江流域综合规划中做出布局。

(3)水资源形势对流域管理提出了更高的要求

流域节水型社会建设任务艰巨；流域内外用水统筹难度较大；流域内部分地区的供水安全保障尚须提高。需要针对流域的特点，通过综合规划提出有效应对措施以保障流域内外用水安全。

(4)水污染防治和加强生态环境保护是全社会关注的焦点

汉江流域是南水北调中线工程的水源地，生态地位重要。汉江流域水资源虽然总体形势较好，但是支流局部河段水污染问题仍然较突出，中下游多次暴发水华，水生生物多样性降低；流域水土流失问题仍较突出；血吸虫病传播风险因素依然存在。必须通过综合规划提出有效应对措施以改善和保护水生态环境。

4.2 创新点

《汉江流域综合规划》是汉江流域首次开展的全流域综合规划，在全面了解和掌握流域治理与保护现状的基础上，针对流域内出现的新问题、新情况和新要求，创新规划思路和理念，开展了多项专题研究，主要创新点如下：

一是首次在汉江流域提出了干支流重要控制断面指标体系，在干流和重要支流合理选取控制断面，提出了防洪安全控制指标、水资源合理开发利用控制指标、水资源与水生态环境保护控制指标等三方面指标，制定各控制断面控制指标，作为汉江治理与保护相关约束条件。

二是首次在汉江流域提出建设安澜、绿色、美丽、和谐汉江。遵循“节水优先、空间均衡、系统治理、两手发力”新时期治水思路，按照“共抓大保护，不搞大开发”的总体要求，完成了从开发治理为主向治理与保护并重，进而更加注重保护的治江理念转变，实现了流域水利发展战略的转换和升级，创新了规划思路和理念。

5 汉江流域综合规划实施成效

安澜汉江建成后，汉江总体防洪除涝减灾能力将进一步提高。遇类似 1935 年大洪水，丹江口水库配合中游分蓄洪民垸的运用，可确保遥堤安全，避免江汉平原遭遇毁灭性灾害。可提高防涝能力，对减免涝灾损失，为粮食增产和农民增收提供有力保障。

绿色汉江建成后，将建立城乡饮水安全保障体系，提高城镇供水保证率；流域灌溉面积进一步增加，改善现有农田灌溉面积的供水条件，为保障粮食安全创造良好条件；引江补汉工程和引汉济渭工程不仅可满足缺水地区用水，还可促进受水区生态环境的动态平衡；通过梯级渠化和航道整治，将形成流域畅通的水运交通体系，促进沿江产业带的建设。

美丽汉江建成后，将改善汉江流域的水生态环境，维护汉江流域的水生生物多样性和完整性，促进人与自然的和谐发展；水土流失严重地区将得到治理，耕地资源得到有效保护，丹江口水库优良水质得到维持；做好水利结合血防工作，可减少钉螺面积，有效保护疫区人民的身体健康和生命安全。

和谐汉江建成后，将增强流域综合管理能力，为流域的高质量发展提供坚实基础。

汉江流域地处我国中部地区和西部地区的结合部，连接着中原、西北、华中、西南几大经济区。规划实施后，将进一步健全与流域经济社会发展相适应的防洪保安、水资源综合利用、水生态环境保护和水资源管理四大体系，效益显著，可保障流域内社会稳定和防洪安全、供水安全，推动汉江流域经济社会又好又快发展，促进人水和谐、维系优良生态，保持汉江水资源的可持续利用，为经济社会高质量发展提供有力支撑。

撰稿/孟明星、蔡淑兵、张利升

洞庭湖区综合规划

▲ 洞庭湖

洞庭湖是我国第二大淡水湖，也是长江流域重要的调蓄湖泊和水源地。《洞庭湖区综合规划》围绕洞庭湖区治理与保护中的突出问题，落实长江经济带高质量发展和长江大保护等要求，遵循治水新思路，该规划提出了洞庭湖区综合治理与保护的总体部署，是指导今后一段时期科学应对江湖关系变化、统筹推进洞庭湖区水利工程建设的重要依据。

1 规划背景

洞庭湖位于长江中游荆江河段右岸，为我国第二大淡水湖，也是长江流域重要的调蓄湖泊和水源地。洞庭湖汇集湘江、资水、沅江、澧水（“四水”）及湖周中小河流，承接经松滋、太平、藕池、调弦（调弦口1958年冬建闸控制）“四口”分流，在城陵矶汇入长江。

洞庭湖区是指荆江河段以南，“四水”尾闾控制站以下，高程在50m以下跨湖南、湖北两省的广大平原、湖泊水网区，湖区总面积20109km^2，涉及湖南、湖北两省7个地（市）的42个县（市、区），区域内人口1290万，耕地1281万亩。洞庭湖区位于长江黄金水道与京广交通动脉交汇处，地处长江中游城市圈腹地，具有承东启西、连南接北的独特区位优势。区域内的岳阳、益阳、常德、荆州等城市是长江经济带和长江中游城市群的重要节点城市，并已纳入国务院批复的《洞庭湖生态经济区规划》。

洞庭湖治理一直是长江流域治理开发与保护中的重要问题。随着天然径流变化、人类活动及江湖关系演变等因素影响，洞庭湖区水安全保障面临新的形势和挑战，同时随着长江经济带等国家战略实施，湖区经济社会高质量发展也对防洪保安、水资源综合利用、水生态环境保护等提出了新的更高的要求。根据水利部的统一部署，在湖南、湖北两省水利厅的大力支持下，长江水利委员会开展了《洞庭湖区综合规划》（以下简称规划）的编制工作，长江勘测规划设计研究有限责任公司为规划编制技术牵头单位。目前《规划》已经通过水利部水利水电规划设计总院技术审查。

2 规划意义

编制《规划》意义重大，主要体现在：

一是进一步加强洞庭湖区防洪排涝体系建设，保障防洪安全的需要。三峡工程及上中游水库建成后，长江洪水峰高、量大、历时长与河湖蓄泄能力不足的矛盾依然突出，洞庭湖区防洪形势依然严峻。2016年、2017年、2020年发生的大洪水暴露出洞庭湖区防洪减灾体系仍存在薄弱环节。需要进一步完善洞庭湖区以堤防、蓄滞洪区、河道整治、水库等工程措施和非工程措施组成的综合防洪除涝体系，为洞庭湖区经济社会高质量发展提供防洪安全保障。

二是进一步加强水资源节约集约利用和优化配置，保障饮水安全和粮食安全的需要。洞庭湖区水资源虽然较丰富，但由于降水时空分布不均匀，季节性缺水问题严重。一方面受江湖关系变化影响，“三口”分流持续减少，冬春枯水季节流量减少甚至断流；另一方面受围垦和泥沙淤积影响，内湖面积减少，减少了垸内调蓄水量和水源。因此，必须做好洞庭湖区水资源节约集约利用、水资源的优化配置和水资源保护，保障湖区供水和粮食安全。

三是进一步加强水生态环境保护修复，保障生态系统健康稳定的需要。洞庭湖是长江“双肾”之一，具有重要的生态系统服务功能。根据“生态优先、绿色发展”的要求，当前和今后相当长一个时期，要把修复洞庭湖生态环境摆在压倒性位置，坚持系统保护，从生态系统整体性和长江流域系统性着手，统筹山水林田湖草等生态要素，实施好生态修复和环境保护工程。

四是进一步加强湖区涉水事务管理，推动水治理体系与治理能力现代化的需要。洞庭湖区治理与保护涉及多行政区、多行业、多部门，长期以来，区域间缺乏有效的协调配合，部门间职责分工存在交叉重叠，湖泊管理体制机制尚未理顺。要以水治理体系和治理能力现代化为方向，创新湖区涉水事务管理体制机制，解决部门梗阻、条块管理等问题。

3 规划方案

3.1 规划指导思想

以习近平新时代中国特色社会主义思想为指导，全面贯彻长江经济带发展战略要求，以及习近平总书记在三次长江经济带发展座谈会上的讲话精神，准确把握新发展阶段，深入贯彻新发展理念，加快构建新发展格局，紧紧围绕统筹推进“五位一体”总体布局和协调推进“四个全面”战略布局，坚持生态优先、绿色发展，贯彻“节水优先、空间均衡、系统治理、两手发力”的新时期治水思路，以改善民生为核心，以保护生态为前提，按照“共抓大保护，不搞大开发”的总体要求，把水资源作为最大的刚性约束，全面推进节水型社会建设，以满足湖区人民日益增长的美好生活需要和生态环境保护为首要任务，统筹解决好水灾害、水资源、水环境、水生态的突出问题，全面提升洞庭湖区水安全保障能力，支撑和保障长江经济带高质量发展，让洞庭湖成为造福人民的幸福湖。

3.2 规划原则

(1)生态优先，绿色发展

把水资源节约和生态环境保护放在突出位置，全面建设节水型社会，加强水环境治理和生态修复，促进经济转型升级和结构调整，加强生态经济区建设，实现绿色发展、循环发展、低碳发展。

(2)以人为本，人水和谐

坚持以人民为中心的思想，着力解决好事关湖区群众切身利益的防洪、饮水等突出水问题，切实改善生活生产条件，尊重治水的客观规律，切实保障两湖水安全。

(3)科学布局，综合治理

统筹水资源与水生态环境保护、水资源利用、防洪减灾等任务，坚持人与自然和谐共生，尊重自然、顺应自然、保护自然，山水林田湖草系统治理，建设美丽湖泊。

(4)统筹兼顾，江湖两利

积极应对江湖关系新变化，从全局和长远出发，统筹流域与区域、上游与下游，兴利除害相结合，工程措施与非工程措施相结合，因地制宜、突出重点、分步实施，保障湖区和流域水安全。

(5)依法治水，强化管理

全面深化水利改革，建立健全水利科学发展的体制机制，坚持政府和市场协同发力，促进水利事业良性发展。加快完善流域水法规体系，强化水行政监督执法，加强水利信息化、科技创新等能力建设，促进区域内治水重大问题研究取得新进展。

3.3 规划范围及规划水平年

规划范围为荆江河段以南，“四水”控制站以下，高程低于 50m 的湖区盆地。规划区总面积 20109km^2，其中湖南省 16157km^2，湖北省 3952km^2。洞庭湖区规划范围见图 1。

规划水平年为 2030 年。

3.4 规划目标

通过完善工程措施和非工程措施，进一步提高流域防洪减灾能力，基本实现水资源合理开发利用，改善生态与环境，维护生物多样性和生态系统的完整性，实现人与自然的和谐，促进和保障洞庭湖区人口、资源、环境和经济的协调高质量发展。

(1)保障防洪安全

巩固、完善现有防洪体系，重要防洪保护区达到规划防洪标准，遇超标准洪水时有对策措施；湖区形成“自排、调蓄、电排”相结合的治涝体系，全面达到 10 年一遇的排涝标准。随着长江上游干支流控制性水利水电工程的建成，进一步减少湖区蓄滞洪区的分洪量和减小分洪运用概率，提高湖区防洪减灾能力；在遭遇超标准洪水时，灾害损失明显降低，提高对湖区经济社会发展的保障程度。

(2)基本实现水资源高效利用

解决城乡人畜饮用水安全问题，省会城市供水水源保证率达到 97%以上，大中型城市供水水源保证率达到 95%以上，小城市及县级城市(镇)供水水源保证率不低于 95%，城乡供水监测网络建成完善，城乡供用水管理体系日趋完善；续建配套、节水改造及非工程措施，使洞庭湖区现有灌区的有效灌溉面积达到设计标准，灌溉保证率达到 85%以上，灌溉水利用系数提高到 0.61。建成以洞庭湖为中心，以国家高等级航道为依托，以其他航道为基础的干支通畅、江海直达、河湖连通、水陆联运的环湖航道网络，形成布局合理、功能完善、专业化和高效的港口体系。

(3)逐步实现水生态与环境健康发展

洞庭湖区城镇污水集中处理率达到 95%以上，国控断面达到或优于Ⅲ类水质比例达

95%以上，水功能区污染物入河量全部控制在功能区纳污能力范围内，水环境呈良性发展；城镇集中式饮用水水源地安全保障问题得到有效解决，重点河段生态需水得到有效保障。水生态系统呈良性发展，系统结构功能全面改善，4个保护区管护能力得到加强，建立高效完善的各部门之间协调和合作机制，改善洞庭湖区鱼类及鸟类生境，促进水生生物资源恢复，维持湿地生态系统生物多样性。建立完善的水土流失综合防治措施体系，全面完成工程措施和植物措施工程量。水土流失得到基本控制。继续巩固水利血防成果。

(4)基本实现湖区水利管理现代化

《长江保护法》得到深入贯彻落实，河湖长制实现“有名”“有实”“有能”；建立有效的跨部门协调配合执法机制；建立湖区水质、水量、水生态环境等实时监测、监控系统；科技支撑能力、人才队伍保障及水利信息化全面提高。

3.5 规划总体布局

针对洞庭湖区特点，拟定“四口”水系地区、东南洞庭湖地区、西洞庭湖地区3个区域进行总体布局。

(1)“四口”水系地区

针对“四口”水系枯水期断流及其导致的水生态环境恶化等问题，通过河道疏浚等整治措施，辅以水资源配置工程，恢复“四口”骨干河道通流，为区域供水灌溉提供稳定可靠的水源保障，同时向洞庭湖区补水，恢复“四口”水系河流生境和生物交流通道，促进水生生物江湖交流，提高洞庭湖区水生态环境承载能力，改善洞庭湖湿地生态系统质量，维护“四口”地区生物多样性；针对防汛战线过长、堤防存在安全隐患等问题，结合水系整治缩短防洪战线，加固重点垸堤防，增强湖区圩垸防洪能力，通过河道治理降低洪水位；针对高等级航道建设要求，结合河道整治和航道整治，疏通水系，构建经松滋河西支的骨干水系，畅通区域航道。

(2)东南洞庭湖地区

针对三峡及上游控制性水库汛后集中蓄水、长江干流水位降低、湖区水位提前消落等问题，通过兴建城陵矶综合枢纽并合理调控，调节湖区水文节律，缓解滨湖地区水资源供需矛盾，塑造湿地生态系统需要的水文节律，增大湖区鱼类生活空间、延长秋季鱼类育肥期，增加水环境容量、减轻水污染防治压力，同时可增加东南洞庭湖区、湘江尾闾和草尾河枯水期航道水深，解决枯水位下降给航运带来的影响，畅通湘江、资水与洞庭湖的航运联系。

(3)西洞庭湖地区

针对西洞庭湖地区洪水排泄不畅和松滋口分流洪水与澧水洪水遭遇问题，结合“四口”水系“控支强干”、河道疏浚等系统整治，通过松滋口建闸、三峡工程联合调度，实现松滋口分流洪水与澧水洪水错峰，提高松澧地区的防洪能力，改善西洞庭湖地区防洪形势。针对高等级航道建设要求，通过澧水尾闾和西洞庭湖区的航道整治，畅通松滋河水系与澧水、沅江、草尾河的航运联系。

3.6 控制性指标

3.6.1 防洪安全控制指标

洞庭湖主要控制站防洪控制水位见表1。

表1 **洞庭湖主要控制站防洪控制水位** （单位：冻结吴淞，m）

水系	站名	水位
松滋水系	新江口	46.09
	沙道观	45.40
虎渡水系	弥陀寺	44.88
藕池水系	康家岗	39.87
	管家铺	39.50
湘江尾闾	长　沙	39.00
资水尾闾	益　阳	39.00
沅江尾闾	常　德	41.50
澧水尾闾	津　市	44.01
西洞庭湖区	南　咀	36.05
南洞庭湖区	小河咀	35.72
	杨柳潭	35.10
东洞庭湖区	鹿　角	35.00
	岳　阳	34.82
	七里山	34.55

3.6.2 水资源与水生态环境保护控制指标

（1）洞庭湖控制断面水质标准

洞庭湖控制断面水质目标和控制指标成果见表2。

表2 **洞庭湖控制断面水质目标和控制指标成果**

序号	控制断面	水功能一级区名称	水质目标	水质目标(mg/L)			
				高锰酸盐指数	氨氮	总磷	总氮
1	湘潭	湘江湘潭城区饮用、工业用水区	Ⅲ	≤6	≤1		
2	桃江	资水新化至益阳保留区	Ⅲ	≤6	≤1		
3	石门	澧水洪道保留区	Ⅲ	≤6	≤1		

续表

序号	控制断面	水功能一级区名称	水质目标	水质目标(mg/L)			
				高锰酸盐指数	氨氮	总磷	总氮
4	桃源	沅江桃源工业、景观娱乐用水区	Ⅲ	≤6	≤1		
5	杨家垱	松滋西河鄂湘缓冲区	Ⅲ	≤6	≤1		
6	甘家厂	松滋东河(东支)鄂湘缓冲区	Ⅲ	≤6	≤1		
7	黄山头闸	虎渡河鄂湘缓冲区	Ⅲ	≤6	≤1		
8	官垱	藕池河(西支)鄂湘缓冲区	Ⅲ	≤6	≤1		
9	芝麻坪	藕池河(中支)鄂湘缓冲区	Ⅲ	≤6	≤1		
10	渐明洲	藕池河(东支)鄂湘缓冲区	Ⅲ	≤6	≤1		
11	鹿角	东洞庭湖自然保护区	Ⅲ	≤6	≤1	≤0.05	≤1
12	小河咀	南洞庭湖保留区	Ⅲ	≤6	≤1	≤0.05	≤1
13	南咀	目平湖湿地保护区	Ⅲ	≤6	≤1	≤0.05	≤1
14	城陵矶	东洞庭湖自然保护区	Ⅲ	≤6	≤1	≤0.05	≤1

(2)河道生态基流目标

洞庭湖“四水”入湖主要控制节点生态基流成果见表3。

表3　洞庭湖“四水”入湖主要控制节点生态基流成果　(单位:m^3/s)

河流	控制节点	1956—2016年多年平均流量	生态基流
湘江	湘潭	2242	333
资水	桃江	755	107
沅江	桃源	2066	300
澧水	石门	470	70
洞庭湖水系	城陵矶(七里山)	8836	1080

3.6.3 用水总量与用水效率控制指标

洞庭湖区各省级行政区用水总量见表4。

表4　洞庭湖区各省级行政区用水总量　(单位:亿m^3)

省级行政区	用水总量
湖南	66.97
湖北	13.10
合计	80.07

3.7 规划方案

3.7.1 防洪减灾规划

在充分发挥三峡等长江上游及柘溪、五强溪等“四水”水库防洪作用的前提下，加强堤防工程建设，推进蓄滞洪区建设、洪道整治、城镇防洪建设，补齐防洪工程短板，建成标准适度的防洪工程体系。

(1)堤防工程规划

对湖区11个重点垸堤防进行除险加固，堤身加高培厚55.592km、堤身防渗405.659km、堤基防渗483.692km、临水侧护坡293.91km、护脚160.773km、穿堤建筑物处理435座；对一般垸堤防开展分类治理。

(2)蓄滞洪区建设规划

对湖区24个国家级蓄滞洪区开展安全建设工程，新建安全区39处、面积105.78km^2，新建安全台47处、面积517.79万m^2，新(扩)建转移生产道路160条、总长847.12km；规划钱粮湖垸、大通湖东垸、共双茶垸、民主垸、城西垸等5个蓄滞洪区建设分洪闸，其余建设分洪口门。

(3)“四水”防洪水库规划

重点开展沅江五强溪水库扩大防洪库容工程，增加防洪库容3.45亿m^3，新建资水金塘冲水库工程，防洪库容1.6亿m^3，新建澧水宜冲桥水库工程，防洪库容2.5亿m^3。

(4)“四口”水系综合治理规划

按照“疏—控—引—蓄”相结合的工程总体布局对“四口”水系进行整治。工程建设内容主要包括河道扩挖工程(松滋河、虎渡河、藕池河、华容河、华洪运河)、松滋口闸工程、支汊水资源利用工程(藕池西支、鲇鱼须河、陈家岭河)、引(补)水工程(增建南闸深水闸、改建调弦口闸、华洪运河洪水港闸站、大通湖补水、沱江补水、闸站改造工程)、河湖连通工程、堤防加固及护岸工程、苏支河控制工程等。

(5)纯湖区洪道及尾闾洪道整治

湘水尾闾疏浚长度22.325km，资水尾闾疏浚长度16.205km，沅水尾闾疏浚长度16.56km，澧水尾闾疏浚长度29.076km，汨罗江疏浚长度19.243km，共计103.409km。

(6)城市防洪规划

岳阳市城区防洪标准为200年一遇；常德市江北防洪保护圈防洪标准为100年一遇，江南防洪保护圈防洪标准为50年一遇；益阳市城区防洪标准为50～100年一遇，中心城区为100年一遇，非中心城区为50年一遇。

(7)治涝规划

湖南省新建排涝泵站 44 座，总装机容量 11.296 万 kW，设计排涝能力 1344m^3/s；改(扩)建泵站 85 座，改造后装机容量 19.6 万 kW；整治撇洪沟及涝区内渠系 651km，加固湖堤 158km，整治涵闸 243 座；湖北省治理易涝区面积 3912km^2，新建泵站 1 座，改(扩)建泵站 218 座，整治渠系 1315km。

3.7.2 水资源综合利用规划

(1)供水规划

根据需水预测成果，湘江流域在 2030 年城乡需水总量为 80.9 亿 m^3。规划至 2030 年通过水源工程改(扩)建、新建水源工程增加供水量 9.79 亿 m^3，其中 35%用于新增城镇需水。新增供水量中蓄水工程增供水量占 19%，引(提)水工程占 73%，地下水工程占 8%。

(2)灌溉规划

规划对现有灌区进行续建配套和节水改造，提高灌区有效灌溉面积，新增灌溉面积 117.4 万亩。

(3)航道规划

湘江松柏至城陵矶段(497km)航道规划目标为Ⅲ级及以上，沅江常德至鲇鱼口段(192km)航道规划目标为Ⅲ级；主要港口布局以岳阳(含城陵矶)、长沙、常德等枢纽为中心，以株洲、湘潭、益阳、津市、南县(茅草街)、沅江等区域性重要港口为依托，安乡、湘阴等一般港口为基础。

3.7.3 水资源与水生态环境保护规划

(1)水资源保护规划

围绕洞庭湖区生态环境现状，加快点源和面源污染治理，重点强化湖区及周边氮磷污染防控，强化湖泊富营养化治理；重点区域重点保护，采用多种措施保护流域水资源质量，加强隔离防护和生物防护等措施，保障饮用水水源地水质安全；加强湖区水质监测、保护与管理，维系洞庭湖区水环境健康发展。

(2)水生态保护与修复规划

按照“确有必要、生态安全、可以持续”的原则，开展城陵矶综合枢纽前期研究论证工作，构建和谐江湖关系；开展生境保护与修复，重塑河湖连通廊道，开展栖息地恢复工程建设，开展鱼类洄游通道恢复研究；开展水生生物物种保护，增加鱼类增殖放流基地，加强水产种质资源保护区的保护与建设力度，灌江纳苗，补偿江湖洄游性鱼类资源，加强禁渔和渔政管理，实施渔民转产转业；开展洞庭湖水生态补偿试点，探索水生态补偿经验，开展水生态保护与修复科学研究。

(3)水土保持规划

洞庭湖区水土保持功能以农田防护、水质维护、保土和人居环境维护为主，规划水土流失综合治理面积607.74km^2。

(4)水利血防规划

规划安乡等17个县(市、区)达到传播阻断标准，石门等18个(市、区)达到消除标准。

3.7.4 水利管理规划

结合洞庭湖区管理实际，以全面落实河湖长制为抓手，夯实湖泊保护地方主体责任，完善水管理法律法规，创新水治理体制机制，提高水利管理能力，推动洞庭湖区水治理体系与治理能力现代化。

3.8 环境影响评价

规划实施后，将完善洞庭湖区防洪减灾、水资源综合利用、水资源与水生态环境保护和水利管理体系，对促进湖区经济社会高质量发展具有重要作用。防洪、供水、灌溉、航运等规划实施会对湖区水环境与生态产生一定的不利影响。在优化规划方案，采取各项环境保护措施，有效减缓和控制不利环境影响后，从环境角度分析，规划方案总体合理。

4 规划过程中遇到的技术难题及解决方案

《规划》编制过程中，针对近年来江湖关系变化导致“三口”分流减少、湖区枯水期提前、枯水期水位下降，导致湖区的灌溉、供水发生困难，水生态和水环境有恶化趋势等问题，对江湖关系演变及其水安全影响和应对措施进行了研究。

(1)深入分析了江湖关系演变趋势

根据长时间序列的实测水文和地形资料，分析了三峡工程建成前后不同阶段荆江“三口”分流变化、长江干流和洞庭湖区冲淤变化、长江干流和洞庭湖区水情变化等。采用水沙数学模型定量预测至规划水平年江湖演变冲淤和水情。

(2)全面评估了江湖关系变化影响

受江湖关系演变影响，“四口”水系地区枯水期水资源短缺，生产生活引(提)水困难。多数地区地下水铁、锰严重超标，危及当地群众饮水安全。洞庭湖区枯水期提前、枯水期水位降低，自净能力减弱，环境容量降低，湿地结构发生变化，重点保护鸟类物种、鱼类种数减少，生态系统功能衰退。

(3)系统提出了江湖关系变化应对措施

提出开展“四口”水系综合整治，恢复江湖枯水季节自然连通，提高洞庭湖“四口”水系地区水资源水环境承载能力，改善供水、灌溉、防洪、航运条件，维护洞庭湖湿地生态系统的稳

定和良性循环。提出开展城陵矶综合枢纽前期工作，调控湖区枯水期水位、缓解季节性缺水、保护修复水生态环境、改善航运条件等。

规划实施后取得的效益

防洪规划实施后，湖区各圩垸堤可达到相应等级的防洪标准；蓄洪垸可按计划及时分蓄洪水。湖区总体防洪能力得到进一步提高，一般洪水年防洪更安全，遇类似1954年、1998年等大洪水可大幅减少洪灾损失，有效防止洪灾引起的疾病流行和环境污染等问题，为保护区内工农业生产和人民生命财产提供可靠保障，增加社会安全感，改善生存环境和投资环境，为地区社会、经济、环境的可持续发展创造有利条件。

治涝规划实施后，将改善涝区生活、生产、生存环境，为农村带来发展机遇，为农业粮食的增产增收提供强有力的保障，将增加当地农民收入，推动区域经济发展，维持区域经济社会稳定，减少由涝灾引起的疾病流行，促进社会和谐发展，避免环境污染和生态恶化。

水资源保护、水生态与环境保护规划实施后，将恢复调整江湖关系，改善洞庭湖区水生态与环境，维护洞庭湖区水生生物多样性和完整性，促进湖区水生态与环境良性循环，实现水资源可持续利用，对保障经济社会的可持续发展有重要的作用，还将产生巨大的生态环境效益，促进人与自然的和谐发展。

水土保持规划实施后，水土流失严重地区将得到初步治理，可减少进入江河湖库的泥沙，耕地资源可得到有效保护，生态环境和农村生产生活条件将得到极大改善，从而促进农村经济发展。

水利血防规划实施后，可减少钉螺面积，压缩流行区范围，降低人畜感染率，有效保护疫区人民的身体健康和生命安全，有利于改善疫区的生态环境，对促进社会稳定和经济可持续发展具有重要作用。

水利管理规划实施后，将增强湖区水利管理能力，提升水治理体系和治理能力的现代化。

预计到2030年，区域总人口将达到1363万；城镇化率由现状的60%预测上升到2030年的66%。规划实施后，将进一步健全与湖区经济社会发展相适应的防洪减灾体系、水资源综合利用体系、水生态和环境保护体系、流域综合管理体系，社会效益、生态效益和经济效益显著，可保障湖区社会稳定和防洪安全、饮水安全、粮食生产安全，为长江经济带高质量发展和长江大保护提供有力支撑。

撰稿/徐兴亚、郭铁女

鄱阳湖区综合治理规划

▲ 候鸟天堂鄱阳湖

《鄱阳湖区综合治理规划》是针对鄱阳湖区防洪减灾能力较低、工程性缺水较为严重、水生态环境有恶化趋势等问题,为支撑鄱阳湖生态经济区经济社会跨越式发展而开展的。该规划提出了湖区防洪减灾、水资源综合利用、水资源与生态环境保护、综合管理等 4 个方面的规划方案。

项目背景

鄱阳湖位于江西省北部、长江中游右岸，承纳赣江、抚河、信江、饶河、修河（“五河”）及博阳河等支流来水，经调蓄后由湖口注入长江，是一个过水型、吞吐型、季节性湖泊。鄱阳湖水系呈辐射状，流域面积16.22万km^2，涉及江西、湖南、福建、浙江、安徽等5省，其中江西省境内面积15.67万km^2，占整个鄱阳湖水系的96.6%。鄱阳湖区是湖口水文站防洪控制水位22.50m所影响的区域，包括环鄱阳湖的13个县（市）和南昌、九江两市，总面积为26284km^2。

鄱阳湖是我国最大的淡水湖泊，是长江水系及生态系统的重要组成部分，是长江的重要调蓄湖泊和具有世界影响力的湿地，在长江流域治理开发和保护中具有十分重要的地位。鄱阳湖区水土资源丰富，承担着保护“一湖清水”和建设生态经济区的重要作用。随着经济社会的持续发展以及气候变化等因素的影响，鄱阳湖区防洪抗旱减灾、水资源综合利用、水资源与水生态保护的任务仍十分繁重。针对长江及鄱阳湖区治理开发与保护面临的新形势和新要求，编制《鄱阳湖区综合治理规划》，对于加强鄱阳湖区综合治理与保护、促进区域经济社会发展与生态环境相协调具有十分重要的意义。

2009年4月，水利部批复《鄱阳湖区综合治理规划任务书》（水规计〔2009〕199号），由长江水利委员会组织开展《鄱阳湖区综合治理规划》（以下简称《规划》）编制工作。2011年10月，水利部以水规计〔2011〕530号文批复了《规划》。

规划意义

为保障鄱阳湖区经济、社会、环境的可持续协调发展，迫切需要开展鄱阳湖区综合规划编制工作。

（1）贯彻《中华人民共和国水法》的要求

《中华人民共和国水法》规定，流域、区域的治理必须以规划为依据。1995年编制的湖区综合规划，其规划水平年为2005年，即三峡工程发挥作用前。三峡已于2006年汛后进入初期运行期，2009年将进入正常运行期。因此，迫切需要编制三峡工程运用后的鄱阳湖区综合规划以指导本区域的治理开发。

（2）长江中下游的防洪形势发生了变化

1998年大洪水后，通过防洪工程建设，长江中下游的防洪形势发生了很大的改变；鄱阳湖区也进行了较大规模的水利工程建设;三峡工程在对长江中下游防洪发挥重要作用的同时,也会产生一定的影响。因此,需要根据新的工情、新的防洪形势,针对防洪出现的新问题,编制鄱阳湖区综合规划。

(3)水沙条件发生显著变化,对江、湖关系演变及防洪体系布局产生影响

三峡工程的调度运用,使中下游河道的水沙过程发生明显改变,下游河道长距离冲刷,河势发生变化,并引起江湖关系的调整;长江上游干、支流大型水利枢纽的陆续兴建、流域内水土保持工程的实施都将进一步改变三峡工程入库及坝下游水沙条件。应把握水沙变化趋势,分析其影响,编制切合实际的综合规划。

(4)水环境保护与水生态保护的变化与要求

三峡工程自2003年蓄水运行以来,中下游水文情势变化引起的一系列生态环境问题已开始逐渐显现,如清水下泄使河道冲刷对沿江城镇取排水的影响、对水功能区水质的影响等。另外,尚有一些重要的生态问题显现将会相对滞后。应充分考虑水环境与水生态保护的变化与要求,以有效地保护湖区的生态与环境,保障湖区经济、社会、生态的协调发展。

(5)经济社会发展提出了新要求

经济社会的持续发展以及人们物质与精神生活水平的提高,对防洪保安提出越来越高的要求;水资源的供需矛盾也将越来越突出;湖区湿地生态系统和生物多样性保护也提出了新要求。

(6)贯彻新的治水思路的需要

党的十六大提出要坚持以人为本和全面、协调、可持续的科学发展观,适应于经济社会可持续发展战略要求,水利部提出了人水和谐的治水新思路。长江水利委员会根据长江水利发展中已经出现或可能出现的问题,适时提出了“维护健康长江,促进人水和谐”的治江理念和“在保护中促进开发、在开发中落实保护”的长江流域治理开发与保护原则。

3 规划成果

3.1 规划范围及规划水平年

(1)规划范围

规划范围为鄱阳湖区,即湖口水文站防洪控制水位22.50m所影响的区域,包括南昌、新建、永修、德安、星子、湖口、都昌、鄱阳、余干、万年、乐平、进贤、丰城等13个县(市)和南昌、九江两市,总面积为26284km^2。

(2)规划水平年

规划基准年为2007年,规划近期水平年为2020年,远期水平年为2030年。以近期规划水平年为规划重点。

3.2 规划指导思想

坚持以人为本和全面、协调、可持续的科学发展观，不断满足建设环境友好型、资源节约型社会以及和谐社会的要求，注重协调人与水、人与湖泊的关系，处理好经济社会发展与水资源、水环境承载能力的关系，协调生态与环境、生态与发展的关系，保障湖区经济社会的可持续发展，确保湖区防洪、水资源综合利用、生态与环境问题得到有效解决。

3.3 规划原则

(1)坚持可持续发展原则

正确处理保护与发展的关系，在保护中促进开发、在开发中落实保护，妥善协调好经济社会发展与水生态和环境保护的关系，维护鄱阳湖的健康发展。

(2)坚持以人为本的原则

保障防洪安全、供水安全、粮食安全是鄱阳湖区综合治理的重要任务，按照人水和谐的原则安排好防洪工程措施与非工程措施；优先安排城乡生活、农村人畜供水；按照不断提高人民群众生活水平和质量的要求，着力解决好与人民切身利益密切相关的水问题。

(3)贯彻“全面规划、统筹兼顾、标本兼治、综合治理”的原则

规划应统筹考虑防洪、排涝、供水、灌溉、生态与环境保护等各个方面的要求，结合三峡工程运行后对鄱阳湖区的作用与影响的动态过程，正确处理远景与近期、整体与局部的关系，统筹考虑水量与水质问题，治标与治本相结合，进行综合治理规划。

(4)坚持江湖两利的原则

鄱阳湖与长江干流构成复杂的江湖关系，长江干流、鄱阳湖“五河”水沙条件的变化会引起江湖关系的连锁反应，影响河湖生态系统、江湖蓄泄能力、水生生物多样性、湿地功能以及水资源的开发与保护。规划的治理、开发与保护措施应统筹考虑对长江干流和鄱阳湖的作用和影响。

3.4 规划目标

通过加强和完善鄱阳湖区工程和非工程措施建设，提高湖区防洪减灾能力，合理开发利用水资源，维系优良水生态与环境，实现水利综合管理的现代化，保障防洪安全、饮水安全、粮食安全和生态安全，以水资源的可持续利用支撑经济社会的可持续发展。

(1)进一步完善综合防洪减灾体系

通过湖区综合防洪减灾体系运用，进一步提高湖区抗御洪灾和涝灾的能力；形成岸线稳定、堤防稳固以及航道、港域和水环境良好的河道。

(2)基本实现水资源高效利用

水资源开发利用率控制在30%左右。初步建成节水型社会，建成湖区水资源合理配置和高效利用保障体系，满足人民生活水平提高、经济社会发展、粮食安全保障和生态环境保

护的用水需求。

(3)水生态与环境逐步实现健康发展

湖区水功能区主要控制指标达标率达到95%以上;入湖氮、磷污染负荷削减率达40%;全面解决集中式饮用水水源地安全保障问题;通过水生态与环境系统保护与修复,使绝大多数的珍稀濒危物种种群得到恢复和增殖,针对不同治理活动的生态修复措施能够有效实施,确保鄱阳湖区水生生物的多样性和完整性;保护鄱阳湖复杂、独特的水生态环境,实现水资源利用、保护和水生态系统的良性循环;湖区水生态状况明显改善,不同类型的生境得到有效保护;水土流失严重地区实现基本治理,在鄱阳湖区建成一个布局合理、功能完善的水土保持监测网络体系。

(4)基本实现湖区综合管理现代化

建立起高效的跨部门、跨行业的协调机制,公共参与机制成熟高效;建立有效的跨部门协调配合执法机制;建立湖区水质、水量、水生态环境等实时监测、监控系统。

3.5 规划总体布局

遵循“蓄泄兼筹、以泄为主”的方针,在深入研究鄱阳湖洪水特性、江湖关系变化的基础上,紧密结合三峡工程运用后的作用和影响,加快完善防洪综合减灾体系,突出加强防洪薄弱环节建设,提高湖区防洪除涝减灾能力;贯彻“水资源可持续利用”的方针,按照总量控制和综合利用的原则,合理利用和优化配置水资源,强化节水型社会建设,解决好环湖城镇和农村供水问题;贯彻“开发与保护并重”的方针,按照“在保护中促进开发、在开发中落实保护”的原则,加强水资源与水生态环境保护,实施水土流失综合治理,加强水利血防工作;实施最严格的水资源管理制度,强化水资源统一管理;深入开展鄱阳湖水利枢纽工程前期工作,为工程立项建设创造条件。

3.6 控制性指标

(1)防洪安全控制指标

鄱阳湖区主要控制站防洪控制水位见表1。

表1　鄱阳湖区主要控制站防洪控制水位　(单位:冻结吴淞,m)

河名	站名	水位
赣江	外洲	26.59
抚河	李家渡	33.68
信江	梅港	29.81
乐安河	虎山	31.29
昌江	渡峰坑	34.28
修水	柘林坝下	28.05
鄱阳湖	湖口	22.50

(2)控制断面水质标准

鄱阳湖区控制断面水质目标和控制指标见表2。

表2　鄱阳湖控制断面水质目标和控制指标成果

序号	控制断面	水功能区	水质目标	控制指标(mg/L)	
				高锰酸盐指数	氨氮
1	蚌湖	鄱阳湖永修吴城国家级自然保护区	Ⅱ	≤4	≤0.5
2	南矶乡	鄱阳湖南昌南矶山湿地自然保护区	Ⅱ	≤4	≤0.5
3	莲湖	鄱阳湖鄱阳白沙洲湿地自然保护区	Ⅲ	≤6	≤1.0
4	康山	鄱阳湖余干康山候鸟自然保护区	Ⅲ	≤6	≤1.0
5	南湖	鄱阳湖永修南湖湿地自然保护区	Ⅲ	≤6	≤1.0
6	都昌	鄱阳湖都昌候鸟自然保护区	Ⅲ	≤6	≤1.0
7	都昌县水厂	鄱阳湖都昌饮用水水源区	Ⅱ～Ⅲ	≤6	≤1.0
8	星子县水厂	鄱阳湖星子饮用水水源区	Ⅱ～Ⅲ	≤6	≤1.0
9	湖口县水厂	鄱阳湖湖口饮用水水源区	Ⅱ～Ⅲ	≤6	≤1.0
10	蛤蟆石	鄱阳湖九江工业用水区	Ⅳ	≤10	≤1.5
11	鄱阳湖出口	鄱阳湖保留区	Ⅲ	≤6	≤1.0
12	金溪咀刘家	鄱阳湖进贤金溪湖渔业用水区	Ⅲ	≤6	≤1.0
13	松山	鄱阳湖进贤陈家湖渔业用水区	Ⅲ	≤6	≤1.0
14	军山水产场	鄱阳湖进贤军山湖渔业用水区	Ⅲ	≤6	≤1.0
15	北头高家	鄱阳湖进贤南昌青岚湖自然保护区	Ⅲ	≤6	≤1.0
16	塔城	鄱阳湖进贤南昌青岚湖保留区	Ⅲ	≤6	≤1.0

(3)控制断面生态基流

鄱阳湖区控制断面生态基流计算成果见表3。

表3　鄱阳湖区控制断面生态基流计算成果

序号	河流/湖泊	断面	年径流量(亿m^3)	年平均流量(m^3/s)	生态基流	
					流量(m^3/s)	百分比(%)
1	赣江	外洲	678.9	2245	281	13
2	修水	虬津	88.4	289	24	9
3	抚河	李家渡	154.8	523	54	11
4	信江	梅港	177.5	588	35	6
5	饶河	虎山	70.8	232	9	4
6	鄱阳湖	湖口	1480	4769	463	10

(4)控制断面水资源开发利用率

鄱阳湖区主要控制断面水资源可开发利用率见表4。

表4　鄱阳湖区主要控制断面水资源可开发利用率

河流/湖泊	控制断面	多年平均水资源总量(亿 m^3)	地表水资源可利用量(亿 m^3)	预测综合用水消耗率(%)	水资源可开发利用率(%)
赣江	外洲	678.9	162.43	71.7	33.37
鄱阳湖	湖口	1480	363.64	66.9	36.73

3.7　规划方案

3.7.1　防洪减灾规划

根据《防洪标准》(GB 50201—1994)、《堤防工程设计规范》(GB 50286—1998)等规程规范,拟定鄱阳湖主要圩区防洪标准为:保护农田面积5万亩以上重点圩堤,湖盆区防御相应于湖口站22.5m的洪水位,河堤防御相应各河20年一遇洪水位;保护农田面积在1万~5万亩的一般垸圩堤,湖盆区防御相应于1954年湖口站21.68m的洪水位,河堤防御相应各河10年一遇洪水位;保护农田面积在1万亩以下的一般垸圩堤,湖盆区防御相应于1973年湖口站20.91m的洪水位,河堤防御相应各河5年一遇洪水位。

鄱阳湖区治涝标准为:保护面积万亩以上或区内有重要设施的排涝(圩)区为10年一遇3日暴雨3日末排至农作物耐淹水深,保护面积万亩以下排涝(圩)区为5年一遇3日暴雨3日末排至农作物耐淹水深。

以保障防洪安全为目标,根据鄱阳湖区洪水特点,加高加固湖区20座重点圩堤、109座0.3万~5万亩的一般圩堤,加高加固堤长度分别为418.35km、750.53km,加固处理穿堤建筑物459座;加高加固蓄滞洪区隔堤长15.12km,建设康山蓄滞洪区分洪闸(设计流量4000m^3/s),以及康山的东西和古竹,珠湖的团林、四十里街、铺田、蒋家和双港,黄湖的西舍等8处安全区,进、退洪口门4处;实施赣江北支无名小汊建坝堵塞、抚河入湖再改道、五河尾闾河道疏浚及整治工程;开展616座小(2)型以上水库的除险加固,清丰山溪、潼津河、漳田河和博阳河等中小河流治理,星子县花园、鄱阳县黎岭等10条山洪沟治理和进贤县坡耕地水土流失综合治理等工程;完善南昌、九江等城市防洪工程建设。

采取"高水高排、低水低排、围洼蓄涝"的治涝原则,从各排涝(圩)区实际出发,因地制宜地采取蓄涝、电排、导托等综合治理措施,通过兴建撇洪沟渠、保留蓄涝面积、更新改造泵站等措施,使涝区达到规划排涝标准。

3.7.2　水资源综合利用规划

鄱阳湖区多年平均水资源总量为234.0亿m^3。预测到2030年,区域内总需水量

105.1 亿 m^3，考虑入境水量的水资源开发利用率为 7.4%，河道内生态环境用水的要求能得到满足。

(1)供水规划

兴建鄱阳湖水利枢纽，改(扩)建城市供水现有水源工程 6 座，新建引(提)水工程共 966 处、地下水取水共 6407 处，改造 19 个水厂，城市输水管网进行输水管更新、加大、接长等改造。

(2)灌溉规划

对现有 30 万亩以上 4 座大型灌区(赣抚平原、丰东、鄱湖和柘林水库)、12 座重点中型灌区、26 座一般中型灌区、2428 座小型灌区的渠系、建筑物进行加固与配套，新建环鄱阳湖灌区；安排鄱阳湖水利枢纽、丰城市八一水库等灌溉骨干水源工程建设。

3.7.3 水资源与生态环境保护规划

以水功能区划为基础，以入湖排污控制量为控制目标，加快点源和面源污染治理，削减氮、磷入湖总量，逐步使水功能区入湖污染物控制在功能区纳污能力范围内，保护湖泊水质。

优先保护国家及地方重点保护区域与保护对象，合理制定规划方案；强化水生生境保护，加强自然保护区和水产种质资源保护区建设，实现湖泊水生态系统功能正常；通过维护鄱阳湖合适的水文节律、维持鄱阳湖湿地生态系统的结构与功能的稳定，保护自然生态系统与重要物种栖息地，防止建设活动导致栖息环境的改变。

加强水土流失治理，至 2020 年治理水土流失面积 2244.57km^2、风沙区面积 52km^2，开展水土保持生态修复 1528.59km^2；到 2030 年，再治理水土流失面积 813.33km^2、风沙区面积 40km^2。

加强水利血防工作，结合河流综合治理、饮水安全、灌区改造、小流域治理等水利工程建设，实施防螺灭螺工程。区域内所有血吸虫病疫区县(市、区)2015 年达到血吸虫病传播控制标准，力争 2020 年达到血吸虫病传播阻断标准。

3.7.4 综合管理规划

按照“健全体制机制、加强执法监督、强化水行政事务管理、提升管理能力”的思路，逐步建立起湖区统一、有序、高效的水利综合管理体系。

通过合理划分管理责权，建立湖区统一管理体制；建立高效的跨部门协调机制、合理的补偿机制、稳定的投融资机制、广泛的公众参与机制和全面的信息采集与共享机制。

加强执法管理制度建设，规范执法行为；推行相对集中执法权，实行水利综合执法；逐步建立高效的跨部门协调配合执法机制，提高执法效率；加强执法能力和执法环境基础设施建设，保障执法运作；强化水行政事务管理。

完善规划管理、防洪抗旱减灾管理、水资源综合利用管理、水生态与环境保护管理、河道管理、水利工程建设与运行管理和应急管理等制度；有效实施规划同意书、防洪影响评价、取水许可、入河排污口设置审批、河道内建设项目建设方案审批及采砂许可等水行政许可和审批。

加强湖区综合信息采集系统、传输和存储系统、数据中心及应用系统等信息化基础建设；加强人才队伍建设、开展重大问题研究，为湖区治理提供高水平的科技支撑。

 4 规划过程中遇到的技术难题及解决方案

《规划》编制过程中，针对近年来湖区枯水季节有所提前、枯水期水位下降，导致湖区的灌溉、供水发生困难，水生态和水环境有恶化趋势等问题，对鄱阳湖水利枢纽工程进行了研究。

鄱阳湖水利枢纽工程涉及江湖关系，以及湖区水资源、水环境、水生态、民生发展等多个方面，问题十分复杂。《规划》对工程功能定位、设计方案、调度方案等进行了全方位的初步研究。

(1)明确工程功能定位

鄱阳湖水利枢纽工程定位为恢复和科学调整江湖关系，提高鄱阳湖区的经济和生态承载能力，其主要任务为生态环境保护、灌溉、城乡供水、航运、血防等，同时具有枯水期为下游补水的潜力。

(2)初拟了工程布置方案

推荐闸址位于湖口水道星子站与湖口站之间的长岭—屏峰山断面，上距星子县城13km，下距湖口水文站约27.9km，坝轴线长约3km。初拟枢纽总体布置自左至右依次为：左岸碾压土石坝、三线一级船闸、泄水闸（共108孔，其中3孔60m净宽、105孔16m净宽）、右岸碾压土石坝和鱼道。

(3)提出了工程调度方案

工程采取“调枯不控洪”的调度方式，汛期4—8月闸门全部敞开，江湖连通；9月1—15日，在泄放满足航运、水生态与水环境用水流量的前提下，枢纽最高蓄水至15.5m；9月16日至11月底闸上水位均匀消落至11m，12月至次年3月，保证至少1孔闸门全开，闸上水位在10.0～11.0m波动。

 5 规划实施后取得的效益

鄱阳湖区毗邻长三角、珠三角，地理位置十分优越。预计到2020年，湖区总人口将达

1329万，城镇化率达57%，GDP达5122亿元；到2030年，长江流域总人口达1424万，城镇化率达66%，GDP达9684亿元。规划实施后，将进一步健全与湖区经济社会发展相适应的防洪减灾体系、水资源综合利用体系、生态环境保护体系、综合管理体系，社会效益、生态环境效益和经济效益显著，可保障湖区社会稳定和防洪安全、饮水安全、粮食生产安全，推动区域经济社会又好又快发展，可促进人水和谐、维系优良生态，保持鄱阳湖水资源的可持续利用，为经济社会的可持续发展提供有力支撑。

防洪减灾规划实施后，估算多年平均直接防洪效益为19.5亿元，多年平均治涝效益为6.6亿元，间接效益为5.2亿元，防洪减灾多年平均总效益为31.3亿元。灌溉规划实施后，年均粮食增产100.2万t，粮食种植年增产效益16.03亿元，考虑其他作物灌溉效益，灌溉总效益增加值将达到17.38亿元。

撰稿/游中琼、张黎明、徐兴亚、要威

湘江流域综合规划

▲ 湘江长沙航电枢纽

《湘江流域综合规划》是长江设计公司牵头编制的流域综合规划，涵盖了以防洪减灾、水资源综合利用、水资源与水生态环境保护和流域水利管理等四大体系为主体框架的11项专业规划。

规划背景

湘江属洞庭湖湘江、资水、沅江、澧水“四水”中流域面积最大的水系，流域面积9.46万km^2。流域涉及湖南、广西和江西等3个省(自治区)，各省(自治区)流域面积分别占比90%、7%和3%。流域内总人口3528万，耕地面积2752万亩，地区生产总值4322亿元。其中，湘江流域湖南部分是湖南省的政治、经济和文化中心区域，“长株潭两型社会试验区”位于该流域内。新中国成立以来，为了兴水利、除水害，流域内开展了大规模的水利建设，但仍存在防洪治涝体系不完善、水资源综合利用设施薄弱、水生态及环境污染严重及流域内水利综合管理滞后等问题。

2011年“中央一号文件”指出：“水是生命之源、生产之要、生态之基。兴水利、除水害，事关人类生存、经济发展、社会进步，历来是治国安邦的大事。”流域、区域的治理必须以规划为依据。党中央提出要坚持以人为本和全面、协调、可持续的科学发展观。适应于经济社会可持续发展战略要求，水利部提出了人水和谐的治水新思路。长江水利委员会根据长江水利发展中已经出现或可能出现的问题，适时提出了“维护健康长江，促进人水和谐”的治江理念和“在保护中开发、在开发中保护，以开发促保护”的长江治理开发与保护原则。需要在新的治江宗旨的指导下编制《湘江流域综合规划》(以下简称《规划》)，指导流域的治理、开发与保护。

根据流域现状及存在的主要问题，为保障湘江流域经济、社会、环境的可持续协调发展，迫切需要开展流域综合规划工作。本次规划拟在已完成的长江流域综合规划、长江流域防洪规划、长江流域水资源综合规划等的基础上，结合以往的河段规划、专业规划，进一步深入调查研究，提出符合流域实际，因地制宜地用以指导流域水资源开发、利用、保护和统一管理的综合规划。

《规划》由长江水利委员会负责组织编制，长江勘测规划设计研究有限责任公司为规划编制技术牵头单位。

水利部2019年8月以水规计〔2019〕261号批复了该规划。

规划意义

编制《规划》意义重大，主要体现在：

2.1 满足经济社会发展新要求的需要

随着湘江流域长株潭两型社会试验区的快速建设，城市规模日益扩大，基础设施建设增加，社会财富日益增长，洪水造成的损失将不断增加，对防洪保安提出更高的要求，迫切需要编制《规划》。

2.2 为流域治理、开发和保护提供依据的需要

20世纪80年代编制的《湘江流域规划报告》距今已约30年，规划安排的许多工程已付诸实施。应在以往规划研究及已实施工程的基础上，结合流域现状条件，编制新一轮《规划》，因地制宜地提出具体的工程规划及治理措施，为流域的治理、开发和保护提供依据。

2.3 流域综合管理的需要

由于流域管理体制上的条块分割依然存在，运行机制不完善等，基于流域目前管理情况，为适应于湘江流域保护与发展要求的管理体制、管理机制，执法监督、水行政事务管理、管理能力建设等编制该规划是非常必要的。

2.4 贯彻新的治江宗旨的需要

党中央提出要坚持以人为本和全面、协调、可持续的科学发展观，水利部提出了人水和谐的治水新思路，长江水利委员会根据长江水利发展中已经出现或可能出现的问题，适时提出了"维护健康长江，促进人水和谐"的治江理念和"在保护中开发、在开发中保护，以开发促保护"的长江治理开发与保护原则。需要在新的治江宗旨的指导下编制《规划》，指导流域的治理、开发与保护。

3 规划方案

3.1 规划范围及规划水平年

规划范围为湘江流域，重点为湘江干流，规划区域总面积为9.46万km^2。

规划水平年为2030年。

3.2 规划指导思想

《规划》以习近平新时代中国特色社会主义思想为指导，全面贯彻党的十九大和十九届二中、三中全会精神，积极践行新发展理念，紧紧围绕统筹推进"五位一体"总体布局和协调推进"四个全面"战略布局，坚持"生态优先、绿色发展"，贯彻"节水优先、空间均衡、系统治理、两手发力"的治水思路，践行"水利工程补短板，水利行业强监管"的水利改革发展总基调，全面推进节水型社会建设，落实最严格水资源管理制度，以满足流域人民日益增长的美好生活需要和生态环境保护为首要任务，切实加强防洪减灾、水资源综合利用、水生态与环境保护、流域综合管理四大体系建设，为促进湘江流域经济又好又快发展、推进资源节约型

和环境友好型社会建设提供支撑。

3.3 规划原则

(1)以人为本,民生优先

从人民群众的根本利益出发,着力解决群众最关心、最直接、最现实的水问题,优先保障流域防洪安全、供水安全、粮食安全、经济安全和生态安全等公共利益,推动民生水利新发展。

(2)节水优先,保护优先

严格落实水资源管理的“三条红线”和“四项制度”。落实国家节水行动方案,大力推广节约用水新技术、新工艺,加强再生水利用和雨洪资源利用。妥善处理好保护与发展的关系,协同推进生态优先和绿色发展。

(3)统筹兼顾,综合治理

统筹流域防洪与治涝、供水与灌溉、水资源保护、航运、水力发电、水土保持和水利血防等各方面的综合需求,注重兴利除害结合、防灾减灾并重、治标治本兼顾,促进流域与区域水利协调发展。

(4)严格管控、严守红线

强化“三线一单”(生态保护红线、环境质量底线、资源利用上线,环境准入负面清单)硬约束,用最严格制度、最严密法治保护生态环境,坚决遏止沿河环湖各类无序开发活动。

3.4 规划目标

通过完善工程措施和非工程措施,不断提高流域防洪减灾能力,流域内县级以上城市防洪能力全部达到规划的标准;基本实现水资源高效利用,流域内地级城市供水保证率达97%以上,流域灌溉面积发展到2329万亩,灌溉保证率达到85%,灌溉水利用系数提高到0.60;全面维系优良水生态环境,流域内水功能区主要控制指标达标率达98.5%,满足生态环境需水,水土流失治理程度达到75%;基本实现流域水利管理现代化,生态功能健全,服务功能正常发挥,保障经济社会可持续发展。

3.5 规划总体布局

3.5.1 湘江上游

上游区域包括广西的桂林、湖南的永州大部与郴州部分区域及广东的清远极少部分。《规划》通过加强源头地区的水土资源保护与修复,严格执行水功能区入河排污总量控制方案,并通过涔天河、毛俊等源头枢纽保障下游河段河流生态需水,逐步恢复河流生态服务功能;开展永州等城市的防洪达标工程建设,强化城乡供水灌溉体系建设。

3.5.2 湘江中游

湘江中游包括湖南的衡阳、娄底大部与邵东部分区域。突出问题是资源性缺水严重，防洪能力不足，水生态环境恶化。《规划》结合兴建资水流域犬木塘水库，新建犬木塘等灌区，配合已有灌区续建配套，解决该区域水资源问题；通过加高加固及新建堤防工程，加强对支流上已建水库的错峰调度，提高该地区防洪能力；通过严格控制矿产及工业废污水排放，改善中游河段水污染状况，保护珍稀、濒危、特有鱼类及其生境，进行鱼类人工增殖放流和洄游通道恢复，保护水生生境和物种多样性，维护健康的水生态系统。

3.5.3 湘江下游及尾闾地区

湘江下游长株潭城市群，包括湖南的长沙、湘潭、株洲及岳阳与益阳少部分区域及江西的萍乡。突出问题是两岸经济发达，沿江城市仅部分保护圈堤防达到设计标准，水质性缺水严重，局部水域污染严重。《规划》通过加高加固沿江两岸堤防，加强河道整治，结合支流已建水库以及蓄滞洪区建设，保障该区域防洪安全；通过实施湘江干流沿岸工业和生活污水治理，加强支流水污染综合治理，严格执行水功能区入河排污总量控制方案，维持下游河段良好的水资源质量。

3.6 控制性指标

3.6.1 防洪安全控制指标

湘江流域干流各控制站防洪控制水位见表1。

表1　湘江流域干流各控制站防洪控制水位　（单位：黄海高程，m）

城市	控制站	频率(%)			
		0.5	1	2	5
长沙市	长沙(三)	38.38	37.76	37.29	
湘潭市	湘潭		41.06	40.44	39.43
株洲市	株洲		44.09	43.35	
衡山县	衡山				52.13
衡阳市	衡阳		60.04	59.48	
祁东县	归阳				75.31
永州市	老埠头			104.34	
全州县	全州(二)				152.46

3.6.2 水资源与水生态环境保护控制指标

控制断面生态基流：湘江干流老埠头、衡阳和湘潭断面的生态基流分别为 $55m^3/s$、$155m^3/s$、$333m^3/s$；在鱼类产卵育幼期（4—8月）干流归阳、衡阳和湘潭断面的下泄流量不得

低于 $242m^3/s$、$408m^3/s$、$666m^3/s$。

湘江流域控制断面水质管理目标见表 2。

表 2 湘江流域控制断面水质管理目标

序号	断面名称	所在河段	水环境质量目标	断面类型
1	绿埠头	湘江上游	Ⅲ	国家考核断面、重要功能区代表断面
2	归阳镇	湘江中游	Ⅱ	国家考核断面、水质需保持单元控制断面
3	城北水厂	湘江中游	Ⅱ	国家考核断面、水质需保持单元控制断面
4	熬洲	湘江下游	Ⅲ	国家考核断面
5	霞湾	湘江下游	Ⅱ	国家考核断面、水质需保持单元控制断面
6	昭山	尾闾	Ⅱ	国家考核断面、水质需保持单元控制断面
7	橘子洲	尾闾	Ⅱ	国家考核断面、水质需保持单元控制断面
8	诸葛庙	潇水	Ⅱ	国家考核断面、水质需保持单元控制断面
9	春陵水入湘江口	春陵水	Ⅱ	国家考核断面、水质需保持单元控制断面
10	蒸水入湘江口	蒸水	Ⅲ	国家考核断面、水质需改善单元控制断面
11	耒水入湘江口	耒水	Ⅲ	国家考核断面、水质需保持单元控制断面
12	洣水入湘江口	洣水	Ⅱ	国家考核断面、水质需保持单元控制断面
13	金鱼石	渌水	Ⅲ	国家考核断面、水质需保持单元控制断面、重要功能区代表断面
14	渌水入河口	渌水	Ⅲ	国家考核断面、水质需保持单元控制断面
15	涟水入河口	涟水	Ⅱ	国家考核断面、水质需保持单元控制断面
16	三角洲	浏阳河	Ⅲ	国家考核断面、水质需改善单元控制断面

限制排污总量方案：湘江流域限制排污总量为化学需氧量 16.76 万 t/a，氨氮2.48 万 t/a。

3.6.3 用水总量与用水效率控制指标

湘江流域各省级行政区用水总量与用水效率控制指标见表 3。

表 3 湘江流域各省级行政区用水总量与用水效率控制指标

省级行政区	2030 年		
	用水总量（亿 m^3）	万元工业增加值用水量（m^3/万元）	灌溉水利用系数（m^3/亩）
湖南	187.34	26	0.60
广东	0.06	32	0.58
广西	9.57	59	0.59
江西	6.79	26	0.58
湘江流域	203.76	26	0.60

3.7 规划方案

3.7.1 防洪减灾规划

《规划》拟定各防洪保护对象防洪标准为:长沙市主城区防洪标准为200年一遇;株洲市、湘潭市、衡阳市主城区防洪标准为100年一遇;娄底、永州、郴州、萍乡等地级市主城区防洪标准为50年一遇;县城及县级市防洪标准为20年一遇;干支流乡镇、大片农田及人口较集中的区域根据保护对象的重要性拟定其防洪标准为10~20年一遇。

以流域各保护区现有防洪体系为基础,为进一步提高流域整体防洪减灾能力,针对堤防、河道整治、蓄滞洪区、中小河流及山洪防治等分别进行规划。①对流域内堤防按保护对象的重要性分等级进行建设,规划堤防总长3828.54km,其中加固堤防长1550.29km,新建堤防长1412.86km。②对尾闾地区安排的城西、义合两个国家级蓄洪垸和苏蓼、翻身两个省级蓄洪垸开展安全建设。③实施干流及主要支流岸坡整治工程284.59km,其中干流长124.04km,支流长160.55km;河道清障及疏浚工程153.35km,其中干流长20.18km,支流长133.17km。④加大中小河流治理及山洪灾害防治力度。⑤进一步完善流域防洪非工程措施建设等。⑥加强治涝工程建设,全面完成305处中小型泵站的更新改造;新建排涝泵站254座21.3万kW;新建撇洪渠26条、43.1km。

3.7.2 水资源综合利用规划

(1)供水规划

根据需水预测成果,湘江流域在2030年城乡需水总量为94.33亿m^3。规划至2030年新(扩)建湖南的椒花、白马、青山垅3座大型水库;规划新(扩)建湖南的何仙观、罗家、观山洞等36座水库,江西的东源、效溪2座水库,广西的小盘洞、上桂峡2座水库共计40座中型水库。

(2)灌溉规划

规划在对现有5797处灌区续建配套的同时,新建399处灌区,其中30万亩以上的灌区4处,5万~30万亩灌区13处,1万~5万亩灌区47处,万亩以下灌区335处。规划2030年前扩建加固1277座水库、扩建1683处引水工程、更新改造1252处提水工程;新建水库工程736座、引水工程761处、提水工程834处,塘坝堰等其他水源工程1.93万处。

(3)航运规划

湘江永州萍岛至衡阳段278km为Ⅲ级航道标准,衡阳至城陵矶段439km为Ⅱ级航道标准。港口布局以长沙港为核心,湘潭、株洲、衡阳地区重要港口为基础,形成与湘江流域经济社会发展水平相适应的港口体系。

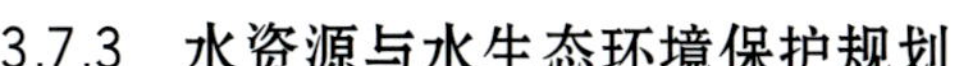

3.7.3 水资源与水生态环境保护规划

(1)水资源保护规划

以水功能区划为基础，提出限制排污总量控制方案，通过加强饮用水水源地保护、入河排污口整治、水资源保护监测、污染治理、水资源保护监督管理等措施，逐步实现水环境系统的良性循环，促进流域经济社会的可持续发展。

(2)水生态保护与修复规划

在干流及重要支流分别建设增殖放流站，开展物种资源保护；加强湘江干支流水生生物栖息生境的保护力度，特别是加强干支流河岸带的保护和河道内栖息地的营造；针对湘江流域水电梯级开发现状，规划对已建各梯级中未建设过鱼设施的电站开展鱼类洄游通道恢复的研究、设计与建设；加强渔政建设，增强渔政部门执法能力；逐步建立监测内容全面、时间连续、覆盖全流域的水生态监测站网。

(3)水土保持规划

治理水土流失面积 1.195 万 km^2，建成流域水土保持监测网络体系和开发建设项目水土保持实时管理系统。

(4)水利血防规划

规划望城区、湘阴县达到传播控制标准，长沙县、天心区、开福区、岳麓区达到消除标准。

3.7.4 流域综合管理规划

结合湘江流域管理实际，不断完善河长制管理机制，基本实现流域综合管理现代化，初步实现涉水事务的协调、统一管理；建立流域水质、水量、水生态环境等实时监测、监控系统等；建立和完善流域信息化建设，开展流域重大问题研究，加强人才队伍建设。

3.8 环境影响评价

《规划》实施对生态环境的不利影响主要是梯级开发对水生生物的阻隔影响，以及库区淹没对陆生动植物生境的影响，有些影响是无法避免的，有些影响是可以采取适当措施减缓的。规划环评报告把管空间、优布局作为首要任务，把推动区域环境质量改善作为首要目标。基于湘江流域生态特征和国家相关规划对流域的定位，明确了流域功能定位。结合流域功能定位、地方生态保护红线划定情况、“三场一通道”分布情况、“水十条”实施考核要求、水资源管理三条红线及国家和地方相关环境管理政策，拟定了流域开发应遵循的“三线一单”，以此作为流域利用活动的刚性约束。

规划环评报告在强化“三线一单”约束的基础上，辨识了生态保护红线的影响源，开展规划环境影响评价，并据此提出了优化规划布局、调整规划规模、合理安排开发时序的要求，从而在规划层面上减少了综合规划实施对流域生态环境的影响。

在全面落实规划环评提出的生态环境保护要求和对策后，从环境角度评价，综合规划方案是合理可行的。

4 规划过程中遇到的技术难题及解决方案

在全面了解和掌握湘江流域治理开发与保护现状的基础上，针对流域内出现的新问题、新情况和新要求，需要开展提高防洪安全保障程度、加强水资源合理开发利用、加强水资源与水生态环境保护、强化流域管理等研究。

采用实地查勘调研、实测资料分析、数学模型计算等多种技术手段，破解了湘江流域综合规划中的多项关键技术问题。主要创新点：

1)首次完整地提出了湘江流域控制性指标体系。在湘江干流和重要支流合理选取控制断面，制定各控制断面控制指标，以此作为湘江治理开发与保护相关约束条件。填补了湘江流域无控制指标体系为管理依据的空缺。

2)以“以人为本，保护优先，促进人水和谐”为规划主线，按防洪减灾、水资源综合利用、水资源与水生态环境保护、流域综合管理四大体系进行综合规划。创新了规划思路，有效解决了从根本上转变治水理念、促进生态文明建设的问题，对编制其他流域综合规划具有重要的参考价值。

5 规划实施后取得的社会效益和经济效益

防洪规划实施后，流域内各防洪保护区可达到相应等级的防洪标准，流域总体防洪能力得到进一步提高，一般洪水年防洪更安全，大洪水年可大幅减少洪灾损失，有效防止洪灾引起的疾病流行和环境污染等问题，为保护区内工农业生产和人民生命财产提供可靠保障，增加社会安全感，改善生存环境和投资环境，为地区社会、经济、环境的可持续发展创造有利条件。

治涝规划实施后，将改善涝区生活、生产、生存环境，为农村带来发展机遇，为农业粮食的增产增收提供强有力的保障，将增加当地农民收入，推动区域经济发展，维持区域经济社会稳定，减少由涝灾引起的疾病流行，促进社会和谐发展，避免环境污染和生态恶化等方面产生的积极影响。

水资源综合利用规划实施后，逐步建立与湘江流域发展相适应的水资源合理配置格局，建成水资源合理配置和高效利用保障体系，以保障饮水安全、粮食安全、城市供水安全和生态安全，满足人民生活水平提高、经济社会发展、粮食安全保障和生态环境保护的用水需求，促进水资源与经济社会和生态环境的协调发展。水源工程实施后，可满足湘江流域不同水平年的供水、灌溉用水需求。

水资源保护、水生态与环境保护规划实施后，将以维持生态环境健康为主要目标，其中根据流域主要生态问题拟定的修复与保护措施将有效遏制流域范围内的无序开发现状，改善流域水生态与环境，维护流域生态系统完整性和生物多样性，促进流域水生态与环境良性循环，实现水资源可持续利用，对保障经济社会的可持续发展有重要作用，还将产生巨大的生态环境效益，促进人与自然的和谐发展。

水土保持措施实施后，水土流失总治理面积达到 1.195 万 km^2，水土流失治理程度达到 75%。水土流失基本得到控制，坡耕地得到全面治理。水土流失严重地区将得到初步治理，可减少进入江河湖库的泥沙，耕地资源可得到有效保护，生态环境和农村生产生活条件将得到极大改善，从而促进农村经济发展。

水利血防规划实施后，可减少钉螺面积，压缩流行区范围，降低人畜感染率，有效保护疫区人民的身体健康和生命安全，有利于改善疫区的人居生态环境，对促进社会稳定和经济可持续发展具有重要作用。

水利管理规划实施后，将增强湘江水利管理能力，为流域水利的可持续发展提供坚实的基础。

总之，规划实施后，将进一步健全与流域经济社会发展相适应的防洪减灾、水资源综合利用、水生态与环境保护、流域综合管理体系，社会效益、生态环境效益和经济效益显著，可保障流域社会稳定和防洪安全、饮水安全、粮食生产安全，推动区域经济社会又好又快发展，促进人水和谐，维系优良生态，保持流域水资源的可持续利用，为经济社会的可持续发展提供有力支撑。

撰稿/郭铁女、李安强

资水流域综合规划

▲ 柘溪水库

《资水流域综合规划》是进一步完善防洪减灾体系，强化流域综合管理，协调好上下游、左右岸、干支流的关系，发挥水资源综合功能，统筹解决水资源水生态环境水灾害问题，为推动流域经济发展、保障流域区域水安全提供支撑。

项目背景

资水是洞庭湖水系的第三大支流，发源于湖南省城步县黄马界，河流长 653km，流域面积 2.81 万 km^2，下游桃江站多年平均年径流量 225.6 亿 m^3。流域涉及湖南省邵阳、益阳、娄底、永州、怀化、常德市和广西壮族自治区桂林市等 7 个地（市）的 24 个县（市、区）。湖南、广西 2 个省（自治区）面积分别占流域面积的 95.27％、4.73％。

依据《中华人民共和国水法》，按照国务院关于开展流域综合规划编制工作的总体部署，水利部组织长江水利委员会会同湖南、广西有关部门，在深入调研查勘、分析研究、征求意见的基础上，编制完成了《资水流域综合规划》（以下简称《规划》）。水利部于 2019 年 11 月以水规计〔2019〕261 号文进行了批复。

编制意义

编制《资水流域综合规划》（以下简称《规划》）对规范和指导流域防洪治涝建设，完善防洪治涝体系；优化配置水资源，保障饮水安全和粮食安全；加强水资源与水生态环境保护，保障生态安全；加强流域管理能力建设，促进和谐发展等具有巨大意义。

（1）规范和指导流域防洪治涝建设，完善防洪治涝体系

流域洪水由暴雨形成，暴雨强度大，面积广。流域内主要城镇、工矿企业和农田大多集中分布于地势相对平坦、开阔的干支流河谷地段和下游平原地区。这些地区是流域内人口最为稠密、工商业和农业较为发达的地区，同时又都是流域内受山洪及洪涝灾害威胁最严重的地区，尤以下游尾闾地区为甚。保障资水流域防洪除涝安全，对保障流域经济社会发展具有十分重要的作用。

（2）优化配置水资源，保障饮水安全和粮食安全

流域水资源总量 251.86 亿 m^3，约占长江流域的 2.5％，流域人均水资源量 2511m^3，耕地亩均水资源量 3270m^3。流域用水量主要集中在农业和工业用水，现状总用水量为 40.86 亿 m^3。2030 年水平年，资水流域 75％、80％、95％、多年平均情况下分别缺水 10.80 亿 m^3、13.64 亿 m^3、19.23 亿 m^3、4.43 亿 m^3，缺水率分别为 20.0％、24.6％、33.0％、9.1％。通过新建、改造、升级、配套和联网等工程方式，进一步提高农村饮水安全保障程度和质量；发展灌溉工程，确保粮食稳产高产，保障粮食生产安全。

(3)加强水资源与水生态环境保护，保障生态安全

随着经济社会的快速发展，流域内矿产开采加工和工业生产规模逐渐扩大，农药、化肥使用量逐渐增加，相应的废污水排放量显著增加。虽然流域内开展了一系列水环境治理措施，但局部地区水环境仍不能满足管理目标要求。同时水生生境的破坏也导致流域内水生态系统呈退化趋势。为改善流域内水环境质量，遏制水生态系统退化趋势，维护流域生态系统健康和可持续，需要进一步加强流域内的水资源和水生态保护力度。

(4)加强流域管理能力建设，促进和谐发展

为加强流域管理，进一步完善河长制机制，推动河流面貌持续好转。严格水资源开发利用控制、用水效率控制、水功能区限制纳污“三条红线”管控，建立健全水资源管理责任和考核制度；加强水利行业能力建设，加快水利信息化步伐，提高依法行政能力和社会服务水平；进一步完善流域与区域相结合的管理，做好统筹规划、行政审批、科学调度、执法监督、指导协调等工作。

3 规划方案

3.1 规划范围及规划水平年

(1)规划范围

规划范围为资水益阳甘溪港(资水入南洞庭湖)以上区域，规划区域总面积为2.81万km^2。

本规划范围与《洞庭湖区综合规划》范围有局部重叠。《洞庭湖区综合规划》范围为荆江河段以南，湘江、资水、沅江、澧水“四水”控制站以下，高程低于50m的湖区盆地。两个规划范围重叠区域为桃江至甘溪港河段50m高程以下区域，即该河段两岸的圩垸，重叠区面积约773km^2。本规划中该重叠区域工程规划方案与《洞庭湖区综合规划》中的方案一致。

(2)规划水平年

规划水平年为2030年。

3.2 规划指导思想

以习近平新时代中国特色社会主义思想为指导，全面贯彻落实党的十九大精神和十九届二中、三中全会精神，牢固树立新发展理念，围绕统筹推进“五位一体”总体布局和协调推进“四个全面”战略布局，坚持“生态优先、绿色发展”，贯彻“节水优先、空间均衡、系统治理、两手发力”新时期治水思路，根据“水利工程补短板，水利行业强监管”水利改革发展总基调，全面推进节水型社会建设，落实最严格水资源管理制度，以满足流域人民日益增长的美好生活需要和生态环境保护为首要任务，进一步完善防洪减灾体系，增强城乡供水保障能力，大

力推进水生态文明建设，加强流域水生态保护修复，着力推进流域管理体制机制创新，为促进流域经济社会高质量发展提供水利支撑。

3.3 规划原则

(1)以人为本，民生优先

从人民群众的根本利益出发，着力解决群众最关心、最直接、最现实的水问题，优先保障流域防洪安全、供水安全、生态安全、粮食安全和经济安全等公共利益，保障民生改善。

(2)保护优先，节水优先

严格落实水资源管理的"三条红线"和"四项制度"。落实国家节水行动方案，大力推广节约用水新技术、新工艺，加强再生水利用和雨洪资源利用。妥善处理好保护与发展的关系，协同推进生态优先和绿色发展。

(3)统筹兼顾，综合治理

统筹流域防洪与治涝、供水与灌溉、水资源保护、航运、水力发电、水土保持和水利血防等各方面的综合需求，注重兴利除害结合、防灾减灾并重、治标治本兼顾，促进流域与区域水利协调发展。

(4)严格管控、严守红线

强化"三线一单"硬约束，用最严格制度最严密法治保护生态环境，坚决遏止沿河环湖各类无序开发活动。

3.4 规划目标

通过完善工程措施和非工程措施，不断提高流域防洪减灾能力，基本实现水资源高效利用，全面维系优良水生态环境，基本实现流域水利管理现代化，生态功能健全，服务功能正常发挥，保障经济社会可持续发展。

进一步提高流域防洪减灾能力。通过建设完善防洪工程体系，加强干流柘溪等水库科学调度，完善非工程措施建设，建立较为可靠的流域防洪保安体系，进一步提高流域防御洪水的能力；山丘区山洪防灾、避灾能力显著提高；涝区蓄涝排涝布局更加完善，进一步保障流域经济社会良性运行。

水资源得到节约高效利用。基本建成节水型社会，农业节水水平普遍提高，流域经济社会用水总量控制在 43.92 亿 m^3 以内。流域内地级城市供水保证率达 97%以上，建立完善的水权管理制度和水资源配置体系，进一步实现水资源的高效利用；新增有效灌溉面积 138.1 万亩，灌溉保证率达 80%，灌溉水利用系数达 0.59。航运体系逐步完善，干流邵阳—益阳 440km 达到Ⅳ级航道，益阳—甘溪港 12km 达到Ⅲ级及以上航道。

全面解决流域内城镇集中供水水源地安全保障问题，流域内 21 个重要水功能区主要控制指标达标率达到100%；水功能区污染物入河量基本控制在水功能区限制排污总量范围内，水环境呈良性发展；干流和主要支流生态需水得到满足；水生态系统健康稳定，水生态监测站网能够稳定运行，监测与评价工作得以持续开展；完成水土流失治理面积0.44万km^2，水土流失治理率达到75%，坡耕地得到全面治理；力争血吸虫病流行区域达到血吸虫病传播阻断标准。

基本实现流域水利管理现代化。进一步完善河长制机制，全面建立高效的跨地区和部门的协调机制，公共参与机制成熟高效；基本建立有效的跨部门协调配合执法机制；基本建成流域水量、水质、水生态环境综合监测系统。

3.5 规划总体布局

3.5.1 柘溪水库以上区域

《规划》通过修建犬木塘（神滩渡坝址）及部分支流水库、建设犬木塘灌区、对大中型灌区的续建配套与节水改造，提高区域灌溉用水保证率，解决衡邵干旱走廊问题、改善灌区人民生产生活条件；通过部分干支流防洪水库拦蓄洪水、新建堤防及护岸、河道整治、中小河流及山洪治理等措施，提高区域内新宁县城、重点乡镇及农田防洪能力；通过沿岸水污染综合治理，改善水环境状况；保障河流生态需水，维系并逐步恢复河流生态服务功能；在部分支流江段保护天然流水生境或设置鱼类人工产卵场，促进鱼类资源增殖。

3.5.2 柘溪水库以下区域

《规划》通过新建金塘冲水库，与柘溪水库联合运用，减轻尾闾地区防洪压力，结合新建及加固堤防与护岸、河道整治等措施，进一步提高桃江、益阳及尾闾地区防洪能力；实施桃花江灌区的续建配套与节水改造，新建金塘冲、史家洲等灌区，建设一批沿河的引提工程缓解该片的缺水情况；通过加强饮用水水源保护区建设、整治排污口、控制面源污染等多种措施，维护良好的水资源质量，同时加强梯级水库的联合调度运行，保证河道及入湖生态需水；通过栖息地保护和修复提高水生生境质量，并修建过鱼设施以改善河湖连通性。

3.6 控制性指标

3.6.1 防洪安全控制指标

资水干流及主要支流防洪控制水位见表1。

3.6.2 水资源与水生态环境保护控制指标

资水干流邵阳、冷水江和桃江断面生态基流控制目标分别为48.8m^3/s、56.0m^3/s和107.0m^3/s；在鱼类产卵育幼期4—8月，下泄流量不低于94.0m^3/s、118.6m^3/s和214.0m^3/s。

资水流域控制断面水质管理目标见表2，资水流域限制排污总量控制见表3。

表 1　　资水干流及主要支流防洪控制水位　　（单位：黄海高程，m）

河流名称	站名	断面	频率		
			1%	2%	5%
资水干流	武冈	青安堰下			311.79
	洞口	黄桥水文站			267.98
	隆回	隆回一桥			251.04
	邵阳市	邵阳水文站		219.95	218.61
	新邵	新邵大桥			214.52
	冷水江	资水大桥			184.60
	新化	新化水位站			173.70
	安化	造船厂			93.58
	桃江	濑溪河口			40.88
	益阳	益阳站	39.15	38.53	
夫夷水	资源	资源水文站			377.98
	新宁	夫夷水大桥			301.16
	邵阳县	塘渡口			233.48
邵水	邵东	曹家坝下			246.41

表 2　　资水流域控制断面水质管理目标

断面名称	所在河段	水环境质量目标	断面类型
万家嘴	资水干流	Ⅲ	国家考核断面、国控监测断面、入湖口、水质需保持单元控制断面
益阳		Ⅱ	重要水功能区水质代表断面
桃谷山/桃江		Ⅰ	国家考核断面/重要水功能区水质代表断面
坪口		Ⅱ	国家考核断面、水质需保持单元控制断面、柘溪水库库区
球溪		Ⅱ	国家考核断面、国控监测断面、水质需保持单元控制断面
桂花渡水厂		Ⅱ	国家考核断面、国控监测断面、水质需保持单元控制断面、市界
塘渡口	资水支流夫夷水	Ⅱ	国家考核断面、水质需保持单元控制断面
窑市		Ⅱ	国家考核断面、水质需保持单元控制断面、省界
渡头村	资水主源赧水	Ⅲ	国家考核断面、水质需保持单元控制断面
邵水入河口	资水支流邵水	Ⅲ	国家考核断面、水质需保持单元控制断面、入河口

表 3　资水流域限制排污总量控制　(单位:t/a)

功能区类型		化学需氧量	氨氮
保护区		47.5	7.1
保留区		39920.4	2745.7
缓冲区		12.7	2.4
开发利用区	饮用水水源区	7757.0	692.3
	工业用水区	14451.1	1548.1
	过渡区	92.9	13.4
合计		62281.6	5009.0

3.6.3　用水总量与用水效率控制指标

流域用水总量与用水效率控制指标见表 4。

表 4　流域用水总量与用水效率控制指标

省级行政区	2030 年		
	用水总量(亿 m^3)	万元工业增加值用水量(m^3/万元)	农田灌溉水有效利用系数
湖南	43.11	45	0.59
广西	0.81	64	0.58
资水流域	43.92	45	0.59

3.7　规划体系

3.7.1　防洪减灾规划

(1)存在的主要问题

流域防洪工程体系需要进一步完善。中上游干支流沿岸的城市,除邵阳、新化、安化、武冈等城市的小部分重要城区建有堤防外,其余均为未设防状态,依靠自然地形挡洪,防洪能力差;下游地区虽然形成了较完善的堤防、水库及蓄滞洪区组成的防洪工程体系,但受尾闾地区河道淤积、蓄滞洪区建设滞后(尾闾地区安排的蓄滞洪区尚未实施安全建设和分洪闸工程,难以有计划分蓄洪水)及南洞庭湖洪水顶托等影响,防洪建设有待进一步加强;干流梯级电站(筱溪、柘溪、东坪、株溪口、马迹塘、修山等)建设引起的库区集镇、支流回水段淹没和坝下游河道冲刷崩岸问题仍需解决;沿河城镇部分城市防洪能力较低,随着城市化进程加快,治理要求愈加迫切;山洪灾害发生频率高,危害大;治涝设施老化及体系不完善问题仍然存在;超标准洪水的防御对策尚未落实等。

(2)防洪减灾规划

以流域各保护区现有防洪体系为基础,为进一步提高流域整体防洪减灾能力,针对水库、堤防、蓄滞洪区、河道整治、中小河流治理及山洪灾害防治等分别规划。①干流新建金塘冲水库,增加防洪库容1.6亿m^3,与柘溪水库联合调度,可使益阳河段防洪标准由现状20年一遇提高至30年一遇;继续完善病险水库除险加固;新建社岭、山门、半山(扩建)、木榴等支流防洪水库。②对流域内堤防按不同防洪标准进行新建及加高加固,包括流域内城市堤防,乡镇及人口相对集中、保护重要设施、大片农田等的堤防建设。干流规划新建、加固堤防总长325.69km,护岸长145.78km;支流规划新建、加固堤防总长133.22km,护岸长117.76km;中小河流实施总长1327.03km,护岸长1253.76km。③规划安排对花果山、新桥河上垸等蓄滞洪区开展安全建设。④实施干流尾闾河段河道清障及河势控制,并兼顾夫夷水等主要支流河道治理。⑤加大山洪灾害防治及中小河流治理力度。⑥进一步完善流域防洪非工程措施建设等。

3.7.2 水资源综合利用规划

流域降雨时空分布不均,导致部分地区水资源短缺,区域性、季节性缺水现象仍然存在。特别是资水上游是湖南省著名的衡邵丘陵干旱区的一部分,是湖南省有名的干旱死角之一。流域内虽已修建一些供水及灌溉设施,但受物力、财力和技术条件的限制,设计标准低,建设质量差,且运行年代已久,部分设施老化,致使工程不能正常发挥作用。随着流域经济社会发展和工业化、城镇化加快,城镇生活和工业用水的增长速度远大于供水能力的增长速度,现有供水设施的供水能力难以满足用水需求。局部区域干旱年缺水程度亦较严重,城乡供水和农田灌溉均受到影响。

资水流域多年平均水资源总量为251.86亿m^3,2030年流域经济社会用水总量为43.92亿m^3,水资源利用率为17.4%。

1)供水规划:至2030年规划新建犬木塘(神滩渡坝址)、金塘冲等2座大型水库,总库容3.79亿m^3,兴利库容1.69亿m^3;新(扩)建白宫、梅城、滔溪、罗溪、黄家坝、威溪、白银、太芝庙等28座中型水库,总库容7.67亿m^3,兴利库容6.50亿m^3。

2)灌溉规划:在对现有2873处灌区续建配套的同时,规划新建22处灌区,其中30万亩以上的灌区5处,5万~30万亩灌区4处,1万~5万亩灌区7处,万亩以下灌区6处。

3)航道规划:通过新建大洋江枢纽,结合沿线航道整治与滩险航道疏浚等措施,干流邵阳—益阳440km达到Ⅳ级航道,益阳—甘溪港12km达到Ⅲ级及以上航道。

3.7.3 水资源与水生态环境保护规划

资水流域沿线的城镇众多,邵阳、益阳等城市工业发达,部分工业废水和生活污水处理不到位,同时干支流矿业开采加工和农业面源对水体也存在一定程度的污染,导致局部河段水质尚不能满足管理目标要求；流域内水生生境破碎化，水生生物资源呈衰退趋势，河流生态功能受到削弱；流域中上游部分区域森林植被资源保护力度不够，土壤侵蚀及水土流失问题频发；尾闾血吸虫区域内堤防仍有外坡没有硬化护砌的堤段，杂草丛生，有利于钉螺滋生，成为新的钉螺集居地，形成新的血吸虫病易感地带。

（1）水资源保护规划

以水功能区划为基础，提出限制排污总量控制方案，通过加强饮用水水源地保护、入河排污口整治、加强水资源保护监测、加强污染治理、加强水资源保护监督管理等措施，逐步实现水环境系统的良性循环，促进流域经济社会的可持续发展。

（2）水生态保护与修复规划

在干流及重要支流分别建设增殖放流站，开展物种资源保护；加强干支流珍稀特有水生生物栖息生境的保护与修复；对已建各梯级中未建设过鱼设施的，开展鱼类洄游通道恢复的研究、设计与建设，新建梯级同步开展过鱼设施论证与设计；加强渔政管理，增强渔政部门执法能力；逐步建立监测内容全面、时间连续、覆盖全流域的水生态监测站网。

（3）水土保持规划

治理水土流失面积 0.44 万 km^2，建成流域水土保持监测网络体系和开发建设项目水土保持实时管理系统。

（4）水利血防规划

规划资阳区、赫山区达到传播控制标准，区域内全面消灭血吸虫。

3.7.4 流域综合管理规划

以河长制为抓手的管理制度初步建立，但管理体制及运行机制有待进一步完善。流域内工农业及生活用水耗水量大，节水意识不强，机制有待不断完善。取水、河道、采砂等管理能力和信息化应用水平有待进一步提高。

结合资水流域管理实际，不断完善河长制管理机制，基本实现流域综合管理现代化，实现涉水事务的协调管理；建立流域水质、水量、水生态环境等实时监测、监控系统等；建立和完善流域信息化建设，开展流域重大问题研究，加强人才队伍建设。

4 编制工作中遇到的技术难题及解决方案

4.1 技术难题

（1）规划目标的确定

该流域面积 2.81 万 km^2，涉及湖南邵阳、益阳、娄底、永州、怀化、常德和广西桂林等 7 个

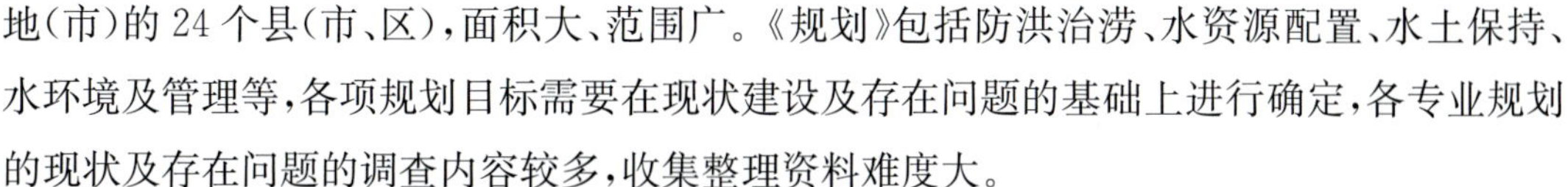

地(市)的24个县(市、区),面积大、范围广。《规划》包括防洪治涝、水资源配置、水土保持、水环境及管理等,各项规划目标需要在现状建设及存在问题的基础上进行确定,各专业规划的现状及存在问题的调查内容较多,收集整理资料难度大。

(2)规划指导思想的落实

该规划指导思想是"以习近平新时代中国特色社会主义思想为指导,全面贯彻落实党的十九大精神和十九届二中、三中全会精神,牢固树立新发展理念,围绕统筹推进'五位一体'总体布局和协调推进'四个全面'战略布局,坚持生态优先、绿色发展,贯彻'节水优先、空间均衡、系统治理、两手发力'新时期治水思路,根据'水利工程补短板,水利行业强监管'水利改革发展总基调,全面推进节水型社会建设,落实最严格水资源管理制度,以满足流域人民日益增长的美好生活需要和生态环境保护为首要任务"。各专业规划过程中严格落实规划指导思想,所有规划内容既要达到规划水平年所拟定的各项指标又要体现"生态优先及绿色发展"指导理念等,专业规划中开发和保护存在技术难题。

(3)控制性指标的确定

一方面水害防治、资源开发利用应严格控制在水资源承载能力、水环境承载能力和水生态系统承受能力所允许的范围内;另一方面已开发的工程,应当按照规划的服务功能以及维持河流生态功能要求运行。根据流域规划总体布局,经综合研究,有重点地选择防洪、水资源开发利用、水资源和水生态环境保护控制指标构成资水流域控制性指标体系,以作为流域综合管理的依据,工作中这些指标的确定存在技术难题。

4.2 解决方案

针对上述技术难题,解决的方案分述如下:

4.2.1 规划目标的确定

规划报告在编制过程中,首先调研收集流域内大量的基础资料,流域范围广、涉及地市县多,因此各专业调研收集主要的工程现状及存在的问题,其他大量资料采用依托地市县收集,然后整理分析所收集到的资料,分析流域现状防洪治涝能力、水资源利用情况、水生态及环境保护等,依据现状和治理条件确定各专业规划水平年2030年各规划目标。

4.2.2 规划指导思想的落实

规划指导思想中明确指出"生态优先、绿色发展"理念,基于此,规划报告编制过程始终贯穿这一指导理念,基于水资源利用现状及治理条件,反复分析流域开发与治理保护之间的关系,多次完善规划布局和方案,做好生态保护红线、水量分配方案、相关规划等工作的衔接协调。取消了资江源、旺源、丰源一级、丰源二级、永兴、岔江口及新华等梯级;犬木塘水库下移至神滩渡坝址,水库不再承担防洪任务;规划中涉及生态保护红线的凤凰潭、廻才湾、搞山坪、洛口山（扩建）、寨志（扩建）等5座防洪、供水、灌溉中型水库和桃花江（扩建）大型水库经分析论证后亦进行取消。

坚持生态优先、绿色发展，加强资水流域及洞庭湖区整体性保护。基于资水作为洞庭湖水系生态安全重要支撑区的功能定位，结合“三线一单”管控要求，多次优化和调整规划方案。《规划》将“三线一单”内容纳入管控要求，作为规划实施的硬约束，并将相关内容纳入河长制考核，在水利管理规划中予以明确。规划方案的调整，紧密结合生态空间的管控要求。通过强化水资源保护规划中的限制纳污红线管控，严控重要河段污染物入河排放总量。

4.2.3 控制性指标的确定

深入研究流域内出现的新问题、新情况和新要求，根据需要设置各种类型控制性指标。

（1）防洪安全控制指标

在全面分析流域特点的基础上，规划制定了干支流14个主要控制站防洪控制水位，计算这些主要站的设计水位时充分考虑了多种因素，尤其是最下游益阳控制站的设计水位，既要分析上游水库的防洪作用又要考虑下游洞庭湖的洪水顶托等，所以分析其综合影响最终确定其不同频率的设计值。

（2）生态基流控制指标

依据《河湖生态环境需水计算规范》（SL/Z 712—2014）和《水资源保护规划编制规程》（SL 613—2013），资水干流各控制断面生态流量采用多年平均流量的10％计算值和控制节点90％最枯月均流量综合比较确定，并与《长江流域综合规划（2012—2030年）》相协调；同时，考虑长江大保护的要求，依据《长江保护修复攻坚战行动计划》（环水体〔2018〕181号），入湖控制断面（桃江断面）生态基流按多年平均流量的15％控制。

（3）控制断面水质管理目标

依据《全国重要江河湖泊水功能区划（2011—2030年）》《“十三五”期间水质需保持控制单元信息清单》《“十三五”期间水质需改善单元信息清单》，以及2个省（自治区）的《水污染防治目标责任书》对资水流域的水质管理要求，结合《“十三五”国家地表水环境质量监测网设置方案》及流域控制性水文站分布情况，确定资水流域主要控制断面水质管理目标10处。

（4）污水及污染物排放指标

《规划》依据经济社会废污水及污染物排放预测，按各水功能区的纳污能力和功能区划要求，资水流域21个重要水功能区入河控制量2030年化学需氧量为6.23万t/a，氨氮为0.50万t/a。

（5）用水总量控制指标

按《长江水资源管理控制指标》明确的各省（自治区）用水控制目标，结合湖南省、广西壮族自治区实行最严格水资源管理制度考核办法分解的地级行政区用水总量，提出资水流域用水总量控制指标，规划在保证水资源二级区套省用水总量指标不变的前提下，结合流域当前的实际用水和经济社会发展情况，对《长江流域及西南诸河水资源综合规划》中资水流域的水资源配置成果，考虑湖南省水利厅2018年组织编制的《湖南省主要流域水量分配方案》进行了微调，确定资水流域2个省(自治区)用水总量控制指标。

(6)用水效率控制指标

用水效率是采用各地区和各行业的用水定额指标。提高用水效率，是全面推进节水型社会建设和促进经济增长方式转变的有效手段。流域用水效率控制指标主要包括万元工业增加值用水量和灌溉水利用系数两个指标进行计算。

5 取得的先进创新技术

该规划在全面了解和掌握流域治理开发与保护现状的基础上，针对流域内出现的新问题、新情况和新要求，开展了流域治理开发与保护体系研究。规划在干流和重要支流合理选取控制断面，制定了各控制断面控制指标，以此作为流域治理开发与保护相关约束条件，填补了资水流域无控制指标体系为管理依据的空缺。规划按防洪减灾、水资源综合利用、水资源与水生态环境保护、流域综合管理四大体系进行综合规划，创新了规划思路，有效解决了从根本上转变治水理念、促进生态文明建设的问题。

6 项目实施后取得的社会效益和经济效益

《规划》实施后，流域内各防洪保护区可达到相应等级的防洪标准；蓄洪垸可按计划及时分蓄洪水。流域总体防洪能力得到进一步提高，一般洪水年防洪更安全，大洪水年可大幅减少洪灾损失，有效防止洪灾引起的疾病流行和环境污染等问题，为保护区内工农业生产和人民生命财产提供可靠保障，增加社会安全感，改善生存环境和投资环境，为地区社会、经济、环境的可持续发展创造有利条件。

治涝规划实施后，将改善涝区生活、生产、生存环境，为农村带来发展机遇，为农业粮食的增产增收提供强有力的保障，将增加当地农民收入，推动区域经济发展，维持区域经济社会稳定，减少由涝灾引起的疾病流行，促进社会和谐发展，避免环境污染和生态恶化等方面产生的不利影响。

供水、灌溉规划实施后，通过完成现有工程续建配套、节约用水、规划新建供水工程，逐步建立与资水流域发展相适应的水资源合理配置格局，建成水资源合理配置和高效利用保障体系，以保障饮水安全、粮食安全、城市供水安全和生态安全，满足人民生活水平提高、经济社会发展、粮食安全保障和生态环境保护的用水需求，促进水资源与经济社会和生态环境的协调发展。水源工程实施后，可满足资水流域不同水平年的供水、灌溉的用水需求。

水资源保护、水生态与环境保护规划实施后，将以维持生态环境健康为主要目标，其中根据流域主要生态问题拟定的修复与保护措施将有效遏制流域范围内的无序开发现状，改善流域水生态与环境，维护流域生态系统完整性和生物多样性，促进流域水生态与环境良性循环，实现水资源可持续利用，对保障经济社会的可持续发展有重要的作用，还将产生巨大的生态环境效益，促进人与自然的和谐发展。

水土保持规划实施后，水土流失治理率达到75%。水土流失基本得到控制，坡耕地得到全面治理，可减少进入江河湖库的泥沙，耕地资源可得到有效保护，生态环境和农村生产生活条件将得到极大改善，从而促进农村经济发展。

水利血防规划实施后，可减少钉螺面积，压缩流行区范围，降低人畜感染率，有效保护疫区人民的身体健康和生命安全，有利于改善疫区的生态环境，对促进社会稳定和经济可持续发展具有重要作用。

水利管理规划实施后，将增强湖区水利管理能力，为流域水利的可持续发展提供坚实的基础。

撰稿/王翠平、李安强

沅江流域综合规划

▲ 五强溪水库

《沅江流域综合规划》是流域开发、利用、节约、保护水资源和防治水害的依据，对保障流域内人民生命财产安全和经济社会可持续发展具有重要意义。

1 项目背景

沅江是洞庭湖水系的第二大支流，干流全长1028km，流域面积8.98万km^2。河流有南北两源：南源龙头江（源头），发源于贵州省都匀市的云雾山；北源重安江，发源于贵州省麻江县平越山。两源汇合后称清水江，东流至黔城镇与㵲水汇合后始称沅江，于常德德山注入洞庭湖。分属湖南、贵州、重庆、湖北、广西等5个省（自治区）的64个县（市、区），5个省（自治区、直辖市）占流域面积分别为58.17%、33.67%、5.16%、2.98%、0.02%。

依据《中华人民共和国水法》，按照国务院关于开展流域综合规划编制工作的总体部署，水利部组织长江水利委员会会同湖南、贵州、重庆、湖北等省（直辖市）有关部门，在深入调研查勘、分析研究、征求意见的基础上，编制完成了《沅江流域综合规划》（以下简称《规划》）。水利部于2020年12月以水规计〔2020〕261号文进行了批复。

2 编制意义

编制《沅江流域综合规划》对规范和指导流域防洪治涝建设，完善防洪治涝体系；优化配置水资源，保障饮水安全和粮食安全；加强水资源与水生态环境保护，保障生态安全；加强流域管理能力建设，促进和谐发展等具有巨大意义。

（1）规范和指导流域防洪治涝建设，完善防洪治涝体系

流域洪水由暴雨形成，暴雨强度大，面积广。流域内主要城镇、工矿企业和农田大多集中分布于地势相对平坦、开阔的干支流河谷地段和下游平原地区。这些地区是流域内人口最为稠密、工商业和农业较为发达的地区，同时又都是流域内受山洪及洪涝灾害威胁最严重的地区，尤以下游尾闾地区为甚。保障沅江流域防洪除涝安全，对保障流域经济社会发展具有十分重要的作用。

（2）优化配置水资源，保障饮水安全和粮食安全

流域水资源总量671.7亿m^3，约占长江流域的7.0%，流域人均水资源量4427m^3，耕地亩均水资源量3599m^3。流域用水量主要集中在农业和工业用水，现状总用水量为56.19亿m^3。由于时空分布不均、供水工程不足，水资源开发利用还存在局部地区供用水矛盾较突出（湘西、黔东南、铜仁、恩施等地缺水严重），工程性、资源性和水质性缺水并存，节水管理与节水技术落后以及用水浪费等问题。在水资源利用上，必须优化配置，统筹好生活、

生产和生态用水。通过新建、改造、升级、配套和联网等工程方式，进一步提高农村饮水安全保障程度和质量；发展灌溉工程，确保粮食稳产高产，保障粮食生产安全。

(3)加强水资源与水生态环境保护，保障生态安全

随着经济社会的快速发展，流域内矿产开采加工和工业生产规模逐渐扩大，农药化肥使用量逐渐增加，相应的废污水排放量显著增加。虽然流域内开展了一系列水环境治理措施，但局部地区水环境仍不能满足管理目标要求。同时水生生境的破坏也导致流域内水生生态系统呈退化趋势。为改善流域内水环境质量，遏制水生态系统退化趋势，维护流域生态系统健康和可持续，需要进一步加强流域内的水资源和水生态保护力度。

(4)加强流域管理能力建设，促进和谐发展

为加强流域管理，进一步完善河长制机制，推动河流面貌持续好转。严格水资源开发利用控制、用水效率控制、水功能区限制纳污“三条红线”管控，建立健全水资源管理责任和考核制度；加强水利行业能力建设，加快水利信息化步伐，提高依法行政能力和社会服务水平；进一步完善流域与区域相结合的管理，做好统筹规划、行政审批、科学调度、执法监督、指导协调等工作。

3 规划体系

3.1 规划范围及规划水平年

规划范围为沅江流域常德德山(沅江入西洞庭湖)以上区域。规划区域总面积为8.98万 km^2。

考虑五强溪水库对下游尾闾地区的防洪十分重要，规划研究范围涵盖沅江尾闾常德德山至入西洞庭湖的坡头。

规划水平年为2030年。

3.2 规划指导思想

以习近平新时代中国特色社会主义思想为指导，全面贯彻党的十九大和十九届二中、三中、四中、五中全会精神，以及习近平总书记在全面推动长江经济带发展座谈会上的讲话精神，积极践行新发展理念，紧紧围绕统筹推进“五位一体”总体布局和协调推进“四个全面”战略布局，坚持“生态优先、绿色发展”，坚持“节水优先、空间均衡、系统治理、两手发力”的治水思路，践行“水利工程补短板、水利行业强监管”水利改革发展总基调，按照“共抓大保护，不搞大开发”的总体要求，全面推进节水型社会建设，落实最严格水资源管理制度，以满足流域人民日益增长的美好生活需要为首要任务，切实加强防洪减灾、水资源综合利用、水生态与环境保护、流域综合管理四大体系建设，保障流域区域水安全，促进生态环境保护和经济社会高质量发展。

3.3 规划原则

(1)以人为本,民生优先

牢固树立以人民为中心的发展思想,从满足人民群众日益增长的美好生活需要出发,着力解决人民群众最关心、最直接、最现实的水问题,保障流域防洪安全、供水安全和生态安全,增进民生福祉,让沅江成为造福人民的幸福河。

(2)保护优先,节水优先

践行绿水青山就是金山银山的理念,尊重自然、顺应自然、保护自然,坚持生态优先、绿色发展,正确处理好保护与开发的关系,科学确定治理开发任务。坚持节水优先,把水资源作为先导性、控制性和约束性要素,以水而定,严格落实最严格水资源管理制度,提高水资源利用效率和效益。

(3)统筹兼顾,综合治理

统筹流域防洪与治涝、供水与灌溉、水资源保护、航运、水力发电、水土保持和水利血防等各方面的综合需求,注重兴利除害结合、防灾减灾并重、治标治本兼顾,促进流域与区域协调发展。

(4)强化监管、严守红线

强化水利行业监管,约束和规范各类水事行为,坚决遏止沿河环湖各类无序开发活动。高度重视生态环境保护,流域治理开发活动要树立底线思维和红线意识,严守生态保护红线。

3.4 规划目标

通过完善工程措施和非工程措施,进一步提高流域防洪减灾能力,基本实现水资源节约集约与高效利用,全面维系优良水生态环境,基本实现流域水利管理现代化,保障经济社会可持续发展。

进一步提高流域防洪减灾能力。防洪保护区遇标准内洪水不受灾;尾闾地区通过五强溪水库等骨干工程组成的综合防洪减灾体系的联合运用,完善非工程措施,建立较为可靠的流域防洪保安体系,防御洪水能力得到有效提升;山丘区山洪防灾、避灾能力显著提高;涝区蓄涝排涝布局更加完善;库区河岸得到全面治理。

水资源得到节约高效利用。基本建成节水型社会;流域经济社会用水总量控制在65.96 亿 m^3以内。流域内地级城市供水保证率达 97%以上,建立完善的水权管理制度和水资源配置体系;新增有效灌溉面积 345.1 万亩,灌溉保证率 80%、灌溉水利用系数达 0.59。实现黔东南、湘西地区与洞庭湖区航运一体化。

全面解决流域内城镇集中供水水源地安全保障问题,水功能区主要控制指标达标率达到 95%;水功能区污染物入河量基本控制在水功能区限制排污总量范围内;维持河道合理的流量，满足生态环境需水；流域内现有水土流失得到较好治理，治理面积 1.40 万 km^2，治理区水土流失治理率达到 76%，林草覆盖率在现状基础上提高 10%以上，全面建成流域水土保持监测网络体系；力争血吸虫病流行县(市、区)达到消除血吸虫病目标。

基本实现流域水利管理现代化。全面落实河湖长制，建立高效的跨地区和部门的协调机制，公共参与机制成熟高效；基本建立有效的跨部门协调配合执法机制；基本实现骨干水利水电工程联合统一调度；建成流域水量、水质、水生态环境综合监测系统。

3.5 规划总体布局

3.5.1 洪江以上区域

规划修建宣威、卡龙桥、杨柳街等供水水库及灌区续建配套与节水改造，提高区域用水保证率，改善人民生产生活条件；通过宣威、白市、托口及部分支流防洪水库联合拦蓄洪水、加固新建堤防及护岸、河道整治、中小河流及山洪治理等措施，提高区域内凯里城区、重点乡镇及托口以下河段防洪能力；强化污染治理，改善水环境状况，采用多种措施保障河流生态需水，维系并逐步恢复河流生态服务功能，重点保护洪江以上支流大鲵和流水型鱼类及其栖息生境。

3.5.2 洪江至凌津滩区域

《规划》修建大兴寨大型水库，与区域内已建防洪水库共同拦蓄洪水，加强山洪沟及中小河流治理，加固新建堤防及护岸，开展河道整治，提高区域整体防洪能力；新建中型供水水源，提高区域用水效率；加强上游主要支流重点区域水土流失治理；加强航道治理工程建设研究论证；重点强化重金属污染治理，加强磷矿企业生产污染治理，开展干支流入河排污口整治，加强面源污染治理，加强饮用水水源地保护，改善水环境状况，维系并逐步恢复河流生态服务功能。

3.5.3 凌津滩以下尾闾区域

规划扩大五强溪水库防洪库容，实施水库群联合防洪调度，减轻尾闾地区防洪压力，加固及新建堤防与护岸、河道整治以及建设蓄滞洪区等措施，提高桃源、常德及尾闾地区防洪能力；尾闾多丘陵河谷平原，重点实施大中型灌区续建配套和节水改造工程，建设一批沿河引提工程缓解缺水矛盾；重点开展干支流入河排污口整治，加强面源污染治理，提高城镇污水处理率和污水处理运行负荷率，加强尾闾区域血防工程治理，加强梯级电站生态调度，保证入湖生态需水及河流连通性。

3.6 控制性指标

3.6.1 防洪安全控制指标

沅江干流及主要支流防洪控制水位见表 1。

表 1 沅江干流及主要支流防洪控制水位 （单位:黄海高程,m）

河流名称	站名	频率		
		1%	2%	5%
沅江干流	都匀（文峰站）		770.05	
	安江			163.56
	怀化		222.78	
	五强溪			65.28
	桃源			42.46
	常德	41.98	41.33	
㵲水	芷江			249.15
酉水	来凤			450.40
	秀山			344.40

3.6.2 水资源与水生态环境保护控制指标

（1）生态基流

沅江干流锦屏、安江和桃源断面的生态基流分别为 $40m^3/s$、$135m^3/s$ 和 $300m^3/s$；在鱼类产卵育幼期（4—7 月）沅江干流锦屏、安江和桃源断面的下泄流量不得低于 $78m^3/s$、$243m^3/s$ 和 $597m^3/s$。

规划期内，断面生态基流根据有关生态流量的标准和有关研究成果，适时优化调整。

（2）控制断面水质管理目标和限制排污总量

沅江流域控制断面水质管理目标见表 2。

表 2 沅江流域控制断面水质管理目标

序号	河流	断面名称	水质目标
1	沅江下游	桃源	Ⅲ
2	尾闾	坡头	Ⅱ
3	沅江下游	陈家河（四水厂）	Ⅱ
4	沅江下游	五强溪	Ⅱ
5	沅江中游	侯家淇	Ⅲ
6	沅江中游	武水汇合口	Ⅲ
7	沅江中游	浦市上游	Ⅲ
8	沅江中游	萝卜湾	Ⅱ
9	渠水	托口渠水	Ⅲ
10	酉水	溪子口（县水厂）	Ⅱ
11	㵲水	㵲水入河口（黔城二水厂）	Ⅱ

沅江流域水功能区 2030 年限制排污总量化学需氧量为 10.74 万 t/a，氨氮为 1.12 万 t/a。

规划期内，水功能区及其目标、限制排污总量若发生调整，相关指标按照新要求执行。

3.6.3 用水总量与用水效率控制指标

流域用水总量与用水效率控制指标见表3。

表3 流域用水总量与用水效率控制指标

省级行政区	2030年		
	用水总量（亿 m^3）	万元工业增加值用水量（m^3/万元）	农田灌溉水有效利用系数
湖南	40.99	33	0.60
贵州	20.67	44	0.59
湖北	1.003	31	0.60
重庆	3.30	36	0.59
沅江流域	65.96	36	0.59

3.7 规划体系

3.7.1 防洪减灾规划

中上游山丘区山洪治理建设滞后，尚未建立起有效的中小河流洪灾和山洪灾害防治体系。中下游尾闾地区防洪能力有待进一步提高。中游五强溪水库防洪库容扩大问题仍未解决。由于堤防建设不达标、缺乏控制性防洪工程等，沿河地级城市铜仁、怀化、凯里、吉首等城市未达到相应防洪标准。水库联合调度问题亟须加强。超标准洪水的防御对策尚未落实。治涝设施老化及体系不完善问题仍然存在。

以流域各保护区现有防洪体系为基础，为进一步完善流域防洪减灾体系，提高流域整体防洪减灾能力，对水库、堤防、蓄滞洪区、河道整治、中小河流及山洪灾害防治等分别规划。①扩大五强溪水库的防洪库容，正常蓄水位维持现状108m，防洪高水位由目前的108m提高到110m，可增加防洪库容3.45亿 m^3，加上凤滩水库的2.8亿 m^3，在尾闾洪道安全泄量23000m^3/s条件下，尾闾地区防洪标准可提高到40年一遇；规划新建宣威、塘冲、山阳、张簧、大兴寨、龙潭河等干支流防洪水库。②对流域内的城市、乡镇及人口相对集中区以及保护重要设施及大片农田建设堤防保护，干流规划新建、加固堤防总长334.8km，其中新建堤防长191.97km，加固堤防长142.83km，护岸长72.12km；支流规划新建、加固堤防总长1798.5km，其中新建堤防长1517.43km，加固堤防长281.07km，护岸980.73km。③推进车湖、木塘、陬溪等省级蓄滞洪区安全建设。④实施凌津滩以上干流及主要支流和尾闾洪道整治工程。⑤加大山洪灾害防治及中小河流治理力度。⑥进一步完善流域防洪非工程措施建设。

规划流域涝区形成“自排、调蓄、电排”相结合的治涝体系，农田全面达到10年一遇排涝标准(10年一遇3d暴雨3d排至农作物耐淹深度)，县级以上城市达20年一遇排涝标准(20年一遇24h暴雨24h排完)。

3.7.2 水资源综合利用规划

流域水资源总量671.7亿m^3，约占长江流域的7.0%，流域人均水资源量4427m^3，耕地亩均水资源量3599m^3。流域用水量主要集中在农业和工业用水，现状总用水量为56.19亿m^3。由于流域降雨时空分布不均，缺乏调蓄工程，部分地区水资源短缺，区域性、季节性缺水现象仍然存在。以往建设的供水灌溉设施运行年代已久且缺乏维护、管理，部分设施老化，致使工程不能正常发挥作用。随着流域经济社会发展和工业化、城镇化加快，城镇生活和工业用水需求增长，现有供水设施的供水能力难以满足用水需求。局部区域干旱年缺水程度亦较严重，城乡供水和农田灌溉均受到影响。

沅江流域多年平均水资源总量为671.7亿m^3，预测节水方案及多年平均条件下，2030年全流域经济社会用水总量控制在65.96亿m^3，水资源总量利用率不超过9.9%，水资源可开发效率在允许范围内，流域河道内生态环境用水的要求能够得到满足。

(1)供水规划

为满足规划水平年的需水要求，至2030年规划新建贵州的宣威、车坝河以及湖南的大兴寨3座大型水库，总库容3.81亿m^3，兴利库容2.91亿m^3；新建和续(扩)建陆家坝、毛湾、红石等一批中型水库，总库容10.22亿m^3，兴利库容7.99亿m^3。

(2)灌溉规划

根据农业发展需求，为确保粮食安全，改善农村生产生活条件，结合水源状况及水源建设规划，对现有灌区续建配套的同时，新建30万亩以上灌区1处，1万～30万亩灌区30处，万亩以下灌区186处，新增或改善灌溉面积345.1万亩。

(3)航道规划

在高度重视生态环境保护的前提下，加强沅江干流航道建设研究论证，适时改(扩)建或新建三板溪、白市、托口、洪江等已建梯级的通航建筑物。

3.7.3 水资源与水生态环境保护规划

流域总体水质良好，但受废污水排放和农业面源污染影响，沅江干支流部分河段水质超标，部分相应河段存在重金属污染。受过度捕捞和水利工程建设等人类活动的干扰影响，流域内生物多样性下降、种类组成发生改变、水生生物资源量减少，渔业资源小型化现象加剧，沅江水生态环境质量下降。流域中上游部分区域森林植被资源保护力度不够，土壤侵蚀及水土流失问题频发。尾闾血吸虫区域内堤防仍有外坡没有硬化护砌的堤段，杂草丛生，有利于钉螺滋生，成为新的钉螺集居地，形成新的血吸虫病易感地带。

通过水资源保护规划提出流域不同水功能区相应的污染物控制总量及重点河段的生态

需水，运用各种治理工程与监督管理的措施，保障国家重要饮用水水源地水质安全，逐步实现水环境系统的良性循环，以保证水资源的永续利用，促进流域经济社会的可持续发展。

水生态保护与修复方面优先保护国家级及省级重点保护区域与保护对象，通过严格控制涉水生态环境敏感区域的治理开发活动，将治理开发活动对水生态环境的影响限制在水生态环境系统能承受的范围内。采取物种资源保护、生境保护与修复等多种措施，保护流域水生生态环境，维护流域生物群落结构，实现流域水生态系统功能正常发挥。

推进水土流失预防、治理和水土保持监测网络等工作，采取综合治理和生态修复措施对流域内 1.84 万 km^2 水力侵蚀区进行水土流失综合治理，规划至 2030 年完成水土流失治理面积 1.40 万 km^2，使流域内现有水土流失得到较好治理，治理区水土流失治理率达 75%，林草覆盖率在现状基础上提高 10%以上。

与河流综合治理、灌溉节水改造及人畜饮用水安全建设等相结合，开展流域水利血防工作。

3.7.4 流域综合管理规划

以河湖长制为抓手的管理制度初步建立，但管理体制及运行机制有待进一步完善。流域内工农业及生活用水耗水量大，节水意识不强。取水、河道、采砂等管理能力和信息化应用水平有待进一步提高。

全面落实河湖长制，加强流域综合管理。为有效实施流域水利管理现代化，建立协调机制、补偿机制，建立公众参与机制；强化监督执法制度建设，推行水利综合执法，探索跨部门协调配合执法；通过实施洪水影响评价审批、水资源论证制度、采砂统一规划和许可制度、排污许可制度、水土保持报告书和环境影响评价制度等，进一步强化水行政事务管理；加强水利信息化等基础设施建设，大力培养水利科技人才，开展水利科技重大问题研究，提高流域水利管理能力。

4 编制工作中遇到的技术难题及解决方案

4.1 技术难题

(1)规划目标的确定

该流域面积 8.98 万 km^2，分属湖南、贵州、重庆、湖北、广西等 5 个省(自治区、直辖市)的 64 个县(市、区)，面积大范围广。规划包括防洪治涝、水资源配置、水土保持、水环境及管理等，各项规划目标需要在现状建设及存在问题的基础上进行确定，各专业规划的现状及存在问题的调查内容较多，收集整理资料难度大。

(2)规划指导思想的落实

该规划指导思想是“以习近平新时代中国特色社会主义思想为指导，全面贯彻党的十九大和十九届二中、三中、四中、五中全会精神，以及习近平总书记在全面推动长江经济带发展座谈会上的讲话精神，积极践行新发展理念，紧紧围绕统筹推进‘五位一体’总体布局和协调推进‘四个全面’战略布局，坚持生态优先、绿色发展，坚持‘节水优先、空间均衡、系统治理、两手发力’的治水思路，践行‘水利工程补短板、水利行业强监管’水利改革发展总基调，按照‘共抓大保护，不搞大开发’的总体要求，全面推进节水型社会建设，落实最严格水资源管理制度，以满足流域人民日益增长的美好生活需要为首要任务”。各专业规划过程中严格落实规划指导思想，所有规划内容既要达到规划水平年所拟定的各项指标又要体现“生态优先及绿色发展”指导理念等，专业规划中开发和保护存在技术难题。

(3)控制性指标的确定

一方面水害防治、资源开发利用应严格控制在水资源承载能力、水环境承载能力和水生态系统承受能力所允许的范围内；另一方面已开发的工程，应当按照规划的服务功能以及维持河流生态功能要求运行。根据流域规划总体布局，经综合研究，有重点地选择防洪、水资源开发利用、水资源和水生态环境保护控制指标构成沅江流域控制性指标体系，以作为流域综合管理的依据，工作中这些指标的确定存在技术难题。

4.2 解决方案

针对上述技术难题，解决的方案分述如下：

4.2.1 规划目标的确定

规划报告在编制过程中，首先调研收集流域内大量的基础资料，流域范围广、涉及地市县多，因此各专业调研收集主要的工程现状及存在的问题，其他大量资料采用依托地市县收集，然后整理分析所收集到的资料，分析流域现状防洪治涝能力、水资源利用情况及水生态及环境保护等，依据现状和治理条件确定各专业规划水平年2030年各规划目标。

4.2.2 规划指导思想的落实

规划指导思想中明确指出“生态优先、绿色发展”理念，基于此，规划报告编制过程始终贯穿这一指导理念，基于水资源利用现状及治理条件，反复分析流域开发与治理保护之间的关系，多次完善规划布局和方案，做好生态保护红线、水量分配方案、相关规划等工作的衔接协调。

(1)针对环评审查意见

1)环评意见：部分规划工程布局与生态空间保护要求存在冲突，沅江干流宣威、旁海、平寨、施洞、廖洞、城景、渔潭等7个梯级工程；支流酉水的5个梯级工程(观音坪、沙坪、竹园、小河口、红旗)、支流武水的3个梯级工程(大兴寨、老寨、黄连溪)、支流辰水的3个梯级工程(瓦寨、木弄、江坪)、支流溆水的3个梯级工程(板滩、蕉溪、皂角坪)、支流巫水的2个梯级工程(鱼渡江、大洲)，涉及优先、重点保护水域或陆域，建议取消。太平、飞瀑潭、大兴寨等3座大中型水库选址，与自然保护区、风景名胜区、湿地公园等环境敏感区保护要求冲突，建议取消。对涉及优先保护水域或陆域不可替代的防洪工程，应进一步论证必要性及其布局和规模的环境合理性，避免对优先保护水域或陆域造成不良环境影响。

2)处理情况：由于规划编制历时较长，规划拟定的项目安排与实际情况有差异，干流的旁海、平寨、城景和支流的观音坪等 4 个梯级均已按国家规定的审批程序，完成了项目前期工作和项目环评，获省发改委批复并开工建设，其中城景梯级已建成，其余 3 个梯级在建，基于此，规划根据新情况将上述 4 个项目分别纳入已建或在建项目；环评建议取消的宣威、大兴寨经防洪不可替代性专题论证后给予保留；其余均按环评审查意见给予取消。

(2)与生态保护红线衔接协调

1)调查情况：经与湖南、贵州、重庆、湖北等 4 个省(直辖市)环保厅核实，规划中防洪、供水、灌溉共规划的 58 座大中型水库，有 2 座大型(宣威、大兴寨)及 5 座中型(两岔河、洗车河、铁门栓、九龙沟、能滩等)涉及新版生态保护红线。

2)处理情况：贵州宣威及湖南大兴寨 2 座大型和湖南 1 座铁门栓中型等 3 座防洪、供水、灌溉水库涉及生态保护红线，由于这 3 座大中型水库已纳入《水利改革发展“十三五”规划》(发改农经〔2016〕2674 号)，鉴于这 3 座大中型水库所在生态保护红线的管控要求等暂不明确，规划中给以有条件保留，下一步根据各省经济发展需求，结合生态红线管控要求进行分析论证。其他涉及生态红线的给予取消。

(3)水量分配方案衔接协调

2010 年《长江流域及西南诸河水资源综合规划》配置中，2030 年沅江流域的用水总量为 66.38 亿 m^3(其中湖南 39.16 亿 m^3，贵州 22.41 亿 m^3)。结合沅江流域近 10 年的用水情况以及经济社会发展的需水预测，湖南省原流域分配的水量偏小，湖南省水利厅 2019 年印发了《湖南省主要流域水量分配方案》。该分配方案在全国水资源规划成果的基础上，按湖南省洞庭湖水系用水总量不变情况，考虑各流域经济社会发展与水资源开发利用的实际情况，对湘江、资水、沅江、澧水以及洞庭湖环湖区水量分配份额进行了微调，沅江 2030 年用水总量由 39.16 亿 m^3 增加至 40.99 亿 m^3，增加了 1.83 亿 m^3，资水和湖区用水总量相应减少。贵州省水利厅组织编制了《贵州省用水总量红线控制指标实施方案》，将全省用水总量控制指标分解到省级行政区套水资源二级区和地级行政区套水资源三级区，分解后贵州省沅江流域 2030 年用水总量控制指标为 20.67 亿 m^3，该成果也纳入了长江水利委员会同太湖流域管理局 2016 年联合编制的《长江经济带水资源管理三条红线制定报告》中，已通过水利部水利水电规划设计总院审查的贵州省沅江水量分配方案也是基于 20.67 亿 m^3。规划已根据湖南、贵州两省现分配方案进行修改，对原规划中 2030 年沅江流域的用水总量由 66.38 亿 m^3 调至 66.47 亿 m^3，其中湖南 2030 年用水总量由 39.16 亿 m^3 增加至 40.99 亿 m^3，贵州由 22.41 亿 m^3 减少至 20.67 亿 m^3。

(4)相关规划衔接协调

规划编制过程中充分考虑与其他规划之间的衔接协调。

(5)管控要求

坚持生态优先、绿色发展,加强沅江流域及洞庭湖区整体性保护。基于沅江作为洞庭湖水系生态安全重要支撑区的功能定位,结合"三线一单"管控要求,多次优化和调整规划方案。规划将"三线一单"内容纳入管控要求,作为规划实施的硬约束,并将相关内容纳入河长制考核,在水利管理规划中予以明确。规划方案的调整,紧密结合生态空间的管控要求。通过强化水资源保护规划中的限制纳污红线管控,严控重要河段污染物入河排放总量。

4.2.3 控制性指标的确定

深入研究流域内出现的新问题、新情况和新要求,根据需要设置各种类型控制性指标。

(1)防洪安全控制指标

在全面分析流域特点的基础上,规划制定了干支流 9 个主要控制站防洪控制水位,计算这些主要站的设计水位时充分考虑了多种因素,尤其是最下游常德控制站的设计水位,既要分析上游水库的防洪作用又要考虑下游洞庭湖的洪水顶托等,所以分析其综合影响最终确定其不同频率的设计值。

(2)生态基流控制指标

依据《河湖生态环境需水计算规范》(SL/Z 712—2014)和《水资源保护规划编制规程》(SL 613—2013),沅江干流主要控制断面生态流量采用 Tennant 法计算值和控制节点 90%最枯月均流量综合比较确定,并与《长江流域综合规划(2012—2030 年)》及《洞庭湖区综合规划》相协调;沅江入洞庭湖控制断面桃源断面还应满足《长江保护修复攻坚战行动计划》(环水体〔2018〕181 号)中"长江干流及主要支流主要控制节点生态基流占多年平均流量比例在 15%左右"的要求。

沅江干流锦屏、安江和桃源断面的生态基流分别为 $40m^3/s$、$135m^3/s$ 和 $300m^3/s$;在鱼类产卵育幼期(4—7 月)沅江干流锦屏、安江和桃源断面的下泄流量不得低于 $78m^3/s$、$243m^3/s$ 和 $597m^3/s$。

规划期内,断面生态基流根据有关生态流量的标准和有关研究成果,适时优化调整。

(3)控制断面水质管理目标

依据《全国重要江河湖泊水功能区划(2011—2030 年)》《"十三五"期间水质需保持控制单元信息清单》《"十三五"期间水质需改善单元信息清单》《水污染防治目标责任书》对沅江流域的水质管理要求,结合《"十三五"国家地表水环境质量监测网设置方案》及流域控制性水文站分布情况,确定沅江流域主要控制断面水质管理目标 11 处。

污水及污染物排放指标:综合考虑流域经济社会发展、水资源条件和水功能区水质要求,在核定水功能区水域纳污能力的基础上,确定沅江流域水功能区 2030 年限制排污总量化学需氧量为 10.74 万 t/a，氨氮为 1.12 万 t/a。

(4)用水总量及用水效率控制指标

1)用水总量。经济社会发展用水要考虑水资源的承载能力和节水减污的要求，通过加强需水管理，抑制不合理用水，控制用水总量，有效保护生态环境。按《长江经济带水资源管理三条红线制定报告》明确的各省(直辖市)用水控制目标，结合相关省(直辖市)实行最严格水资源管理制度考核办法分解的地级行政区用水总量，分解提出沅江流域用水总量控制指标，规划在保证水资源二级区套省用水总量指标不变的前提下，结合流域当前的实际用水和经济社会发展情况，对《长江流域及西南诸河水资源综合规划》沅江流域的水资源配置成果进行了微调。

2)用水效率。采用各地区和各行业的用水定额指标。流域用水效率控制指标主要包括万元工业增加值用水量和灌溉水利用系数两个指标进行计算。

5 取得的先进创新技术

该规划在全面了解和掌握流域治理开发与保护现状的基础上，针对流域内出现的新问题、新情况和新要求，开展了流域治理开发与保护体系研究。规划在干流和重要支流合理选取控制断面，制定了各控制断面控制指标，以此作为流域治理开发与保护相关约束条件，填补了沅江流域无控制指标体系为管理依据的空缺。规划按防洪减灾、水资源综合利用、水资源与水生态环境保护、流域综合管理四大体系进行综合规划，创新了规划思路，有效解决了从根本上转变治水理念、促进生态文明建设的问题。

6 项目实施后取得的社会效益和经济效益

防洪规划实施后，流域内各防洪保护区可达到相应等级的防洪标准；蓄滞洪区可按计划及时分蓄洪水。流域总体防洪能力得到进一步提高，一般洪水年防洪更安全，大洪水年可大幅减少洪灾损失，有效防止洪灾引起的疾病流行和环境污染等问题，为保护区内工农业生产和人民生命财产提供可靠保障，增加社会安全感，改善生存环境和投资环境，为地区社会、经济、环境的可持续发展创造有利条件。

《长江流域规划》实施后，将改善涝区生活、生产、生存环境，为农村带来发展机遇，为农业粮食的增产增收提供强有力的保障，将增加当地农民收入。推动区域经济发展，维持区域经济社会稳定，减少由涝灾引起的疾病流行，促进社会和谐发展，避免环境污染和生态恶化等方面产生的不利影响。

通过完成现有工程续建配套、节约用水、规划新建供水工程，逐步建立与沅江流域发展相适应的水资源合理配置和高效利用保障体系，满足人民生活水平提高、经济社会高质量发展、粮食安全保障和生态环境保护的用水需求。水源工程实施后，可满足沅江流域不同水平年的供水、灌溉的用水需求。

水资源保护、水生态与环境保护规划实施后，将改善流域水生态与环境，维护流域生态系统完整性和生物多样性，促进流域水生态与环境良性循环，实现水资源可持续利用，产生巨大的生态环境效益，促进人与自然的和谐发展。

水土保持措施实施后，流域内水土流失治理面积将达 13970.83km^2，治理区水土流失治理率达到 75%，林草覆盖率在现状基础上提高 10%以上。水土保持规划实施后，水土流失严重地区将得到初步治理，可减少进入江河湖库的泥沙，耕地资源可得到有效保护，生态环境和农村生产生活条件将得到极大改善，从而促进农村经济发展。

水利血防规划实施后，可减少钉螺面积，压缩流行区范围，降低人畜感染率，有效保护疫区人民的身体健康和生命安全，有利于改善疫区的生态环境，对促进社会稳定和经济可持续发展具有重要作用。

水利管理规划实施后，将增强湖区水利管理能力，为流域水利的可持续发展提供坚实的基础。

撰稿/王翠平、李安强

抚河流域综合规划

▲ 廖坊水利枢纽

《抚河流域综合规划》以习近平新时代中国特色社会主义思想为指导，按照“节水优先、空间均衡、系统治理、两手发力”新时期治水思路，以流域人民日益增长的美好生活需求和生态环境保护为首要任务。该规划对于指导流域进一步提高防洪安全保障能力，优化配置水资源，提供更高的供水安全保障；加强水资源与水生态保护，推进水生态文明建设；加强流域水利管理能力建设，落实最严格水资源管理制度等具有重要意义。

 1 项目背景

抚河是鄱阳湖水系五大支流之一，发源于赣、闽边界武夷山西麓广昌县梨木庄，在荏港改道由青岚湖入鄱阳湖。李家渡以上干流河长 344km，集水面积 1.58 万 km^2，多年平均年径流量 162 亿 m^3。流域涉及江西省的抚州、宜春和南昌 3 个市的 13 个县(市、区)以及福建省南平市光泽县的小部分区域。流域总人口 353.36 万，耕地面积 407 万亩，地区生产总值 869 亿元。

抚河流域已基本形成了以堤防为主、水库和分洪工程为辅的防洪工程体系；初步建立了区域供水、灌溉、水力发电等水资源综合利用体系；初步形成了水生态保护体系，水土流失得到有效控制。随着流域内经济社会快速发展、人口增长和城市化水平的提高，经济社会对防洪减灾、水资源综合利用与水生态环境保护的要求越来越高，对流域治理开发的目标、任务与总体布局等提出了新的要求。为促进流域治理开发和保护，加强流域管理，为经济社会与环境可持续协调发展提供有效的基础支撑，迫切需要对原有流域规划进行修编与调整。

2011 年 12 月，《抚河流域综合规划任务书》获水利部批复，由长江水利委员会组织开展《抚河流域综合规划》(以下简称《规划》)编制工作。2015 年 9 月，水利部水利水电规划设计总院对《规划》进行了审查。水利部于 2018 年 12 月以水规计〔2018〕341 号文批复了该规划。

 2 规划意义

编制《规划》对进一步提高流域防洪安全保障能力；优化配置水资源，提供更高的供水安全保障；加强水资源与水生态保护，推进水生态文明建设；加强流域水利管理能力建设，落实最严格水资源管理制度等具有重要意义。

(1)进一步提高流域防洪安全保障能力

抚河流域现状防洪体系仍不完善，干支流沿岸堤防防洪标准普遍偏低，大多数城镇只有部分堤防达标，且没有形成完整的防洪保护圈，是洪涝灾害频发区与重灾区。随着经济社会的发展、城市化水平的提高、人口的持续增长、财富更加积聚，对防洪减灾提出了更高的要求。《规划》进一步完善了抚河流域的综合防洪排涝减灾体系，加强了骨干防洪工程建设，解决了中小河流、病险水库、山洪灾害等防洪薄弱环节问题，有效提高了流域和区域整体防洪能力。

(2)加强水资源综合利用，提供更高的供水安全保障

抚河流域存在水资源时空分布不均、水资源利用设施不足、水污染加重和用水管理粗放

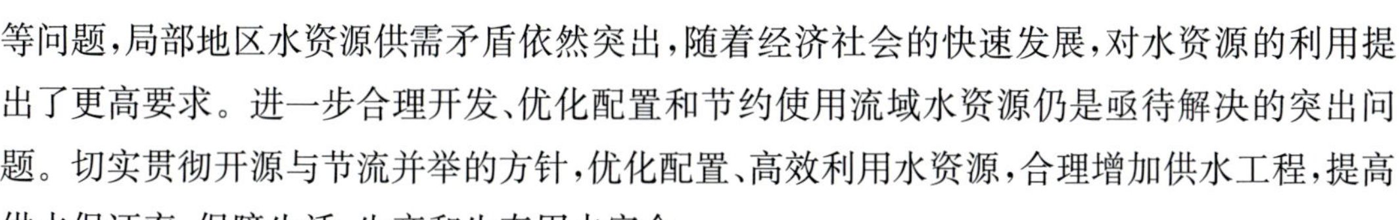

等问题，局部地区水资源供需矛盾依然突出，随着经济社会的快速发展，对水资源的利用提出了更高要求。进一步合理开发、优化配置和节约使用流域水资源仍是亟待解决的突出问题。切实贯彻开源与节流并举的方针，优化配置、高效利用水资源，合理增加供水工程，提高供水保证率，保障生活、生产和生态用水安全。

(3)加强水资源与水生态保护，推进水生态文明建设

随着经济社会的快速发展，局部地区水资源过度开发、水污染加重、水生态环境恶化等问题陆续出现，不仅对抚河流域的经济社会发展、用水安全、生态安全等造成严重影响，还影响到鄱阳湖生态经济区建设的推进。为建设美丽抚河，永保鄱阳湖“一湖清水”，需要严格控制入河排污量，加强流域水资源保护；以维护生物多样性和完整性为目标，建立和完善生态建设与修复体系，严格控制生态与环境敏感区域的治理开发活动，减少或减缓生态破坏因素向不利方向演变的趋势；加大水土流失综合治理力度，加快治理进程，有效防治水土流失，维系流域优良生态环境。

(4)加强流域水利管理能力建设，着力落实最严格水资源管理制度

为使经济社会发展与水资源水环境承载能力相协调，实现水资源永续利用，《规划》明确了用水总量控制、用水效率控制、水功能区限制纳污“三条红线”，建立健全了水资源管理责任和考核制度；加强水利行业能力建设，加快水利信息化步伐，提高了依法行政能力和社会服务水平；进一步完善了流域与区域相结合的管理，做好统筹规划、行政审批、科学调度、执法监督、指导协调等工作，保障流域治理开发与保护活动的顺利进行。

3 规划方案

3.1 规划指导思想和原则

(1)规划指导思想

全面贯彻落实党的十八大和十九大精神，以习近平新时代中国特色社会主义思想为指导，紧紧围绕统筹推进“五位一体”总体布局和协调推进“四个全面”战略布局，牢固树立“生态优先、绿色发展”理念，按照“节水优先、空间均衡、系统治理、两手发力”新时期治水思路，以流域人民日益增长的美好生活需求和生态环境保护为首要任务，以“共抓大保护，不搞大开发”为原则，重点解决水利基础设施不配套、防灾减灾体系不完善、生态环境质量不达标等突出问题，着力推进流域管理体制机制创新，促进区域经济社会可持续发展。

(2)规划原则

坚持以人为本，民生优先；坚持节水优先，保护优先；坚持统筹兼顾，综合利用；坚持因地制宜，远近结合。

3.2 规划范围和规划水平年

(1)规划范围

规划范围为李家渡以上的抚河流域,流域面积 15767km²。同时为了规划的完整性和连续性,将航运规划范围延伸到李家渡至太平渡河段,防洪规划范围延伸到李家渡以下河段。

(2)规划水平年

规划现状基准年为 2013 年,近期水平年为 2020 年,规划水平年为 2030 年。

3.3 规划目标

至 2030 年,结合廖坊、洪门等水库的防洪调度,使抚西堤箭江口分洪闸以下堤段的防洪标准提高到 100 年一遇,抚西堤箭江口分洪闸以上堤段防洪标准达到 50 年一遇,进一步提高抚州市主城区防洪标准;千亩以上圩堤、重点乡镇、重要支流的防洪堤及成片耕地等防洪保护区保护对象达到规划防洪标准;山洪灾害重点防治区建成工程措施与非工程措施相结合的综合防灾减灾体系,一般山洪灾害防治区初步建立以非工程措施为主的防灾减灾体系。

初步建成节水型社会,进一步提高流域水资源利用效率和效益,万元 GDP 用水量降低至 $90m^3$ 以下,万元工业增加值用水量降低至 $40m^3$ 以下,灌溉水利用系数达到 0.60。城乡人民生产、生活用水得到保证,水源地安全得到有效保护,主要城市应急供水体系基本健全,农村自来水普及率达到 85%以上;继续完善已建灌区的续建配套与节水改造,流域农田有效灌溉面积达到 348.13 万亩;根据批准的航运规划,开展航运基础设施的建设,实现抚河复航的规划目标。

加强污染源控制,流域内水功能区水质达标率达到 100%,水功能区污染物入河量全部控制在水功能区限制排污总量范围内,全面解决城镇集中供水水源地安全保障问题;满足生态环境需水要求;部分珍稀濒危物种种群得到保护和恢复;流域内湿地面积和生境质量有所提高;生态修复措施能够有效实施,流域水生生物的多样性和生态完整性得以有效维系。流域内约 31 万 hm^2 水土流失面积得到治理,流域内林草覆盖率在现状基础上提高了 7 个百分点左右,减少土壤侵蚀量 70%以上,建立完善的水土流失预防监督体系和水土保持监测网络,全面遏制人为水土流失。

最严格的水资源管理制度得到全面落实;建成高效健全的现代流域管理体系;初步实现涉水事务的协调、统一管理。

3.4 总体布局

(1)南城以上区域

《规划》以小流域为单元,山水田林路渠村统筹规划,以坡耕地治理、水土保持林营造为主,沟坡兼治,生态与经济并重,加强该区域水土流失综合治理,不断减轻水土流失的危害;

新建或加高加固干支流沿河两岸堤防、中小河流及山洪治理等措施，使南城、南丰等县级城市和5万亩以上农田防洪标准达到20年一遇；沿河重要乡镇、5万亩以下农田防洪标准达到10年一遇；通过小型水库及“五小”供水工程建设、灌区续建配套与节水改造，提高区域用水保证率，改善人民生产生活条件；加强源头水源涵养和饮用水水源地保护，改善水环境状况，采用多种措施保障河流生态需水，维系河流生态服务功能，重点保护鱼类及其栖息地流水生境。

(2)南城以下区域

《规划》通过新建或加高加固干支流沿河两岸堤防，结合廖坊和洪门等水库的防洪调度，并加强山洪沟及中小河流治理，开展河道整治，提高区域整体防洪能力；以现有供水工程为基础，规划新建桃陂等一批中型供水水库及其他小型供水水源工程，改善居民生活、生产和生态用水条件，提高区域用水保证率；新建井山灌区，结合廖坊、赣抚平原、金临渠、宜惠渠等大中型灌区续建配套和节水改造，提高流域耕地灌溉率及用水效率；《规划》依托干流梯级的渠化，辅以整治措施，实现抚州以下航道复航；加强饮用水水源地保护和重点水域水污染治理，严格控制污染物排放，强化水功能区管理，完善水质监测网络，维系流域水生生物的多样性和完整性，维持良好水环境。

3.5 主要控制性指标

(1)防洪安全控制指标

抚河流域主要控制断面防洪控制水位见表1。

表1　　抚河流域主要控制断面防洪控制水位

断面名称	所在河流	控制流域面积(km^2)	设计水位(m)			备注
			$P=2\%$	$P=5\%$	$P=10\%$	
南丰水位站	抚河(盱江)	2961			80.69	假定基面
廖家湾水文站	抚河	8723		43.02	42.40	
李家渡水文站	抚河	15767	34.48	33.58	32.81	
娄家村水文站	临水	4969		41.54	40.94	

(2)用水总量控制指标

2030年抚河流域多年平均情况下用水总量不超过21.95亿m^3，其中江西省21.94亿m^3，福建省0.01亿m^3。

(3)用水效率控制指标

抚河流域用水效率指标包括万元工业增加值(不含火、核电)用水量和农田灌溉亩均用水量、灌溉水利用系数3个指标。2030年抚河流域万元工业增加值用水量不超过40m^3，农田灌溉亩均用水量不超过370m^3，灌溉水利用系数达到0.60。

(4)主要控制断面生态基流

抚河流域主要控制断面生态基流见表2。

表2　抚河流域主要控制断面生态基流

序号	河流	控制节点	生态基流(m^3/s)
1	抚河干流	廖家湾	32
2		李家渡	54
3	黎滩河	洪门	12.7
4	临水	桃陂	8.6
5		娄家村	17.9

注:廖家湾和李家渡断面鱼类产卵育幼期(4—8月)最小下泄流量分别按照$80m^3/s$和$145m^3/s$控制。

(5)控制断面水质控制指标

抚河流域主要控制断面水质要求见表3。

表3　抚河流域主要控制断面水质要求

序号	河流	断面	水质目标	断面属性
1	抚河	东坑	Ⅱ	水利
2	抚河	河东大桥	Ⅱ	水利
3	抚河	白舍水位站	Ⅲ	水利
4	抚河	南丰水文站	Ⅱ	水利
5	抚河	超坊	Ⅱ	环保
6	抚河	太平桥	Ⅲ	水利
7	抚河	浒湾	Ⅲ	水利
8	抚河	廖坊电站	Ⅲ	环保
9	抚河	钟岭水厂	Ⅲ	环保
10	抚河	廖家湾	Ⅱ	水利
11	抚河	东乡水河口	Ⅲ	环保
12	抚河	焦石坝	Ⅲ	环保
13	抚河	李家渡	Ⅲ	水利

(6)水功能区达标率控制指标

2030年抚河流域水功能区水质达标率控制目标为100%。

3.6 规划方案

3.6.1 防洪减灾规划

根据《防洪标准》(GB 50201—2014)、《堤防工程设计规范》(GB 50286—2013)及《城市防洪工程设计规范》(GB/T 50805—2012)等有关规程、规范,结合流域内各区域经济社会地位的重要性、人口规模等,在廖坊水库充分发挥防洪作用前,抚州市主城区(含主城区和上顿渡城区)防洪标准为50年一遇,中洲片、抚北片、红桥片及河西片防洪标准为20年一遇,抚西大堤箭江口分洪闸以上、以下段防洪标准分别为20年一遇、50年一遇,通过堤防与廖坊水库(并考虑洪门水库滞洪作用)的联合运用等措施,抚州市各片的防洪标准进一步提高,抚西大堤箭江口分洪闸以上、以下段防洪标准分别达到50年一遇、100年一遇。抚东堤、唱凯堤、各县城的防洪标准为20年一遇;保护耕地1万~5万亩圩堤、乡镇的防洪标准为10年一遇。

城市治涝标准为10~20年一遇1日暴雨1日末排完;5万亩以上圩区或区内有重要设施的排涝区治涝标准为10年一遇3日暴雨3日末排至农作物耐淹水深,5万亩以下圩区及乡镇治涝标准为5年一遇3日暴雨3日末排至农作物耐淹水深。

规划加高加固6座万亩以上圩堤和135座0.1万~1万亩圩堤,总长分别为80.6km和499.70km;规划考虑廖坊水库预留防洪库容3.10亿m^3,建议开展洪门水库设置专门防洪库容研究工作;为保证遇超标准洪水箭江口分洪闸能按设计规模分洪运用,对分洪影响区内现有堤防进行加高加固、岗前泄水闸及岗前渡槽进行改建、抚支故道进行清淤疏浚,建设箭江口分洪区防汛通信预警系统;规划对13座中型病险水闸进行除险加固,对于将来运行中出现险情的水库,在对水库进行全面鉴定的基础上,按照国家规定有关的建设程序进行除险加固;实施中小河流治理,保障河流沿岸易发洪涝灾害的城镇及万亩以上基本农田等防洪保护对象的防洪安全;以小流域为单位,因地制宜地制定以非工程措施为主,工程措施与非工程措施相结合的综合防治方案,治理山洪沟共66条;规划整治干流岸线总长193.35km;完善流域防洪非工程措施建设。

规划采取以排为主,滞、蓄、截相结合,“高水高排、低水提排、围洼蓄涝”的除涝措施。对现有自排闸等进行改造,部分重点保护区考虑新增电排装机;中下游抚州盆地和滨湖冲积平原区地势平坦考虑适当增加电排装机,电排与自排、导排等相结合,提高排涝能力。

3.6.2 水资源综合利用规划

抚河流域多年平均地表水资源量161.95亿m^3,预测到2030年,全流域经济社会总用水量在23.71亿m^3以内,流域水资源利用率达14.6%,流域河道内生态环境用水的要求能得到满足。

(1)供水规划

新建井山、长滩、德胜等3座中型水库,改造新华中型水库等供水水源工程;对现有的16

座公共水厂进行改(扩)建,新建公共水厂 9 座,扩大供水规模;新建规模 1000t 以上农村自来水工程 213 座,完善农村饮水安全保障体系。

(2)灌溉规划

在巩固现有灌溉面积、加强灌区续建配套和节水改造、大力发展高效节水灌溉的基础上,适度发展

(3)灌溉面积

建成一批现代化灌区,提高农业综合生产能力。对廖坊和赣抚平原 2 座大型灌区、金临渠等 20 座中型灌区进行续建配套和节水改造;新建井山灌区;建设桃陂大型水库和井山中型水库,因地制宜地推进引(提)水工程建设。

(4)航运规划

抚河航道为地区性一般航道,规划依托干流梯级的渠化,辅以整治措施提高通航条件。

3.6.3 水资源与水生态环境保护规划

(1)水资源保护规划

加强廖坊、洪门等大型水库生态调度,保障河流生态需水;严格执行水功能区污染物入河总量控制方案,加快东乡水东乡城段的水污染治理,加强抚河干流源头区水资源监测、保护与管理。水功能区污染物入河量全部控制在水功能区限制排污总量范围内,水环境呈良性发展;维持合理的流量,满足生态环境需水。

(2)水生态保护规划

抚河上游主要通过栖息地保护等措施保护鱼类栖息生境;中游主要通过增殖放流等措施保护鱼类资源;下游主要通过连通性恢复等措施保证抚河下游—鄱阳湖的连通。通过水生态环境系统保护与修复,部分珍稀濒危物种种群得到保护和恢复。生态修复措施能够有效实施,维系流域水生生物的多样性和完整性。建立健全抚河流域水生态环境长期、规范的监测与管理体系。保护抚河流域重要栖息地及鱼类种质资源,恢复抚河下游—鄱阳湖的连通,实现水资源利用、保护和水生态系统保护的良性循环,抚河流域水生态状况明显改善。

(3)水土保持规划

以小流域为单元,生物措施、工程措施与耕作措施相结合开展赣中南山地丘陵水蚀轻度侵蚀区的水土流失综合治理;以生态修复为主开展赣中平原丘岗水蚀轻度侵蚀区的水土流失综合治理。流域内约 31 万 hm^2 水土流失面积得到治理,新增水土流失治理率 80%,流域内林草覆盖率在现状基础上提高 7 个百分点左右,减少了土壤侵蚀量 70%以上。

3.6.4 流域综合管理规划

结合抚河流域管理实际,逐步实现流域河长制管理体制,基本实现流域综合管理现代

化，初步实现涉水事务的协调、统一管理；完善水旱灾害防御管理、水资源综合利用管理、水资源与水生态保护管理、水利工程建设与运行管理等制度；建立流域水质、水量、水生态环境等实时监测、监控系统等。开展流域重大问题研究，加强人才队伍建设。

4 规划过程中遇到的技术难题及解决方案

在《规划》的编制过程中，在全面了解和掌握抚河流域治理开发与保护的基础上，针对流域内出现的新问题、新情况和新要求，按照“节水优先、空间均衡、系统治理、两手发力”新时期治水思路，开展提高防洪安全保障程度、加强水资源综合利用、强化水资源与水生态环境保护、强化流域管理等研究。

采用实地查勘调研、实测资料分析、数学模型计算等多种技术手段，破解了抚河流域综合规划中的多项关键技术问题。

(1)规划范围

在以往的流域规划中，都只是将抚河流域范围界定在江西省内。本次规划通过实地调研、资料分析，明确抚河流域规划范围为李家渡以上的抚河流域，流域面积 15767km²，涉及江西、福建两省，其中江西省的面积为 15736km²，占流域面积的 99.80%，福建省的面积为 31km²，占流域面积的 0.20%；对于防洪和航运规划，为保证完整性和连续性，将航运规划范围延伸到李家渡至太平渡河段，将防洪规划范围延伸到李家渡以下河段。

(2)控制性指标

完整地提出了抚河流域控制性指标体系，通过与江西省、福建省多次协调，明确了抚河流域防洪安全、用水总量、用水效率控制指标及主要控制断面的生态基流、水质控制指标和水功能区达标率控制指标，以此作为抚河流域治理开发与保护相关约束条件。

5 规划实施后取得的效益

抚河流域防洪工程的实施，能使抚州市主城区、廖坊水库库区河西堤和抚西大堤箭江口分洪闸以下段防洪标准达到 50 年一遇，东乡、崇仁、南城、宜黄、南丰、广昌、黎川等县城，万亩以上圩堤防洪标准可达到 20 年一遇；结合廖坊水库(并考虑洪门水库滞洪作用)的联合运用等措施，可使抚西大堤箭江口分洪闸以上、以下段防洪标准分别达到 50 年一遇、100 年一遇。

通过供水工程的建设，城市饮用水安全得到有效保障，农村饮水安全工程建设能使流域农村饮水安全得到巩固提升。灌溉工程实施，可基本解决流域内的农业灌溉问题，极大地提高了防御干旱的能力，保证农业生产的持续稳定发展。

重点推进水土流失综合治理、崩岗防治工程、水土保持生态修复和水土保持监测网络等工作，可使区内现有水土流失得到较好治理，扩大治理区植被覆盖率，有效提高拦沙效益。通过在流域内布设水生态监测点，对流域风景名胜区的生态环境及鱼类、湿地的动植物资源变化加强流动性监测，能及时掌握生态环境的变化情况，可有效促进流域内水生生物生长及栖息地环境保护，保持良好的水生态环境。

水利管理规划实施后，将增强流域水利管理能力，为流域水利的可持续发展提供坚实的基础。

撰稿/朱成明、张琳

信江流域综合规划

▲ 界牌航电枢纽

《信江流域综合规划》以习近平新时代中国特色社会主义思想为指导，积极践行新发展理念，按照“节水优先、空间均衡、系统治理、两手发力”新时期治水思路，根据“水利工程补短板，水利行业强监管”总基调，全面推进节水型社会建设，落实最严格水资源管理制度，进一步完善防洪减灾体系，优化配置水资源，增强城乡供水保障能力，大力推进水生态文明建设，加强流域水资源与水生态保护，强化流域综合管理能力，为保障流域与区域水安全、建设鄱阳湖生态经济区、推动长江经济带发展提供水利支撑。

1 项目背景

信江是鄱阳湖水系五大河流之一，发源于浙、赣边界怀玉山的玉京峰，在余干县境内的大溪渡附近分为东、西两大河，东大河经珠湖山与乐安河汇合再注入鄱阳湖，西大河在余干县的瑞洪注入鄱阳湖。梅港以上主河道全长328km，流域面积15535km²，其中江西省境内面积14516km²，约占全流域面积的93.44%；福建省境内面积700km²，约占全流域面积的4.51%；浙江省境内面积319km²，约占全流域面积的2.05%。

信江流域已初步形成了防洪、治涝、供水、灌溉、水力发电、水土保持等水资源综合利用体系，一批重点工程和控制性骨干工程也已顺利实施。2009年国务院批复《鄱阳湖生态经济区规划》，要求将鄱阳湖生态经济区建设成为全国大湖流域综合开发示范区、长江中下游水生态安全保障区、加快中部崛起重要带动区和国际生态经济合作重要平台。流域内鹰潭市和上饶市是鄱阳湖生态经济区的重要组成部分。为适应新时期经济社会发展的要求，进一步完善防洪治涝减灾体系，加强水资源综合利用，有效解决流域水旱灾害、水污染加重、生态环境恶化、水利基础设施薄弱等突出问题，迫切需要对原有流域规划进行修编与调整。

2011年12月，《信江流域综合规划任务书》获水利部批复，由长江水利委员会组织开展《信江流域综合规划》(以下简称《规划》)编制工作。2015年9月，水利部水利水电规划设计总院对《规划》进行了审查。2017年6月，环境保护部对《信江流域综合规划环境影响报告书》进行了审查。水利部于2018年12月以水规计〔2018〕341号文批复了该规划。

2 规划意义

编制《规划》对进一步提高流域防洪安全保障能力；加强水资源综合利用，充分发挥水资源综合效益；加快推进水生态文明建设，促进人水和谐；着力落实最严格水资源管理制度，强化流域水利管理等具有重要意义。

(1) 进一步提高流域防洪安全保障能力

随着流域经济社会的发展、城镇化水平的提高、人口的持续增长，对防洪减灾提出了更高的要求。《规划》进一步完善了信江流域的综合防洪治涝减灾体系，加强了防洪水库、堤防等骨干防洪工程建设，解决了中小河流、病险水库、山洪灾害等防洪薄弱环节问题，有效提高了流域和区域整体防洪能力，解决了以产业聚集区、重大基础设施、大规模工业园区、新建城区等重点区域的防洪问题；同时建立相对独立完整的治涝工程体系，使流域治涝能力与其重

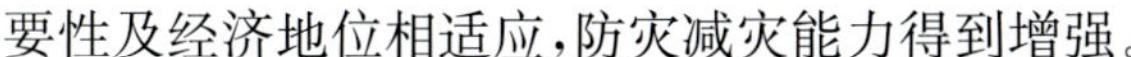

要性及经济地位相适应，防灾减灾能力得到增强。

(2) 加强水资源综合利用，充分发挥水资源综合效益

保障了信江流域的供水安全和粮食安全，切实贯彻开源与节流并举的方针，优化配置、高效利用水资源，实施一批重点水资源调配工程，合理增加供水工程，解决了工程性缺水问题，提高了供水保障能力和保证率，增强抗旱减灾能力；加快实施灌区续建配套，强化农田水利基础，提高了水利对粮食生产的贡献率，建设一批高效节水的现代化灌区，提高了农业综合生产能力。提高了信江航道等级，形成联系紧密、运行高效的内河运输体系，使其航运效益得到充分发挥。

(3) 加快推进水生态文明建设，促进人水和谐

随着经济社会的快速发展，局部地区水资源过度开发、粗放利用、水污染加重、水生态环境恶化等问题陆续出现，不仅会对信江流域的经济社会发展、用水安全、生态安全等造成严重影响，还影响到鄱阳湖生态经济区建设的推进。需要严格控制入河排污量，保护好水资源；并以维护生物多样性和完整性为目标，建立和完善生态建设与修复体系，严格控制生态与环境敏感区域的治理开发活动，减少或减缓生态破坏因素向不利方向演变的趋势。加大水土流失综合治理力度，有效防治水土流失，维系流域优良生态环境；加强水利血防工作，控制血吸虫病传播，使流域经济社会发展与水生态环境保护相协调。

(4) 着力落实最严格水资源管理制度，强化流域水利管理

为使经济社会发展与水资源水环境承载能力相协调，实现水资源永续利用，《规划》明确了用水总量控制、用水效率控制、水功能区限制纳污“三条红线”，建立健全了水资源管理责任和考核制度；加强水利行业能力建设，加快水利信息化步伐，提高了依法行政能力和社会服务水平；进一步完善了流域与区域相结合的管理，做好统筹规划、行政审批、科学调度、执法监督、指导协调等工作，保障流域治理开发与保护活动的顺利进行。

3 规划方案

3.1 规划指导思想与原则

(1)规划指导思想

全面贯彻落实党的十八大和十九大精神，以习近平新时代中国特色社会主义思想为指导，紧紧围绕统筹推进“五位一体”总体布局和协调推进“四个全面”战略布局，牢固树立“生态优先、绿色发展”理念，按照“节水优先、空间均衡、系统治理、两手发力”新时期治水思路，以流域人民日益增长的美好生活需求和生态环境保护为首要任务，以“共抓大保护，不搞大开发”为原则，重点解决水利基础设施不配套、防灾减灾体系不完善、生态环境质量不达标等

突出问题，着力推进流域管理体制机制创新，促进区域经济社会可持续发展。

(2)规划原则

坚持以人为本，民生优先；坚持节水优先，保护优先；坚持统筹兼顾，综合利用；坚持因地制宜，远近结合。

3.2 规划范围和规划水平年

(1) 规划范围

规划范围为信江梅港以上流域，流域面积 15535km^2。

(2)规划水平年

规划基准年为 2013 年，近期水平年为 2020 年，规划水平年为 2030 年。

3.3 规划目标

至 2030 年，堤防建设、结合流口水库调度，使鹰潭市防洪标准达到 100 年一遇。继续完善干支流防洪体系，使重点乡镇、重要支流的防洪堤、千亩以上圩堤及成片耕地等防洪保护对象达到规划防洪标准；基本建成山洪灾害防治体系，流域防洪非工程措施得到进一步完善。

基本实现水资源高效利用，节水型社会初步建成。万元 GDP 用水量降低至 70m^3，万元工业增加值用水量不超过 40 m^3，工业用水重复利用率达到 85%，灌溉水利用系数达到0.60；城乡人民生产、生活用水得到保证，水源地安全得到有效保护，主要城市应急供水体系基本健全，农村自来水普及率达到 85%以上；继续完善已建灌区的续建配套与节水改造，流域农田有效灌溉面积达到 322.49 万亩。

实现水环境良性循环，全面解决城镇集中供水水源地安全保障问题。部分珍稀濒危物种种群得到保护和恢复；流域内湿地面积和生境质量有所提高；生态修复措施能够有效实施，流域水生生物的多样性和完整性得以有效维系；流域内约 34.83 万 hm^2 水土流失面积得到治理，流域内林草覆盖率在现状基础上提高了 10 个百分点左右，减少土壤侵蚀量 70%以上，建立完善的水土流失预防监督体系和水土保持监测网络，全面遏制人为水土流失。进一步巩固水利血防成果，血吸虫病疫情不出现回升。

逐步建成高效健全的现代流域管理体系；初步实现涉水事务的协调、统一管理；水利行业管理能力得到进一步提升。

3.4 总体布局

(1)上饶以上区域

《规划》通过新建或加高加固沿河两岸堤防、中小河流及山洪治理等措施，提高上饶市、玉山县、广丰区及重点乡镇、大面积农田等保护对象的防洪能力；通过小型水库及五小供水工程建设，七一和饶丰大型灌区、中小型灌区续建配套与节水改造，提高区域用水保证率，改善人民生产生活条件；结合河流综合治理、饮水安全、灌区改造等水利工程进行水利血防设施建设，阻止钉螺扩散和滋生；加强源头水源涵养和饮用水水源地保护，改善水环境状况，采用多种措施保障河流生态需水，维系河流生态服务功能，保护鱼类及其栖息的流水生境。

(2)上饶至鹰潭区域

《规划》通过新建或加高加固沿河两岸堤防、山洪沟及中小河流治理，并开展河道整治等措施，结合建设流口水库与区域内已建防洪水库共同拦蓄洪水，提高区域整体防洪能力；加快流域花桥、山口岸等大中型水库和其他小型水库的建设，加快大坳、伦潭、铜包头等灌区建设，实施中小型灌区续建配套和节水改造，提高区域用水效率；加强主要支流重点区域水土流失治理；开展干支流入河排污口整治，加强面源污染治理，加强饮用水水源地保护，改善水环境状况，维系并逐步恢复河流生态服务功能。

(3)鹰潭以下区域

《规划》通过加固及新建堤防与护岸、山洪沟及中小河流治理、河道整治等，结合伦潭水库预留防洪库容与新建流口水库联合调度，提高鹰潭市及下游地区防洪能力；重点实施中小型灌区续建配套和节水改造，建设一批小型水库及“五小”供水工程缓解该片的缺水情况；通过梯级渠化和航道整治工程等相应措施，改善航道条件；加强干支流入河排污口整治和面源污染治理，提高城镇污水处理率和污水处理运行负荷率，保证入湖生态水量及河流连通性。

3.5 主要控制性指标

(1) 防洪安全控制指标

信江流域主要防洪控制水位成果见表1。

表1　　信江流域主要防洪控制水位成果

序号	位置	设计水位(m，吴淞高程)		
		$P=2\%$	$P=5\%$	$P=10\%$
1	梅港水文站	30.40	29.69	29.04
2	界牌坝下	33.13	32.23	31.49
3	界牌坝上	33.42	32.47	31.67
4	鹰潭	34.97	33.88	32.98
5	贵溪	39.50	38.41	37.49
6	上饶水文站	72.56	71.85	71.25

(2) 用水总量控制指标

2030 年信江流域多年平均情况下用水总量不超过 28.12 亿 m^3，其中江西省境内 27.50 亿 m^3，福建省境内 0.32 亿 m^3，浙江省境内 0.30 亿 m^3。

(3)用水效率控制指标

信江流域用水效率指标包括万元工业增加值(不含火、核电)用水量和农田灌溉亩均用水量、灌溉水利用系数 3 个指标。2030 年信江流域万元工业增加值用水量不超过 40m^3，农田灌溉亩均用水量不超过 400m^3，灌溉水利用系数达到 0.60。

(4)主要控制断面生态基流

信江流域主要控制断面生态基流见表 2。

表 2　信江流域主要控制断面生态基流

序号	河流	控制断面	生态基流 (m^3/s)
1	信江干流	弋阳	32
2	信江干流	梅港	57

注：弋阳和梅港断面鱼类产卵育幼期(4—8 月)最小下泄流量分别按照 96 m^3/s 和 171m^3/s 控制。

(5) 控制断面水质控制指标

信江流域主要控制断面水质要求见表 3。

表 3　信江流域主要控制断面水质要求

序号	河流	代表断面	水功能区		水质目标	指标要求 (mg/L)	
		测站名称	一级	二级		化学需氧量	氨氮
1	信江	七一水库	信江玉山七一水库开发利用区	信江玉山七一水库饮用水水源区	Ⅱ	≤15	≤0.5
2	信江	上饶水文站	信江上饶开发利用区	信江上饶饮用水水源区	Ⅱ	≤15	≤0.5
3	信江	弋阳水文站	信江弋阳开发利用区	信江弋阳饮用水水源区	Ⅱ	≤15	≤0.5
4	信江	梅港	信江余干保留区		Ⅲ	≤20	≤1.0

(6)水功能区达标率控制指标

2030 年流域内水功能区水质达标率控制目标均应达到 98%，其中重要江河湖泊水功能区达标率为 100%。

3.6 规划方案

3.6.1 防洪减灾规划

根据《防洪标准》(GB 50201—2014)、《堤防工程设计规范》(GB 50286—2013)及《城市防洪工程设计规范》(GB/T 50805—2012)等有关规程、规范，结合信江流域的特点和各区域经济社会地位的重要性、人口规模等，拟定流域防洪标准为：上饶市防洪标准为50年一遇，鹰潭市城区防洪标准近期采用50年一遇，远期流口水库建成后，堤库结合达到100年一遇；玉山县、广丰区等9个县级城市中，除贵溪市城北主城区采用50年一遇标准外(目前贵溪市城北主城区已按50年一遇设防)，其余均采用20年一遇标准，对于县城上游有规划或在建防洪水库的，水库建成后防洪标准可适当提高；保护耕地5万亩以上圩堤防洪标准为20年一遇，保护耕地5万亩以下圩堤、沿河重要乡镇的防洪标准为10年一遇。

城市治涝标准为10～20年一遇，5万亩以上圩区或区内有重要设施的排涝区治涝标准为10年一遇，5万亩以下圩区及乡镇治涝标准为5年一遇。

规划加高加固13座万亩以上圩堤和161座0.1万～1万亩圩堤，长分别为139.88km和1154.44km；规划流口水库预留防洪库容4.56亿m^3，提高下游鹰潭、贵溪等地防洪能力；规划对13座大中型病险水闸(排涝站)进行除险加固，对于将来运行中出现险情的水库，在对水库进行全面鉴定的基础上，按照国家规定有关的建设程序进行除险加固；实施中小河流治理，保障河流沿岸易发洪涝灾害的县城、重要集镇及万亩以上基本农田等防洪保护对象的防洪安全；以小流域为单位，因地制宜地制定以非工程措施为主，工程措施与非工程措施相结合的综合防治方案，治理山洪沟72条；规划以干流沿岸城区河段为重点，结合城市防洪工程建设进行清淤疏浚和防洪护岸；完善流域防洪非工程措施建设。

按照“高水导排、低水提排、围洼蓄涝”的治涝原则，采取以圩堤保护范围为单位分片治涝模式，沿江干、支流两岸现有城市以城区为单位分片治涝。对信江上游区域现有自排闸等进行改造，不考虑新增电排装机；贵溪以下区域，考虑适当增加电排装机，电排与自排、导排等相结合，加强排涝能力。

3.6.2 水资源综合利用规划

信江流域多年平均地表水资源量184.23亿m^3，预测到2030年，全流域经济社会总用水量在28.12亿m^3以内，流域水资源利用率达15.2%，流域河道内生态环境用水的要求能得到满足。

(1)供水规划

进一步新建花桥大型水库、山口岸中型水库和其他小型水库等供水水源工程。对现有的7座公共水厂进行改(扩)建，新建公共水厂11座，扩大供水规模；规划建设农村自来水工程124座。

(2)灌溉规划

对七一和饶丰两座大型灌区以及白塔渠、锦北、白庙等24座中型灌区进行续建配套和节水改造;新建大坳、伦潭、铜包头、青桐和渐浦等5个大中型灌区;新建地表水灌溉水源工程333座(处),包括1座大型水库(铜包头水库)、3座中型水库(沙潭、梅潭和鲁水坑水库)等。

(3)航运规划

干流流口到褚溪河口244km航道达到Ⅲ级航道标准;湖区段建设貊皮岭等航电枢纽,渠化梅港至界牌河段航道,并采用疏浚与整治相结合的工程整治措施,大幅改善流口以下河段航道条件。同时建设区域性重要港口鹰潭港。

3.6.3 水资源与水生态环境保护规划

(1)水资源保护规划

保障河流生态需水,严格执行水功能区污染物入河总量控制方案,加快信江干流鹰潭市、上饶市的水污染治理,加强信江干流源头区水资源监测、保护与管理。流域内水功能区水质达标率达到98%,水功能区污染物入河量全部控制在水功能区限制排污总量范围内,水环境呈良性发展;控制断面的生态环境需水得到满足;城镇集中供水水源地安全保障问题得到全面解决。

(2)水生态保护规划

信江干流上游河段主要通过生境修复等措施保护生境;中游河段主要通过增殖放流等措施保护鱼类资源;下游河段主要通过连通性恢复等措施保障信江下游—鄱阳湖连通。通过水生态环境系统保护与修复,部分珍稀濒危物种种群得到保护和恢复,维系流域水生生物的多样性和完整性。建立健全信江流域水生态环境长期、规范的监测与管理体系。保护信江流域重要栖息地及鱼类种质资源,恢复信江下游—鄱阳湖的连通,流域水生态状况得到明显改善。

(3)水土保持规划

综合治理以小流域为单元,以坡耕地治理为重点,以径流调控为主线,采取工程措施、林草措施、保土耕作措施和封禁治理措施,因地制宜,沟坡兼治。规划治理水土流失面积348257hm^2。

(4)水利血防规划

规划综合治理河道总长19.5km,渠道硬化79.6km,改建涵闸6座。

3.6.4 流域综合管理规划

结合信江流域管理实际,逐步实现流域河长制管理体制,基本实现流域综合管理现代化,初步实现涉水事务的协调、统一管理;完善水旱灾害防御管理、水资源综合利用管理、水资源与水生态保护管理、水利工程建设与运行管理等制度;建立流域水质、水量、水生态环境等实时监测、监控系统等。开展流域重大问题研究，加强人才队伍建设。

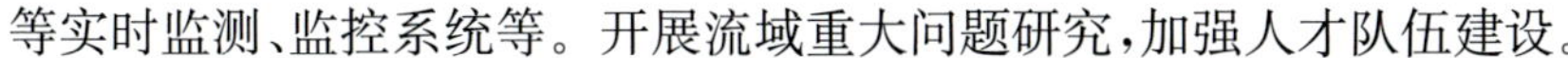

4 规划过程中遇到的技术难题及解决方案

在《规划》的编制过程中，在全面了解和掌握信江流域治理开发与保护的基础上，针对流域内出现的新问题、新情况和新要求，按照“节水优先、空间均衡、系统治理、两手发力”新时期治水思路，开展提高防洪安全保障程度、加强水资源综合利用、强化水资源与水生态环境保护、强化流域管理等研究。

采用实地查勘调研、实测资料分析、数学模型计算等多种技术手段，破解了信江流域综合规划中的多项关键技术问题。

(1)首次完整地提出了信江流域控制性指标体系

通过与江西、浙江、福建三省多次协调，明确了信江流域防洪安全、用水总量、用水效率控制指标及主要控制断面的生态基流、水质控制指标和水功能区达标率控制指标。以此作为信江流域治理开发与保护的相关约束条件，填补了信江流域无控制指标体系为管理依据的空缺。

(2)强化与规划环评协调，优化空间布局

流域综合规划与规划环评工作紧密结合。在规划设计过程中，始终保持与规划环评工作互动，从环境保护角度不断优化流域综合规划方案，取消了可能涉及三清山世界自然遗产的枫林水库；提出了清沙湾水库、流口水库和马鞍山梯级的优化方案；提出了鲁水坑水库优化空间布局等措施。

5 规划实施后取得的社会效益及经济效益

防洪治涝工程的实施，使上饶、鹰潭城区防洪标准达到 50 年一遇(流口水库建成后，堤库结合使鹰潭市达到 100 年一遇标准)，玉山、广丰等 9 个县级城市以及沿河重要乡镇、耕地围堤防洪标准达到 10～20 年一遇，流域整体防洪减灾能力得到切实提高。

建设城市和农村供水工程，可保障流域的饮水安全，提高干旱缺水应对能力。一批大中小型灌区加强续建配套或新建工程完成后，可改善农业生产条件，提高水利对粮食生产的贡献率。航电工程的实施，将使信江的航运、发电效益得到很好的发挥。

水土保持、水资源、水生态环境保护等工程的实施，可有效遏制生态环境恶化趋势，改善水环境，消除水质性缺水隐患，促进人水和谐；通过水利血防等综合措施，可使流域内血吸虫病疫区达到阻断控制标准，有效保护疫区人民的身体健康。

撰稿/朱成明、彭军、张琳

西南五省(自治区、直辖市)重点水源工程建设规划

▲ 西南五省水源之云南省德厚大型水库

2009 年 8 月至 2010 年 5 月,西南地区的云南、贵州、广西、四川、重庆等省(自治区、直辖市)发生了特大干旱,其持续时间之长、受灾范围之广、影响程度之深,均为历史罕见。特别是云南、贵州和广西等地旱情极为严重,部分地区降雨量较常年同期偏少七至九成,一些地方旱情达百年一遇。旱灾发生以后,党中央、国务院高度重视旱情发展和抗旱工作。温家宝总理、回良玉副总理先后多次深入灾区看望慰问受灾群众,指导抗旱救灾工作,要求优先解决灾区群众饮水问题,抓紧编制《西南五省(自治区、直辖市)重点水源工程建设规划》。

为贯彻落实中央领导的重要指示精神，国家发改委和水利部组织安排了规划编制工作。规划以科学发展观为指导，紧紧围绕解决西南五省（自治区、直辖市）工程性缺水问题，在实地调研和反复论证的基础上，深入分析水资源供需情况，全面优化工程布局，合理配置建设项目，注重与各级各类规划的衔接协调，先急后缓，突出重点，多措并举，建管并重，提出了指导思想、规划范围、总体布局、项目安排、资金方案和保障措施。

1 区域规划背景

1.1 区域概况

（1）自然地理

云南、贵州、广西、四川和重庆等五省（自治区、直辖市）位于我国西南地区，总面积136.3万km^2，约占全国国土面积的14.2%。区内地形地貌复杂多样，以高原山地为主，山地、丘陵约占总面积的92%，岩溶地貌分布广泛。区内河流众多，水量丰富，山高水急，岩溶地区地下伏流普遍发育。流域面积在10000km^2以上的河流有38条，分属长江、珠江和西南诸河三大流域，广西南部有河流直接流入北部湾。

（2）水资源

西南五省（自治区、直辖市）1956—2000年多年平均年降水量为1198mm，折合降水总量为16330亿m^3，占全国降水量的26.4%，属于降水相对丰沛的地区。降水量总的趋势是从东南向西北逐渐减少，年际变化较大，年内分配不均匀，大部分地区70%～90%的年降水量集中在5—10月。降水季节分配不均是该地区冬春、夏初易出现干旱，夏秋出现洪涝的主要原因。区域内多年平均水资源总量为8347亿m^3，占全国水资源总量的29.4%。人均水资源占有量为3481m^3。

（3）经济社会

西南五省（自治区、直辖市）辖地市级行政区61个，县级行政区549个。2010年底总人口23981万，占全国总人口的17.9%；其中城镇人口9894万，农村人口14087万，城镇化率41.3%。平均人口密度176人/km^2。2010年地区生产总值46507亿元，占全国的11.6%；人均地区生产总值19393元，约为全国平均水平的65%。

1.2 干旱情况

1.2.1 干旱灾害情况

1950—2007年的58年旱灾统计资料显示，西南五省（自治区、直辖市）几乎每年都有不同程度的干旱灾害发生，大范围、长时间的严重干旱5～10年就会出现一次。特别是近年来旱灾发生概率和范围明显增加，损失也日趋严重。2006—2007年四川、重庆发生了严重干旱，受灾人口突破6800万，因旱造成1537万人、1632万头大牲畜出现饮水困难，农作物受灾面积达6000多万亩、成灾面积3500万亩。

2009—2010年，西南五省（自治区、直辖市）部分地区相继发生了罕见的连旱叠加。据不完全统计，共5100万人受灾，饮水困难人口2148万，饮水困难大牲畜2773万头，农作物受灾面积达9373万亩。

1.2.2 存在的问题

（1）水源工程建设不足，工程性缺水问题突出

该区域地形地质条件复杂，水资源开发难度大，加上经济条件落后，建设资金匮乏，水利基础设施建设滞后，供水设施严重不足，虽人均水资源占有量远高于全国平均水平，但供水能力和开发利用程度均较低，工程性缺水问题突出。已建水源工程中大中型骨干蓄水工程较少，且大部分年久失修，配套设施缺乏，无法正常发挥工程效益。

（2）局部地区存在资源性缺水，少量地区存在水质性缺水

受自然条件所限，部分河流分水岭地区存在资源性缺水；一些开发利用程度较高、工业集中的地区水污染加剧，造成水质性缺水。

（3）城镇供水保障能力低，解决农村饮水安全问题难度大

水源保证率低，设施不配套，供水能力建设跟不上城镇化进程，导致城镇供水保障能力普遍偏低，特别是遇到干旱年份许多城镇不能正常供水。农村饮水安全问题仍然突出，干旱年份一些山区村屯需靠运水维持基本生活需求。受人口居住分散和地形地貌等因素影响，农村饮水安全工程建设任务重，难度大，成本高。

（4）现有水利基础设施不能满足工农业用水的需求，制约了经济社会的可持续发展

近年来，国务院作出了支持西南地区发展的一系列重大战略部署，对水资源开发利用提出了更高要求。随着城镇化、工业化和农业现代化的快速推进，水利基础设施薄弱、供水能力不足的问题日益突出，制约了经济社会的可持续发展。

（5）水利管理水平较低，总体用水效率不高

水利管理体制还有待完善，“重建设轻管理”“重规模轻效益”“重骨干轻配套”等问题还不同程度存在；水利投融资体制和水利工程产权制度改革等有待进一步深化；水价改革还不

到位，水价不能反映水资源供求状况；运行管理和维修养护经费来源不稳，总量不足，职工队伍人员素质及管理水平有待提高。

1.3 建设的必要性和紧迫性

为从根本上扭转该区域水利设施严重滞后的局面，有效解决水资源供需矛盾突出和旱灾易发频发问题，全面加强重点水源工程建设十分必要和紧迫。

(1)保障城镇居民用水安全的需要

西南五省(自治区、直辖市)目前有超过2/3的县城供水存在问题，时常限时、限量供水。随着经济社会的不断发展和城镇化的持续推进，城镇人口和生活需水量将不断增加。加快重点水源工程建设，为城镇居民用水提供可靠水源，是提高城镇用水保证率、维护城镇居民用水安全和稳步推进城镇化的迫切需要。

(2)保障农村基本生活用水的需要

西南五省(自治区、直辖市)农村饮水困难人口多，居住分散，解决难度大。现有农村供水工程标准普遍不高，合格自来水普及率较低，不少地区缺乏基本供水设施，一遇严重旱情，数百万人口只能依靠政府送水勉强维持。加快重点水源工程建设，为农村人畜饮水提供可靠稳定水源，是保障农民群众饮水安全、抵御因旱饮水困难、改善日常生活条件的迫切需要。

(3)保障经济社会平稳较快发展的需要

西南五省(自治区、直辖市)大部分属于欠发达地区，由于水源工程建设不足，水资源供需矛盾突出，成为制约当地经济社会发展的瓶颈问题。加快重点水源工程建设，为当地农业灌溉和工业发展提供可靠水源，是保证当地经济社会的平稳较快发展、深入实施西部大开发战略的迫切需要。

(4)显著增强抵御特大干旱能力的需要

西南五省(自治区、直辖市)普遍存在工程性缺水问题，少数地区存在资源性缺水问题，水资源不能充分利用和合理调配，导致严重旱灾特别是特大、连片、连季旱灾频发，给当地经济社会发展和广大群众生产生活带来严重影响。加快重点水源工程建设，从根本上扭转区域抗旱基础设施能力薄弱局面，是有效提高水资源开发利用水平、显著增强抵御特大干旱能力的迫切需要。

2 规划的指导思想和目标任务

2.1 指导思想

以科学发展观为指导，因地制宜地加强各类水利工程建设，以中小型水库、引(提)水工程和连通工程为重点，适当考虑大型水库，结合开采地下水，加快解决工程性缺水，实现西南五省（自治区、直辖市）水资源的合理开发、优化配置、高效利用、有效保护和科学管理，显著提高水资源调配及供水保障能力，有效增强抵御特大干旱能力，促进经济社会可持续发展。

2.2 基本原则

（1）坚持挖潜优先

分析区域水资源和工程设施状况，充分发挥已有水利工程的能力和潜力，加快在建项目建设。

（2）坚持统筹兼顾

在加强水源工程建设的同时，兼顾好防洪、生态环境保护的需要，开源节流治污并重。

（3）坚持合理布局

在开展水资源供需分析的基础上，合理确定工程布局，做好相关规划衔接，注重配套输水工程建设。

（4）坚持远近结合

合理确定近远期建设的目标和任务，认真分析投资可能，区分轻重缓急，量力而行，有序推进。

（5）坚持因地制宜

充分考虑当地的地理特点和水资源条件，科学选取不同的工程措施。

（6）坚持建管并重

强化水资源管理，促进水资源高效可持续利用，建立健全工程运行管理机制，确保工程长期发挥效益。

2.3 规划范围

规划范围主要考虑下列各类县域：

1)2009—2010 年遭受过严重旱灾的县。

2)现状人均供水能力小于全省（自治区、直辖市）平均值 50%的县。

3)1990—2007 年曾发生过特大干旱的县以及因旱饮水困难县。

4)现状骨干水源严重匮乏的县。

5)少数存在特殊困难的县。

按上述原则，确定规划范围包括 400 个县域，占西南五省（自治区、直辖市）县域总数的 72.9%，其中云南 123 个、贵州 81 个、广西 61 个、四川 100 个、重庆 35 个。

2.4 规划目标

到 2020 年，规划项目实施后，结合“五小”等小型水利设施建设，有效解决西南地区缺水问题，增强抵御特大旱灾的能力。缺水城镇、人口较集中的乡村居住区水源供水保证率达到95%～97%，并为其他分散居住区域提供可靠的应急水源；兼顾工业生产用水和农业灌溉用水，供水保证率分别达到95%和75%。正常来水年份城乡生活生产用水得到可靠保障；一般干旱年份城乡生活用水得到保障，生产用水影响较小；特殊干旱年份确保城镇、人口较集中的乡村居住区基本生活用水需要。

3 规划的布局和衔接

3.1 规划区水资源开发利用现状

截至2010年，规划范围内现有各类地表水水源工程约87.7万座(处)，其中蓄水工程约47.3万座、引水工程约33.4万处、提水工程约7.0万处；另有水井工程155万余眼。已建各类水源工程现状供水能力为658.3亿m^3，其中蓄、引、提水工程分别为291.4亿m^3、165.6亿m^3和139.6亿m^3，水井工程为27.5亿m^3，集雨和污水处理等其他工程为13.6亿m^3。人均供水能力为329m^3。水资源开发利用程度低、潜力大。

2010年规划范围内遇平水年缺水109.6亿m^3，遇一般干旱年缺水177.4亿m^3，遇特殊干旱年缺水279.4亿m^3。考虑已有工程挖潜配套(包括已建、在建水电站工程可利用的供水量)，遇平水年缺水41.8亿m^3，一般干旱年缺水103.8亿m^3，特殊干旱年缺水207.8亿m^3。现状工程条件下供水缺口仍然很大。

3.2 规划衔接和布局

与国务院批准的流域综合规划、防洪规划或水资源综合规划以及区域发展规划的大中型水库项目、全国大中型水库建设“十一五”规划相衔接；规划的小型水库、引(提)水工程、连通工程、打井工程，与有关区域发展规划、中小河流治理规划、水资源开发利用规划等相衔接。

规划重点水源工程共2753项，其中大型水库25项，中型水库438项，小型水库1251项，引(提)水工程326项，连通工程101项，打井工程612项。按区域分布，云南、贵州、广西、四川、重庆分别为601项、643项、621项、511项、377项。按流域分布，长江流域、珠江流域、西南诸河分别为1471项、1003项、279项(表1)。

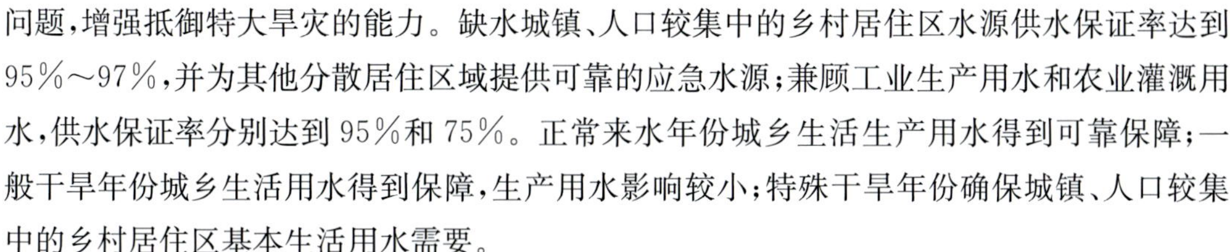

表1　重点水源工程规划项目总体布局

区域 流域	总县数	规划 县域数	涉及 县域数	大型 水库	中型 水库	小型 水库	引(提) 水工程	连通 工程	打井 工程	合计
云南	129	123	123	5	131	325	48	31	61	601
贵州	88	81	81	3	135	201	13		291	643

续表

区域 流域	总县数	规划 县域数	涉及 县域数	大型 水库	中型 水库	小型 水库	引(提) 水工程	连通 工程	打井 工程	合计
广西	111	61	62	4	56	242	163	24	132	621
四川	181	100	103	9	54	234	76	34	103	511
重庆	40	35	35	3	62	249	26	12	25	377
合计	549	400	404	25	438	1251	326	101	612	2753
长江流域	334	239	243	18	246	715	121	60	313	1471
珠江流域	167	117	118	7	126	378	182	34	276	1003
西南诸河	68	62	62	2	66	158	23	7	23	279

4 规划投资与实施效果

4.1 投资估算

规划总投资为2539.13亿元，其中大型水库570.45亿元，占总投资的22.47%；中型水库1203.12亿元，占总投资的47.38%；小型水库528.46亿元，占总投资的20.81%；引(提)水工程178.51亿元，占总投资的7.03%；连通工程44.50亿元，占总投资的1.75%；打井工程14.10亿元，占总投资的0.56%。分省(自治区、直辖市)统计，云南545.19亿元、贵州655.84亿元、广西479.84亿元、四川522.03亿元、重庆336.23亿元，分别占总投资的21.75%、25.16%、19.14%、19.54%和13.41%(表2)。

表2　　规划投资汇总　　(单位:亿元)

省级 行政区	大型 水库	中型 水库	小型 水库	引(提) 水工程	连通 工程	打井 工程	合计
云南	62.12	311.87	125.34	20.2	21.16	4.5	545.19
贵州	131.29	413.37	97.34	9.34		4.5	655.84
广西	87.08	142.44	151.93	88.42	8.52	1.46	479.84
四川	219.73	158.37	86.55	46.08	9.78	1.52	522.03
重庆	70.23	177.07	67.30	14.46	5.04	2.12	336.22
合计	570.45	1203.12	528.46	178.50	44.50	14.10	2539.13

4.2 分期实施

(1)优先解决城乡生活用水

水源建设优先保障近年旱灾频繁且灾情严重，水源工程短缺、目前存在严重的供水安全隐患，或无水源工程，且人口密集地区的供水安全以及城乡生活用水，在此基础之上努力保障工业生产和农业灌溉用水需求，并向严重缺水的重点粮食生产基地、边远贫困地区、少数民族地区和生态脆弱地区的水源工程倾斜。

(2)优先安排前期工作基础好、具备开工建设条件的项目

结合规划项目的实际情况，优先实施主体明确、已完成前期勘测设计工作、具备开工建设条件、建设管理程序较完善、易于实施的建设项目，推动项目顺利实施。

(3)优先安排占地少、投资省、效益好、见效快的工程

结合生活和生产对水资源的需求，优先实施对改善生活和生产起关键作用、占地少、投资省、效益好、见效快的项目，以尽快发挥较大效益。重视调蓄能力强、控制范围广的大中型水库工程建设。

(4)统筹兼顾、综合协调、分步实施

结合可能投资力度、施工负荷及能力，避免年度投资过于集中，兼顾地区之间的投资平衡，以利于资金筹集和按期完成计划工程量。

(5)注重与相关规划的衔接

未列入全国大中型水库建设规划的大中型水库项目安排在2015年以后实施，确保2015年以前实施的项目有充分的规划依据。

4.3 规划实施效果

规划实施后，可增加年供水能力198.47亿m^3，规划范围内新增人均供水能力99.18m^3/人，解决城镇供水5641.48万人，解决农村人饮3205.3万人；发展灌溉面积1726.97万亩，改善灌溉面积1096.82万亩。结合《西南五省(自治区、直辖市)小型水利设施建设规划(2011—2020)》的实施，正常来水年份能满足城乡生活生产用水需要，县城、乡镇和人口较集中并具一定规模的区域水源供水保证率基本达到95%，同时提高农业灌溉用水保证率；一般干旱年城乡生活用水有保障，兼顾工业生产用水和农业灌溉用水，生产用水影响较小；特殊干旱年份基本满足县城、乡镇和人口较集中区域生活用水需要，并为其他分散居住区域提供可靠的应急水源，缩短了输水距离，可从根本上解决西南五省(自治区、直辖市)缺水问题，显著增强抵御特大旱灾的能力(图1至图3)。

图 1　重庆市万盛鲤鱼河引水工程

图 2　贵州省遵义仁怀市大沙坝水库

图 3　四川省红鱼洞水库

撰稿/黄辉、张琳

长江口综合整治开发规划

▲ 长江口崇明岛风光

《长江口综合整治开发规划》是我国首部获得国务院批准的河口综合整治规划，涵盖河道整治、防洪潮、航道、水土资源、生态环境保护、非工程措施等专项规划。

 规划背景与历程

长江口自徐六泾至河口 50 号灯标，长约 181.8km。河段平面呈扇形，总体呈三级分汊、四口入海的河势格局。长江口地区包括上海市和江苏省南通市、苏州市。该地区滨江临海，集“黄金海岸”和“黄金水道”的区位优势于一体，是长江流域乃至全国的精华地带，发展潜力巨大，对长江流域乃至全国经济社会发展起着十分重要的作用。

长江口河道宽阔，洲滩众多，水流动力条件复杂，河道冲淤多变。70 多年来，我国有关规划设计、科研单位和高等院校对长江口进行了多学科的系统研究。1988 年，原水利电力部上海勘测设计研究院提出以北港入海航道整治为重点的《长江口综合开发整治规划要点报告(1997 年版本)》；1992 年原国家计委将“长江口拦门沙航槽演变规律与深水航道整治方案研究”列入国家“八五”重点科技攻关计划；1997 年，水利部上海勘测设计研究院提出了《长江口综合开发整治规划要点报告》，该报告通过了水利部组织的审查，并上报原国家计委。1998 年 1 月，长江口南港北槽深水航道治理工程正式开工建设。

虽然近几十年来长江口规划与研究工作一直没有间断，取得了许多研究成果，但是由于 1998 年、1999 年大水后，长江口河势出现了较大调整和变化；长江口深水航道治理工程、三峡工程及南水北调工程等逐步实施，将使长江口水沙条件发生一定程度的变化；沿岸经济社会快速发展对航运以及淡水资源、岸线资源和滩涂资源等开发利用提出了新的、更高的要求，原有规划已不能适应长江口自然条件的变化及经济社会发展的要求，有许多问题仍需要深入研究。一是河势尚未得到有效控制；二是淡水资源开发利用条件不断恶化；三是滩涂开发利用与生态环境保护矛盾突出；四是岸线开发利用缺乏统一规划与管理；五是部分堤段仍未达到防洪(潮)规划标准；六是长江口生态环境呈衰退趋势。为进一步加快长江口治理开发，加强长江口管理，统筹协调防洪、供水、航运和生态保护等方面的工作，对《长江口综合开发整治规划要点报告》(1997 年版本)进行修订非常必要。为此，自 2001 年 12 月开始，水利部安排长江水利委员会组织开展规划修订工作。

为做好规划修订工作，长江水利委员会长江勘测规划设计研究院牵头，组织上海勘测设计研究院等单位，开展长江口综合整治开发规划中需要重点解决的重大关键技术研究，编制完成《长江口航道规划》《长江口淡水资源开发利用与保护规划》《长江口湿地保护与滩涂开发利用规划》《长江口岸线开发利用规划》《长江口防洪(潮)规划》《长江口排灌规划》《长江口生态环境保护规划》等各项专业规划 7 项，完成《长江口风暴潮特性分析》《三峡、南水北调等工程及沿江取水对长江口的影响研究》《长江口卫星遥感解译》《长江口生态环境变化趋势分

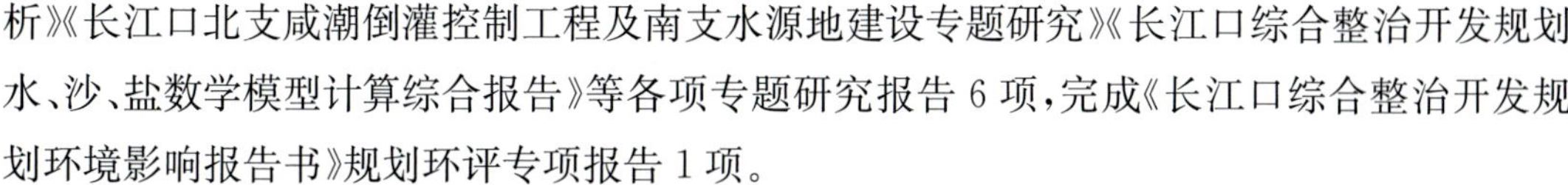

析》《长江口北支咸潮倒灌控制工程及南支水源地建设专题研究》《长江口综合整治开发规划水、沙、盐数学模型计算综合报告》等各项专题研究报告 6 项，完成《长江口综合整治开发规划环境影响报告书》规划环评专项报告 1 项。

长江水利委员会于 2004 年 4 月编写完成《长江口综合整治开发规划》(以下简称《规划》)。2004 年 9 月，水利水电规划设计总院受水利部委托在北京主持召开了《规划》审查会。长江水利委员会根据审查意见，对《规划》进行了补充、修改和完善。2005 年 6 月，水利部将《规划》函送国务院有关部门，及上海市、江苏省人民政府征求意见。国家发改委还委托中国国际工程咨询公司组织对《规划》进行了评估。2007 年 3 月，《长江口综合整治开发规划环境影响评价报告书》通过了原国家环保总局和水利部的联合审查。2008 年 2 月，水利部将《规划》报国务院审批。2008 年 3 月，国务院批准《规划》。

2 规划主要内容

2.1 规划范围与规划水平年

本次规划以 2005 年为现状基准年；2010 年为规划近期水平年；2020 年为规划远期水平年，以近期水平年为重点。

2.2 规划目标

2.2.1 规划指导思想

以科学发展观为指导，按照构建社会主义和谐社会的要求，坚持以人为本、人与自然和谐相处的理念，在认真分析长江口演变规律和总结治理开发经验教训的基础上，全面规划、远近结合、统筹兼顾、综合治理，正确处理长江口治理开发与生态环境保护的关系，工程措施和非工程措施相结合，以稳定河势为重点，维护深水航道和其他基础设施的安全运行，合理开发利用水土资源和岸线资源，保障防洪(潮)安全，保护生态环境，加强河口河道的管理，促进长江口地区资源、环境和经济社会的协调发展。

2.2.2 规划编制原则

(1)坚持因势利导、统筹兼顾

充分遵循长江口河道及附近海域演变的自然规律，因势利导地开展河道综合整治，统筹兼顾河海、上下游、左右岸以及南北支的整治要求。

(2)坚持综合治理、远近结合

综合考虑河势稳定、航运发展、淡水资源开发、生态环境保护、滩涂和岸线利用以及防洪、排灌等各方面需要，与土地利用总体规划、城市总体规划等相衔接与协调，既解决近期急需解决的问题又充分兼顾远期治理要求。

(3)坚持有利于深水航道的稳定

通过河口的综合整治,稳定河势,维护长江口深水航道,保障航运安全,促进长江航运发展。

(4)坚持整治开发与保护并重

加强长江口整治开发的同时,充分考虑河口地区环境保护与生态建设的要求,高度重视水资源、湿地和水生动植物的保护,维护河口健康。

2.2.3 规划目标

(1)近期目标

基本稳定南支上段河势,初步形成相对稳定的南、北港分流口,稳定分流态势;减缓北支淤积速率;减轻北支咸潮倒灌南支,改善南支淡水资源开发利用条件;在深水航道治理工程的基础上,通过加强管理措施,并辅以必要的工程措施,分阶段地使深水航道向上游延伸,适时启动白茆沙水道整治工程,适当改善北港、南槽及北支的通航条件,满足近期航运发展对航道建设的需要;加快防洪工程和排灌工程建设步伐,达到近期防洪(潮)及排灌规划标准;对淡水水源地和自然保护区进行重点保护,初步抑制长江口局部水域水质恶化和生态环境衰退的趋势;结合河势控制工程,改善岸线利用条件,合理开发新的岸线资源;适度圈围滩涂,基本满足社会经济发展对土地资源的迫切需求;基本完成长江口水文水质站网建设任务,初步构建长江口地区水利信息化系统框架。

(2)远期目标

进一步稳定白茆沙河段北岸边界,使七丫口段逐步成为新的人工节点,进一步稳定和改善南北港分流口及北港的河势;根据国民经济发展的需要及北支缩窄后河道变化趋势,在条件成熟时再考虑实施北支下段建闸或其他可行方案,以消除北支咸潮倒灌对南支淡水资源开发利用的影响,全面改善南北支淡水资源开发利用条件;结合河道整治及滩涂圈围,辅以航道整治工程措施,进一步改善北港、南槽及北支的航道条件,达到远期航道建设标准;促进河口地区生态环境的进一步改善,以支撑地区经济社会的可持续发展;全面达到长江口地区的防洪(潮)及排灌规划标准;基本建成较为完善的长江口地区水利信息化系统。

2.3 规划方案

(1)河道整治

长江口总体河势格局维持南支主槽靠右岸,南港为主汊、入海深水航道通畅的河势格局。通过徐六泾节点及白茆沙河段整治工程加强进口徐六泾节点的控制作用,使主流过徐六泾节点后适当北偏,以适当增加北水道的分流比,并维持南北水道－10m 深槽长期贯通、

南水道为主汊的双分汊河势格局；通过下扁担沙右缘固定等工程加强七丫口对河势的控制作用，使其逐步形成新的人工节点；通过南北港分流口整治工程长期维持主流偏靠南岸，分流口及分流通道位置固定，并有利于南北港稳定分流，有利于保持以南港为主汊的河势格局；通过北港整治工程河势维持北港上段主流靠左岸、下段主流靠右岸的河势格局应予以维持；南港应稳定进口分流通道，维持瑞丰沙体的完整，保持主流偏靠右岸；通过左岸岸线整治、右岸黄瓜沙群整治、上段疏浚工程等措施，减轻北支咸潮倒灌南支，减缓北支的淤积萎缩速率，维持其引排水功能。

(2)防洪潮

江苏省长江口堤防近期防洪潮标准为"长流规"标准，远期防洪潮标准为100年一遇高潮位遇11级风；上海市宝山区、浦东新区近远期防洪潮标准为200年一遇高潮位遇12级风，其余堤段近远期均为100年一遇高潮位遇11级风。远景可根据经济发展进一步论证。

(3)航道

长江口近期航道规划标准为：主航道12.5m×(350～400)m，北港、南槽维持现有通航标准，北支为2.8m×100m，白茆沙北航道在现有维护标准的基础上逐步提高标准。远期航道规划标准为：主航道(含白茆沙南、北航道)将根据经济发展的需要和白茆沙河段的治理情况，航道水深进一步增深；北港航道通航3万～5万吨级海轮；南槽航道通航1万～2万吨级海轮；北支达到3.2m×100m。

(4)水土资源开发利用

近期安排建设陈行第二水库，扩建陈行水库取水和输水泵站；结合长江口综合整治，建设青草沙水库和崇明明珠湖水库。远期进一步扩建明珠湖水库的取水和输水系统；结合南汇嘴控制工程建设没冒沙水库；根据发展需要，考虑建设太仓边滩水库。规划期内长江口滩涂开发总规模为81.01万亩，其中近期62.42万亩，远期18.59万亩。

(5)非工程措施

水利信息化系统建设拟安排在近期完成，远期主要是进一步完善和提高系统的应用功能；水文站网建设拟安排在近期实施，远期主要是进一步提高监测的自动化水平和监测资料的系统性、完整性。

(6)生态环境保护意见

水环境保护方面提出了水环境保护管理体制建设、污染物排放总量控制、长江口水源地保护等意见；湿地生态环境方面提出实行分级与分类保护、完善湿地保护法规、建立健全湿地监测与评价体系、制定长江口湿地生态保护行动计划等意见；水生态保护方面提出了受损生态系统保护与修复、渔政管理、渔业资源生境与生态敏感区保护、中华鲟自然保护区建设、水生态监测和生态系统多样性保护研究等意见。

3 重大关键技术

本次规划全面系统地开展了澄通河段和长江口河道演变及其动力因素的分析研究；采用国内外较为先进的9个数学模型，对长江口综合整治工程前后的流场、泥沙输移、盐度场进行模拟计算；采用河工模型，对整治工程方案进行试验研究；采用风暴潮增水数学模型，对长江口风暴潮特性进行了分析研究；采用卫星遥感、遥测技术，对长江口河道及滩涂演变、湿地环境变化等进行分析研究；针对长江口规划中的关键技术问题，开展长江口风暴潮特性、三峡和南水北调等工程对长江口影响、长江口卫星遥感综合解译、长江口生态环境变化趋势、北支咸潮倒灌控制工程及南支水源地建设等专题研究。通过上述研究，全面提升了本次规划的技术含量和研究水平。长江口综合开发整治规划解决的重大关键技术问题包括：

(1)研发了大通—长江口—东海大范围一、二维联合潮流、泥沙、盐度综合数值模拟技术

为解决研究范围广、影响因子复杂、各因子间相互影响、基础资料系统性差等因素对长江口综合整治开发规划研究带来的困难，规划首先通过建立大通—徐六泾一维河网水流、泥沙数值模型，解决了长江口数值模拟中长期存在的进口断面缺乏长系列的潮流量、含沙量过程资料的技术难题；将长江口二维模型的外海边界扩展到外海含沙量基本为零和盐度变化较小的区域，同时考虑了盐度变化对泥沙输移沉降的影响，并与东海二维潮波数学模型进行联合计算，实现了长江口潮流、泥沙、盐度长系列综合数值模拟。从率定、验证结果精度来看，模型很好地揭示了长江口水、沙、盐运动规律。本次数学模型研究在长江口地区开创了大范围的一、二维水、沙、盐联合模型研究的先河，为长江口的河道整治方案研究、咸潮入侵防治措施研究、水源地建设方案研究等提供了经济、快捷的研究手段，为长江口综合整治方案的制定提供了重要的技术支撑，具有很好的推广和应用意义。

(2)明晰了长江口台风增水与洪潮特性，定量分析了台风、潮汐和径流对长江口特殊高潮位的各自影响程度

长江口高洪水位的形成受上游径流、海洋潮汐和台风增水等多方面的影响。长期以来上述因素对长江口特殊高潮位影响程度一直缺乏定量的综合分析。为此，规划通过建立长江口地区大范围的台风增水数值模型，对不同典型台风下长江口的增水作用进行了定量模拟，剖析了长江口风暴潮发生的时间、强度、影响范围等特点，通过潮汐调和特性分析，将实测潮位分离成台风增水、天文潮增水、洪水增水等，并建立了长江河口地区天生港以下河段台风增水数学模型以及气压场、风场计算模型，准确模拟和预报了长江口地区风场规律与台风增水，提出了台风、潮汐、上游径流对长江口特殊高潮位的各自影响程度。《规划》对吴淞、徐六泾站年最高潮位、增水、大通流量进行两两相关分析，得出两站年最高潮位与台风增水

的相关性较强，与大通流量的相关性相对较弱的分析成果，为长江口地区防洪(潮)策略的制定提供了重要依据。

(3)开展了河相关系的综合分析研究，确定了长江口各汊道整治河宽及治导线

长江口自然演变呈现河口不断外延、河宽缩窄的规律，区域经济社会发展也需要开发长江口的滩涂资源。而上游径流和潮汐动力需要有与之相适应的合理河宽。为合理制定长江口治导线规划，指导长江口河势控制、河道整治、滩涂资源开发，《规划》采用不同方法，对长江口各汊道不同区域的合理河宽和治导线进行了综合研究。为治导线及整治方案研究提供了重要的参考依据。在计算合理河宽的基础上，综合考虑防洪航运的要求，采用多方案数学模型比选的手段，对不同河宽方案进行了对比分析，系统提出了长江口治导线规划方案，在指导长江口地区河道整治方案与滩涂圈围方案的制定中得到了很好的应用。

(4)提出湿地动态平衡保护的理念，协调了长江口开发与湿地生态环境保护之间的关系

《规划》充分利用了不同时期的遥感影像、数字化地形图以及相关水文资料所提供的丰富的信息资源，抓住重点，以综合分析的思想从点到线、由线带面逐步扩展，对长江口河道历史变迁、滩涂变化、口门地区悬浮泥沙时空分布特征、湿地环境变化等宏观变化规律进行综合解译，对长江口湿地环境演化进行了分析和预测，首次提出了湿地动态平衡保护的理念；遵循动态平衡的原则，研究制定了长江口湿地生态环境保护的总体策略、重点区域和有关政策建议。为尽可能减少滩涂圈围对湿地生态环境可能带来的不利影响，《规划》首次提出“在保护中开发，在开发中保护”的湿地保护目标，为实现湿地生态环境的动态平衡提供了参考依据。

(5)提出了长江口咸潮入侵机理与防治措施

长江口咸潮入侵造成长江口地区水质性缺水的主要原因。《规划》系统研究分析了长江口咸潮入侵机理，揭示了咸潮入侵途径、长江口盐度时空分布规律、枯季北支咸潮倒灌南支等特点，说明了北支咸潮倒灌是南支水域咸潮入侵的主要来源。根据咸潮入侵机理制定了北支大、中、小缩窄方案以及上、中、下建闸方案的防治措施，通过数学模型计算等手段，从整治效果、生态影响等方面论证不同缩窄方案、不同建闸方案的利与弊，为长江口综合方案拟定提供了重要的技术支撑。

(6)开展了三峡、南水北调等工程及沿江取水对长江口的叠加综合影响研究

随着流域内重大水利水电工程等的实施，其对长江口的叠加综合影响日益成为业界关注的重大科学问题。《规划》开展了三峡、南水北调等工程及沿江取水对长江口河势稳定、咸潮入侵、滩涂及湿地演变、水生态环境等方面的叠加综合影响，得出三峡工程对稳定长江口总体河势、减轻咸潮入侵、避免土壤盐渍化总体有利，对滩涂变化、渔业资源影响不大，得出南水北调工程对上述影响均不大的研究结论，为长江口综合整治方案制定提供了重要的技

术支撑。

(7)划分了长江口岸线功能分区

随着长江口地区经济社会的快速发展,岸线开发与河势稳定、水资源保护、湿地生态环境变化等方面的矛盾日益提出。《规划》系统分析了长江口地区岸线开发利用现状及存在的问题,剖析了长江口地区经济社会发展对岸线开发利用的要求,并对现状岸线资源进行了综合评价。为保障长江口地区岸线资源的合理利用与管理,《规划》开创性地提出岸线功能分区的理念,并将长江口岸线功能分区划分为开发利用岸线、保护岸线、保留岸线三大类。

4 社会效益和经济效益

《规划》是我国大型河口规划首次得到国务院批准。《规划》的批准对指导上海市、江苏省境内长江河口的综合整治开发起到了重要作用,为长江口的治理、开发、保护和管理提供了重要的规划依据。《规划》编制过程中形成的关键技术对国内外大型复杂河口研究、治理、开发与保护具有重要的参考价值。

依据《规划》,水利部、交通部、上海市、江苏省陆续实施了长江口综合整治工程,对促进长江口河势稳定、改善长江口航道条件、保障上海市供水安全、促进长江口重要湿地生境保护及长江口地区经济社会的可持续发展发挥了重大的推动作用,产生了巨大的社会效益、环境效益和经济效益。

4.1 河势控制效果明显

按照规划开展的徐六泾节点整治、南北港分流口整治和南北槽分流口整治等一系列河势控制工程建设,对稳定长江口“三级分汊、四口入海”的总体格局起到重要作用,长江口总体河势基本向着规划目标发展。河宽缩窄,沙洲固定,涨落潮流路得到控制。北支整治工程的实施,缩窄了北支河宽,减小了北支涨潮量,减轻了咸潮倒灌南支。在控制河势的同时也为当地发展提供了新的岸线资源和新的土地资源等附产品。

4.2 航道建设成效显著

长江口 12.5m 深水航道建成并稳定运行产生了巨大的社会效益和经济效益。自 2011 年长江口 12.5m 深水航道建成至 2019 年底,长江口航道货运量累计增长 51.4%,通航船舶艘次累计增长 28.4%,其中吃水 12m 以上的船舶累计增长 599%,累计经济效益达 971 亿元。北支河道整治工程的实施归顺了北支局部水域涨落潮流路,北支航道条件逐步改善。2009 年,北支航道重新开通。目前,除北支崇头至灵甸港维护自然水深外,灵甸港至连兴港段维护水深逐渐由 2.5m 增加至 6.0m,航道效益逐渐得到发挥。

4.3 供水安全有效改善

民以食为天，食以水为先。供水保障是服务民生、支撑发展的重要基础。与河势控制相结合的青草沙、东风西沙水库陆续建成，上海市原水供应格局发生改变，长江成为上海市原水供应的主要来源，原水供应量占上海市总供应量的73%，有效保障了上海市的原水供应。江苏省太仓市等也利用河势控制工程建设了备用水源地，大大提高了当地的供水安全保障。

4.4 信息共建共享初步建立

在河势控制、深水航道建设、水源地建设过程中，水利部、交通运输部以及上海市水务局、上海市环保局等部门单位主动加强自身能力建设和信息共享机制构建。长江口地区水文、泥沙、河道和水环境等观测技术与信息系统得到了显著加强。

4.5 堤防防洪(潮)标准得到提高

长江口综合整治促进了沿江地区堤防达标能力建设。目前，长江口地区基本形成标准适宜、设施配套、联动协调的防汛保障体系，基本经受住了台风、暴雨、高潮、洪涝等灾害的考验，保障了城乡的防汛防台安全。目前，上海市长江口大陆侧和长兴岛公用段江堤基本达到200年一遇的防御标准，崇明岛江堤和横沙岛江堤基本达到100年一遇的防御标准，江堤防御能力得到了全面提高。江苏省长江干堤基本达到50年一遇防洪标准，病险穿堤涵闸全面除险加固。特别是岸线综合整治工程中新建围堤的建设，大大提高了沿江地区防洪安全保障能力。

4.6 生态修复稳步推进

长江口地区湿地资源、生物资源丰富，已经建立了崇明东滩鸟类国家级自然保护区、九段沙国家级湿地自然保护区、启东长江口(北支)湿地省级自然保护区。在《规划》的指导下，长江口地区实施的互花米草生态控制与鸟类栖息地优化工程有效地促进了崇明东滩的生态修复。在维护河口稳定健康的同时，结合疏浚土资源化利用合理实施滩涂整治拓展了城市发展空间，服务了长江口地区的经济社会发展。

撰稿/陈正兵、樊咏阳、陈前海、胡春燕

江西省水网建设规划

▲ 赣江峡江水利枢纽

《江西省水网建设规划》以长江、鄱阳湖，以及“五河”等自然河湖为基础，以引调水工程、重要圩堤、中小河流、城乡供水工程和灌溉渠系、河湖水系连通工程等为输排水通道，以控制性调蓄工程为结点，以智慧化调控为手段，构建集流域防洪减灾、水资源优化配置、水生态系统保护等功能于一体，并协同水电、航运融合发展的现代水网体系，形成以大南昌都市圈为核心，赣东北、赣西北、赣中、赣南四大片区为支撑的“一核四区”水网空间格局。

规划背景

江西因水而生、因水而兴。长江沿省境北部而过，鄱阳湖上承“五河”，下通长江。盆地水旱灾害多发频发，城乡供水安全保障能力与高品质供水要求仍有差距，河湖生态保护治理能力不足，制约和威胁全省经济社会高质量跨越式发展。

新中国成立以来，特别是党的十八大以来，江西省水利基础设施建设取得长足进步，各类工程具备了由点向网、由分散向系统转变的工程基础，为全省经济社会持续健康发展提供了强有力的水利支撑。2020 年 10 月，党的十九届五中全会提出实施国家水网重大工程的重大任务；2021 年 5 月，习近平总书记在推进南水北调后续工程高质量发展座谈会上明确提出加快构建国家水网；《国民经济和社会发展第十四个五年规划和 2035 年远景目标纲要》对国家水网骨干工程建设作出安排部署；水利部印发的《关于加快推进省级水网建设的指导意见》提出要科学编制省级水网建设规划，开展省级水网先导区建设；《江西省国民经济和社会发展第十四个五年规划和二〇三五年远景目标纲要》提出着力构建集防洪安全、供水安全、生态安全于一体的水利体系，推动国家及省级水网建设。

《江西省水网建设规划》由江西省水利厅组织编制，水利部水利水电规划设计总院、长江勘测规划设计研究有限责任公司、中铁水利水电规划设计集团有限公司为规划编制技术单位。

2022 年 7 月，水利部委托长江水利委员会对《江西省水网建设规划》进行了审核，同月江西省人民政府批复同意该规划。

规划意义

编制《江西省水网建设规划》意义重大，主要体现在：

(1)加快江西水网建设，是贯彻落实“三新一高”等党中央决策部署的战略需要

通过水网建设，能够充分发挥超大规模水利工程体系的优势和综合效益，持续提升水利工程服务标准和质量，为人民群众提供优质、高效、便捷的水利公共服务，在更高水平上保障全省水安全，实现从“有没有”转向“好不好”“美不美”，支撑高质量发展。

(2)加快江西水网建设，是打造美丽中国“江西样板”的现实需要

通过水网建设，推进江西省山水林田湖草沙一体化保护和系统治理，加快推进生态友好型水利工程建设，提升水生态系统质量和稳定性，持续增强水生态系统服务功能。

(3)加快江西水网建设，是保障粮食安全的迫切需要

通过水网建设，疏通拓展灌排渠系等水网毛细血管，加强现代农田水利基础设施建设，改善农田灌排条件，提升灌区的智慧化管理水平，建设集约型、生态型灌区，有力巩固提升粮食主产区地位，为实现农业现代化提供水利基础保障。

(4)加快江西水网建设，是推进水治理体系和治理能力现代化的内在需要

用市场化、法治化的方式加快水网建设，加快建立现代化的水利工程建管体制机制。

3 规划方案

3.1 规划指导思想

以习近平新时代中国特色社会主义思想为指导，全面贯彻党的十九大和十九届历次全会精神，坚决贯彻习近平总书记视察江西重要讲话精神，聚焦“作示范、勇争先”目标定位和“五个推进”重要要求，立足新发展阶段，完整、准确、全面贯彻新发展理念，构建新发展格局，推动高质量发展，坚持“节水优先、空间均衡、系统治理、两手发力”的治水思路，以全面提升水安全保障能力为目标，以完善流域防洪减灾体系、优化水资源配置体系、构建水生态保护治理体系、提升水网数字化智慧化水平为重点，统筹存量和增量，加快联网、补网、强链，构建“系统完备、安全可靠，江湖两利、调控有序，绿色智能、功能协同”的江西水网，为江西省高质量跨越式发展、实现中部地区绿色崛起和携手书写全面建设社会主义现代化江西精彩华章提供有力支撑和保障。

3.2 规划原则

(1)坚持立足全局、保障民生

坚持江西一盘棋，做好与国家骨干水网的衔接，协同推进市县各级水网建设。坚持以人民为中心的发展思想，不断提高水网建设质量和公共服务水平，高标准保障防洪安全，高品质保障供水安全和生态安全，增强人民群众获得感、幸福感、安全感。

(2)坚持节水优先、绿色发展

把节约用水和生态环境保护作为水网建设的前提条件，以水而定、量水而行、因水制宜，强化水资源刚性约束，充分遵循自然规律、生态规律、经济规律和社会发展规律，落实好长江大保护要求，决不逾越生态安全的底线。

(3)坚持系统观念、风险管控

遵循客观规律，统筹水网建设与新型城镇化建设、农业现代化建设、乡村振兴、生态治理修复，立足流域整体，兴利除害结合，优化水网布局与工程方案。强化底线思维，提高水网建设的标准与韧性，增强水安全风险防控能力。

(4)坚持远近结合、适度超前

统筹需要与可能,分期分批推进水网建设,既要解决当前急难愁盼问题,也要解决长期累积性问题,还要考虑战略储备与极端情况应急体系建设问题,超前科学谋划和系统布局一批打基础、利长远、管全局的重大水利工程。

(5)坚持协同融合、共建共享

推进各层级水网协同融合,推进水电、浙赣粤运河等跨行业跨领域共建共享,美化水景观,弘扬水文化,充分发挥水网整体效能和综合效益。统筹流域区域、城乡等水网建设需求,统筹水力发电与水资源开发综合利用,形成水网共商共建共管新局面。

(6)坚持改革创新、两手发力

充分发挥市场在水资源配置中的决定性作用,更好发挥政府作用,完善水网建设与运行管理体制机制,创新水网建设投融资机制。发挥科技支撑作用,推动水网工程智能化升级改造,提高水网智能化控制和调度水平,激发水利基础设施发展的动力和活力。

3.3 规划范围及规划水平年

本规划范围为江西省行政辖区范围,国土面积 16.69 万 km^2。考虑鄱阳湖及其支流在调节长江径流、战略补水、维护生态平衡以及支撑经济社会发展中的重要作用,本次规划分析范围拓展到长江中下游地区及江西省周边省份。

规划水平年为 2035 年,展望到 2050 年。

3.4 规划目标

到 2035 年,与基本实现社会主义现代化相适应的江西省级骨干水网基本建成,水安全保障能力显著提升。防洪减灾体系进一步完善,水旱灾害防御能力显著提升;水资源集约节约安全利用能力显著提升,配置格局进一步优化;水生态空间得到有效管控,水土流失得到有效治理,生态流量得到有效保障;水网工程智慧化水平大幅提高。

展望到 21 世纪中叶,高质量、现代化的江西水网全面建成,水旱灾害防御能力、水资源优化配置能力、水生态保护治理能力、水网工程智能化水平全面提升,全省水安全保障能力全面提升。水资源节约集约安全利用达到国内先进水平;水利基本公共服务实现均等化,城乡供水全面保障;标准适宜、功能完善、灾损可控的流域防洪减灾体系全面建成,有效应对处置极端天气事件造成的洪涝灾害;水生态环境优良,人水和谐的生态保护格局全面形成。

江西省水网建设规划主要指标见表 1。

表1　江西省水网建设规划主要指标

目标	指标	2019年	2035年	属性
防洪减灾	1～5级堤防达标率(%)	66	95	预期性
	江河治理达标率(%)	51	95	预期性
	新增防洪库容(亿 m^3)	—	18.2	预期性
	县级以上城市防洪标准达标率率(%)	49	≥95	预期性
水资源节约集约安全利用	用水总量控制(亿 m^3)	253.34	264.63	约束性
	万元GDP用水量下降(%)	—	50	约束性
	其中:万元工业增加值用水量下降(%)	—	46.6	约束性
	灌溉水利用系数	0.513	0.60	预期性
	供水安全系数	1.19	1.25	预期性
	骨干水源供水能力占比(%)	45.2	>55	预期性
	其中:大中型水库供水能力占比(%)	22.6	37.5	预期性
水生态保护	重点河湖基本生态流量达标率(%)	—	>95	预期性
	水质达到或好于Ⅲ类断面比例(%)	92.6	持续提高	预期性
	水土保持率(%)	85.87	87.87	预期性
水网智慧化	水文站建设达标率(%)	—	>95	预期性
	数字孪生水利工程覆盖率(%)	—	>90	预期性
	数字孪生流域覆盖率(%)	—	>90	预期性

3.5　规划主要任务

江西水网是以自然河湖为基础，以引调排水工程为通道，以控制性调蓄工程为结点，以智慧化调控为手段，构建集流域防洪减灾、水资源优化配置、水生态系统保护等功能于一体，融合水电、航运发展的现代水网体系。

3.6　规划总体布局

围绕"一圈引领、两轴驱动、三区协同"的区域发展格局，以国家骨干水网为依托，优化江西水网空间格局，构建上下衔接的水网体系，明确省级骨干网、地市网和县级网等不同层级水网建设的思路与重点。

3.6.1　优化水网空间格局

针对不同区域水网建设存在的短板，以全面提升水安全保障能力为目标，加快构建以大南昌都市圈为核心，赣东北、赣西北、赣中、赣南四大片区为支撑的"一核四区"水网空间格局，为全省高质量发展提供支撑和保障。

(1)一核——大南昌都市圈

以长江干流、鄱阳湖等天然河湖为基础,以环鄱阳湖水资源配置工程等为输配水通道,以鄱阳湖水利枢纽等为重要调蓄结点,妥善处理好江湖关系;通过统筹存量提质改造和增量高标准建设,推进重点河段堤防达标建设和提标升级,维持长江干流河道泄流能力,推进安澜美丽鄱阳湖建设;充分发挥以发电为主但具有控制性作用的柘林水库在水网中的调蓄作用,向鄱阳湖周边区域城乡生活和工业供水,联合修河流域现有水源构建城市供水双水源格局;加快赣抚尾闾水系综合整治工程建设,加快完善大南昌都市圈水网格局,重点保障大南昌都市圈高品质供水和防洪安全,建成长江“最美岸线”,为都市圈率先实现水利高质量发展提供支撑。

(2)赣东北

以信江、饶河及其重要支流等天然河流为基础,以花桥水库等为重要调蓄结点,以浙赣运河等航运通道协同融合发展为重点,加快流域控制性水库论证与建设,实施堤防达标建设和河道整治;通过信江河谷和冷水水资源配置工程建设,打造赣东北水资源配置带;结合大坳等灌区建设,加快构建赣东北地区水网格局,保障信江、饶河等江河安澜,优化水资源配置格局,构建信江、饶河等河流生态廊道,补充浙赣运河用水,支撑上饶、景德镇、鹰潭等城市经济社会发展。

(3)赣西北

以锦江、袁河等天然河流为基础,以四方井、江口水库等为重要调蓄结点,优化已建工程供水结构,实施堤防达标建设和河道整治,在袁河、锦江等河流上游优质水源区新建一批大中型水库;结合现有山口岩等水库,实施萍乡市引调水工程,高质量保障萍乡等地区生活生产用水;通过打通锦江和袁河输配水通道,实施引锦济袁水资源配置工程,打造赣西北水资源配置带,加快构建赣西北地区水网格局,保障新余、萍乡、宜春等城市防洪安全和供水安全。

(4)赣中

以赣江、抚河及其重要支流等天然河流为基础,以南溪、桃陂水库等为重要调蓄结点,结合现代化生态灌区建设,通过恢复万安水库设计规模运行;整合现有灌区,新建吉泰盆地大型灌区,打造吉泰盆地水资源配置带;实施抚河干流水资源配置工程和支流临水资源配置工程,打造抚河流域水资源配置带;以赣江中游、抚河上游为主要水源,加快一批重点水源工程建设,加快构建赣中地区水网格局,保障赣江、抚河安澜,支撑吉泰走廊建设,为描绘好新时代江南望郡金庐陵美好画卷提供有力支撑。

(5)赣南

以赣江及其重要支流等天然河流为基础,以寒信、极富水利枢纽等为重要调蓄结点,充分挖掘已有工程综合效益,结合梅江、平江、桃江等灌区建设,推进上犹江、章水、贡水、桃江水资源配置工程和瑞金市梅江调水工程建设,打造赣南水资源配置带;通过新建极富、茅店水利枢纽,扩建添锦潭水库,实现赣粤运河补水,加快构建赣南地区水网格局,打造赣南水塔，筑牢赣江、东江、北江源头生态安全屏障，为赣南苏区高质量发展提供水安全保障，实现巩固拓展脱贫攻坚成果同乡村振兴有效衔接。

3.6.2 构建上下衔接的水网体系

(1)加快构建联调联控的省级骨干水网

处理好开源和节流、存量和增量、时间和空间的关系，发挥好鄱阳湖在国家水网格局中的调蓄作用，加快构建“一江一湖五河系统治理、一环五带多库联调联控”的江西省级骨干水网，重点解决江西省流域防洪减灾和水资源宏观调配问题。

江西省级骨干水网示意图见图 1。

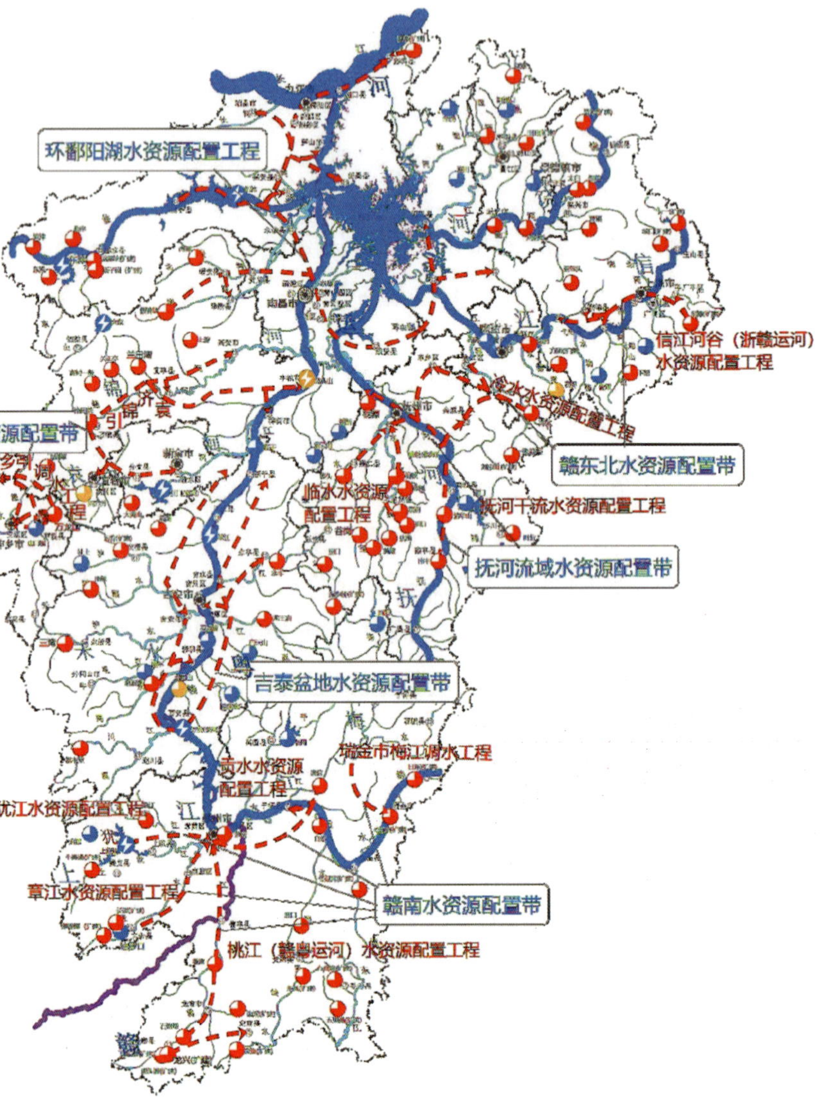

图 1 江西省级骨干水网示意图

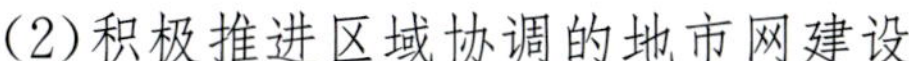

(2)积极推进区域协调的地市网建设

围绕各地市经济社会发展对水网建设的需求,依托省级骨干水网,积极推进区域协调的地市网建设,进一步疏通拓展中小河流、供水管网、灌排渠系等水网毛细血管,提高群众供水灌溉保安水平,改善区域河湖生态环境。

(3)因地制宜推进城乡融合的县级网建设

依托上级水网布局,结合县域内河湖水系与水利基础设施,加强本地水网与上级水网的互联互通,提高县域水安全保障能力。

3.7 规划方案

3.7.1 完善流域防洪减灾体系

针对长江三峡及上游大型水库蓄水运行后江湖关系变化、鄱阳湖流域洪涝灾害特点以及区域经济社会发展布局,以安澜鄱阳湖建设为核心,以畅通江河洪水通道、增强洪水调蓄能力、提高洪水风险防控能力为重点,工程措施与非工程措施相结合,以流域为单元加快构建现代化的江西省防洪减灾体系,统筹推进鄱阳湖安澜百姓安居工程,不断提升洪涝灾害防御能力,为江西省经济社会发展提供坚实的防洪安全保障。

(1)防洪水库工程

积极推进鹅婆岭、桐木堑、南丰、南田峡 4 座大型水库建设,恢复廖坊、江口、万安 3 座大型水库设计运行水位,对添锦潭、军潭、玉田 3 座中型水库实施改(扩)建,其中添锦潭、军潭扩建为大库,增加总库容 39.7 亿 m^3、防洪库容 13.4 亿 m^3。

(2)蓄滞洪区安全建设工程

完成康山国家级重要蓄滞洪区和珠湖、黄湖、方洲斜塘 3 座国家级一般蓄滞洪区安全建设,同步完成泉港、清丰山溪 2 座省级蓄滞洪区安全建设,新建围堤 46km、隔堤 18km、安全区 12 处、穿堤建筑物 34 处,转移安置 25.5 万人。

(3)河道行洪通道整治工程

长江干流整治。完成长江干流江西段行洪通道崩岸治理 65.4km。

鄱阳湖及“五河”尾闾行洪空间整治。开展安全台等基础设施建设和居民迁建安置。

“五河”治理。加快推进“五河”干流重点河段系统治理,确保重点河段达到规划防洪标准,综合治理河长 1272km。统筹开展禾水、锦江等其他 14 条重要支流治理,综合治理河长 1403km。系统治理武宁水、渣津河等 223 条中小河流,综合治理河长 6400km。

分洪道治理。开展抚河箭江口、信江貊皮岭 2 座分洪道治理,确保超标准洪水应急启用安全。

(4)堤防达标与提质增效工程

长江干堤除险加固与提质升级。实施长江干堤江西段除险加固与提质升级,全部提升至 3

级以上;开展沿江湖泊赤湖、太泊湖、芳湖综合整治,提升湖泊对江外排能力。

鄱阳湖区重点圩堤提质升级。对鄱阳湖区46座重点圩堤进行提质升级,进一步提质加固现有1~3级堤防,对保护南昌市城区现状4级堤防按1级堤防标准进行升级提质加固,对其余现状4级堤防按2级堤防标准升级提质加固,加固堤线总长1704.3km。

一般圩堤和单退圩堤治理。对滨湖沿江地区48座一般万亩圩堤进行升级加固,堤线总长808km;对滨湖沿江地区231座单退堤和133座千亩圩堤升级加固,堤线总长1178km;全面完成"五河"及其他流域86座一般万亩圩堤除险加固,堤线总长1187km;推进"五河"及其他流域654座千亩圩堤除险加固,完成治理长度2000km。

(5)城市防洪排涝建设工程

城市防洪达标建设。加快推进11个地级市和鄱阳、上栗等51个县(市、区)城区防洪达标建设。

城市排涝建设。推进11个地级市和进贤等66个县城排涝建设,完善城市现有涵闸、泵站、蓄滞场所等水利设施。

3.7.2 优化水资源配置工程体系

坚持"以水而定、量水而行、因水制宜",强化水资源刚性约束,以"集约高效、安全均衡"为导向,以全面提高供水安全保障能力为目标,以"节流、开源、联网"为抓手,积极优化经济社会发展与水资源的匹配关系,高质量实现水资源空间均衡配置,逐步构建"用水高效、配置科学、空间均衡、安全可靠"的水资源集约节约安全利用体系,以水资源可持续、高质量供水保障支撑江西省经济社会高质量发展。

(1)骨干输配水通道工程

加快实施环鄱阳湖水资源配置工程,新建供水管道644km,设计引水流量58.0m^3/s,设计供水量13.9亿m^3,受益人口1362万;结合重点水源工程建设,推进赣南、赣西北、赣东北等水资源配置工程。

(2)重点水库水源工程

加快建成花桥、四方井等2座大型水库和洋前坝、碧湖等7座中型水库,积极推进南溪、万龙山、下寨、高村一级、茅店、梨溪、浪双洲、营口、关王亭9座大型水库和君山、铁镜山、仙源庄、疏山等60座中型水库建设,对团结、双溪2座大型及浪溪、九曲湾等13座中型水库实施改(扩)建,共计增加总库容42.7亿m^3、兴利库容31.1亿m^3。

(3)城乡供水一体化工程

推进县级及以上城镇优水配置,重点开展水源置换调整、输配水线路建设;持续推进城乡供水一体化建设,完成城乡一体化供水工程2972处,建设与改造配套管网19万km,规划供水规模1684万m^3/d。

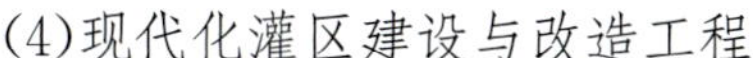

(4)现代化灌区建设与改造工程

灌区建设。加快建成大坳、梅江大型灌区,推进平江、吉泰盆地、桃江、临水 4 处大型灌区和高马芦、三百山东江 2 处重点中型灌区建设。

灌区续建配套与现代化改造。持续开展完成赣抚平原、袁惠渠等 18 处大型灌区和 110 处重点中型灌区续建配套和现代化改造。

3.7.3 构建水生态保护治理体系

按照长江大保护和国家生态文明试验区建设要求,树牢尊重自然、顺应自然、保护自然的生态文明理念,统筹流域上下游、左右岸、干支流、水域陆域、城市乡村,以提升水生态系统质量和稳定性为核心,推进山水林田湖草沙一体化保护和系统治理,持续提升水生态系统服务功能,实现河畅湖清、岸绿景美、文明彰显、人水和谐,为建设幸福河湖提供支撑保障。

(1)水源涵养与水土保持工程

水源涵养。积极开展赣江源、东江源等江河源头区保护与修复,加强重要生态功能区预防保护,水土流失预防 12300km^2。

水土流失综合治理。加快实施国家水土保持重点工程,系统推进生态清洁小流域建设和水土保持崩岗治理,完成水土流失综合治理 12000km^2。

(2)美丽鄱阳湖建设工程

鄱阳湖水利枢纽建设。实施鄱阳湖水利枢纽工程,通过建闸调枯不控洪的方式,恢复鄱阳湖水文节律和自然生态,整体改善湖区生态环境质量。

五河尾闾综合整治。推进五河尾闾综合整治,重点开展赣抚尾闾综合整治,加快构建三横四纵水系连通格局,有效调控枯水期河道水位。

鄱阳湖滨湖美丽岸线建设。适时开展鄱阳湖城市岸线生态提升工程,集约利用岸线资源,建设最美滨湖生态岸线。

(3)河流生态廊道建设工程

五河生态廊道建设。积极推进五河干流城市河段生态廊道建设,综合治理长度 867km。

重要支流生态廊道建设。开展袁河、萍水河、锦江等 13 条重要支流生态廊道建设,综合治理长度 468km。

河湖水系连通建设。推进江河湖库水系连通,增强河湖水力联系。以县域为单元、河流水系为脉络、村庄为节点,有序推进 40 个水美乡村建设。

3.7.4 提升水网数字化网络化智慧化水平

充分利用新一代信息技术,打造江西省数字孪生水网,全面建成以智能化水网工程为核心节点的水网调控体系,建立水网调控措施的智慧化与“四预”能力,全面实现水网防洪、水资源、水工程运行管理等业务现代化管理。

(1)水文现代化监测改造工程

全面建立现代化监测体系,重点推进现代化水文监测站网、水质实验室及实验站建设,开展水下地形与水文数据模型映射,建立统一的监测物联网平台。

(2)数字孪生流域建设工程

开展鄱阳湖、赣江、抚河、信江、饶河、修河等数字孪生流域建设,实现L2级数字底板、模型库和知识库,建立流域防洪联合调度、水资源调度等调控应用。

(3)数字孪生工程建设工程

推进柘林、万安、峡江、廖坊、浯溪口等数字孪生工程建设,实现L3级数字底板、模型库和知识库,同步推进水利工程基础设施智能化改造。

(4)水网智慧化应用建设工程

推动水网数字孪生平台、水网智慧化应用建设,统筹汇聚、共建共享、模块化链接数字孪生流域与数字孪生工程建设成果,打造水网工程防洪联合调度、水网工程水资源调配等智慧化应用。

4 规划实施效益

通过完善流域防洪减灾体系、优化水资源配置工程体系、加强水生态保护治理修复等任务和重大行动的实施与开展,加快完善江西现代化高质量水利基础设施体系,对建设富裕美丽幸福现代化江西的重要举措具有重要意义。与此同时,该规划实施也会对生态环境形成多层次、综合性的影响,须采取有效措施加以减小或避免,实现人与自然和谐共生。

撰稿/徐兴亚、游中琼

三峡后续工作规划

▲ 万州区移民搬迁安置新城全景

《三峡后续工作规划》是2011年国务院批复实施的一项综合性规划，内容涵盖移民安稳致富和促进库区经济社会发展、库区生态环境建设与保护、库区地质灾害防治、三峡工程运行对长江中下游重点影响区影响处理、三峡工程综合管理能力建设与综合效益拓展等6个方面。

规划背景

三峡工程是国之重器，是治理和保护长江的关键性骨干工程。三峡工程于2009年如期完成了初步设计确定的建设任务，2010年10月试验性蓄水成功达到了正常蓄水位175m，开始全面发挥防洪、发电、航运等综合效益。与此同时，为确保三峡工程长期安全运行和持续发挥综合效益，提升其服务国民经济和社会发展能力，更好更多地造福广大人民群众，中央领导高瞻远瞩，提出开展三峡后续工作。

2008年7月，国务院三峡工程建设委员会第十六次全体会议决定，由国务院三峡工程建设委员会办公室（以下简称"三峡办"）会同有关部门抓紧研究提出三峡后续工作方案。2009年国务院批准三峡办上报的《关于开展三峡工程后续工作规划的请示》后，由长江水利委员会作为主编单位编制《三峡后续工作规划》。2010年11月30日，国务院三峡工程建设委员会第十七次全体会议审议原则同意《三峡后续工作规划》。2011年5月18日，国务院常务会审议通过。2011年6月15日，国务院《关于三峡后续工作规划的批复》（国函〔2011〕69号）正式批复国务院三峡办，要求认真组织实施。

2014年12月，国务院批复《三峡后续工作规划优化完善意见》作为对三峡后续工作规划的调整和补充。该规划在保持原规划的整体结构完整和资金总量平衡的基础上，对三峡库区的部分内容和投资结构进行了优化调整，重点支持库区水污染防治和库周生态安全保护带、城镇功能完善和城镇安全防护带、重大地质灾害治理和地质安全防护带建设，集中开展城镇移民小区综合帮扶和农村移民安置区精准帮扶，兼顾加强优势特色产业发展扶持，推进建设与现代化三峡枢纽工程相匹配的现代化库区。

规划主要内容

《三峡后续工作规划》是特定时期、具有特定目标、解决特定问题的综合规划。规划范围重点是三峡库区，兼顾长江中下游重点影响区。规划基准年为2008年，准备期为2009—2010年，实施期为2011—2020年。规划总投资1238亿元。规划的主要目标是：移民总体生活水平达到湖北省、重庆市同期平均水平，交通、水利及城镇等基础设施进一步完善，移民安置区社会公共服务均等化基本实现，生态环境恶化趋势得到有效遏制，地质灾害防治长效机制进一步健全，三峡工程运

行对长江中下游重点区域的影响得到妥善解决。

《三峡后续工作规划》聚焦 6 项主要任务：一是促进库区经济社会发展，实现移民安稳致富。二是加强库区生态环境建设与保护，建设生态环境保护体系。三是强化库区地质灾害防治，建立完善监测预警系统和应急机制。四是妥善处理三峡水库蓄水后对长江中下游带来的不利影响。五是提高三峡工程综合管理能力，形成系统的工程运行管理长效机制。六是统筹防洪、发电、航运、供水、生态环境保护等多项目标，不断拓展综合效益。

2.1 移民安稳致富和促进库区经济社会发展

《三峡后续工作规划》实施以促进移民安稳致富为首要任务，紧密围绕民生改善、库区社会和谐稳定，着力改善移民生产生活条件，积极营造移民稳定创业就业条件，提高其持续发展能力，促进移民收入保持较快增长、生活质量持续提高，逐步赶上湖北省和重庆市同期平均水平；从发展环境着手，加强库区基础设施和公共服务设施建设，不断完善服务功能，促进库区经济社会发展。

(1)库区产业结构战略调整及发展扶持

库区产业结构战略调整及发展扶持规划包括生态屏障区生态农业及生态农业园建设与扶持、移民生态工业园建设与扶持、服务业发展与扶持。在生态屏障区范围内，以转变耕作方式、减少面源污染、保护生态环境为前提，发展生态农业，着力提高农业土地利用率和农产品竞争力，突出特色产业优势，提高土地产出，增加农民收入。支持库区创建生态化、园区化的工业发展平台，构建可持续的工业体系，引导库区转变工业发展方式、节能减排、保护库区水质和生态环境。同时，提供就业岗位，促进移民和生态屏障区相关转移人口就业增收。扶持以现代物流为重点的生产型服务业，以特色旅游和商贸服务为重点的民生性服务业，以生产销售和科技信息为重点的农村服务业。

(2)库区教育培训和劳动力就业结构调整

以三峡库区职业教育和技能培训试验区建设为契机，在国家加大普适性政策的基础上适当补助，重点支持移民群众接受职业教育和技能培训。《三峡后续工作规划》对移民和生态屏障相关转移人口中适龄人口就读中、高等职业学校具有正式学籍的全日制学生补助部分学费；对农村移民和生态屏障区人口针对性地开展生态农业和第二、三产业技能培训；扶持建设就业服务体系，鼓励自主创业，支持中小企业吸纳就业，并通过购买公益性岗位等措施对就业困难群体进行援助。

(3)移民安置社会保障

按照国家新农保政策，以及湖北省、重庆市城镇社会保障政策框架，先行试点，探索进一步完善生产安置措施、增强移民基本生活保障能力的新途径。

(4)基础设施建设与完善

从改善移民群众生产生活条件及人居环境、逐步实现城乡基本公共服务均等化要求出发，规划改扩建及新建集中居民点对外交通、工业园区和旅游景区对外交通等，对渡口实施渡改桥工程，建设码头设施，解决群众出行难；建设与完善两坝间航运基础设施，保障航道安全；规划加强农村饮水设施完善和农田灌溉等基础设施建设；完善库区 114 个城集镇移民迁建区以外建成区的防洪设施，配套完善半淹的 2 座城市、4 座县城旧城基础设施；完善农村进城镇安置移民和城镇占地移民安置小区设施环境。

(5)小区建设与公共服务设施完善

为服务民生、解决移民迁建过程中存在的实际困难，满足移民对小区建设与公共服务的新要求，规划通过整合资源，完善生态屏障区及移民安置区内城镇移民迁建小区、农村小区的就业帮扶中心、卫生室、文化室以及养老院、福利院、救助站等。

(6)库区自然与历史文化遗产保护和完善

《三峡后续工作规划》在前期工作的基础上，进一步加强库区自然与历史文化遗产保护与利用，规划内容包括：重要自然遗产保护，消落区可能出露地下文物抢救性发掘保护，物质文化遗产和非物质文化遗产保护，大遗址保护，支持建设文化生态保护区，扶持库区修建文物库房和移民纪念馆，支持三峡工程和白鹤梁水文题刻申报世界遗产准备工作等。

此外《三峡后续工作规划》对城镇占地移民、外迁移民等其他涉及移民搬迁安置的问题预列部分处理投资，实事求是地解决移民的生产生活困难。

秭归县香溪长江大桥见图 1。

图 1　秭归县香溪长江大桥

2.2 库区生态环境建设与保护

三峡库区生态环境建设与保护重点是水库水域、消落区、生态屏障区，兼顾入库重要支流和影响区。规划内容包括污染防治与水质保护、岸线保护与利用控制、消落区生态环境保护、生态屏障区建设、库区水生态修复与生物多样性保护、重要支流水土保持、关键技术研究与示范等方面。

(1)污染防治与水质保护

《三峡后续工作规划》以保护水库水质为主要目标，对生态屏障区、重要支流的集镇和部分农村集中居民点，实施集中式饮用水水源地保护，保障库区饮用水水源地环境安全；新建集镇和部分集中居民点的污染处理设施，实施排污口整治，进一步加强与完善船舶污染治理的配套基础设施建设，并提高和完善已有处理设施的功能，消除点源和流动源污染控制盲区；推广肥料农药污染控源、畜禽养殖污染和农村生活污染防治等，减少农村面源污染；通过实施生态屏障区植被恢复和重要支流水土保持，形成保护水库水质的生态屏障功能；同时，在库区典型流域开展农业面源污染防治技术示范和推广。

(2)岸线保护与利用控制

为促进岸线资源的科学保护、有序开发和合理利用，统筹协调库容保护、防洪安全、库岸稳定、生态环境、港口仓储、交通设施对岸线的要求，综合考虑库区沿岸各地区经济发展水平，对库区长江干流和 12 条主要支流，按照岸线保护区、岸线保留区、岸线控制利用区及岸线开发利用区分别提出各岸线功能区的管理意见，形成开发利用与治理保护紧密结合、协调发展的机制。

(3)消落区生态环境保护

结合三峡水库岸线保护与利用控制规划，针对库区 302km^2 消落区的不同类型特点和生态环境问题，结合区域发展需求，并与地质灾害防治规划相协调，以保留保护为主，生态修复先试点后推广，辅以生态工程型的综合整治措施，加强消落区卫生防疫和水库清漂，控制、减缓人类活动的不利影响，促进消落区湿地生态系统的自然发育，有效改善消落区生态环境。

(4)生态屏障区建设

在土地淹没线至第一道山脊线之间设置生态屏障区，控制污染输出，并对污染进行过滤和缓冲，形成对水库的生态屏障，保护水库水质。生态屏障区包括生态保护带、生态利用区，规划采取综合措施，完善生态系统结构。以土地生态功能建设为主导，实施生态屏障区农村人口向城集镇转移；对生态屏障区散居人口进行基础设施和环境设施配套，通过改善道路设施，适度合并，并对调整后集中居民点的环境设施进行改善，转变生产、生活方式，减轻污染负荷；实施植被恢复、生态廊道建设和配套水土保持工程措施，发挥生态系统过滤、吸收和转化面源污染的功能，提升区域生态环境承载力。

(5)库区生态与生物多样性保护

通过重点保护重要陆域和水域生物栖息地和关键物种、发展生态渔业、控制外来物种入侵等措施,维持物种和生态过程的延续,充分发挥生态系统的服务功能。

(6)重要支流水土保持

以控制库区面源污染为核心、保护三峡水库水质为目标,开展重要支流水土保持。《三峡后续工作规划》与国家现有水土保持规划相衔接,对生态屏障区外的40条重要支流,以小流域为单元,采取坡改梯和提高植被覆盖率等措施,提高抗蚀能力和土壤肥力,拦蓄和减缓地表径流,涵养水源,有效发挥其削减面源污染的作用,保护三峡水库水质。

(7)关键技术示范与研究

围绕三峡库区生态环境建设与保护迫切需要的污染防治、水体富营养化治理、生境恢复与物种保护等领域的难点问题开展科学观测、研究与示范,提出对库区生态环境重大问题的解决方案,总结试点经验,全面推广试点研究成果。

云阳县新县城(两江假日酒店——一棵树)库岸综合整治效果见图2。

图2 云阳县新县城(两江假日酒店——一棵树)库岸综合整治效果

2.3 库区地质灾害防治

规划在总结二、三期防治工作经验的基础上,采取以预防为主、监测为要、避险搬迁为先、工程治理突出重点的总体思路,通过建立完善的监测预警系统和突发事件处理应急机制,实施地质灾害风险管理;对于受地质灾害威胁影响的农村人口,优先采取避险搬迁方式;工程治理突出迁建城镇和人口密集区,以及对水库运行安全影响重大的地质灾害体;对已实施工程治理的地质灾害体,按设计要求严格控制其再开发与利用;对位于地质灾害易发区的城集镇,控制现有建成区规模,最大程度保障水库运行安全和库周人居安全。通过上述措施,构建地质灾害防治长效机制和防灾减灾体系,能够最大程度保障水库运行和库周人居安全。

(1)滑坡、崩塌、危岩体工程治理

对需工程治理的滑坡、崩塌和危岩体,根据其规模、结构和周边环境,采取排水、削方减载、回填压脚、重力挡墙、抗滑桩、预应力锚索、格构锚固等工程措施。对已实施工程治理的地质灾害体,应严格控制其再开发与利用,严禁加载。对位于地质灾害易发区的巴东县、巫山县和奉节县等县城及库周重点集镇,应控制现有建成区规模,限制建筑物密度和高度。避险搬迁区严禁人口迁入。

(2)地质灾害避险搬迁

对生态屏障区需进行避险搬迁的滑坡、崩塌、危岩体上的人口,以及分期蓄水引起的零星坍塌和局部变形的小规模地质灾害体上的人口,按照"退出承包地、宅基地,农转非"方式进城集镇安置,通过产业及就业扶持、补助社会保险个人缴费、职业教育培训等综合措施解决其生产安置问题。

(3)塌岸防护

对城集镇区域及影响重要对象的不稳定库岸(塌岸)段,根据岸坡类型,分别采取地表排水、挡土墙、护坡、锚喷、抗滑桩等工程措施进行岸坡防护。

(4)移民安置高切坡防护

对四期移民迁建形成的高切坡进行防护,分别采取削坡、锚喷、格构锚固、挡墙和抗滑桩等工程措施以及排水等辅助措施。继续开展已治理高切坡专业监测和群测群防,完善高切坡监测预警信息系统并维护正常运行。

(5)监测预警与应急抢险

建立由专业监测预警和群测群防监测预警组成的库区地质灾害监测预警体系,确保库区人民生命财产安全。充分考虑地质灾害的复杂性、突发性和不可预见性,有效防治地质灾害、保障公共安全,制定应急抢险预案,预留应急抢险灾害治理专项资金,统一管理,专款专用。

奉节县安坪镇藕塘滑坡搬迁新集镇见图3。

图3　奉节县安坪镇藕塘滑坡搬迁新集镇

2.4　三峡工程运行对长江中下游重点影响区的影响处理

三峡水库蓄水运行后水沙条件变化对长江中下游及江湖关系带来的不利影响，具有复杂性和累积性，《三峡后续工作规划》按照工程整治、生态修复、观测研究和水库优化调度相结合的思路，采取综合措施，兴利抑弊。工程整治重点是稳定河势、加固堤防、整治航道、改善取水设施功能；生态修复重点是改善生物栖息地环境，维系生物多样性；观测研究主要针对目前影响不明显和存在认知局限的问题，深入观测，把握发展趋势和变化规律，适时采取措施；水库调度要通过不断优化方案，减轻对长江中下游的不利影响。规划重点影响区为长江中下游宜昌至城陵矶河段，兼顾城陵矶至湖口河段。

(1)重点河段河势及岸坡影响的处理

大部分河段以稳定现有河势为主；对局部可能发生崩坍的重点岸段，顺应三峡工程运用后的河势变化，通过新护和加固等工程措施，进行河势控制。

(2)灌溉及供水影响的处理

关于三峡工程运行对洞庭湖、鄱阳湖影响问题，经与水利部协商，对事关民生的长江干流宜昌至城陵矶河段城镇供水影响处理纳入后续规划并计列投资，通过更新改造涵闸、新增与涵闸配套的提灌站以及改造原有泵站解决。对影响到荆南三河地区地表水水源的水厂，建设必要的取水和输水设施。对鄱阳湖区的影响，采取清淤、疏浚、更新机电设备等综合措施，恢复其原有功能和规模。对于农田灌溉影响项目，由水利部编报规划并组织实施。

(3)宜昌至城陵矶局部航道影响的处理

对宜昌至大布街河段，采取护底加糙工程维持葛洲坝三江下引航道通航水深，加强局部河段坡陡流急和水深不足的治理。大布街至城陵矶河段，结合河势控制工程，扩大守护范

围，进一步稳定现有滩槽格局，加强对重点航道的观测研究。

(4)对生态与环境影响的处理

《三峡后续工作规划》重点对长江中下游干流及其附属湖泊，开展水生态系统和湿地生态系统的物种与生境保护，包括对鱼类采取保护措施，对其他生物及潜在影响加强观测研究。

2.5 三峡工程综合管理能力建设

针对三峡工程长期安全运行和持续发挥综合效益的需求，按照“综合协同、科学实时、快速反应”的要求加强综合管理能力建设，构建综合监测体系、综合信息服务平台和综合会商决策系统，形成组织协调功能、综合服务功能、应急管理功能和档案管理职能。

(1)实时管理与应急能力建设

实时管理能力建设包括综合会商决策支持、综合信息服务平台、综合监测系统和运行保障体系，应急能力建设针对三峡水库建成后应急救援任务增加、处置难度加大的新情况和新要求，进一步完善现有应急体系，切实提高综合应急能力。

(2)综合监测体系建设与完善

按照信息集成和共建共享，在现有监测系统的基础上，构建综合监测信息平台，形成工程安全、移民安稳致富、地质灾害与地震、生态环境 4 个系统、13 个分系统和 29 个子系统，建立综合在线监测系统和专业监测信息服务平台，全面准确反映三峡库区和典型区域变化规律，提高三峡工程资源管理和减灾防灾能力，为拓展三峡工程综合效益提供技术支撑。

2.6 三峡工程综合效益拓展

研究拓展三峡工程防洪、发电、航运、供水、生态环境保护和移民安置等综合效益的措施方案，提高三峡水库在国家水资源配置中的战略作用，进一步拓展三峡工程综合效益，使三峡工程效益惠及更广泛区域和广大人民群众。具体包括：防洪效益拓展研究，发电效益拓展研究，航运效益拓展研究，三峡工程重大机电装备国产化拓展研究，供水效益拓展研究，生态环境效益拓展研究，移民安置和经济社会效益拓展研究，三峡水库适应上游变化的优化调度研究，三峡水库运行水位优化研究。

3 规划特点及创新点

《三峡后续工作规划》是全国第一个以库区和移民为主要对象实施后续帮扶工作的综合性规划。三峡工程建设规模大、涉及范围广、移民人口多，三峡后续工作规划已历经十年的时间检验，其规划措施取得阶段性成效，具有一定的创新性和先进性。

(1)创新性地提出了“两调一保三完善”的综合安置措施,构建起“就业+培训+保险”的移民安稳致富体系

针对移民和生态屏障区农村相关转移人口,在以往农业安置和就业岗位安置基础上,首次建立了综合的、全方位的安置体系,即“两调一保三完善”。具体是指:通过发展生态农业、生态工业和现代服务业,促进库区产业结构优化完善;通过职业教育和技能培训,增进劳动力就业创业能力,促进农业劳动力转移;通过补助养老保险和医疗保险,实施移民社会保障;完善库区基础设施、公共服务设施和历史文化遗产保护等,提高库区自我发展能力,改善移民群众生产生活条件。通过对移民实施综合的安置措施,从就业、培训、保障三个方面,系统、根本地解决移民群众生存、发展、安稳致富的问题。

(2)首次完整地提出了移民安稳致富综合指标体系

该体系主要由库区经济发展水平、移民生活水平、库区基础设施与公共服务、个人可持续发展能力、库区社会和谐稳定和生态环境安全等6个部分准则层和32项指标层组成,并提出了各指标涉及的范围、对象和量化的近远期目标值。该指标体系充分结合了三峡库区及其移民特点,为科学、全面、客观、具体的度量和评价库区移民安稳致富发展的程度提供了标准,这在三峡库区乃至全国水库移民规划中均属于首次。

(3)首次将生态环境保护的理念应用到移民致富、发展规划全过程

《三峡后续工作规划》高度重视三峡库区生态环境保护,并将库区全面协调可持续发展、库区经济发展与环境承载能力相协调,产业结构调整与生态环境保护相协调作为规划的指导思想和原则。在规划思路上,基于保护三峡库区生态环境和水库水资源安全的要求,统筹规划生态屏障区建设;在具体方案上,支持生态屏障区发展生态农业,支持库区发展生态工业,鼓励发展绿色环保的旅游产业,并提出了生态农业、生态工业的扶持标准和条件。通过发展生态产业解决库区经济社会发展和生态环境问题。

(4)开创了水库移民安置前期补偿补助与后期扶持两个阶段有效衔接的新思路和新做法

我国的水库移民安置采取的是前期补偿、补助与后期扶持相结合的移民工作办法,二者通常被割裂为两个阶段,未能实现统筹规划与衔接。本研究统筹考虑移民搬迁安置与发展致富,有机地将补偿与发展结合起来,将移民发展致富与库区经济社会发展结合起来,制定统一的规划方案和措施,先行探索了库区移民安置规划的新思路和新做法,为全国水库移民安置规划积累了经验。

(5)科学界定了“三峡库区生态屏障区”及其范围

为有效控制人类活动,统筹兼顾减灾防灾、脱贫致富和生态修复等,构建水库生态屏障功能,《三峡后续工作规划》根据水源保护要求,借鉴国内外水库水质保护经验,在三峡水库

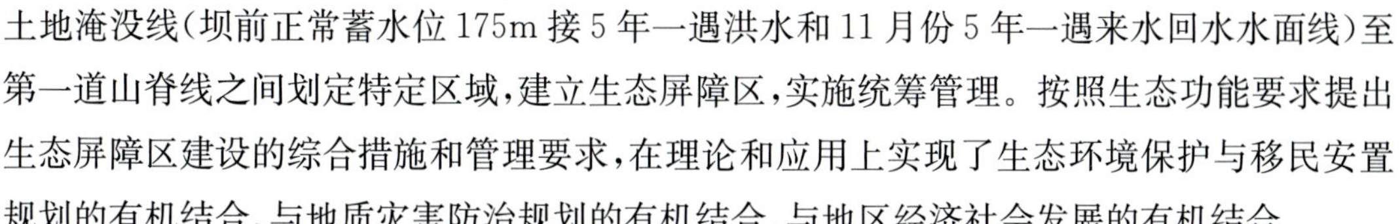

土地淹没线（坝前正常蓄水位175m接5年一遇洪水和11月份5年一遇来水回水水面线）至第一道山脊线之间划定特定区域，建立生态屏障区，实施统筹管理。按照生态功能要求提出生态屏障区建设的综合措施和管理要求，在理论和应用上实现了生态环境保护与移民安置规划的有机结合、与地质灾害防治规划的有机结合、与地区经济社会发展的有机结合。

（6）完善了三峡库区地质灾害防治长效机制

以有效防治三峡库区地质灾害、保障人民生命财产安全、工程运行安全和航运安全为目标，提出了“预防为主，监测为要，避险搬迁为先，工程治理以城镇及集中居民点为重点”的规划思想，采取监测预警、避险搬迁和工程治理等综合措施，系统解决了危及生态屏障区及屏障区以外的移民安置区安全的滑坡体、崩塌体、危岩体、塌岸、移民迁建高切坡，以及175m试验性蓄水影响问题。在规划思路上，对涉及群众人居安全的，结合生态环境保护和移民安稳致富，以避险搬迁为主；对需要工程治理的，充分勘查论证和进行多方案比选，按经济合理原则确定治理方案；对需要进行工程治理的塌岸及高切坡项目，优先安排资金在近期实施。对国内水库移民安置地质灾害问题综合规划具有重要的参考价值。

（7）提出了减缓对长江中下游不利影响的综合处理方案

采用三峡工程投入运行后实测资料，系统分析了长江中下游新的水沙条件下河道冲淤、江湖关系变化以及对中下游部分河段的河势及岸坡稳定、城镇居民饮水和农业灌溉、通航条件、生态环境等带来的作用和影响，结合三峡工程的蓄泄调度，提出了减缓或消除不利影响，保障长江中下游沿江地区经济社会可持续发展的治理和保护措施。

（8）首次提出建立三峡工程综合管理与决策支持系统

以实现在线监测、信息综合、快速响应、综合协调、协同管理、应急处置和科学决策的多重功能和目标，规划了由综合会商决策支持系统、综合信息服务平台、综合监测系统等三部分组成的三峡工程综合管理与决策支持系统。该系统以综合监测系统为基础，以综合信息服务平台为支撑，向相关部门、地方人民政府和工程运行管理单位提供综合会商与决策支持服务。实现了在线监测、信息综合、快速响应、综合协调、协同管理、应急处置和科学决策的多重功能和目标，有效提升了实时管理、应急管理、综合协调和科学决策能力。

4 规划实施成效

《三峡后续工作规划》自2011年5月实施以来，围绕规划确定的目标任务，截至2020年底，已累计实施项目5522个，共计安排投资768.90亿元。通过《三峡后续工作规划》的全面实施，有力促进了三峡库区的和谐稳定，移民群众生产生活条件和人居环境显著改善，收入水平不断提高；库区主要发展指标增速超过同期湖北省、重庆市和全国平均水平，社会事业全面发展，规划实施取得了重要的阶段性成果。

(1)库区经济实力显著提升,移民生产生活条件持续改善,移民群众获得感、幸福感不断增强

三峡后续工作围绕移民安稳致富突出困难和问题,加强综合帮扶和精准帮扶,取得较好的成效。一是库区优势特色产业加快发展,经济发展质量明显提升。库区农业基础条件持续改善,茶叶、柑橘、蔬菜、榨菜等优势特色产业支撑能力增强,夷陵茶叶、秭归和奉节脐橙、丰都肉牛等一批特色农业品牌培育形成;以生态工业园为载体的特色工业进一步集聚,一批低碳环保型的优质企业入驻库区,产业集群逐渐形成;库区核心旅游景区基础设施和配套服务功能不断完善,旅游业成长为库区的重要支柱产业。三次产业结构调整为5.4∶36.9∶57.7,产业结构得到优化。二是移民生产生活条件显著改善,收入水平不断提高。支持农村移民安置区建设和改善各类道路里程超过4000km,支持城镇移民小区帮扶294个,解决了移民“急愁盼”的突出困难和问题,提升了居住安全保障。累计对接受中、高等职业教育的7.07万人进行补助,组织第二、三产业初、中、高级技能培训43.27万人次,通过加强教育与就业培训,劳动力素质稳步提高,就业形式更加多元化,就业保障性与稳定性更高。通过实施外迁移民安置区项目帮扶,有针对性地解决存在的突出问题,外迁移民与当地居民融合发展取得新进展。

(2)长江上游重要生态屏障逐步筑牢,消落区生态功能和水环境质量整体得到改善,库区生态服务功能逐步显现

三峡后续工作通过大力加强三峡水库水质保护和生态修复治理,库区生态环境持续向好。一是库区污染治理能力和水平得到全面提高。生态屏障区城镇污水、垃圾处理设施实现全覆盖,绝大部分县(区)工业废水处理率超过95%。库区水环境质量稳中向好,干流水质总体保持在Ⅱ、Ⅲ类,支流富营养化得到初步控制。二是库周生态保护带修复效果显著,生态屏障功能逐步显现。三峡库区生态屏障区森林覆盖率提高了20余个百分点,生态屏障区生物多样性显著增加、碳汇增强,较为稳定的防护林生态系统初步形成,自然生态系统得以有效恢复。消落区生态功能得到改善、生境逐步重构,巩固了拦污治污“最后一道防线”。城镇库岸安全保障增强,进一步提高了岸坡稳定性,减小了库岸发生地质灾害的概率。三是水库水生生境逐步恢复,水生态系统结构趋于稳定。推进实施了水体修复与水华控制,人工增殖放流1.3亿尾,水生生物群落结构得到进一步优化,“四大家鱼”产卵规模呈增加趋势,水生生境逐步恢复。

(3)库区地质灾害得到有效防治,防灾减灾成效显著,移民群众地质安全得到保障

自三峡后续工作地质灾害防治持续实施以来,防治工作取得积极进展,地质灾害防治体系已基本完善。一大批滑坡、崩塌、危岩体、塌岸和移民迁建区高切坡得以有效治理;已实施避险搬迁的人员彻底解除了地质灾害威胁,特别是实施巴东县城黄土坡滑坡、奉节县安坪镇藕塘滑坡和武隆区羊角镇危岩滑坡等重大地质灾害整体避险搬迁,以及对受175m试验性蓄水影响人口及时进行避险搬迁,成效显著;库区地质灾害和高切坡监测预警体系覆盖面广,库区百余座移民迁建城镇、大量移民工程和长江航运的地质安全得到加强和保障,库区

群众生存环境得到改善，社会效益、环境效益和经济效益显著。自2003年以来，三峡库区未发生由地质灾害造成人员伤亡的事故，三峡水库持续保持安全运行。

(4)三峡工程对长江中下游不利影响得到有效缓解，水安全保障能力得到提升

针对三峡工程运行对长江中下游已经造成和预测将要造成影响的重点区域和重点问题，通过实施河势与岸坡治理工程、供水及灌溉取水设施改造工程、生态环境保护及航道维护等措施，长江中下游重点影响区的不利影响得到有效缓解，中下游水安全保障得到提升，促进了当地经济社会的可持续发展。针对已经出现的新增崩岸险情进行了治理，避免了因崩岸险情引起的河势调整，保障了重点河段堤防安全和河势稳定；通过水厂新/改扩建和灌溉涵闸、泵站更新改造等影响处理措施，改善了重点影响区城乡供水及农田灌溉取水条件，保障了影响区范围内的供水安全；及时处理中下游生态环境隐患，对改善区域生态环境、提升生态功能起到了重要作用，社会效益和生态效益已初显；及时修复受损毁的航道整治建筑物，保证其功能正常发挥，缓解了三峡水库蓄水运用对长江中游航运的影响，初步实现了葛洲坝三江下游引航道枯水位不低于39.0m的通航阶段性目标要求，保障了长江中下游黄金水道的安全畅通。

(5)三峡工程综合管理体系不断完善，综合管理能力得到提升

通过实施一批三峡工程综合管理能力建设项目，运行管理和应急能力得到加强，综合监测水平、综合管理和应急能力得到提升，初步实现了三峡后续工作规划项目管理信息、三峡库区高切坡监测预警信息、三峡工程运行安全综合监测信息的快速汇集、统一管理和及时分析，提高了信息化管理水平。三峡后续工作项目实施的监督管理不断强化，促进了三峡后续工作规划的有序实施。

(6)持续推进三峡工程综合效益拓展研究，为优化运行管理和解决关键问题发挥了支撑作用

三峡工程综合效益拓展共开展防洪、航运、供水、泥沙、生态环境等效益拓展及促进移民安稳致富技术示范项目48个。重点支持了三峡枢纽水运新通道和葛洲坝船闸扩能研究，开展了三峡库区农业技术研究与示范，三峡工程泥沙重大问题研究，三峡水库防洪、供水、生态等调度相关研究，洞庭湖和鄱阳湖水环境影响及保护技术研究，三峡后续工作整体绩效目标设定研究等。研究成果为提升三峡工程综合效益提供了重要支撑。

撰稿/杨荣华、潘菲菲、尹忠武

滇中引水工程规划

▲ 大理洱海

《滇中引水工程规划报告(2010 年修订)》是一部涵盖水资源调查评价、经济社会发展预测、节水、城乡供水、灌溉规划与水资源优化配置,工程总体布局与水源工程、输水工程规划,水资源、水生态环境保护与水土保持、工程管理等跨流域长距离调水工程的系统规划。

项目背景

云南地处我国西南边陲，是人类文明的重要发祥地之一，是少数民族聚居地，是我国面向南亚、东南亚桥头堡，区位独特。滇中是云南省经济社会最活跃的地区，发展前景广阔。区内山多，河谷深切，干旱少雨且水资源开发利用十分困难。城市生活和工农业生产供水矛盾日益尖锐，供水保证程度低，生态环境恶化，水资源不足，成为制约滇中区经济社会发展的"瓶颈"。随着我国西部大开发及云南推进面向南亚、东南亚辐射中心建设，滇中水资源短缺的问题亟待解决。

2003年，云南省发展和改革委员会委托长江设计院为技术总负责，联合中国水电顾问集团昆明勘测设计研究院、中南勘测设计研究院及云南省水利水电勘测设计研究院，开展滇中引水工程规划。同时委托国内多个科研院所，针对水资源配置、高原湖泊治理与保护、监管体制与水价等十余项重大技术问题开展了专题研究。2005年，规划报告通过了云南省发展和改革委员会、省水利厅联合审查。因当时推荐的水源工程——金沙江中游龙头水库开发方案短期不能确定，项目前期工作一度搁置。

2010年，我国西南五省（自治区）遭遇严重干旱，滇中因干旱缺水，损失惨重。为此，云南省决定重启项目前期工作，修订滇中引水工程规划，另谋水源。2011年5月，水利部批复了《滇中引水工程规划（2010年修订）》，项目随之纳入国家战略。2015年4月，国家发展和改革委员会批复了项目建议书。2017年4月，经国务院批准，国家发改委批复了可研报告。2018年3月，水利部颁布项目初步设计行政许可，工程正式进入建设阶段。

滇中引水工程是特大型长距离调水工程，是国务院确定加快建设的172项重大水利工程之一。受水区包括昆明、丽江、大理、楚雄、玉溪、红河6个州（市）的35个县（市、区）；规划多年平均引水量34.18亿m^3；工程由水源工程及输水总干渠组成。其中石鼓泵站总装机480MW；总干渠全长662.09km，渠首设计流量145m^3/s；建设工期8年。按2010年第2季度价格，工程静态投资844.87亿元（奔子栏自流引水）、623.2亿元（石鼓提水）。滇中引水工程是优化云南省水资源配置的重大战略性基础工程，工程建成后，可从水量相对充沛的金沙江干流引水至滇中地区，解决滇中较长时期内受水区经济社会发展用水问题，改善区内河道、湖泊生态及水环境状况，将有力促进云南经济社会可持续发展。目前，滇中引水工程建设正在全线快速推进，计划2026年底全线通水。干渠分水口门以下的配套工程即滇中引水二期工程前期工作也已基本完成，即将开工建设。

2 规划意义

2.1 云南经济社会可持续发展的有力支撑

云南省河流水系发育，水资源总量大。为此，在相当长时间内，滇中水资源短缺的状况不被外界所了解。规划收集了大量资料，组织了多次现场查勘，对每个大型灌区、重要经济区进行了调研。从滇中地形地貌、水文气象、水资源时空分布，干旱指数与旱灾发生频率，水资源开发利用率、开发利用成本，河道断流、湖泊萎缩情况等，阐述了滇中水资源自然禀赋、开发利用情况与潜力以及存在的主要问题；从规划区经济社会发展要求与布局以及与水资源特性的关系，受水区人均水资源量、亩均水资源量，缺水对环境造成严重影响等，用大量数据、图表，多方位、多角度论证，系统阐述了滇中水资源特点与经济社会的匹配性。研究表明，滇中降水时空不均，水土资源严重不匹配，加上地形地质条件复杂，开发利用困难，缺乏骨干水利工程。综合分析，滇中经济社会核心区资源性、工程性、水质性缺水并存。

滇中地区是云南省经济社会发展中心，受水区是云南省的经济社会核心区。在现状情况下，受水区城镇缺水率超过30%。未来，如不采取引水措施，受水区城乡供水安全、粮食安全、经济持续发展与社会和谐稳定均将受到严重影响。实施滇中引水工程，可从根本上解决滇中区的缺水问题，有效改善滇中水环境状况，保障滇中乃至云南省未来国民经济的持续稳定发展。滇中实施外调水工程十分必要，十分紧迫。

滇中引水工程是云南实现“团结进步示范区、生态文明建设排头兵、面向南亚东南亚辐射中心”三大定位的战略支撑工程，是云南打造世界一流“绿色能源”“绿色食品”“健康生活目的地”的重要保障和基础要素工程，是云南省民生福祉工程，对云南省实现2035年远景目标和2050年与全国同步实现社会主义现代化意义重大。

2.2 打造云南水网、优化水资源配置的重要举措

为破解云南省发展水资源瓶颈制约，打造云南供水安全保障网十分重要。滇中引水工程是《云南省供水安全保障网规划》中的骨干水利工程，是构建大江大河与骨干河道取水，串联区内大、中、小型水库及引提水工程，实现江、河、湖、库连通，区域互济的供水安全保障网的重要基础。

滇中引水工程任务以解决受水区城镇生活与工业缺水为主，兼顾农业和生态用水。规划严格遵循先节水后调水，先治污后通水，先环保后用水的“三先三后”原则，在水资源配置时，严格控制用水定额、用水增长率及用水总量。考虑外调水成本及用户承受能力，当地水源以供生态环境与农业用水为主，外调水则以供城市用水为主。工程不仅直接为灌区供水及湖泊补水，还通过置换城市占用的部分当地水来用于灌溉和生态；对于有供水任务的水库，保证向下游河道输送最小生态流量，以体现水资源的合理利用和“先环保后用水”的原

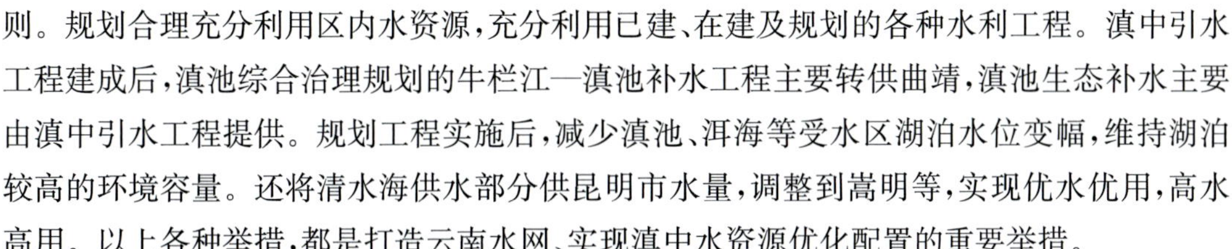

则。规划合理充分利用区内水资源，充分利用已建、在建及规划的各种水利工程。滇中引水工程建成后，滇池综合治理规划的牛栏江—滇池补水工程主要转供曲靖，滇池生态补水主要由滇中引水工程提供。规划工程实施后，减少滇池、洱海等受水区湖泊水位变幅，维持湖泊较高的环境容量。还将清水海供水部分供昆明市水量，调整到嵩明等，实现优水优用，高水高用。以上各种举措，都是打造云南水网、实现滇中水资源优化配置的重要举措。

2.3　破解水源困局，加快推进项目实施

滇中附近有红河、南盘江、金沙江、澜沧江、怒江五大水系，加上区内外众多支流，从哪里引水，甚至先用国际河流水还是先用国内河流的水，一直备受各界关注。

金沙江虎跳峡河段由于水量丰沛、水质好，向滇中引水覆盖范围大、引水距离相对较近，历次长江流域综合规划、水资源规划都将从该河段向滇中引水作为这一河段综合利用的主要任务之一，但开发方案难以决策。为此，滇中引水工程规划尚需深入研究其他解决方案。

规划对区内外五大水系可能的水源方案进行了全面系统筛选；同时对金沙江、澜沧江干流集中引水方案展开了重点比较。本着先区内后区外、先近后远的原则，研究了在滇中周边及附近引水的分散水源方案。研究表明，滇中区内及周边分散水源存在水质差、提水扬程高、项目多且分散、建设及运行难度大，不宜作为滇中引水的水源。金沙江奔子栏至石鼓两岸支流水源方案也存在水量少、投资高、跨省资源协调等问题，与干流集中引水方案比较，没有优势。基于上述原因，比较重点回到干流集中引水方案。

红河位于滇中西南部，水量少、高程低，不宜作为滇中引水水源；南盘江位于滇中东部，水量少、水质差、高程低，也不宜作为滇中引水水源地。滇西北的金沙江、澜沧江、怒江3条河流中，同纬度情况下，金沙江河床最高，怒江最低。怒江水量丰富、水质好，但高程远低于金沙江且向滇中引水需要跨越澜沧江，也不宜作为滇中引水水源地。从澜沧江向滇中引水要么提水扬程很高，要么引水距离比金沙江更远，经济指标不及金沙江引水。

金沙江中游河道比降大，尤其金安桥至石鼓段，高程急剧抬升了400多米。从金沙江虎跳峡及以上河段引水，距离相对较近、覆盖范围大，是滇中引水较理想的水源地。鉴于虎跳峡河段开发涉及复杂的淹没、移民、社会、环境等问题，规划重点研究了不与金沙江水电梯级捆绑的水源方案，包括自流引水与提水方案。

虎跳峡至奔子栏间河床覆盖层深厚。巨甸以下为宽谷河段，耕地、人口集中，宗教重镇奔子栏及其对岸四川省得荣县瓦卡乡也不宜被淹没。因此，建坝自流引水河段宜在奔子栏镇以上，结合地形地质条件，自流引水的取水点选择在奔子栏镇上游约11 km处的阿洛贡，该方案水库淹没、移民及环境影响最小，覆盖层浅、建设条件较好。作为泵站提水方案，石鼓是金沙江虎跳峡河段向滇中引水距离最短、提水扬程最大的方案。规划报告研究结论为：金沙江虎跳峡及以上河段，是滇中引水工程的最佳水源地，提出了奔子栏自流、石鼓提水2个代表性方案。

上述两种方案的水量、水质都能满足滇中引水要求，无环境制约因素。两种方案均技术

可行、经济合理。自流引水方案运行费用低，调度灵活，石鼓提水方案虽然存在泥沙处理、运行费高等问题，但是输水距离较奔子栏方案减少 184km，投资规模可大幅降低，与虎跳峡河段未来开发适应性也更灵活。考虑金沙江水能资源较丰富，研究采用优惠电价政策后，石鼓提水方案供水成本有所改善。规划报告提出了奔子栏自流和石鼓提水 2 个代表性方案。2011 年 5 月，水利部批复了《滇中引水工程规划报告(2010 年修订)》，国务院 2012 年批准的《长江流域综合规划(2012—2030 年)》也指出“虎跳峡及以上河段是滇中引水工程最佳水源地”，未来“应本着水资源有效利用和合理配置原则，结合梯级工程实施的可行性，进一步论证取水枢纽位置，优化工程线路。”滇中引水工程项目建议书编制过程中，国家发展和改革委员会在广泛征求环保部、国家能源局、住建部、农业部及四川省等部委、相关政府部门意见后，批准以石鼓提水水源方案立项。

虽然，虎跳峡以上河段开发方案还未定，但石鼓以下滇中引水输水工程布局已定，且控制工程为石鼓以下香炉山隧洞。考虑滇中缺水问题亟待解决，国家发展和改革委员会批准先期建设石鼓提水泵站及石鼓以下输水工程。今后，在金沙江虎跳峡河段开发方案明朗后，可进一步研究从电站水库取水的方案。上述研究结论破解了困扰滇中引水工程多年的水源工程困局，加快了工程前期工作审批，为工程早日开工建设奠定了坚实基础。

2.4 更好地保护了洱海等高原湖泊，有利于滇池等高原湖泊水污染治理及受水区河流生态修复

滇中引水总干渠与洱海、滇池等高原湖泊相伴，且高程相近。如何处理滇中引水工程与洱海、滇池的关系，是滇中引水工程规划又一个重大技术问题。

利用洱海、滇池输水，可减少输水线路长度，还可以利用湖泊调蓄，降低输水工程规模，减少工程投资，经济上有利。然而，进一步深入研究发现，利用洱海、滇池输水存在生态环境保护乃至社会问题，实则不可行。

虽然金沙江干流水质达到地表水河流Ⅱ类水质标准，但相比湖泊，其总磷含量仍较高，大量外调水进入洱海，可能导致洱海水质下降。此外，利用洱海输水，存在跨水系生物入侵、洱海血吸虫向受水区扩散等风险，还涉及苍山洱海自然保护区核心区保护等诸多问题。规划不推荐利用洱海输水。同时调整洱海水位，减少其水位变幅。控制引洱济宾调水量不大于 5000 万 m^3，宾川不足水量由滇中引水工程补给。

利用滇池输水及调蓄，具有投资较省、入湖水量大、对改善滇池水质效果有利等优点。但从国内、国际湖泊污染治理经验及多年来滇池水污染治理效果看，湖泊污染治理存在长期性、复杂性和艰巨性。利用滇池输水，水质存在不确定性，可能影响昆明、玉溪和红河供水安全。目前，滇池周边人口密集，滇池如作为水源地，其保护与昆明发展将存在矛盾。同时昆明、玉溪、红河大量现有供水水网需要改造。此外，还存在昆明与玉溪、红河不同行政区、不同民族生活水质的不对等社会问题。综合考虑滇中引水工程与相关规划的符合性、供水安全保障及滇池污染治理的难度，经反复研究，推荐初期总干渠不利用滇池输水，通过盘龙江、

宝象河等多个分水口，向滇池生态补水，年均生态补水量 3.94 亿 m^3。未来结合滇池污染治理，总干渠相机进、出滇池。

此外，滇中引水工程还通过分水口门，分别向水质较差的杞麓湖、异龙湖生态补水，年均补水量分别为 1.265 亿 m^3、0.61 亿 m^3。上述规划思想，妥善解决了输水与高原湖泊的关系，既解决了受水区生产生活用水，也更好地保护了洱海等高原湖泊，对滇池水污染治理极为有利。

在水资源配置中，还规定了大中型水库，优先下泄河道生态基流，少水期下泄不于来水的 20%，多水期下泄不少于来水的 40%，受水区内大中型水库向下游河道下泄生态水量 7.7 亿 m^3，大大增加受水区河流的水量，可较好地改善受水区河流水环境。

3 规划方案

3.1 规划范围和规划水平年

规划范围为云南滇中地区及引水工程相关区，水资源配置包括昆明、玉溪、楚雄、大理、曲靖、红河及丽江等 7 个市（州）中的 49 个县（市、区）；工程涉及迪庆、丽江、大理、楚雄、昆明、玉溪及红河 7 个市（州）。

规划水平年应与国民经济和社会发展的总体部署相协调，与大型综合规划保持一致。考虑工程建设期较长且扩建困难，规划水平年应适当超前。2010 年规划修编，现状基准年为 2008 年，近期规划水平年 2030 年，远期规划水平年 2040 年。

3.2 规划目标与任务

3.2.1 规划指导思想和原则

全面贯彻国家新时期的治水方针和国家西部大开发战略部署，坚持以人为本、兴利除害结合，开源节流和治污并重的方针，通过节水、保护水资源、合理开发和综合治理措施，缓解滇中地区水资源短缺状况，以水资源的可持续利用，促进人口、资源、环境和经济的协调发展，保障受水区经济社会可持续发展。

规划主要遵循了以下原则：

1）符合流域综合治理规划及水资综合规划，引水方案应能与未来金沙江干流水电梯级相适应。

2）水源地水量充足，水质满足饮用水要求。

3）从充分保证水质安全考虑，总干渠一般不与沿途河湖平交。

4）为加快前期工作，工程征地移民、生态环境等制约因素应尽量小；工程方案宜避免涉及短期内难以论证清楚的湖泊水污染治理、生态保护等复杂问题及自然保护区等敏感区域。

3.2.2 规划目标、任务与思路

(1)规划目标

以水资源综合规划为基础,提出滇中水资源合理开发、利用、保护、管理的方案;通过对水资源的合理配置,统筹解决城镇生活与工业用水、生态用水、农业用水的缺口,以水资源的可持续利用保障该地区经济社会的可持续发展。

(2)任务与思路

对滇中地区水资源及其开发利用进行调查评价,进行各规划水平年水资源供需分析,确定滇中引水工程受水区、引水量及水量分配;结合金沙江、澜沧江河段水资源开发方案研究,分析比较引水工程水源方案;进行水源工程、输水工程及提水工程规划;对工程占地及处理、工程施工、工程建设管理及调度运行提出规划意见;对环境影响进行分析;进行投资估算;通过经济分析及综合评价,选定环保可行、技术经济合理的引水方案,并提出工程实施意见。

3.3 规划方案

3.3.1 水资源配置

(1)受水区

考虑滇中引水工程引水线路长、供水成本较高,同时滇中地形起伏较大,受水区确定原则为:①规划水平年缺水且缺水量较大;②以城镇生活、工业缺水为主;③小区域经济社会地位重要;④经济技术合理,配套工程相对较易实施。根据上述4项原则,确定滇中引水工程受水区35个县(区),其中间接受水区2个;同时利用总干渠空闲容量向滇池、杞麓湖、异龙湖补水。

受水区分布在大理、楚雄、丽江、昆明、玉溪及红河6个州(市)的31个县,总面积3.24万km^2。该区是云南省水资源相对匮乏的地区,水资源量为72.7亿m^3,是云南省水资源总量的3%。受水区人均水资源量为684m^3/人,远低于云南省人均水资源量。目前,区内水资源控制性工程建设基本开发完成,水资源开发利用率为52%,开发利用程度高。受水区包括以昆明为中心的滇中城市经济圈、大理等滇西经济圈及蒙开各滇南城市经济圈,是滇中人口最集中、经济最活跃的区域。受水区面积占规划区面积的38%,但缺水量占规划区的77%。可见,解决了这些地区的缺水,就基本解决了滇中地区的缺水问题。

(2)水资源配置原则

水资源配置原则为:滇中引水工程与当地各种水源合理配置、共同供水,滇中引水工程优先供给城镇生活与工业,农业、河湖生态环境则主要由当地水源供给。通过49年长系列调节计算,在当地水资源与滇中引水的联合调度下,2040年受水区水量保证程度可达92.3%,其中城镇生活、工业供水保证率达到95%,农业灌溉水量保证率达到87%。这说明滇中引水工程实施后,受水区的需水基本可以得到满足。另外,滇中引水工程还可为滇池、

杞麓湖、异龙湖3个湖泊补充环境用水。工程实施后，可以置换出一部分被城市挤占的农业和生态环境用水返还于农业、生态环境。

(3)水量分配

滇中92%为山地，8%为平坝。人口居住及耕地集中分布在平坝中。经水资源供需分析，将缺水量大、经济社会地位重要的城镇，重点经济区，大中型灌区，同时距离总干渠相对较近的区域纳入滇中引水受水区。受水区包括昆明、玉溪、楚雄、大理、红河、丽江的31个县(市、区)，面积3.24万km^2。2040年滇中引水工程多年平均引水量34.18亿m^3(渠首水量，下同)，其中供给城镇生活8.06亿m^3、工业水量14.21亿m^3，供给农业灌溉5.00亿m^3，向滇池、杞麓湖、异龙湖等湖泊环境补水5.82亿m^3。各部门分水比重依次为23.58%、41.57%、17.82%和17.03%。

由于滇中引水工程需要一个较长的建设周期，为解决滇池水质不断恶化的燃眉之急，近期可由牛栏江向滇池补水。待滇中引水工程建成通水后，牛栏江主要向曲靖供水，另向滇池补水调减到1.38亿m^3。

3.3.2 工程总体布置

滇中引水工程由石鼓水源工程和输水工程组成，输水总干渠顺地势由高至低，具备自流输水的条件，向大理、楚雄、昆明、玉溪和红河供水。总干渠渠首设计流量为145m^3/s，总干渠入楚雄州(万家)、昆明市(螳螂川)、玉溪市(阿斗村)、红河州(跃进)设计流量分别为116m^3/s、76m^3/s、35m^3/s、15m^3/s，渠末设计流量10m^3/s。

总干渠全线共布置分水口23个，其中大理5个，楚雄5个，昆明6个，玉溪3个、红河3个，设计流量0.5～33m^3/s。

3.3.2.1 水源工程

(1)石鼓水源方案

滇中引水工程水源为石鼓无坝取水。取水口以上集水面积21.52万km^2，多年平均年径流量426亿m^3，站址多年平均输沙量2480万t。采用提水泵站取金沙江水。取水工程主要由引水渠、泵站、地面开关站等组成。

引水渠布置于石鼓水文站下游2.77km金沙江右岸由引水口门、沉沙池段和连接段3部分组成。

泵站地下厂房近东西向分布于冲江河右岸山体中，按一级地下泵站布置。设计抽水流量145m^3/s，最大提水净扬程194m；共安装4台离心式水泵机组，其中备用机组1台，总装机功率480MW。泵站建筑物主要由进水渠、主变洞、主泵房及安装场、出水隧洞、出水池、地面开关站、交通洞、通风洞、电缆洞及厂外排水系统等组成。

滇中引水工程石鼓水源工程施工总工期为64个月。

(2)奔子栏水源方案

奔子栏水源工程位于云南迪庆藏族自治州德钦县与四川甘孜藏族自治州得荣县界河，

奔子栏镇上游约7.5km的阿洛贡。坝址控制径流面积20.33万km^2，多年平均年径流量357亿m^3，多年平均输沙量2160万t。

奔子栏水源工程由溢流坝段、非溢流坝段、取水建筑物及冲沙闸组成。挡水坝采用混凝土重力坝，最大坝高97m。泄水建筑物布置在河床部位，为溢流堰，堰顶高程2064m，溢流前缘长77m。采取挑流消能，下游设护坦。取水口进口布置于大坝右岸的非溢流坝段内，进口底高程2055m，孔口尺寸5.5m×5m（宽×高）。取水口进口自上而下依次设拦污栅、一道平板检修闸门和一道弧形工作门及相应启闭设备。进水口下游设底流消力池。

为防止进水口前泥沙淤积，在进水口左侧非溢流坝段内设一孔冲沙孔。冲沙孔孔口尺寸5m×6m（宽×高），进口底高程2028m，布置一道平板检修闸门和一道弧形工作门及相应启闭设备。

3.3.2.2 输水工程

(1)石鼓水源方案

输水总干渠自丽江石鼓渠首由北向南布设，穿香炉山长隧洞，到大理鹤庆松桂，后向南进入澜沧江流域至洱海东岸长育村；在洱海东岸转而向东南，经祥云至楚雄，在楚雄北部沿金沙江、红河分水岭由西向东至罗茨，进入昆明；沿昆明东北部城区外围转而向东南至新庄，向南进入玉溪杞麓湖西岸，后跨过曲江；再由南到跃进水库转向东南，进入红河建水，至红河蒙自，终点为新坡背。总干渠出香炉山隧洞后，基本沿四大水系分水岭布设，沿途向两侧受水区分水，设计流量145～10m^3/s。

输水总干渠总长662.09km。全线可划分为大理Ⅰ段、大理Ⅱ段、楚雄段、昆明段、玉溪段及红河段共5段。大理Ⅰ段为石鼓—长育村，长111.03km；大理Ⅱ段为长育村—万家，长114.36km；楚雄段为万家—罗茨，长141.23km；昆明段为罗茨—新庄，长111.6km；玉溪红河段为新庄—蒙自，长183.87km。

输水总干线上主要输水建筑物有156座，其中：隧洞78座，长595.54km；倒虹吸14座，长26.35km；渡槽23座，长5.33km；暗涵31座，长27.91km；明渠7段，长5.32km。渠道消能建筑物3座（含消能电站2座），长1.63km。明渠、隧洞、倒虹吸、渡槽和暗涵长度分别占干线全长的0.80%、89.95%、3.98%、0.80%和4.42%。

另外，总干渠布置有分水口门23个，节制闸26座、退水闸24座、检修闸77座，共计150个控制建筑物。

(2)奔子栏水源

总干渠线路自奔子栏阿洛贡起，沿金沙江右岸山体，自北向南布设，经奔子栏、拖顶、其宗、塔城到石鼓，石鼓以下线路同石鼓水源方案的总干渠，终点均为蒙自新背坡。渠首设计水位2062m，石鼓设计水位2000m，石鼓以下总干渠设计水位亦同石鼓水源方案。渠首阿洛贡至石鼓设计流量145m^3/s，石鼓以下输水总干渠设计流量、分水口门布置及分水口门设计流量均同石鼓水源方案。

奔子栏阿洛贡至红河蒙自引水线路总长 846.52km。全线划分为渠首段(阿洛贡—石鼓)、大理Ⅰ段、大理Ⅱ段、楚雄段、昆明段、玉溪段红河段共 6 段，其中渠首段 184.43km，其他 5 段同石鼓水源方案。输水建筑物包括明渠 12 段，共长 7.57km；渡槽 33 座，共长 8.64km；隧洞 103 座，共长 771.92km；暗涵 32 段，共长 28.20km；倒虹吸 16 座，共长 28.46km，消能建筑物 3 段，共长 1.63km。隧洞、倒虹吸、暗涵、渡槽和明渠五种建筑物分别占输水线路长度比例分别为：91.19%、3.36%、3.33%、1.02%和 0.89%。此外，总干渠初步布置了分水闸、节制闸、退水闸、检修闸等控制建筑物 193 座，穿渠涵洞 10 座，交通桥 13 座。

滇中引水工程总工期为 96 个月，施工控制性施工项目为输水工程大理Ⅰ段的香炉山隧洞。采取“长洞短打”和以倒虹吸跨越河流、低谷方案，可以降低工程技术难度。工程施工不存在难以克服的困难。

3.3.3 环境影响评价

金沙江水量丰富、水质好，引水工程环境影响较小。不利影响主要发生在施工期，但因输水建筑物大部分为隧洞、暗涵，环境影响很小，并可通过环保措施降低或减免。工程运行期主要表现为良好的生态环境效益和经济效益，有助于滇中地区河流、湖泊水生态系统的恢复与重建。从生态环境的角度，工程可行。

3.3.4 经济和财务评价

国民经济评价结果表明，滇中引水工程的经济内部收益率 18.51%(石鼓方案)和 10.41%(奔子栏方案)，经济净现值 175.8 亿元(石鼓方案)和 78.12 亿元(奔子栏方案)，经济效益费用比 1.30(石鼓方案)和 1.11(奔子栏方案)。各项经济评价指标均优于国家规定的标准，经济上是合理的。全线分水口门综合平均单位供水成本为 1.029 元/ m^3(石鼓方案)和 0.938 元/m^3(奔子栏方案)。财务评价指标表明，项目建成后具有财务生存能力、偿债能力和盈利能力。

3.3.5 工程管理

(1)建设管理

成立滇中引水工程建设委员会和沿线有关地市滇中引水工程建设领导机构及其办事机构、滇中引水干线有限责任公司、各地(市、州)供水有限责任公司。

干线工程与分干线工程分别成立公司，组建滇中引水干线有限责任公司，负责取水工程、干线工程的建设与管理；沿线市(州)分别组建供水有限责任公司，负责滇中引水分干线工程的建设与管理。

运行管理机构分政府宏观调控机构、公司治理结构两个层次。省级人民政府通过组建滇中引水工程建设委员会，制定工程建设有关政策和管理办法，协调工程建设中的重大问题，落实和监督工程建设资金的筹集、使用和管理，监督检查主体工程建设质量，保证主体工程建设的安全、优质和高效。沿线各地(市、州)人民政府通过成立滇中调水工程领导机构及其办事机构，落实工程建设有关政策和管理办法，组织、协调征地拆迁和移民安置，落实和监督配套工程建设资金的筹集、使用和管理，监督检查配套工程建设质量，保证配套工程建设的安全、优质和高效。

按照现代企业制度的要求组建有限责任公司，建立规范化的董事会和监事会，实行企业化的科学管理。干线公司和各地(市、州)供水公司分别负责干线工程和分干线工程的运行管理，负责资产的保值增值和贷款偿还等。

(2)运行管理与调度

规划报告提出了水量调度管理原则、输水总干线调度原则、汛期调度原则及水质管理原则。

(3)管理费用

引水工程的年运行费用包括抽水费及其他年运行费。规划估算滇中引水工程年运行费为 19.99 亿元(石鼓水源)和 12.67 亿元(奔子栏水源)。管理费用的来源主要为水费收入。

滇中引水工程规划工程特性见表 1。

表 1　　滇中引水工程规划工程特性

名称			数量	备注
规划水平年	现状基准年		2008 年	
	规划水平年	近期	2030 年	
		远期	2040 年	
滇中规划区社经指标	规划区	国土面积(万 km^2)	9.49	49 个县(市、区)
		规划区总人口(万)	1793.6/2282.1	2008 年/2040 年
		工业增加值(亿元)	1020.8/9849.5	2000 年价格，2008 年/2040 年
		耕地(万亩)	2522.3/2210.6	2008 年/2030 年
		总灌溉面积(万亩)	942.8/1335.1	含果园、林草地及鱼塘补水，2008 年/2030 年
		国土面积(万 km^2)	3.24	31 个县(区)
		受水区人口(万)	1004.8/1328.9	2008 年/2040 年
	受水区	工业增加值(亿元)	748.6/8061.9	2000 年价格，2008 年/2040 年
		耕地(万亩)	906/786.7	2008 年/2030 年
		总灌溉面积(万亩)	421/606.1	含果园、林地、草地及鱼塘补水，2008 年/2030 年

续表

名称			数量		备注
水资源配置	年均引水量	城镇生活(亿 m^3)	8.06		
		城镇工业(亿 m^3)	14.21		
		农业灌溉(亿 m^3)	6.09		
		湖泊补水(亿 m^3)	5.82		
		合计(亿 m^3)	34.18		
	水量分配	丽江(亿 m^3)	0.15		
		大理(亿 m^3)	3.48		
		楚雄(亿 m^3)	4.88		
		昆明(亿 m^3)	12.69		不含滇池补水
		玉溪(亿 m^3)	3.76		不含杞麓湖补水
		红河(亿 m^3)	3.39		不含异龙湖补水
水源工程	水源方案		奔子栏自流引水	石鼓提水	
	坝址以上流域面积(万 km^2)		20.33	21.52	
	多年平均年径流量(亿 m^3)		357	426	1953—2008 年系列
	多年平均流量(m^3/s)		1130	1351	
	主要建筑物型式		溢流坝	地下厂房	
	最大坝高(m)		97		
	泵站装机(MW)			480	
输水工程	渠首引水流量(m^3/s)		145	145	
	输水线路干线长度	明渠长度(km)	7.56	5.32	
		隧洞长度(km)	771.92	595.54	
		渡槽长度(km)	8.64	5.33	
		倒虹吸长度(km)	28.46	26.35	
		暗涵长度(km)	28.2	27.91	
		合计 (km)	846.52	662.09	
	拆迁及永久占地	工程永久占地(亩)	8555	7625	
		工程临时占地(亩)	26409	23623	
		影响人口	4247	3735	
		房屋拆迁(万 m^2)	26.61	25.08	
	主要建筑物及设备	隧洞(座)	103	78	
		渡槽(座)	33	23	
		倒虹吸(座)	16	14	

续表

名称			数量		备注
输水工程	主要建筑物及设备	暗涵(座)	32	31	
		节制闸(座)	33	26	
		退水闸(座)	28	24	
		分水闸(座)	23	23	
		检修闸(座)	107	75	
		交通桥(座)	13	8	
		排洪涵(座)	12	7	
施工	主要工程量	土石方(万 m^3)	10678	8198	
		混凝土(万 m^3)	1811	1359	
		钢筋钢材(万 t)	145.9	102.95	
	施工总工期(月)		84	84	
经济指标	静态总投资	水源工程投资(亿元)	14.26	24.79	2010 年二季度价格(不含分干线)
		输水工程投资(亿元)	830.61	598.41	
		合计(亿元)	844.87	623.2	
	经济内部收益率(%)		10.41	18.5	
	经济净现值(亿元)		78.12	175.8	

4 取得的先进创新技术

滇中引水工程引水量和输水长度分别位居我国已建、在建引调水工程第 4 位、第 5 位。工程地处横断山脉及滇中高原,是我国已建、在建大流量、长距离调水工程中地形地质条件最复杂的工程。规划经多年研究,提出规划报告及十余个专题研究报告,成功解决了引水工程与重大规划衔接与协调,多目标供水任务规模论证、多水源方案比选、复杂生态水环境影响研究等技术难题。规划确定的工程方案已全面实施,无重大设计变更。

4.1 水资源优化配置,合理确定工程规模

用模糊聚类、多种经济分析理论与方法,定位区域发展目标和战略,建立节水指标体系,完成多单元分类发展与需水预测;建立的水资源配置模型,连通外调水与受水区湖、库,实现城镇生活、工业、农业、生态多目标用水、多水源联合优化配置。利用总干渠空闲容量,向滇池等湖泊生态补水,显著降低了输水工程规模及投资,干渠利用率达到 80%,工程规模合理。

4.2 多方案研究，解决复杂条件下工程总布局

工程涉及范围广，边界复杂。结合滇中需水的紧迫性、周边河流梯级开发，经技术、经济、环境、社会综合比选，确定水源方案。统筹考虑洱海、滇池水质保护与水污染治理、昆明城市布局与发展、受水区多民族经济平衡发展，确定总干渠与洱海、滇池、昆明城区的关系；输水工程跨四大水系，穿横断山脉，地质构造复杂，地震烈度高，线路隧洞占比达 89%～91.19%，流量大。经创新勘察技术手段及重大技术专题研究，解决了输水线路比选。多方案综合比选确定的工程方案，较好地衔接了流域综合规划、区域水资源开发、洱海保护、滇池污染治理及昆明城市发展等重大规划。工程按 2040 年规模一次建成，具有前瞻性和综合利用效益。

4.3 航空遥感解译应用于输水方案比选及移民规划设计

研发基于 3S 技术的地质遥感解译及三维信息系统，快速准确地掌握地质灾害等工程地质条件，为工程选线提供重要指引；建立基于 GIS 多源信息集成的输水线路工程地质信息管理系统和三维真彩色数据检索系统、移民信息采集与管理系统，用于移民实物指标调查分析、安置方案研究等工作，大幅提高了工作效率。

5 项目建成后的社会效益、生态环境效益、经济效益

滇中引水工程主要解决滇中地区的城镇生活及工业用水、农业灌溉用水以及湖泊环境用水，社会效益、生态环境效益、经济效益巨大，是云南省经济社会可持续发展的基础设施。以石鼓水源为例规划阶段测算，引水工程的经济内部收益率 18.50%，经济净现值 175.8 亿元，经济效益费用比 1.30。各项经济评价指标均优于国家规定的标准，工程在经济上合理的。分水口门处全线综合平均供水成本为 1.029 元/m^3。项目建成后具有财务生存能力、偿债能力和盈利能力。

金沙江水量丰富、水质好，引水工程环境不利影响主要发生在施工期，但因输水建筑物大部分为隧洞、暗涵，环境影响很小，并可通过环保措施降低或减免。工程运行期主要表现为良好的生态环境效益、经济效益，有助于滇中地区河流、湖泊水生态系统的恢复与重建。环境效益显著。

滇中引水工程是解决云南省经济社会发展核心区水资源短缺的战略性基础设施，对于促进西部大开发、稳定边疆、促进民族大团结、增强西南地区国际竞争力等具有重大作用。

5.1 促进经济社会可持续发展

(1)改善城镇供水条件

引水工程的可供水量和优质水将满足 864 万城镇人口的需水要求，约占 2030 年所预测的城镇人口的92%，推进了滇中地区的城镇化进程，可将城镇化率提高至约70%，满足区域城市发展和城镇居民生活水平提高对用水量日益增长的需求。

(2)改善工业生产供水

年均增加滇中地区工业供水13.44亿m^3，将大大缓解工业用水供需矛盾，按2030年的综合万元工业增加值耗水量分析，将提高工业增加值3160亿元，约占2030年滇中地区工业增加值的72%。

(3)改善灌溉条件扩大灌溉面积

引水工程的实施运行，可将原来城市用水中挤占农业的水量还给农业，为农业调整种植结构、增产增收提供水源保证，增强受水区农业发展后劲。引水工程新增灌溉面积49万亩，改善灌溉面积63.6万亩。

(4)补给河湖水量

不仅直接给湖泊生态补水5.82亿m^3，还通过优化配置，使受水区内各大中型水库增加生态流量下泄，大大改善河道及湖泊的生态环境。

5.2 拉动内需，创造就业机会

(1)拉动内需，推动行业发展

工程建设对云南省及周边市场的启动作用几乎是全方位的，对国内众多相关行业都有明显的拉动作用。工程建设将推进建材业、推动施工设备制造及安装业发展，对铁路、公路运输拉动效果明显。

(2)创造就业机会

引水工程施工期可创造直接就业机会约318万个。考虑建设拉动内需的间接效应，工程建设将为建材、机械、电子、仪器、运输等行业以及勘测、设计、科研、监理、管理等部门创造间接就业机会约922万个。

5.3 促进区域经济协调发展和民族大团结，增强西南地区国际竞争力

引水工程是云南省历史上最大的工程项目，也是西部大开发战略中重大的基础设施项目。工程建设不仅促进区域经济协调发展，也对稳定边疆，促进民族大团结、增强国际竞争力等意义重要。

总之，滇中引水工程是一项社会效益、生态环境效益、经济效益巨大的工程。

撰稿/瞿霜菊、黄辉、周利、张传健、汪洋

厄瓜多尔全国流域综合规划

▲ 厄瓜多尔著名河流（瓜亚斯河）风光

《厄瓜多尔全国流域综合规划》是长江设计公司牵头编制的首个国外流域综合规划，是一部涵盖防洪、供水、灌溉、水力发电、水资源保护、水生态环境保护与修复、水土保持、水利管理等方面的系统规划。

1 规划背景

厄瓜多尔共和国位于南美洲西北部，国土面积 25.6 万 km^2，由美洲大陆部分和若干岛屿组成。安第斯山脉将全国分为西部沿海、中部山地地区和东部亚马逊地区三大区域，由此形成其特有的自然环境和经济社会发展格局。西部沿海地区人口占全国的 50%，GDP 占全国的 44%，但水资源量仅为全国的 19%；中部山地地区人口占全国的 45%，GDP 占全国的 42%，但水资源量仅占全国的 16%；东部亚马逊地区人口占全国的 5%，GDP 占全国的 14%，水资源量占全国的 65%，水资源与人口及经济社会发展不匹配。

20 世纪 80 年代，在西班牙的帮助下，厄瓜多尔编制了第一部较系统的水资源规划，为厄瓜多尔水利事业发展指明了方向，然而由于国家法律、水资源管理体制、经济发展水平等原因，该规划未能有效实施。

2008 年，厄瓜多尔新修订的国家宪法颁布，为全国水资源管理与使用指明了方向。为了人民美好生活的愿景，次年厄瓜多尔在《国家美好生活规划(2009—2013)》中明确提出了“从流域层面开展水资源综合管理，提升对气候变化的应对能力”。

为响应国家新颁布的宪法和提出的奋斗目标，2012 年 10 月，厄瓜多尔水资源秘书处(SENAGUA)委托长江勘测规划设计研究有限责任公司(以下简称“长江设计公司”)开展《厄瓜多尔全国流域综合规划》(以下简称《规划》)的编制工作，由此开启了中厄水利项目合作的新征程。

厄瓜多尔河流众多，地理环境复杂，资料又十分匮乏，编制全国流域综合规划是一个极大的挑战。为完成这一艰巨的任务，长江设计公司优化配置人力资源，抽出各专业骨干，组建厄瓜多尔全国流域综合规划项目部，厄瓜多尔方面也派出精干人员积极配合。在中厄共同努力下，项目部成员克服各种困难，连续奋战，按期按要求提交了规划成果。这次合作不仅为厄瓜多尔国家未来的水利建设描绘了一幅崭新蓝图，也在中厄两国之间架起了友谊的桥梁。

在《规划》编制过程中，得到了当时厄瓜多尔水资源秘书处(SENAGUA)、规划发展委员会(SENPLADES)、统计局(INEC)、中央银行(BCE)、住建部(MIDUVI)、国家气象研究所(INAMHI)、环境部(MAE)、电力和能源部(MEER)、农业部(MAGAP)、资源部(MRNNR)、海洋局(SETEMAR)、风险管理部(SGR)等部委以及地方各省、市的大力支持，也得到我国水利部、长江水利委员会等部委有关领导及专家的关心和指导。本项目是我国在海外开展的首个水利综合规划项目，为系统解决厄瓜多尔国家水资源供需矛盾、水旱灾害、水污染三大突出问题提出了详细方案，为其经济繁荣、社会稳定、人民过上美好生活提供了有力支撑。

2 规划意义

由于水资源时空分布不均，加之受气候变化的影响，厄瓜多尔全国经常发生水旱灾害，人民生活受水旱灾害影响以及农田灌溉缺水问题比较突出，制约了经济社会的发展，特别是遭遇枯水年份或连续干旱年份，供用水矛盾更为明显。同时，随着工农业生产的发展和人口进一步向城市聚集，工业、农业和城市污水排放量逐年增加，矿山、石油等开采更加重了水体污染，造成一些地区出现水质性缺水，加剧了水资源供需矛盾。

而 20 世纪 80 年代制定的第一部厄瓜多尔水资源规划偏于宏观，未提出具体的规划工程和实施方案，对水安全保障指导作用有限，不适应社会发展新需求。进入 21 世纪以来，厄瓜多尔的经济社会发生巨变，农业占 GDP 的比重持续下降，石油业在国民经济中的地位日益突出，原规划已不能适应厄瓜多尔的经济社会发展需要，亟须进行修编。

水资源是事关国计民生的基础性自然资源和战略性经济资源，是生态环境的重要控制性要素，也是国家综合国力的有机组成部分。随着工业化、城镇化和农业现代化的不断推进，经济社会发展对水资源的需求日益增长，加之全球气候变化的影响，极端天气现象频发，水资源已成为经济社会可持续发展的主要制约因素。面对经济社会快速发展与资源环境矛盾日益突出的形势，开展厄瓜多尔流域综合规划编制具有十分重要的意义。

3 规划方案

3.1 指导思想

遵循厄瓜多尔宪法规定和《国家美好生活规划》的总体部署，以“水资源的可持续利用，保障经济社会的可持续发展，实现美好生活”为基本宗旨，以“提高水资源配置和高效利用能力、提升全国防洪减灾能力、全面改善水质和修复水生态、有效开展水土流失防治”为规划工作主线，通过系统治理，满足人民群众对防洪保安全、优质水资源、健康水生态、宜居水环境的新需求和新期待，全面保障厄瓜多尔经济社会发展。

3.2 规划原则

（1）坚持以人为本

保障社会稳定和人民安居乐业，实现“美好生活”愿景，优先实施水源工程，保证城乡人民生活用水安全和农业灌溉用水需要，改善人民生活环境，提高人民生活水平，将人作为经济发展和国家进步的最终目标。

(2)坚持可持续发展

在保护生态环境的前提下，合理、有效地使用水资源，维护河流健康，建立人与自然和谐发展的关系，保障流域社会、经济、环境的可持续发展。

(3)坚持前瞻性

以《国家美好生活规划》、各行业中长期发展规划为基础，贯彻经济社会可持续发展，合理预测厄瓜多尔未来经济社会发展对水资源的需求及产生的水问题，制定的水资源开发方案既要考虑满足近期需要，又要与远景发展要求相协调。

(4)坚持全面规划、突出重点、分期实施

根据发展国家经济社会和改善人民生活环境的需要，分析各流域的主要问题，优先安排城乡生活用水，统筹考虑供水、灌溉及跨流域调水的需要，努力满足人们对生活、生态、生产用水安全的需求，合理拟定开发治理与保护任务；考虑各流域治理开发的紧迫性和可能性，拟定分期实施行动计划。

3.3 规划范围和水平年

规划范围为厄瓜多尔大陆地区，总面积 24.8 万 km^2，分为 Mira、Esmeraldas、Manabí、Guayas、Jubones、Puyango—Catamayo、Napo、Pastaza、Santiago 等 9 个流域(片)。

规划现状基准年为 2010 年，近期规划水平年为 2025 年，远期规划水平年为 2035 年。

3.4 规划目标

3.4.1 总目标

水资源供需矛盾、洪水灾害、水污染等问题基本得到解决，供水安全、防洪安全、粮食安全和生态安全的保障程度得到较大提高，水利保障能力可为经济长期平稳发展、社会和谐稳定、国家美好生活规划实施提供坚实支撑。

3.4.2 近期(2025 年)目标

新增供水量 71.3 亿 m^3，总供水量达到 185.06 亿 m^3，全国水资源开发利用率达到4.9%，重点城市供水保证率达到 97%，主要灌区灌溉保证率达到 75%；防洪问题突出的主要流域内重点城市和防洪保护区的防御洪水能力基本达标；水污染问题得到有效控制，重点城市饮用水水源地保障措施建设完成，水功能区水质初步得到改善；生产建设活动导致的人为水土流失得以有效控制，流域综合管理建设有序推进。

3.4.3 远期(2035 年)目标

跨流域和流域内水资源配置格局得到完善，新增供水量 18.47 亿 m^3，总供水量达到 203.53 亿 m^3，全国水资源开发利用率达到 5.4%，城乡供水保证率达到 97%，新增灌溉面积

68.9万hm^2，灌区灌溉保证率达到75%；防洪问题突出的流域内重点城市和防洪保护区在遇标准以内洪水时基本不发生灾害，在遇超标准洪水时有效保证人们生命安全和最大限度地减少财产损失，山丘区避灾和涝区排涝能力显著增强；流域内水功能区主要控制性指标达标率达到95%以上，水生态环境状况明显改善，河流生态系统良性发展，水土流失得到有效治理；流域内水量、水质、水生态环境综合监测系统基本建成，流域综合管理能力显著提升。

3.5 国家经济社会发展对水利发展的要求

(1)加强水资源调配工程建设，提高水资源保障能力

厄瓜多尔水资源总量丰沛，年均降雨量约2250mm，人均水资源拥有量约2.60万m^3，但受地形和气候等因素影响，降雨量年内分配不均，总体上是东部亚马逊地区和安第斯山脉两侧山坡降雨量较大，沿海及安第斯山脉内部的河谷盆地降雨量较少。在典型干旱性区域，常年干旱时间长达9～12个月。此外，水资源量与人口、时空分布严重不匹配，且现状各地区城乡供水和农业灌溉工程较少，有调蓄能力的大中型水库稀缺，导致大小旱灾频发。随着经济社会的发展和用水需求的增长，水资源供需矛盾将会更加突出。因此，通过加强水资源调配工程建设，增加水资源的调蓄能力，加强区域间水资源统一配置，全面提高水资源的保障能力。

(2)建立综合防洪体系，提高全国防洪减灾能力

西部沿海地区经济发达、人口密集、河网密布，是洪水问题最为严重的区域。中部山地地区多为深切峡谷，洪水陡涨陡落，洪水问题不突出，但由于人口密集，局部地区存在一些洪水问题。东部亚马逊地区地形复杂，山地、丘陵、平原均有分布，洪水高风险地区多，但大部分地区处于未开发的原始状态，人口和经济总量较小，洪水问题不突出。

长期以来，洪水问题一直是厄瓜多尔的心腹大患。为解决洪水问题，国家曾组织研究实施大规模人口迁移和地区经济结构调整以避开洪水风险，但事实证明不可行；只有针对不同地区的具体情况采取相应的防洪措施，才是降低洪水风险的合理途径。21世纪初开始，厄瓜多尔更加重视防洪设施建设，并在Guayas流域建成了一些堤防、分洪道和防洪水库，但由于缺乏系统规划和管理信息化建设滞后等原因，防洪效果较差，必须根据流域洪水特点，采取堤防、防洪水库、分洪道、蓄滞洪区等措施，只有建立综合防洪体系，提高流域整体防洪减灾水平，才可能保证全国防洪安全，保障国家经济平稳发展。

(3)强化水资源与水生态环境保护，全面改善水质和修复水生态

全国水质总体较差，仅西部沿海地区的南部、中部山地地区的中部和亚马逊地区北部少数区域水质较好。厄瓜多尔污水处理能力较低，绝大多数城镇无配套污水处理设施，城镇生活污水和工业废水直排入河，成为厄瓜多尔主要的污染源之一。西部沿海地区中部和南部、中部山地地区北部和中部的农业植被区，过量地使用化肥和农药造成较严重的面源污染；西

部沿海地区的南部、中部山地地区的北部、亚马逊地区的北部和南部区域，采矿废水直接排放也是影响水质的重要因素。全国大部分河流水体受到污染，水生态系统在不同程度上遭受破坏，一些河流的鱼类等水生动物因重金属中毒而死亡，因此水污染防治迫在眉睫。只有通过强化水资源与水生态环境保护，全面改善水质和修复水生态，才可能以水资源的可持续利用和良好的生态环境为国家经济社会发展提供坚强支撑。

(4)有效开展水土流失防治，保障城乡居民利益和生态安全

厄瓜多尔水土流失总面积 11.43 万 km^2，占国土总面积的 46%，其中瓜亚斯、普扬戈—卡塔马约、帕斯塔萨等 6 个流域的水土流失面积率超过 50%。水土流失主要发生在中部山区和西部沿海的丘陵地区。由于这些地区侵蚀严重，山洪、泥石流等剧烈水土流失在雨季随时可能发生，对当地城乡居民生命财产安全产生较大威胁。坡耕地是产生水土流失的重要因素，全国有 45.1%的耕地存在不同程度的水土流失现象。坡耕地水土流失导致土壤养分流失、土地生产力下降，从而对当地农村居民生产、生活造成不利影响。此外，生产建设项目水土流失日趋严重，近年来，各地区矿产、石油资源开发和水电站、铁路、公路建设等项目日益增多，由此引发的水土流失也不容忽视。因此，只有通过有效防治水土流失，才能避免或减轻人民利益受损害和保障生态安全，促进经济社会发展。

3.6 主要成果

(1)实施水资源优化配置，高效利用水资源

厄瓜多尔水资源丰富，但由于时空分布不均，与区域经济社会发展不相匹配，加上水资源利用设施不足、水体受到污染、用水管理粗放等因素，部分流域和地区水资源供需矛盾突出。并随着经济社会发展、人口增加和耕地面积扩大，局部水资源供需矛盾进一步加剧。

为解决突出的水资源供需矛盾，一是优化水资源配置，根据西部、中部、东部水资源条件和人口分布、经济发展布局等，以大型水库为龙头，中型水库为骨干，跨流域调水工程为纽带，小型工程为补充，形成全国水资源调配网络。二是提高水资源高质量综合利用水平。在保障生活、农业灌溉用水的同时，兼顾生态、工业生产、水力发电、水运、水产、水上娱乐等用水需求，并可根据具体情况对各项用水优先级次序调整；兼顾上下游、地区和部门之间的利益，统筹协调、合理分配水资源；生活用水优先于其他一切项目的用水，优先用于饮用水，合理安排农业、工业等生产用水，留足环境用水以保持河流应有的弹性。以往对水资源合理利用的重要性认识不足和受科技能力与水平的限制，水资源综合利用程度不高。但随着经济社会发展，高程度、高质量水资源综合利用已是大势所趋。为此应在全国水利一盘棋的水资源配置格局下，充分发挥水资源可利用功能，根据人们生活、生产的需求，实施供水、灌溉、水力发电、航运等综合利用。通过水资源节约与保护、合理有序开发及高质量综合利用，实现水资源可持续利用，以支撑和保障经济社会可持续发展。

(2)建设高水平防洪减灾体系

防洪减灾体系是指以洪水为防御对象,在防洪过程中发挥作用的机构组织、防洪工程措施、非工程措施等要素构成的一个有机整体。厄瓜多尔人口密集、经济发达的地区也是洪水问题最严重之处,由于长期以来未对水利系统规划与建设,防洪基础设施薄弱。

结合国情,统筹推进全国高水平防洪减灾体系建设。一是实施防洪减灾机构与措施体系建设,包括防洪组织机构、防洪工程措施、防洪信息系统等建设,全面提升国家防御洪水灾害的能力。二是实施防洪控制性水库联合统一调度。针对河流中下游主要防洪保护对象,考虑堤防等防御措施能力,研究建立现代化调度系统,实施控制性水库联合统一调度,以保障防洪区尤其是重点保护对象的防洪安全。三是制定防洪预案及应急救灾措施。从中央至地方各级政府防洪部门或机构应制定有防洪预案和山洪突发事件应急救灾措施,以避免发生本不该发生的灾害损失。

(3)深入开展水污染防治与水生态环境保护治理

厄瓜多尔除城乡生活污水、工业废水直接排放入河以外,还有矿产开发产生的大量废污水未经处理直接排放,同时随着近些年国家经济社会发展速度的提升,局部河流、湖泊污染愈加严重。

应积极采取强有力的措施,实施全国河流、湖泊水体保护和水污染治理。一是加强监测。在加快污水处理设施建设、增补完善监测断面的同时,重点加强饮用水水源地、入河排污口等重要断面水质监测,在重要湖泊、湿地探索性开展水生态系统指示物种监测,注重对监测成果的分析与评价。二是全方位开展水生态环境保护研究。厄瓜多尔生态环境敏感区较多,并与河流开发利用存在密切关系,应通过深入研究,提出生态环境敏感度指标体系框架结构和计算模型,为全国河流开发利用研究提供依据。

(4)因地制宜地实施水土流失综合防治

水土保持包括由自然因素和人为活动造成水土流失所采取的预防和治理措施。厄瓜多尔水土流失类型以水力侵蚀为主。中部安第斯山区重力侵蚀严重,西部沿海局部区域存在风力侵蚀。侵蚀形式在山区主要表现为沟蚀,在平原和丘陵主要表现为面蚀。

全国水土流失防治总体方案是对林地和草地进行封育管护,对耕地采取保土耕作、坡改梯、经果林种植、退耕还林等措施进行综合治理,对荒地、严重侵蚀区和森林砍伐区域栽植水土保持林,对影响耕作生产的沟道进行治理。由于各地区水土流失成因不同,应针对不同区域特点实施水土流失防治。西部沿海地区采取保土耕作、坡改梯田、经果林种植、退耕还林等措施对低山丘陵区的坡耕地水土流失进行治理;中部山地通过治理沟道和采取坡耕地综合治理、林草地封育管护等措施,使山区沟谷侵蚀和坡面侵蚀得以治理;东部亚马逊平原主要采取封育管护对区内的天然林、森林保护区和灌丛植被进行保护。同时各地区通过综合监管和水土保持监测使人为水土流失得到控制。

(5)建立与经济社会发展相适应的水管理体系

水资源可持续利用是经济社会发展的重要基础条件，国家水管理的好与坏是关系到水资源是否可持续利用的重大问题，厄瓜多尔对此已有深刻的教训和认识。建立与经济社会发展相适应的水管理体系是这个国家面临的一项重要而迫切的任务(表1)。

表1　　　　厄瓜多尔流域综合规划成果

<table>
<tr><th colspan="4">项目</th><th>数量</th></tr>
<tr><td rowspan="4">经济指标预测</td><td colspan="2" rowspan="2">2025年</td><td>人口(万)</td><td>1708</td></tr>
<tr><td>GDP(亿美元)</td><td>1415.48</td></tr>
<tr><td colspan="2" rowspan="2">2035年</td><td>人口(万)</td><td>1889.2</td></tr>
<tr><td>GDP(亿美元)</td><td>2165.30</td></tr>
<tr><td rowspan="8">需水量预测</td><td colspan="2" rowspan="4">2025年</td><td>总需水量(亿 m³)</td><td>203.24</td></tr>
<tr><td>生活(亿 m³)</td><td>17.14</td></tr>
<tr><td>农业(亿 m³)</td><td>167.96</td></tr>
<tr><td>工业及其他(亿 m³)</td><td>18.14</td></tr>
<tr><td colspan="2" rowspan="4">2035年</td><td>总需水量(亿 m³)</td><td>225.64</td></tr>
<tr><td>生活(亿 m³)</td><td>18.69</td></tr>
<tr><td>农业(亿 m³)</td><td>187.03</td></tr>
<tr><td>工业及其他(亿 m³)</td><td>19.92</td></tr>
<tr><td rowspan="19">水资源配置</td><td rowspan="9">供水保证率</td><td rowspan="3">目标保证率</td><td>生活(%)</td><td>≥97</td></tr>
<tr><td>农业(%)</td><td>≥75</td></tr>
<tr><td>工业及其他(%)</td><td>≥95</td></tr>
<tr><td rowspan="3">2025年实际供水保证率</td><td>生活(%)</td><td>99.7</td></tr>
<tr><td>农业(%)</td><td>78.8</td></tr>
<tr><td>工业及其他(%)</td><td>99.2</td></tr>
<tr><td rowspan="3">2035年实际供水保证率</td><td>生活(%)</td><td>99.7</td></tr>
<tr><td>农业(%)</td><td>78.6</td></tr>
<tr><td>工业及其他(%)</td><td>99.0</td></tr>
<tr><td rowspan="8">配置水量</td><td rowspan="4">2025年</td><td>总供水量(亿 m³)</td><td>185.06</td></tr>
<tr><td>生活(亿 m³)</td><td>17.13</td></tr>
<tr><td>农业(亿 m³)</td><td>149.87</td></tr>
<tr><td>工业及其他(亿 m³)</td><td>18.06</td></tr>
<tr><td rowspan="4">2035年</td><td>总供水量(亿 m³)</td><td>203.53</td></tr>
<tr><td>生活(亿 m³)</td><td>18.67</td></tr>
<tr><td>农业(亿 m³)</td><td>165.09</td></tr>
<tr><td>工业及其他(亿 m³)</td><td>19.77</td></tr>
<tr><td colspan="2" rowspan="2">水资源开发利用率(%)</td><td>2025年</td><td>4.9</td></tr>
<tr><td>2035年</td><td>5.4</td></tr>
</table>

续表

项目					数量
工程规划	防洪工程	堤防(km)			1603
		水库		个数(座)	18
				防洪库容(亿 m^3)	14.25
		河道整治(km)			930
		水闸(座)			16
		蓄滞洪区		个数(座)	2
				蓄洪容积(亿 m^3)	3.60
		分洪道(条)			4
	水资源配置	项目统计		总计(处)	162
				在建(处)	9
				规划(处)	96
				续建配套(处)	57
		工程统计		水库工程(处)	129
				引提水工程(处)	274
				调水工程(处)	6
				塘坝工程(处)	576
	其他工程	防洪非工程措施	防洪指挥信息系统(项)		6
			防洪预案	小计(项)	188
				流域洪水调度方案(项)	8
				地市防汛预案(项)	120
				水库调度规程(项)	30
				水库防洪预案(项)	30
		水资源保护工程		确立饮用水水源保护区(处)	264
				治理饮用水水源保护区(处)	264
				水质监测中心(个)	9
				水质监测断面(个)	607
		水土保持工程		保土耕作(万 hm^2)	105.9
				封育管护(万 hm^2)	620.6
				经果林(万 hm^2)	12.9
				坡改梯(万 hm^2)	13.2
				植树造林(万 hm^2)	4.9
				水土保持林(万 hm^2)	25.9
				谷坊(万个)	1.6

在认真总结以往经验教训的基础上，深化体制改革，以建设完善的法律法规和制度体系助推水管理进步，深入研究国家发展要求，高站位、高起点建立起与国家经济社会发展相适应的水管理体系，包括管理体制与机制完善、法治建设、跟踪监督、管理能力与水平提高等，实现全国高水平、高效率、高质量水管理运行。

3.7 工程投资及实施意见

(1)工程投资

厄瓜多尔流域综合规划工程总投资337.07亿美元。根据规划项目实施部署，近期(2016—2025年)投资180.48亿美元，年均投资18.05亿美元；中期(2026—2030年)投资81.25亿美元，年均投资16.25亿美元；远期(2031—2035年)投资75.34亿美元，年均投资15.02亿美元(表2)。

表2　　规划项目投资安排　　(单位:亿美元)

项目		近期 2016—2025年	中期 2026—2030年	远期 2031—2035年	合计
水资源配置项目		102.69	58.27	45.82	206.78
防洪	防洪工程措施	28.89	0.94	20.41	50.24
	防洪非工程措施	0.93	0.04	0.17	1.14
水污染防治及水生态环境保护项目		27.98	13.72	3.02	44.72
水土保持项目		19.57	8.05	5.72	33.34
水管理建设		0.42	0.23	0.20	0.85
总计		180.48	81.25	75.34	337.07

(2)国家经济能力受限条件下项目实施调整计划

由于石油是厄瓜多尔的支柱产业，石油价格的变化对国家经济发展影响显著。若石油价格在今后较长一个时期内低位徘徊，国家经济发展状况将低于预期，国家经济承受能力势必影响规划项目实施。针对这种情况，为处理好需求与发展的关系，根据变化的国家经济能力对规划期建设项目安排作相应调整。调整原则为确保供水、防洪安全，兼顾粮食安全，规划实施项目部署主要意见如下：

1)原安排近期(2016—2025年)实施的灌溉项目(不含Dauvin项目)调整建设期为2016—2035年；

2)原安排中期、远期的多功能项目仅建设供水工程、单一灌溉项目暂缓实施；

3)优先安排水库周边20km范围内的水土流失治理项目，其他水土保持项目暂缓实施；

4)规划实施过程中，随着国家经济状况变化对原安排项目适时调整。

考虑厄瓜多尔经济下行、国家经济能力受限条件，流域综合规划项目压缩后匡算总投资198.58亿美元，建设期(2016—2035年)平均每年投资约9.93亿美元(表3)。

表 3　　国家经济能力受限条件下规划项目投资安排　　(单位:亿美元)

项目		近期 2016—2025 年	中期 2026—2030 年	远期 2031—2035 年	合计
水资源配置项目		42.59	24.72	33.52	100.83
防洪	防洪工程措施	28.89	0.94	20.41	50.24
	防洪非工程措施	0.93	0.04	0.17	1.14
水污染防治及水生态环境保护项目		27.98	13.73	3.01	44.72
水土保持项目		0.51	0.15	0.13	0.79
水管理建设		0.42	0.23	0.20	0.85
总计		101.32	39.81	57.44	198.57

 4 项目实施工作中遇到的技术难题及解决方案

(1)深入推进信息化技术运用

厄瓜多尔水资源秘书处、各流域片与各省提供了大量相关资料,长江设计公司对所收集到的资料进行了统计分析和分类整理,对存在的问题以及资料中发现的不合理之处与厄瓜多尔水资源秘书处进行了充分沟通,以保证规划中所涉及的经济社会现状及发展指标、现状各行业用水指标、供水设施供水指标等资料的真实、合理、有效。

针对流域规划工作中存在的数据共享程度低、关联性差、自动化处理程度低和空间统计分析效率低等问题,充分利用信息化手段,以流域规划工作过程为主轴,利用空间数据库技术,将资料整理、计算分析、规划设计等各环节的数据高效存储,建立空间、属性及时间的关联,实现全过程数据的多用户共享使用、动态更新抽取、快速分析统计。

(2)探索建立标准体系

厄瓜多尔的标准体系不完备,本次规划根据具体情况既参考了厄瓜多尔有关规划文件的编制方法,也参考使用了我国有关水资源规划的规范性文件,并借鉴了西班牙、美国等国家相关经验。

(3)深入开展公众参与

从水资源综合利用角度出发,针对防洪、供水、灌溉、发电、航运、环境等 6 个涉水主要方面,对水资源利益相关者关系进行分析和研究。针对厄瓜多尔各涉水部门、研究机构、社团、个人等在水资源管理和开发利用中的功能职责和位置,识别厄瓜多尔涉水利益相关者,并分析其相互关系。厄瓜多尔十分重视公众参与,长江设计公司在现场考察、资料收集以及规划编制的各个阶段,在各部委、各省和市召开了利益相关者座谈会,反复征求各方对规划编制的建议和意见。该规划充分考虑了各方意愿,以保证其科学性、可操作性。

5 项目实施后取得的社会效益和经济效益

规划实施后，可有效解决或减轻各流域干旱、洪灾、水质恶化、水土流失等问题，保障供水安全、防洪安全、粮食安全、生态安全，给国民生活带来便利和实惠，使人民真正感受到美好生活的甜蜜与幸福，具有巨大的综合效益。

5.1 水资源配置

水资源配置规划实施后，新增年供水能力94.6亿m^3，可解决343万人的饮水安全问题，城乡供水保证率达到97%，尤其是显著提升重点城市供水安全保障程度；新增灌溉面积68.9万hm^2，提高灌溉水利用系数10个百分点，灌溉保证率达到75%，为国家粮食自给创造了条件，并为偏僻农村提供供水水源，提高农户收入水平，有利于消除贫困和国家美好生活规划目标的早日实现。

5.2 防洪

防洪规划实施后，全国防洪保护区防洪能力显著提高，西部沿海地区重点河流防洪保护区，以及中部山地地区、亚马逊地区的省会、县城、教区中心城区防洪能力将达到相应标准。国家洪水和洪灾预报、预警水平、应对能力将显著提高。各流域遇常遇洪水和较大洪水时，可保障经济正常运行、社会安定；遭遇特大洪水时，社会不发生大的动荡，灾害损失明显减少，对国家经济社会发展进程不产生重大影响。

5.3 水污染防治

水污染防治规划实施后，全国城乡居民生活饮用水安全得到保障，各流域水源水库和城镇河道水源区水质达标率提高到95%；全国水质监测站网的水质达标率提高到85%；重要湿地水质达到生态用水标准；各河流、湖泊水质得以全面改善。

5.4 水生态环境保护

水生态环境保护规划实施后，全面改善各流域水生态环境，规避规划工程实施对水生态产生重大的不利影响，预防人类活动对水生态环境产生累积的不利影响，水生生境得到保护与修复，水生态系统实现良性循环，湿地功能得以正常发挥，物种资源及生物多样性得到有效保护。

5.5 水土保持

水土保持规划实施后，建成与经济社会发展相适应的水土流失综合防治体系，城市周边环境得到明显改善，山区坡耕地水土流失及适宜改造的坡耕地得到全面治理，水土流失监测网络和信息系统全面建成，水土保持法治体系和监督管理体系基本建立，生产建设活动导致人为水土流失得到控制，水土流失治理度达到70％，林草覆盖率达到77.9％。

5.6 水管理

水管理规划实施后，国家水管理法律法规、政策和制度体系进一步健全，厄瓜多尔水资源秘书处和地方各级水管理机构、社会组织及其职能得到完善，流域与区域管理职责明确，信息化基础设施建设取得明显成效，水资源管理系统建成并运行，水利前沿科技攻关有重要进展，人才队伍建设迈上新的台阶。

此外，作为长江设计公司承担的首个国外流域综合规划项目，意义重大，影响深远，主要体现在以下几个方面。

一是推广了我国规范和标准，提高了长江设计公司知名度。厄瓜多尔的规范和标准体系尚不健全，目前水利行业方面已建立了生活用水和农业用水的水质标准，初步提出了生活用水定额建议值，但在其他的相关规范、标准方面基本为空白，给规划工作带来了极大的难度，项目部与厄瓜多尔时任水资源秘书处达成“厄瓜多尔无相应标准和规范时，在规划中可优先使用中国的规范和标准”的协议。遵照协议，在规划中参考或使用了我国的“供水保证率、工业用水定额、服务业用水定额、防洪标准”等规范和标准，在项目评估中全面应用了我国的水利水电项目建设规范体系。厄瓜多尔前总统科雷亚、前水资源秘书处索利斯部长均对规划成果给予了高度评价，极大地提高了长江设计公司在南美地区的知名度和美誉度，为在南美市场的进一步发展奠定了良好基础。

二是信息化贯穿始终，提高了规划技术水平。由于各行业、部门和地区之间的阻隔和壁垒，各类基础信息难以共享，以往的规划成果往往文多图少，成果不直观。厄瓜多尔国家统计局（INEC）和军事地理研究所（IGM）分别掌握了全方位的社会经济和自然地理信息，且在互联网上可自由下载使用。长江设计公司充分利用这些信息构建了数据库。通过数据库和GIS技术的使用，使规划成果变得更为直观和精确，不但提高了规划工作效率，更提高了规划技术水平。

三是锻炼了人才队伍，积累了国际项目经验。长江设计公司以往承担的一批国外项目多为水电规划、水电站设计、输变电设计类项目，相对来说项目功能较为单一。而流域综合规划牵涉到社会经济、自然环境、法律法规、方针政策等方方面面，项目任务有灌溉、供水、防洪、航运、环境保护等，因此国外的流域综合规划项目困难重重。同时，由于厄瓜多尔官方语言为西班牙语，而国内工程技术人员普遍掌握的都是英语，语言不通使得规划工作更为困难。经过项目组成员三年来的努力工作，圆满完成了项目，通过本项目锻炼了一批国际规划项目的人才队伍，积累了国际项目经验，为进一步开拓国外水利水电设计项目市场奠定了良好基础。

撰稿/赵树辰、刘国强、黄站峰

柬埔寨国家水资源综合规划纲要

▲ 柬埔寨吴哥窟

《柬埔寨国家水资源综合规划纲要》是长江设计公司牵头编制的东南亚地区首个全国水资源综合规划，规划以灌溉为主要任务，兼顾供水、防洪、水力发电和水资源保护需求，系统谋划了柬埔寨水资源开发利用总体布局，有力支撑了柬埔寨国家“四角战略”。

规划背景

澜沧江—湄公河是东南亚一条重要的跨国界河流，发源于我国青海省玉树州，流经中国、缅甸、老挝、泰国、柬埔寨和越南六国后注入南海。流域六国同饮一江水，命运紧相连。2015 年 11 月 12 日，六国外长会议正式启动澜湄合作机制。2016 年 3 月 23 日，澜湄合作机制首次领导人会议在我国海南省三亚市成功召开，联合发表了《三亚宣言》，明确了政治安全、经济和可持续发展、社会人文等三大合作支柱，水资源为澜湄合作五大优先合作领域之一。

经我国水利部与柬埔寨水利气象部多次协商，决定由我国政府提供经费编制《柬埔寨国家水资源综合规划纲要》（以下简称《规划纲要》），并由我国水利部指定长江水利委员会具体组织实施，长江勘测规划设计研究有限责任公司（以下简称“长江设计公司”）牵头承担，长江水利委员会水文局、长江水资源保护科学研究所、长江科学院等单位配合。2016 年 10 月 13 日，习近平总书记访问柬埔寨，在双方领导人的见证下，中柬双方签订了《柬埔寨国家水资源综合规划纲要项目合作备忘录》。

2016—2018 年项目执行过程中，在柬埔寨水利气象部大力协助下，由中方专家和技术人员组成的项目团队多次赴柬埔寨开展工作，实地考察了流域灌溉、供水、防洪、水力发电、水资源保护等现状情况，走访调研了农林渔业部、工业与手工业部、农村发展部、矿产与能源部等国家部委以及柬埔寨国家湄委会、柬埔寨农业发展研究所等单位，并进行了深入交流和讨论；系统收集了涵盖柬埔寨社会经济、法律法规、水文气象、地形地质、水资源利用、水资源保护等方面的基础资料，并开展了资料甄别、翻译、分析和整理工作，针对柬埔寨资料条件差的实际情况，采用查阅文献、遥感解译等手段补充规划所需资料。

《规划纲要》将我国新时代治水理念与柬埔寨发展阶段、特征、格局相结合，通过分析柬埔寨水资源开发利用保护现状及存在的主要问题，研究柬埔寨经济社会发展对水资源的需求，统筹协调柬埔寨全国水资源的开发利用与保护，制定包括灌溉、供水、防洪、水力发电、水资源保护等在内的总体规划布局，规范涉水行为，保障经济社会可持续发展，支撑柬埔寨国家“四角战略”。规划依据主要为柬埔寨国家经济社会发展规划以及有关行业发展规划，规划标准执行柬埔寨技术标准，若柬埔寨没有相关的技术标准则参照我国标准。《规划纲要》编制过程中，我国外交部、水利部国科司、水利部水利水电规划设计总院给予了悉心关怀与指导，柬埔寨各有关部门、机构以及国内有关单位给予了大力支持与帮助。

2 规划背景

柬埔寨雨量丰沛，自然条件好，水资源禀赋优良，全国大部分国土位于环洞里萨湖平原和湄公河三角洲平原，土地肥沃，适宜进行大面积农业耕作，农业发展潜力巨大，打造东南亚粮仓是国家规划中提出的战略目标。作为传统农业国，柬埔寨80%以上的人口从事农业，农业生产总值占全国GDP总量的30%以上，现状农业灌溉用水占比接近用水总量的95%。保障农业用水是实现农业发展的重要任务之一，但由于资金有限且缺乏总体规划，现有水利灌溉设施不系统不完善，骨干水源工程不足，已有灌溉工程缺乏配套灌区建设，灌溉工程没有发挥应有效益，农田灌溉保障程度偏低。此外，水资源开发利用方面也存在城乡供水保障程度较低、防洪减灾水平不高、水能资源潜力尚未发挥、水资源保护形势趋紧等问题。因此，亟须结合柬埔寨水利发展现状、存在的问题和经济社会发展需要，开展规划纲要编制工作，以灌溉为主要任务，兼顾供水、防洪、水力发电和水资源保护需求，明确柬埔寨水资源开发利用总体任务，制定包括灌溉、供水、防洪、水力发电、水资源保护等在内的总体规划布局。

3 规划方案

3.1 总体思路

从柬埔寨河流的基本特点出发，把握国家目前所处的发展阶段、发展特征、发展格局，客观分析和评价全国现状水利基础设施能力和综合管理水平，突出水资源的治理保护与开发利用，强化防洪减灾体系的建设，科学制定全国水利工程总体布局和规划方案，通过大力加强水利基础设施建设，改变洪旱灾害日趋严重的局面，保障供水安全、防洪安全、生态安全，支撑柬埔寨国家“四角战略”实施。

3.2 规划原则

(1)以人为本，民生优先

以人为本，着力解决人民最为关心的民生问题，通过大力加强水利基础设施建设，系统治理水旱灾害，保障人民供水安全、防洪安全、生态安全，提高人民生活水平和生活质量。

(2)人水和谐，绿色发展

在合理开发水资源的同时，保障生态用水，控制污水排放和环境污染，注重水生态环境修复与保护，实现河流健康绿色发展。将治水与亲水相结合，构建人水和谐的绿色发展格局。

(3)统筹兼顾,突出重点

结合柬埔寨水利发展现状、存在的问题和经济社会发展需要,统筹考虑水资源综合开发利用,重点解决流域突出问题。规划以灌溉为主,兼顾供水、防洪、水力发电和水资源保护,对规划工程进行综合开发方案比选,对已建工程通过改扩建和优化调度充分挖掘综合利用潜力,最大限度地发挥流域骨干工程的综合利用效益,高效利用水资源。

(4)因地制宜,合理布局

考虑水资源及生态环境承载能力,根据全国不同流域、不同地区经济社会发展和水资源分布特点,制定科学合理的水资源配置方案,解决区域水资源需求与水资源时空分布不相适应的问题,实现水资源均衡配置;针对流域与区域的突出问题,因地制宜安排灌溉、供水、防洪、水力发电等工程措施与非工程措施,协调好上下游及左右岸的关系、人与水的关系,保障经济社会发展。

(5)加强监管,提升能力

完善水文气象站网建设,形成较为完整的水文气象观测系统。加强各行业供用水计量,做好用水量跟踪监管,根据经济社会发展阶段,制定合理的用水目标,不断提高各行业用水效率。做好对饮用水水源地、保护区的监管,加强水质监测。通过水利信息化建设和专业人才队伍建设,提升水资源综合管理能力,建立健全水资源综合管理体制。

3.3 规划范围和水平年

规划范围为柬埔寨全境,总面积约 18.1 万 km^2。

规划基准年为 2014 年,规划水平年为 2035 年。

3.4 规划目标

根据柬埔寨目前所处的发展阶段、特征和格局,客观分析和评价全国现状水利基础设施能力和综合管理水平,制定具体规划目标如下:

(1)提高灌溉供水保障能力

在对现有灌区进行续建配套与节水改造的基础上,新建一批灌区和水源工程,提高雨季旱季有效灌溉率。规划到 2035 年,全国灌溉面积雨季达到 153.2 万 hm^2,旱季 61.9 万 hm^2,灌溉水利用系数达到 0.5,灌溉保证率达到 75%,粮食生产能基本满足未来发展为“东南亚粮仓”的国家战略目标。

(2)提高城乡居民供水保障能力

到 2035 年,柬埔寨全国城镇集中供水保证率达到 95%以上,集中供水覆盖率达到 78%,其中,金边保持 90%的集中供水覆盖率,其余各省城镇集中供水覆盖率提高到 70%以上。到 2035 年,柬埔寨 100%的农村人口的供水条件得到改善。

(3)提高防洪减灾水平

规划到2035年,初步建成防洪工程措施与非工程措施相结合的防洪体系,沿河主要城镇及经济作物区防御设计标准洪水,山洪灾害防御能力得到普遍提升,城市、集中连片农田等重点防洪保护区人们生命财产安全得到有效保障。

(4)提高水能资源开发利用水平

规划到2035年,合理利用水力资源,优化电网电源结构,适当提高水电占比,满足国内电力需求;约90%的农村家庭实现供电,约95%的村庄实现通电;柬埔寨国家115kV电网各省连通,最终完成全国联网;规划建设大型输变电系统,如北部区域超过230kV(如500kV)电网和南部500kV送电金边(Phnom Penh)的电网。

(5)提高水资源保护水平

规划到2035年,城镇生活废污水处理率达80%~85%;区域内干支流水质优于或不低于现状水质;加强饮用水水源地安全保障达标建设,重点城镇供水水源水质达标率达到90%以上;加强洞里萨湖水环境治理与修复,逐步实现区域经济、社会和生态环境可持续发展;强化监测站网建设,完善流域水环境监测网络,有效提升水环境监测监控能力。

3.5 总体规划

根据柬埔寨的地形特点、气候条件、河流水系、经济社会发展状况及未来经济社会发展的要求,柬埔寨全国分为四大区域,即洞里萨湖区、湄公河三角洲区、东北部山区和西南沿海区。综合考虑四大区域资源条件等多方面因素,针对各区的主要问题,科学合理地确定各分区的总体布局。

(1)洞里萨湖区

该区位于柬埔寨西北部,主要涉及磅同(Kampong Thom)、暹粒(Siem Reap)、柏威夏(Preah Vihear)、班迭棉吉(Banteay Meanchey)、奥多棉吉(Oddar Meanchey)、马德望(Battambang)、菩萨(Pursat)、磅清扬(Kampong Chhnang)、拜林(Pailin)等9个省级行政区,人口、经济、耕地相对比较集中。日照充足、土地富饶,非常适合农业生产,该区域农业种植面积大,是全国粮食主产区,湖周广袤的平原适宜发展大型灌区。湖区较为低平的碟状地形使其成为雨季调蓄湄公河洪水的天然场所,洞里萨湖与湄公河的相互关系深刻影响着周边区域生产生活。

洞里萨湖区水资源时空分布与生产用水期不协调,水利设施严重不足,灌溉渠系年久失修,尤其缺乏具有调蓄能力的水资源配置工程,水资源调配能力满足不了生产需求,可供水量受天然来水状况的影响较大,季节性、工程性缺水问题制约了洞里萨湖区的经济社会快速发展;农业面源污染及城乡生活及工业点源污染程度加剧,洞里萨湖水质呈下降趋势,水环境逐渐恶化,影响了区域的可持续发展;洞里萨湖雨季湖周农田淹没范围较大、时间较长,对正常生产造成了一定程度的影响。

规划充分挖掘现有工程潜力，进行续建配套，充分发挥工程效益，扩大工程的受益范围，解决灌溉工程不配套、灌排系统不健全、灌溉技术水平不高、用水效率较低等问题。通过工程措施合理调节天然径流量，采取调丰补枯、蓄洪济旱等方式，避免或减少旱灾发生。在山丘区建设具有调蓄能力的蓄水工程，提高对水资源时空变化的调控能力和水资源配置能力，集中解决区域生活生产用水需求。兼顾区域重点保护对象的防洪需求，进行灌溉、供水、防洪等综合开发利用。

加强重点水域水污染治理和洞里萨湖水生态环境保护，严格控制污染物排放，有效控制周边农业面源、城乡生活和工业点源以及船舶污染，防止洞里萨湖水环境逐渐恶化及水质下降，保护区域城乡饮用水水源地安全。

加强堤防工程加固及达标建设，并对重点河段进行疏挖及清障治理，提高洪水宣泄能力，解决洞里萨湖及其支流尾间低洼地区的洪涝问题；在合理保留排涝片区内的湖泊、河港及洼地以利蓄涝及充分利用已有工程的基础上，采用闸、泵措施排水。

(2)湄公河三角洲区

该区域位于柬埔寨南部，主要涉及金边、磅湛(Kampong Cham)、特本克蒙(Tboung Khmum)、干丹(Kandal)、茶胶(Takeo)、柴桢(Svay Rieng)、磅士卑(Kampong Speu)、波罗勉(Prey Veng)、贡布(Kampot)、白马(Kep)等10个省级行政区。人口、耕地、经济集中，首都金边位于洞里萨河与湄公河交汇处，是柬埔寨的政治、经济和文化中心。此区域也属于湄公河洪泛平原，生产生活受湄公河洪水影响较大。

湄公河三角洲区堤防工程体系不完善、排水闸站能力不足，洪涝灾害频发，对人民生产生活安全造成了极大的威胁。水资源时空分布与农业等生产用水不协调，洞里萨湖的天然调蓄作用能够在一定程度上缓解湄公河下游旱情，但旱季缺水问题仍然较为突出，迫切需要提高水资源调配能力，然而三角洲地区地势平坦、缺乏修建水库的地形条件。伴随着以金边为中心的区域经济发展，城乡生活污水、工业废水排放和农业面源污染日趋明显，湄公河下游河段水质问题日益突出。

规划加强城镇、农田等重点保护对象的堤防工程建设，新建堤防形成防洪保护圈；同时采取“以蓄为主、蓄以待排”的方式，构建由河网水系、人工渠道、沿河排水闸(涵)、排涝泵站共同构成的综合排水治涝系统。通过对现有工程的充分挖潜和续建配套，完善灌溉技术，健全灌溉供水系统，提高用水效率；适当新建引提水工程，从湄公河干流引水，作为当地支流水源水量的补充，保障生活及生产用水；在支流中上游山丘区修建蓄水工程，提高水资源调配能力。加强重要城市和城郊周边的工业企业的污染排放管理、生活废水收集处理和农业面源污染治理，保护湄公河三角洲区的水生态环境。

(3)东北部山区

该区域位于柬埔寨东北部，主要涉及上丁(Stung Treng)、腊塔纳基里(Ratanak Kiri)、蒙多基里(Mondul Kiri)、桔井(Kratie)等 4 个省级行政区,地形地貌以山区高地为主,大部分为森林覆盖。区域降雨丰沛,河流水量充足、流量稳定、河道落差较大且地形地质条件良好,适宜进行水电资源开发,目前已开发了多个水电梯级。该区人口稀少,经济不发达,受制于发展水平,安全饮水供水设施缺乏,居民饮用水安全保障程度较低。

规划依托本区优势资源之一的水能资源,在保护生态环境、保障生态流量的前提下,重点开发公河(Se Kong)、桑河(Se San)、斯雷伯河(Srepok)三河的水力资源,并配合东北部电网建设集中外送,缓解金边等负荷中心用电紧张的局面,将区域资源优势转化为经济优势,促进区域经济发展和脱贫致富。针对民生需求,着力解决山区饮用水供给问题;在水电开发中兼顾供水灌溉等综合利用,改善沿岸居民的生活、生产条件;通过因地制宜建设水池、水窖、雨水集蓄等小型和微型工程解决山区比较分散的人畜饮水困难和粮田补灌问题。

(4)西南沿海区

该区域位于柬埔寨西南部,主要涉及戈公(Koh Kong)、西哈努克(Preah Sihanouk)等省级行政区,区域中除西哈努克市及沿海平原外,大部分地区为山区,人口稀少。沿海区是柬埔寨境内降水量最大的地区,降雨充足,区内农业生产基本不需要进行灌溉,而河流比降较大、水量充沛,水电开发条件较好。

规划因地制宜修建引提水工程,保障当地居民生活和生产用水,解决城乡供水能力不足的问题。推进开发水电清洁能源,为新兴工业园区提供电力保障,经电网输送至西北部,满足马德望、菩萨等省的用电缺口,并在开发中注意加强自然保护区的生态保护与恢复,强化水土保持。

3.6 投资需求及实施意见

柬埔寨现状水利基础设施较为薄弱,水资源治理开发任务十分繁重,规划遵循"先主后次、缓急有序、分期实施"的原则,根据柬埔寨经济社会发展要求和各流域特点,充分考虑各规划工程的建设条件、工程规模、实施难度和实施效果,先解决较为紧迫的主要问题,按计划分期分批实施。同时,充分利用多种资金筹措渠道,包括向外国申请相关援助资金或优惠贷款,加快推进规划方案的实施。

为了加快柬埔寨水利基础设施建设进程,更好地完成各项治理开发任务,满足国家经济社会发展需要,各类规划项目应有序进行。本次规划初拟选择一批优先实施工程。

(1)灌溉工程

柬埔寨经济以农业为主,现状农业灌溉基础设施相对落后,水资源开发严重不足,要大力加强农业基础设施建设,尽快改变农业基础设施长期薄弱的局面,不断改善农业生产条件,提高农业特别是粮食综合生产能力,促进经济发展。以提升马德望、菩萨、波罗勉、柴桢等粮食大省农业用水保障水平为突破口,立足于农业及水利发展已有基础,做好水利基础设施的完善与升级,统筹实现粮食自主与大米等优质农产品出口的阶段目标。优先完成

Baribour 河引水灌溉项目、Bomnak 河引水灌溉项目等利用已建引水工程进行灌区续建的配套项目，完成 Pursat 河灌溉发展项目、Chikreng 河灌溉发展项目、Staung 河灌溉发展项目、Chinit 河灌溉发展项目、St.Prek Thnot 河灌溉发展项目等骨干水源工程的建设和灌区配套工程，完成 Vaico 引水灌溉项目Ⅱ期工程。同时，对已建的 Kamping Puoy 蓄水水库进行灌区续建配套建设；对已建 San 河Ⅱ级水库进行综合利用，完成 Stung Treng 续建引水灌溉工程。优先实施的灌溉工程将新增灌溉面积雨季 23.98 万 hm^2、旱季 11.55 万 hm^2，改善灌溉面积雨季 8.77 万 hm^2、旱季4.05 万 hm^2，优先实施工程投资约 28.27 亿美元（折合人民币 197.9 亿元）。

(2)城乡供水工程

重点保障人口聚集度高、用水需求大的城市，以发挥大城市对周边地区的辐射作用，不断扩大城镇集中供水覆盖率。优先完成金边市 Mekong 河引水工程、暹粒 Siem Reap 河引水工程、马德望市 Stung Sangker 河引水工程等，新增城镇供水量 4.08 亿 m^3/a，工程投资约 4.83 亿美元（折合人民币 33.81 亿元）。农村供水规划优先考虑贫困地区、受保护水井供水比例低、地下水污染严重的地区。根据柬埔寨农村供水设施现状，优先开展磅湛、蒙多基里、桔井、柏威夏、腊塔纳基里、上丁、茶胶等省的农村供水工程建设，新增农村供水量 0.41 亿 m^3/a，工程投资约 0.24 亿美元（折合人民币 1.68 亿元）。

(3)防洪治涝工程

依据工程轻重缓急，优先实施上丁、桔井、磅湛、金边、达克茂（Ta Khmau）、磅同、马德望等省的防洪治涝工程。规划堤防总长 110.67km，新建泵站 17 座，总设计抽排流量 $207.88m^3/s$，新建水闸 12 座，总设计自排流量 $160.62m^3/s$，工程投资约 3.68 亿美元（折合人民币 25.76 亿元）。

(4)水力发电工程

基于对 13 座备选水力发电工程的初步分析，Lower Se SanⅢ（桑河Ⅲ级）、Lower Se San Ⅰ（桑河Ⅰ）、Lower SrePok ⅢA＋Ⅲ B（斯雷博河ⅢA＋Ⅲ B）、Battambang Ⅱ（马德望Ⅱ级）、Middle Stung Russei Chrum（额勒赛河中游梯级）5 座电站经济指标较优，均位于供电中心和已建水电站附近，无环境制约性因素，施工便利，且利于流域开发和管理，宜作为优先实施的水力发电工程。优先实施工程总装机容量 885MW，投资约 20.02 亿美元（折合人民币 140.14 亿元）。

(5)水资源保护工程

加强柬埔寨国家水资源、水环境监测能力，优先考虑水质监测站建设，在现有 19 个监测站的基础上，新增 16 个站点。优先加强环洞里萨湖区的水质监测站建设，工程投资 360 万美元。规划逐步推进饮用水水源地达标建设，包括点源污染治理、面源污染源控制、隔离防护工程、水域净化及生态修复工程等，基本解决流域内农村供水安全问题，完善流域饮水安全保障体系。考虑洞里萨湖西部地区地下水水质较差的问题亟待解决,以及金边市作为柬埔寨首都的重要性,优先实施金边、暹粒、马德望、干丹等饮用水安全保障工程,工程投资 215 万美元。柬埔寨国内除金边外,基本未建设生活污水处理设施,大部分污水未经处理直接排入河流,加强城镇生活污水处理设施建设,考虑 2035 年人口数量及人口密度,优先加强磅湛、干丹、茶胶城镇生活污水处理设施建设,工程投资 16100 万美元。加强城镇生活污水处理设施建设,优先考虑磅清扬(Kampong Chhnang)、菩萨、马德望、暹粒等城镇生活污水处理设施建设,同时加强洞里萨湖农业面源污染治理、生态屏障建设和湿地修复工程等,有效控制农业面源污染,改善生态环境,维系生物多样性和生态系统的完整性,工程投资 52500 万美元。

 4 项目实施工作中遇到的技术难题及解决方案

项目首次对柬埔寨全国水资源开发、利用与保护进行全面、系统的规划,技术难度大,在收集、整理柬埔寨水文、气象、地形地质、经济社会、水资源开发利用等资料的基础上,分析现状水资源开发、利用与保护方面存在的问题,统筹协调柬埔寨全国水资源的开发利用与保护,制定灌溉、供水、防洪、水力发电、水生态环境保护等开发治理与保护的规划布局。项目实施工作中遇到的技术难题及解决方案主要有:

(1)基础资料缺乏,系统性、可靠性较低

柬埔寨经济社会发展相对落后,水利发展薄弱,水资源体系管理不完善,相关统计数据相对缺乏,现有资料也缺乏系统整编和有效管理,同一类资料常分散于多个部门,部分重点基础资料难以收集。且不同部门基础数据统计方法和标准不一,给基础资料收集与整理带来较大困难;提供的部分数据陈旧,可参考性差,给水资源规划工作的开展带来了巨大挑战。长江设计公司项目组通过与各涉水部门和相关机构多次沟通协调,尽可能补充收集了重要基础资料,并采用卫星影像数据遥感解译、水文系列插补延长等技术手段弥补现有基础资料的不足。

(2)扎实开展规划基础资料整理和信息化工作

项目组对收集的数据进行信息化处理,基于 ArcGIS 信息化数据平台构建了集地理、经济社会、水文站网、水利工程等信息于一体的数据信息系统。此外,项目组还采用 WEAP 水资源配置软件构建柬埔寨全国水资源配置模型,结合河流水系、供水设施及用水户的空间分布,构建水资源网络图完成了水资源供需平衡分析与配置计算。

(3)结合柬埔寨国情合理采用相关标准

由于柬埔寨尚未形成完善的标准体系,在规划编制的过程中,在执行柬埔寨现行技术标准的基础上,若没有相关技术标准则参照我国标准,并结合其实际国情加以选取应用,并开展我国标准当地化和“澜湄化”工作。

(4)多方沟通协调,征求相关意见

柬埔寨涉水管理部门众多,项目执行期间,共组织12批次80余人次流域规划领域的技术专家赴柬埔寨进行现场查勘,与水利气象部、农林渔业部、工业与手工业部、农村发展部、矿产与能源部等部委,柬埔寨国家湄委会、柬埔寨农业发展研究所等单位的官员和技术人员座谈交流、收集资料,征求报告修改意见,将各方意愿和重点关切反映到规划纲要编制中。

5 规划实施后取得的社会效益和经济效益

《规划纲要》坚持"以人为本、人与自然和谐相处"的理念,实行"防洪与抗旱并重、兴利与除害并举",因地制宜,突出重点,充分考虑需要与可能,按照"全面规划、统筹兼顾"的思路,科学制定可持续性的水资源综合利用规划、和谐有序的防洪规划、严格的水资源保护规划和有效的水资源管理规划。

规划工程实施后,将改善柬埔寨水利基础设施相对落后的状态,缓解大部分区域工程性缺水问题,补强水利薄弱环节,破除水利瓶颈制约,全面提高供水安全、防洪安全和生态安全的保障能力,有效提升柬埔寨水资源综合开发利用对经济社会可持续发展的支撑作用。

5.1 灌溉规划实施效果

灌溉规划重点是洞里萨湖区与湄公河三角洲区,对灌溉系统进行配套改建,打通田间"最后一公里",提高灌溉水利用效率,实现水资源的有效利用。针对工程性缺水问题,布置了一批大型骨干蓄水工程调蓄天然径流,协调天然来水过程与农业灌溉用水期。通过挖潜配套扩大已建灌区的旱季灌溉面积共10.4万hm^2,通过在建及规划灌溉工程的实施,新增灌区的灌溉面积雨季81.4万hm^2、旱季37.1万hm^2;到规划水平年(2035年),柬埔寨全国灌溉面积将达到雨季153.2万hm^2、旱季61.9万hm^2,农业配置水量219.62亿m^3,灌溉水利用系数达到0.5,灌溉保证率达到75%,粮食生产能基本满足柬埔寨未来发展为"东南亚粮仓"的国家战略目标。

5.2 供水规划实施效果

通过城乡供水优先工程的实施,将解决金边、暹粒、马德望等省的城镇人口用水,新增城镇供水量4.08亿m^3/a;解决磅湛、蒙多基里、桔井、柏威夏、腊塔纳基里、上丁、茶胶等省农村用水,新增农村供水量0.41亿m^3/a。到2035年,柬埔寨全国城乡用水总量将达到15.15亿m^3,通过城乡供水规划工程的实施,新增城乡供水量4.49亿m^3,城乡居民生活和工业供水保证率达到95%以上。

5.3 防洪治涝规划实施效果

通过规划防洪工程的实施,将使金边市非主城区、磅湛市、达克茂市防洪标准达到50年一遇，马德望市防洪标准达到30年一遇，上丁、桔井、磅同等省会城市防洪标准达到20年一遇，保障城市人民生命财产免受洪灾影响；到2035年，通过防洪规划工程的实施，将进一步完善区域防洪体系，提高防洪能力，使湄公河干流、巴萨河、3S河及洞里萨湖区沿线主要地级城市防洪标准达到10年一遇。

通过治涝规划工程的实施，将进一步完善"调蓄、电排、自排"相结合的治涝体系，使金边市治涝标准达20年一遇24h暴雨24h排除，其他城市及经济作物区治涝标准达10年一遇24h暴雨24h排除，农田治涝标准达到10年一遇3d暴雨3d排至农作物耐淹深度。

5.4 水力发电规划实施效果

西南部马德望Ⅱ级、Pursat Ⅰ(菩萨Ⅰ级)、额勒赛河中游梯级等水电站的优先建设，能够较大缓解马德望 、菩萨两省的用电紧张局面；桑河Ⅰ、Ⅲ级，斯雷博河ⅢA+ⅢB级和斯雷博河Ⅳ级，Lower Se Kong(西公河梯级)，Prek Liang Ⅱ(梁河Ⅱ级)等北部梯级的连续开发，利用正在建设的电网通道向中部经济区供电，并拉动北部较不发达区域的经济社会发展。至规划水平年2035年，若备选规划的13座电站相继开发，新增装机容量1631MW，设计年均发电量80.85亿kW·h。

5.5 水资源保护规划实施效果

规划实施磅湛、干丹、磅清扬、菩萨、马德望、暹粒等城镇生活污水处理设施建设，加强洞里萨湖农业面源污染治理，实施金边、暹粒、马德望等饮用水水源地达标建设，加强Stung Chikreng等16个水质监测站网建设以及完善水资源保护管理等措施。到2035年，有效控制污染物排放，城镇生活废污水处理率达80%～85%，改善河湖水质，提高柬埔寨国家的水质监测能力，保障柬埔寨国家饮用水安全，重要城镇供水水源水质达标率达到90%，维系区域良好生态环境。

此外，《规划纲要》作为长江设计公司承担的首个"澜湄合作"机制下的水资源综合规划项目，意义重大，影响深远，主要体现在以下几个方面。

一是提升柬埔寨水资源开发利用与保护水平。《规划纲要》从流域水系基本特点出发，把握柬埔寨目前所处的发展阶段、发展特征、发展格局，客观分析和评价柬埔寨现状水利基础设施能力和综合管理水平。将我国新时代治水思路同柬埔寨发展实际相结合，展现新时期的治水方针与技术。紧扣柬埔寨国情，融合我国最新治水经验，提出适合所在国家的规划方案。通过援助柬埔寨形成相对完整的水资源规划体系，系统掌握相关国家水资源条件与开发利用现状，摸清湄公河国家未来一段时间经济发展对水行业发展的需求、水安全突出问题和水资源合作需求，提高湄公河国家水资源规划水平，增强湄公河国家开发利用水资源与应对水危机的能力，提高水资源开发利用收益，减少水旱灾害带来的损失。

二是促进我国标准规范推广和技术装备输出。在规划编制的过程中，若柬埔寨没有相关技术标准则参照我国标准，并结合其实际国情加以选取应用，在我国标准当地化和"澜湄化”过程中进一步推广我国标准和规程规范。援助制定柬埔寨国家水利基础设施规划建设方案，并有效带动国内相关技术标准和设备输出，在很长一段时间内建立有利于我国的对外投资环境，有利于我国水利、能源、交通等领域的企业在湄公河国家的基础设施项目市场中抢占先机；规划提出的近期实施工程，为促进中方企业对外投资提供良好条件。项目的开展使我国水利相关技术标准与准则在湄公河国家间推广，我国规划技术、装备等软实力的输出将会长久影响相关国家在水资源领域的行为准则。

三是服务国家“一带一路”等倡议。“一带一路”是促进沿线国家共同发展、实现共同繁荣的合作共赢之路，是增进理解信任、加强全方位交流的和平友谊之路。长江设计公司通过实施本项目，对外分享我国治水先进理念与成功经验，充分展示我国科技外援影响力，增信释疑，促进湄公河流域国家水利事业发展，显示了我国勇于承担实现互利共赢、区域和谐发展方面的责任心，展示了我国积极建立澜湄国家命运共同体的形象。

撰稿/赵树辰、何子杰、徐驰

重庆市渝西水资源配置工程

▲ 重庆市渝西水资源配置工程

渝西水资源配置工程从长江、嘉陵江、涪江取水，充分利用渝西地区现有水源工程实现互联互通、互调互济的水资源配置格局。工程建成后，将覆盖沙坪坝、九龙坡、北碚、江津、合川、永川、大足、璧山、铜梁、潼南、荣昌11个区和重庆市高新区，年供水量10.12亿 m^3，受益面积达1.18万 km^2，惠及人口近1000万，将有效改善渝西地区缺水现状，优化供水格局，提升城市供水安全保障能力，切实改善农业灌溉条件和水生态环境，为成渝地区双城经济圈建设和“一区两群”发展提供水源保障。

工程概况

1.1 建设背景

渝西为重庆市长江以北、嘉陵江渠江以西区域，包括沙坪坝、九龙坡、北碚中梁山以西，江津长江以北，以及合川、永川、大足、璧山、铜梁、潼南、荣昌等区全部，国土面积1.18万km^2，2018年受水区总人口769万，城镇化率66%；国内生产总值5378亿元；农田灌溉面积340万亩，其中保灌面积185万亩。

近年来，随着城镇化和工业化的持续推进，城镇生活及工业用水的需求日益增长，挤占河流生态用水和农业灌溉用水的现象较为普遍，致使河道水生态环境逐步恶化，部分河流水资源开发利用程度偏高，局部河段甚至出现断流现象。农业实际灌溉面积减小，灌溉保证率偏低。

随着"一带一路"建设、长江经济带、西部大开发等战略的深入实施，未来渝西地区经济社会将快速发展，水资源供需矛盾更加突出。为此，国务院批复的《长江流域综合规划(2012—2030年)》提出了加大利用渝西过境水资源的规划意见，国务院批复的《西部大开发"十三五"规划》和国家发展和改革委员会、水利部、住建部联合印发的《水利改革发展"十三五"规划》均明确提出实施渝西水资源配置工程。

1.2 工程建设的必要性

(1)渝西经济社会发展前景广阔

重庆市山地面积超过75%，而渝西以低山丘陵和平行岭谷为主，丘陵和平坝面积超过75%，适宜工业化和城镇化发展布局；同时，渝西位于成渝经济区和成渝城市群主轴线上，区位优势特别突出。因此，渝西被重庆市委、市政府确立为未来工业化城镇化主战场，是重庆市发挥区位优势、实现国家战略的核心支撑。

(2)区内自产水资源短缺、旱灾频繁

渝西地处长江、嘉陵江、沱江三大水系分水岭地带，长江、嘉陵江过境水量丰沛，但区内河流源短流小，自产水资源不足，年均自产水资源量52亿m^3，人均水资源量仅581m^3/人，远低于重庆市(1882m^3/人)和全国(2187m^3/人)人均水平；而且，水资源年际变化大、年内分布极不均匀，丰水期(4—10月)径流量占多年平均年径流量的88.1%，枯水期(11月至次年3月)径流量占多年平均年径流量的11.9%，“守着两江喊渴”的尴尬局面长期存在。

受季风环流控制，夏季重庆市常出现连晴高温少雨天气，伏旱连秋旱、秋旱连冬干，旱灾频发。2006年重庆市遭遇百年一遇大旱，大部分地区受旱天数长达70天，渝西更是超过90天。严重的缺水问题已影响到了该区域的供水安全、民生安全与生态安全。

(3)区内水资源开发利用程度高、挤占农业灌溉和河道生态用水

渝西区内河流均属中小河流，来水量少，生态脆弱。区内的濑溪河、小安溪流域面积约1700km^2，临江河、璧南河等其他主要河流的流域面积不足1000km^2、河长不足110km、年径流量不足4亿m^3。濑溪河、临江河、璧南河的水资源开发利用率分别达46%、60%、45%，已呈过度开发态势。

渝西地区城镇生活及工业用水挤占农业灌溉用水、河道生态用水较为普遍。为保障城镇生活及工业供水，干旱季节和枯水年份现有水库往往减少农业供水，致使现状农田灌溉面积350万亩中保灌面积仅190万亩，农业灌溉保证率偏低；此外，现有水库往往少下泄甚至不下泄生态水量，濑溪河、临江河等河流局部河段曾多次断流。随着经济社会的快速发展，渝西地区生活污水和工业废水排放量日益增加，水土流失严重，加之水库蓄水又会使水体的稀释自净能力降低，渝西地区河流水污染问题日益突出。

(4)现有供水格局难以适应发展要求、供水安全问题突出

渝西现有城镇供水水厂60%是从以灌溉为主要任务的水库取水，城镇用水与农业灌溉、河道生态环境争水严重，导致河流水环境恶化、水质下降。据近年来《重庆市水资源质量月报》统计，渝西16%的饮用水水源地水质不达标，荣昌区黄金坡等部分城镇供水水厂从污染严重的城区河流取水，严重威胁着人民群众的身体健康。

(5)从长江、嘉陵江取水是解决渝西水资源短缺的必然选择

随着经济社会的快速发展，预计渝西地区2030年生产生活用水量将从现状的21.1亿m^{3}增长至31.2亿m^3。而现状区内水资源开发利用率已处于较高水平，继续开发利用区内水资源不仅不能彻底解决缺水问题，还将加剧挤占生态用水、破坏生态环境，不符合“生态优先、绿色发展”要求。

利用渝西过境水资源丰富的优势，实施渝西水资源配置工程，新建长江、嘉陵江骨干提水工程，通过输水管线与区内水库连通调蓄，形成“南北连通互济，江库丰枯互补”的水资源配置体系，是渝西解决水资源供需矛盾、提高供水安全保障、实现经济社会可持续发展的必然选择。

综上所述，渝西水资源配置工程是解决渝西地区工程性缺水问题的关键工程，是统筹城乡发展先行区以及新增产业和人口重要集聚区的基础工程，是惠及广大城乡群众的重大民

生工程。实施渝西水资源配置工程意义重大、影响深远，工程建设十分紧迫。

1.3 工程简述

重庆市渝西水资源配置工程是重庆成为直辖市以来投资最大、涉及范围最广、受益人口最多的重大民生水利工程。该工程主要覆盖重庆长江以北、嘉陵江渠江以西区域，涉及沙坪坝、九龙坡、北碚、江津、合川、永川、大足、璧山、铜梁、潼南、荣昌 11 个区和重庆市高新区，受益面积达 1.18 万 km^2。工程年供水量 10.12 亿 m^3，惠及人口近 1000 万。

工程建设内容包括：新建水源泵站 7 座、加压泵站 5 座、水库二级提水泵站 8 座；新建输水管线约 448.5km；新建调蓄水库（圣中）1 座，利用已建在建水库 6 座。水源泵站总设计流量43.67m^3/s，其中新增设计流量 42.51m^3/s，主要水源工程金刚沱泵站设计流量28.60m^3/s，草街泵站设计流量 4.40m^3/s。圣中水库总库容 1737.3 万 m^3。工程施工总工期为 54 个月。工程静态总投资约为 137.76 亿元，总投资约为143.45 亿元。工程特性见表 1。

表 1　重庆市渝西水资源配置工程特性

名称			数量	备注
水文	流域面积	长江金刚沱以上（万 km^2）	69.36	
		嘉陵江草街以上（万 km^2）	15.61	
		涪江双江以上（万 km^2）	2.78	
		渠江东城以上（万 km^2）	3.92	
	利用的水文系列年限（年）		58	1960—2018 年
	取水口平均流量	长江金刚沱泵站取水口（m^3/s）	8410	
		嘉陵江草街泵站取水口（m^3/s）	2110	
		涪江桂林泵站取水口（m^3/s）	426	
		涪江双江泵站取水口（m^3/s）	426	
		涪江安居（新）泵站取水口（m^3/s）	454	
		涪江渭沱泵站取水口（m^3/s）	527	
		渠江东城泵站取水口（m^3/s）	711	
工程规模	任务和引水量	供水对象	城乡生活、工业	
		供水范围（区）（个）	11	沙坪坝、九龙坡、北碚中梁山以西，江津长江以北，以及合川、永川、大足、璧山、铜梁、潼南、荣昌等 7 区全部，国土面积1.18 万 km^2
		规划水平年	2030 年	
		水源泵站总设计流量（m^3/s）	43.67	

续表

<table>
<tr><th colspan="3">名称</th><th>数量</th><th>备注</th></tr>
<tr><td rowspan="4">工程规模</td><td rowspan="4">任务和引水量</td><td rowspan="2">新增设计流量(m^3/s)</td><td>42.51</td><td rowspan="2">续建水源泵站2座：涪江安居、渠江小沔
新建水源泵站7座：长江金刚沱、嘉陵江草街、涪江桂林、涪江双江、涪江安居(新)、涪江渭沱、渠江东城</td></tr>
<tr><td>其中新建泵站40.20</td></tr>
<tr><td rowspan="2">多年平均供水量(亿m^3)</td><td>10.12</td><td rowspan="2"></td></tr>
<tr><td>其中新建泵站供9.76</td></tr>
<tr><td rowspan="11">主要建筑物</td><td rowspan="2">泵站</td><td>水泵台数(台)</td><td>20</td><td></td></tr>
<tr><td>总装机功率(MW)</td><td>157.1</td><td></td></tr>
<tr><td rowspan="3">输水线路</td><td>总长度(km)</td><td>448.5</td><td></td></tr>
<tr><td>流量(m^3/s)</td><td>28.6～0.25</td><td></td></tr>
<tr><td>管(隧)径(m)</td><td>4.0～0.6</td><td></td></tr>
<tr><td rowspan="6">圣中水库</td><td>正常蓄水位(m)</td><td>254</td><td>对应库容1655.5万m^3</td></tr>
<tr><td>死水位(m)</td><td>250.30</td><td></td></tr>
<tr><td>设计洪水位($P=1\%$,m)</td><td>254.6</td><td></td></tr>
<tr><td>校核洪水位($P=0.05\%$,m)</td><td>255.02</td><td></td></tr>
<tr><td>总库容(万m^3)</td><td>1737.3</td><td></td></tr>
<tr><td>调节库容(万m^3)</td><td>280</td><td></td></tr>
<tr><td>施工工期</td><td colspan="2">总工期(月)</td><td>54</td><td></td></tr>
<tr><td rowspan="3">工程投资与经济评价</td><td colspan="2">工程静态总投资(万元)</td><td>1377649</td><td>不含续建安居泵站、续建小沔泵站、在建同心桥水库和千秋堰水库</td></tr>
<tr><td colspan="2">工程总投资(万元)</td><td>1434494</td><td></td></tr>
<tr><td colspan="2">经济内部收益率(%)</td><td>9.05</td><td></td></tr>
</table>

2 勘测设计方案

2.1 勘察设计过程

2018年3月，长江勘测规划设计研究有限责任公司(以下简称“长江设计公司”)编制《重庆市渝西水资源配置工程总体方案》。2018年4月，水利部水利水电规划设计总院(以下简称“水规总院”)审查通过了该报告。2018年6月，水利部办公厅以办规计〔2018〕90号文印发了《重庆

市渝西水资源配置工程总体方案审查意见》。2018 年 9 月，重庆市发展和改革委员会和水利局以渝发改农〔2018〕1224 号文联合批复了《重庆市渝西水资源配置工程总体方案》。

2017 年 9 月，长江设计公司中标承担渝西水资源配置工程可行性研究和初步设计阶段勘察设计工作。2019 年 1 月和 4 月，水规总院审查了《渝西水资源配置工程可行性研究报告》，并提出了《重庆市渝西水资源配置工程可行性研究报告审查意见》（水总设〔2019〕659 号）。

2019 年 11 月 6 日，水利部审定《重庆市渝西水资源配置工程可行性研究报告》，并向国家发展和改革委员会报送了《水利部关于报送重庆市渝西水资源配置工程可行性研究报告审查意见的函》（水规计〔2019〕298 号）。

2019 年 11 月，受国家发展和改革委员会委托，中国水利水电科学研究院对《渝西水资源配置工程可行性研究报告》进行了评估，并于 2020 年 3 月提出了《中国水利水电科学研究院关于重庆市渝西水资源配置工程〈可行性研究报告〉的咨询评估报告》（水科科计〔2020〕9 号）。

2020 年 4 月 14 日，国家发展和改革委员会以发改农经〔2020〕591 号文批复了《重庆市渝西水资源配置工程可行性研究报告》。

在可研报告报审报批的同时，长江设计公司开展了初步设计阶段的勘察设计工作，联合多家科研设计单位开展了输水管线穿越铁路和高等级公路、长江金刚沱泵站取水口河段泥沙模型试验及冲淤分析、金刚沱泵站中低扬程大流量离心泵技术研发、泵站及输水管线水锤防护复核计算等重大技术问题专题研究；补充开展了增殖放流站依托可行性和工艺设计、受退水区水环境回顾性环境影响评价、嘉陵江流域（重庆段）水电开发环境影响回顾性评价、受水区 18 座已成水库增设生态放流设施实施方案、工程不可避让生态保护红线论证、水环境容量复核计算等项目环境影响评价专题研究工作，配合项目业主进一步完善受水区水污染的防治措施。

2020 年 6 月，水规总院对《初步设计报告 6 月稿》进行了咨询，并形成了咨询意见（详见《关于印送重庆市渝西水资源配置工程初步设计报告技术讨论会议纪要的函》（水总函〔2020〕232 号））。会后，长江设计公司根据咨询意见对《初步设计报告 6 月稿》进行了修改完善，形成了《重庆市渝西水资源配置工程初步设计报告（送审稿）》（以下简称《初设报告（送审稿）》）。

2020 年 8 月 17—20 日，水规总院在重庆市召开会议，对《初设报告（送审稿）》进行了审查，并形成了会议纪要（详见《关于印送重庆市渝西水资源配置工程初步设计报告审查会议纪要的函》（水总函〔2020〕304 号））。会后，长江设计公司根据会议纪要对《初设报告（送审稿）》进行了修改完善。

2020 年 12 月 10 日，水利部以水许可决〔2020〕77 号文批复了《重庆市渝西水资源配置工程初步设计报告》。

2020 年 12 月 23 日，重庆市举行了渝西水资源配置工程开工仪式。

2.2 工程设计标准

2.2.1 工程等别

渝西水资源配置工程等别为Ⅰ等，工程规模为大(1)型。

2.2.2 建筑物级别及防洪标准

按照《水利水电工程等级划分及洪水标准》(SL 252—2017)，泵站和输水工程永久性水工建筑物级别及防洪标准分别见表2、表3。铁路、高速公路、较大河流的交叉建筑物，以及水闸和高位水池等永久性水工建筑物，其级别及防洪标准与所在输水线路的建筑物级别和防洪标准相同。其中，铁路和高速公路交叉建筑物除满足本行业的标准、规范要求外，还应同时满足相关专业的设计标准和规范。

表2　　泵站工程永久性水工建筑物级别及防洪标准

序号	泵站	永久性水工建筑物级别(级)		重现期(年)	
		主要建筑物	次要建筑物	设计洪水	校核洪水
1	金刚沱泵站	1	3	100	300
2	草街泵站	2	3	50	200
3	桂林泵站	3	4	30	100
4	双江泵站	4	5	20	50
5	安居(新)泵站	3	4	30	100
6	渭沱泵站	3	4	30	100
7	东城泵站	3	4	30	100
8	临江加压站	1	3	100	300
9	双石加压站	3	4	30	100
10	德感加压站	2	3	50	200
11	新区加压站	3	4	30	100
12	黄金坡加压站	3	4	30	100
13	孙家口水库泵站	3	4	30	100
14	邓家岩水库泵站	3	4	30	100
15	同心桥水库泵站	3	4	30	100
16	玉滩水库石家湾泵站	3	4	30	100
17	玉滩水库张家坡泵站	3	4	30	100
18	千秋堰水库泵站	4	5	20	50
19	盐井河水库泵站	3	4	30	100
20	三奇寺水库泵站	4	5	20	50

表 3　　输水工程永久性水工建筑物级别及防洪标准

序号	线路名称	输水线路起止		永久性水工建筑物级别		防洪标准(年)	
				主要建筑物	次要建筑物	设计洪水	校核洪水
1	潼南柏梓干线	双江泵站	柏梓水厂	4	5	20	50
2	潼南城北干线	桂林泵站	城北水厂	3	4	30	100
3	潼南古溪干线	桂林泵站	古溪水厂	4	5	20	50
4	铜梁太平干线	安居(新)泵站	太平水厂	4	5	20	50
5	嘉陵江干线	草街泵站	千秋堰水库	3	4	30	100
6		千秋堰水库	盐井河水库	3	4	30	100
7		盐井河水库	新区水厂	3	4	30	100
8		新区加压站	璧南水厂	4	5	20	50
9	东干线	圣中水库	油溪分水口	2	3	50	200
10		油溪分水口	德感加压站	2	3	50	200
11		德感加压站	西彭水厂	3	4	30	100
12	西干线	圣中水库	临江加压站	2	3	50	200
13		临江加压站	黄瓜山高位水池	2	3	50	200
14		黄瓜山高位水池	双石加压站	3	4	30	100
15		双石加压站	玉滩水库	3	4	30	100
16	同心桥分干线	临江加压站	孙家口水库	3	4	30	100
17		孙家口水库	同心桥水库	3	4	30	100
18		同心桥水库	同心桥水厂	3	4	30	100
19	清明桥分干线	石家湾泵站	石马高位水池	3	4	30	100
20		石马高位水池	清明桥水厂	3	4	30	100
21	黄金坡分干线	玉滩水库	黄金坡前池	3	4	30	100
22		黄金坡前池	黄金坡水厂	3	4	30	100
23	北碚马尾坡水厂支线	草街高位水池	马尾坡水厂	4	5	20	50
24	璧山璧北水厂支线	千秋堰水库	璧北水厂	4	5	20	50
25	西彭水厂连通线	缙云山隧洞进口	西彭水厂	4	5	20	50
26	江津油溪水厂支线	油溪分水口	油溪水厂	4	5	20	50
27	江津德感水厂支线	德感加压站	德感水厂	3	4	30	100
28	永川四水厂支线	孙家口水库	永川四水厂	3	4	30	100
29	永川三水厂支线	黄瓜山分水池	永川三水厂	3	4	30	100
30	永川三教水厂支线	双石加压站	邓家岩水库	4	5	20	50
31		邓家岩水库	三教水厂	4	5	20	50
32	大足双桥水厂支线	石家湾泵站	双桥水厂	3	4	30	100
33	大足金山水厂支线	石马高位水池	金山水厂	4	5	20	50
34	荣昌北区水厂支线	黄金坡加压站	北区水厂	4	5	20	50
35	北区水厂连通线	三奇寺水库	北区水厂	4	5	20	50
36	永川港桥水厂支线	松溉泵站高位水池	港桥水厂	4	5	20	50

圣中水库位于江津区油溪镇金刚河上，是金刚沱泵站东、西干线分水的重要节点，从其在渝西水资源配置工程中的重要性角度考虑，确定主要建筑物级别为 2 级。根据圣中水库永久性水工建筑物级别、下游场镇防洪要求以及筑坝材料，确定永久性水工建筑物设计洪水重现期为 100 年、校核洪水重现期为 2000 年。

2.2.3 设计合理使用年限

渝西水资源配置工程为供水工程，工程等别为Ⅰ等，以此确定工程合理使用年限为 100 年。1 级、2 级永久性水工建筑物合理使用年限为 100 年，3 级输水工程永久性水工建筑物合理使用年限为 50 年，4 级、5 级输水工程永久性水工建筑物合理使用年限为 30 年。

鉴于本工程管道采用球磨铸铁管和钢管，考虑到管材的防腐性能，以及提高防腐性能的成本，确定 2 级永久性水工建筑物中管道的合理使用年限为 50 年，其他级别永久性水工建筑物中管道的合理使用年限为 30 年。

2.2.4 抗震设计标准

根据《渝西水资源配置项目工程场地地质安全性评价报告》，工程区Ⅱ类场地 50 年超越概率 10％除金刚沱泵站同心桥分干线孙家口水库至同心桥水库段、永川三教水厂支线双石加压站至邓家岩水库桩号 SYDK1＋737～SYDK11＋824 段、邓家岩水库提水泵站、清明桥分干线桩号 SYQK1＋110～SYQK25＋290 段、大足金山水厂支线、大足双桥水厂支线的输水管线、隧洞及交叉建筑物地震动峰值加速度为 0.10g、反应谱特征周期为 0.35s，相应地震基本烈度为Ⅶ度，设计烈度为Ⅶ度外，其余在线加压站、调蓄水库提水泵站、输水管线、隧洞及交叉建筑物地震动峰值加速度均为 0.05g、反应谱特征周期均为 0.35s，相应地震基本烈度均为Ⅵ度，设计烈度为Ⅵ度。

2.3 工程设计方案

2.3.1 工程总布置

渝西水资源配置工程采用“大集中、小组团”的总体布置格局。受水区南片采用大集中方案，新建长江金刚沱泵站和嘉陵江草街泵站，由输水管线和调蓄水库形成长江嘉陵江两江互济的水资源配置格局；受水区北片采用小组团方案，就近分散从涪江、渠江提水。工程建设内容见表 4。

表 4　　渝西水资源配置工程建设内容

<table>
<tr><th>项目</th><th colspan="2">建设内容</th><th>备注</th></tr>
<tr><td rowspan="3">泵站
（新建 20 座）</td><td>水源泵站
（7 座）</td><td>长江金刚沱、嘉陵江草街、涪江双江、涪江桂林、涪江安居（新）、涪江渭沱、渠江东城</td><td>设计流量合计 40.2m^3/s，装机容量合计 62.945MW</td></tr>
<tr><td>加压泵站
（5 座）</td><td>德感、临江、双石、黄金坡、新区</td><td>设计流量合计 39.85m^3/s，装机容量合计 69.57MW</td></tr>
<tr><td>水库二级提水泵站
（8 座）</td><td>孙家口、同心桥、邓家岩、玉滩石家湾、玉滩张家坡、三奇寺、盐井河、千秋堰</td><td>设计流量合计 21.45m^3/s，装机容量合计 24.57MW</td></tr>
<tr><td rowspan="5">输水管线
（448.507km）</td><td>管道</td><td>363.6</td><td>DN600～DN2600</td></tr>
<tr><td>隧洞 23 座</td><td>80.9</td><td>洞径 2～3.8m</td></tr>
<tr><td>暗涵 16 座</td><td>2.3</td><td>3.0m×(2.43～3.0)m（宽×高）</td></tr>
<tr><td>倒虹吸 3 座</td><td>0.56</td><td>1.5m（管径）/1.4m×1.4m（宽×高）</td></tr>
<tr><td>其他</td><td>1.2</td><td>水闸、高位水池等建筑物</td></tr>
<tr><td>调蓄水库</td><td colspan="2">圣中水库（总库容 1737 万 m^3，中型）</td><td>利用在建的同心桥、千秋堰水库和已建的玉滩、孙家口、邓家岩、盐井河水库</td></tr>
</table>

注：在建的同心桥、千秋堰水库已由重庆市批准立项建设。

2.3.2 水源泵站

根据站址地形、地质、水流、泥沙、供电、征地拆迁环境等条件，结合供水系统总体布局、规模、机组型式，7 座水源泵站采用矩形泵站和圆形泵站两种布置型式。新建水源泵站布置型汇总见表 5。

表 5　　新建水源泵站布置型式汇总

序号	泵站名称	设计流量（m^3/s）	泵型	台数	泵站型式
1	长江金刚沱泵站	28.60	立式离心泵	3+1	半地下式圆形泵站
2	嘉陵江草街泵站	4.40	卧式离心泵	2+1	半地下式圆形泵站
3	涪江桂林泵站	2.15	卧式离心泵	2+1	矩形泵站
		0.25	卧式离心泵	1+1	
4	涪江双江泵站	0.40	卧式离心泵	2+1	圆形泵站
5	涪江渭沱泵站	2.15	卧式离心泵	2+1	圆形泵站
6	渠江东城泵站	1.40	卧式离心泵	2+1	圆形泵站
7	涪江安居（新）泵站	0.85	卧式离心泵	2+1	圆形泵站

(1)长江金刚沱泵站

金刚沱泵站站址位于重庆市江津区油溪镇长江河段左岸刁家坪,采用固定式河床取水型式,共安装4台(备用1台)立式离心泵,额定流量28.6m³/s,设计扬程75m。主要由引水建筑物(取水头部、引水管、进水井)、泵站厂房、出水隧洞、出水塔及管理楼、变配电间等组成。

取水头部伸入长江主流,离左岸边约320m,位于长江金刚村江段航道部门设置的丁坝上游约310m处。取水头部采用箱式钢筋混凝土结构型式,纵轴线方向为NW30.2°,平面尺寸为27.87m×7.0m(长×宽),建基面高程为169.5m,顶部高程为183.0m,采用顶部进水方式。

进水井布置在泵房上游侧,为两个独立的钢筋混凝土圆筒结构,内径16m,壁厚1.5m,建基面高程164.8m,顶高程214.3m。

泵房平行于进水池布置,纵轴线方向NW37.9°,总尺寸为124.5m×41.5m×64.5m(长×宽×高)。泵房采用"下圆上方三联筒"布置方案,单个泵房在地面层以下为圆筒形结构,彼此相互独立,圆筒内径35m,筒壁厚3m,泵房之间在水泵层、联轴层及电机层设连通通道。泵房地面层以上厂房部分为矩形,平面尺寸为118m×30m(长×宽),3个泵房的上部厂房相通,为通廊式厂房,共用一套起吊设备。机组安装高程174.0m,建基面高程169.5m,电机层高程183.5m,地面高程214.3m,厂区高程214.1m,屋顶高程229.3m。

(2)嘉陵江草街泵站

草街泵站站址位于草街电站大坝上游约1.5km的嘉陵江右岸斜坡台地上,从嘉陵江草街大坝上游水库取水。泵站设计流量4.4m³/s,选用3台设计扬程为147m、设计流量为2.2m³/s、电动机功率为4500kW的卧式单级双吸离心泵,其中2台工作、1台备用。

泵房采用半地下式圆形钢筋混凝土型式,泵房上部为框架结构。主泵房与集水间合建,上游侧为集水间,下游侧为主泵房。泵房内径34m,外径38m,筒壁厚2m。水泵安装高程197m,泵房底板高程195.2m,建基面高程192.0m,地面层设计标高为220.0m,厂区回填平台高程219.5m。

(3)涪江桂林泵站

桂林泵站站址位于涪江左岸、三块石大坝上游约900m处,泵站设计流量2.40m³/s,总装机容量3.71MW。其中,向潼南城北水厂供水设计流量2.15m³/s,设计扬程67.5m,安装3台单机容量1MW卧式离心泵(2用1备);向古溪水厂供水设计流量0.25m³/s,设计扬程95.4m,安装2台单机容量355kW卧式离心泵(1用1备)。

泵房采用半地下式矩形钢筋混凝土泵房,上部为框架结构。泵房进口地面设计标高259.0m,室内平台层地坪标高259.3m。泵房内底高程242.2m,地下部分深17.1m。平台层设置楼梯,地面层净高10.7m。泵房平面尺寸为45.8m×25.4m(长×宽)。

(4)涪江双江泵站

双江泵站站址位于三块石大坝上游400m涪江右岸岸边,泵站从三块石水库取水向潼南区柏梓水厂供水,设计流量0.40m^3/s,设计扬程87.8m,装机容量945kW。

泵房采用半地下式圆形钢筋混凝土泵房,上部为框架结构。泵房进口地面设计标高255.9m,室内平台层地坪标高256.2m。泵房内底高程242.8m,地下部分深13.4m。平台层设置楼梯,地面层净高10.7m。泵房内径20.0m,其内布置3台卧式离心泵(2用1备)。

(5)涪江渭沱泵站

渭沱泵站站址位于合川区渭沱水厂(在建)东南侧200m处的涪江左岸岸边,泵站从嘉陵江草街水库取水向渭沱水厂供水,设计流量2.15m^3/s,设计扬程75m,装机容量3360kW。

泵房采用半地下式圆形钢筋混凝土泵房,上部为框架结构。泵房进口地面设计标高223.6m,室内平台层地坪标高223.9m。泵房内底高程194.3m,地下部分深29.6m。平台层设置楼梯,地面层净高10.7m。泵房内径26.0m,其内布置3台卧式离心泵(2用1备)。

(6)渠江东城泵站

东城泵站站址位于合川东城水厂(拟建)东南侧约730m处的渠江左岸岸边,泵站从嘉陵江草街水库取水向合川区东城水厂供水,设计流量1.40m^3/s,设计扬程56m,装机容量1680kW。

泵房采用半地下式圆形钢筋混凝土泵房,上部为框架结构。泵房进口地面设计标高223.2m,室内平台层地坪标高223.5m。泵房内底高程197.0m,地下部分深26.5m。平台层设置楼梯,地面层净高10.7m。泵房内径22.0m,其内布置3台卧式离心泵(2用1备)。

(7)涪江安居(新)泵站

安居(新)泵站站址位于安居电站大坝上游1.5km处涪江右岸岸边、已建安居泵站西北侧,泵站从涪江安居水库取水向铜梁区太平水厂供水,设计流量0.85m^3/s,设计扬程197.0m,装机容量3750kW。

泵房采用半地下式圆形钢筋混凝土泵房,上部为框架结构。泵房进口地面设计标高229.2m,室内平台层地坪标高229.5m。泵房内底高程210.0m,地下部分深19.5m。平台层设置楼梯,地面层净高10.7m,泵房内径22.0m其内布置3台卧式离心泵(2用1备)。

2.3.3 输水工程

渝西水资源配置工程输水管线总长448.507km,其中南片385.200km、北片63.307km。

2.3.3.1 南片线路

南片输水管线分为东干线、西干线、嘉陵江干线3条干线和同心桥分干线、清明桥分干线、黄金坡分干线3条分干线,以及11条支线、2条连通线,总长385.200km。其中,干线长169.053km,分干线长118.723km,支线、连通线长97.424km。

(1)东干线

从圣中水库取水后，向东北自流，以隧洞形式穿越牛背山，之后沿长江左岸途经江津金刚社区、油溪镇，再通过油德隧洞穿越青峰山南侧后至江津区德感加压站，加压后往东输水至九龙坡区西彭水厂，线路全长35.565km。东干线纵断面示意图见图1。

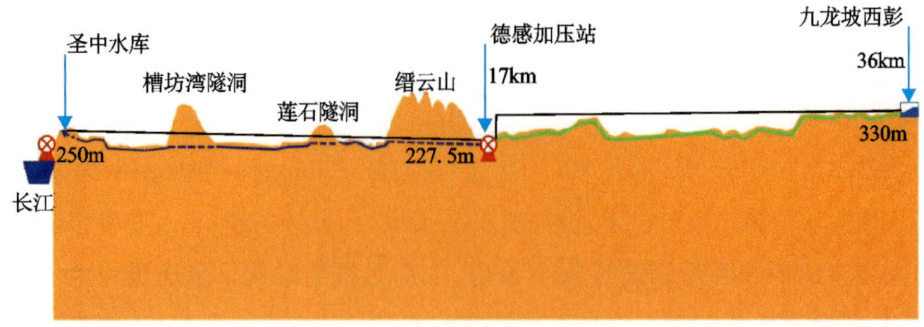

图1　东干线纵断面示意图

东干线布置2条支线和1条连通线，即江津油溪水厂支线、江津德感水厂支线和西彭水厂连通线。

(2)西干线

从圣中水库取水后，向西自流，通过永安隧洞穿越云雾山后至永川区临江加压站，加压后经双竹镇、黄瓜山隧洞至黄瓜山高位水池，再从黄瓜山高位水池自流经青峰镇、英山隧洞至双石加压站，二次加压后至秦家湾高位水池，最后自流入玉滩水库，线路全长69.454km。西干线纵断面示意图见图2。

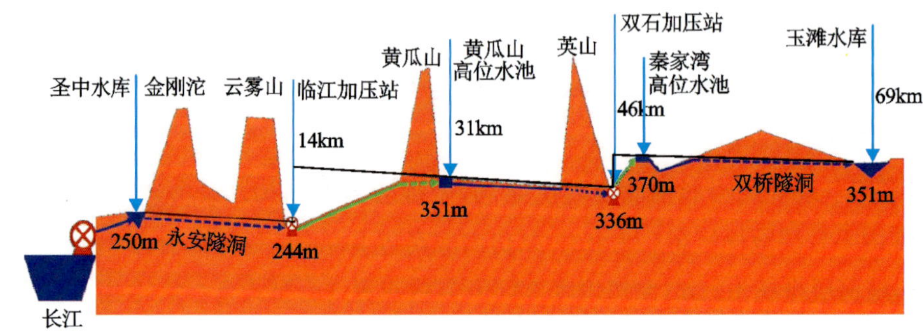

图2　西干线纵断面示意图

西干线布置3条分干线、7条支线和1条连通线。

(3)嘉陵江干线

输水管线从马尾坡高位水池(草街泵站高位水池)沿缙云山与云雾山之间的槽谷地带敷设，由北向南自流入千秋堰水库、盐井河水库，再从盐井河水库二级提水泵站输水至璧山新区水厂，部分水量经新区加压站加压送至璧山璧南水厂，线路全长 64.034km。嘉陵江干线纵断面示意图见图 3。

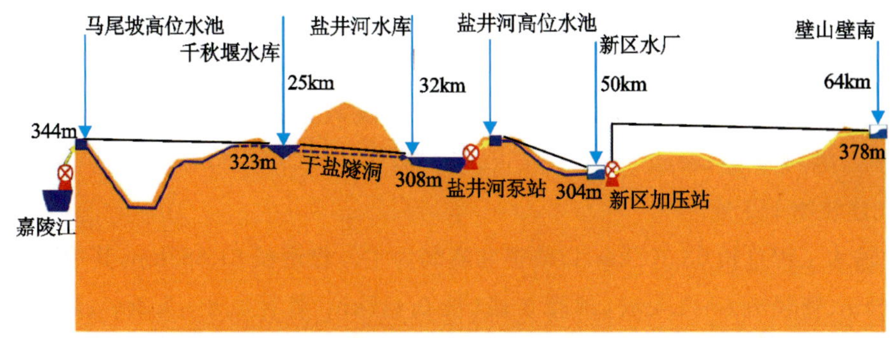

图 3 嘉陵江干线纵断面示意图

嘉陵江干线布置 2 条支线。北碚马尾坡水厂支线从草街泵站高位水池就近向马尾坡水厂分水；璧山璧北水厂支线从千秋堰水库提水至璧北水厂。

2.3.3.2 北片线路

北片输水管线由潼南城北干线、潼南古溪干线、潼南柏梓干线、铜梁太平干线 4 条干线组成，总长 63.307km。北片无支线。

(1)潼南城北干线

输水管线从涪江桂林泵站提水，向东南沿涪江左岸经过桂林镇后输水至潼南城北水厂，线路长 13.347km。

(2)潼南古溪干线

输水管线从涪江桂林泵站提水，沿东北跨越遂渝铁路，经群力镇后至潼南古溪镇的古溪水厂，线路长 13.274km。

(3)潼南柏梓干线

输水管线从涪江双江泵站提水，向南沿涪江右岸经双江镇后输水至潼南柏梓水厂，线路长 20.961km。

(4)铜梁太平干线

输水管线从涪江安居(新)泵站提水，沿已建的安居泵站输水管线敷设至 416 省道附近，再转向南经玉顶村、黄家湾至碉堡村，之后沿 319 国道敷设至铜梁太平镇的太平水厂，线路长 15.725km。

2.3.3.3 建筑物布置

输水工程总长 448.507km。

南片输水管线分为东干线、西干线、嘉陵江干线 3 条干线(计 169.053km)和同心桥分干线、清明桥分干线、黄金坡分干线3条分干线(计118.723km),以及11条支线、2条连通线(计97.424km),总长385.200km,主要建筑物包括管道、隧洞、暗涵、倒虹吸、水闸、高位水池等。管道149段,合计301.674km,占渝西水资源配置工程管道总长的79.1%,其中埋管100段(长287.752km)、顶管47段(长11.024km)、明管1段(长2.815km)、管桥1段(0.083km);隧洞21座,合计79.454km,占渝西水资源配置工程隧洞总长的98.2%,其中无压城门洞5座、圆形有压隧洞16座;箱涵16段(2.275km)、倒虹吸3段(0.561km);水闸10座,高位水池6座,交叉建筑物115处。

北片输水工程总长63.307km,以管道和隧洞为主。管道长61.883km,其中埋管14段、长61.466km(管径0.6~1.4m),顶管3段、长0.417km(管径0.8~1.2m);隧洞2座、长1.424km,为圆形有压隧洞、洞径2m;交叉建筑物12处。

2.3.4 加压泵站

本工程布置有加压泵站5座。根据各加压泵站的地形、地质、供电、施工征地拆迁环境等条件,结合供水系统总体布局、规模、机组型式,确定5座加压泵站均采用矩形泵站布置型式。加压泵站布置型式汇总见表6。

表6　　加压泵站布置型式汇总

序号	泵站名称	设计流量(m^3/s)	泵型	台数	泵站型式
1	德感加压站	4.05	卧式离心泵	2+1	矩形泵站
		8.10	卧式离心泵	3+1	
2	新区加压站	1.20	卧式离心泵	1+1	矩形泵站
3	临江加压站	5.80	卧式离心泵	3+1	矩形泵站
		2.40	卧式离心泵	2+1	
		7.80	卧式离心泵	3+1	
4	双石加压站	1.20	卧式离心泵	2+1	矩形泵站
		7.80	卧式离心泵	3+1	
5	黄金坡加压站	1.50	卧式离心泵	2+1	矩形泵站

(1)德感加压站

德感加压站位于油德隧洞出口、拟建德感水厂厂址东北侧,设计流量12.15m^3/s,总装机容量19.8MW。其中,向德感水厂输水设计流量4.05m^3/s,设计扬程48.8m,安装3台单机容量1.4MW卧式离心泵(2用1备);向西彭水厂输水设计流量8.10m^3/s,设计扬程107.5m,安装4台单机容量3.9MW卧式离心泵(3用1备)。

泵房采用半地下式矩形钢筋混凝土泵房,上部为框架结构。为提高供水可靠性,水泵采用自灌启动。泵房内底高程为−3.4m(以泵房室内平台层地坪标高0.00m计)。泵房进口地面设计标高为−0.3m,地面层净高为10.7m,泵房平面尺寸78.6m×12.8m(长×宽)。

(2)新区加压站

新区加压站位于璧山新区水厂(在建)南侧,承担向璧南水厂供水和向西彭水厂应急备用供水任务,设计流量 1.20m³/s,设计扬程 111m,装机容量 2.0MW。

泵房采用半地下式矩形钢筋混凝土泵房,上部为框架结构。泵房内底高程－3.40m(以泵房室内平台层地坪标高 0.00m 计)。泵房进口地面设计标高－0.3m,地面层净高为 10.7m,泵房尺寸为 24.6m×12.8m(长×宽),其内布置 2 台卧式离心泵(1 用 1 备)。

(3)临江加压站

临江加压站位于永安隧洞出口,承担向永川、铜梁大庙、大足、荣昌供水任务,设计流量 16.00m³/s,总装机容量 37.52MW。其中,向孙家口水库输水设计流量 5.80m³/s,设计扬程 118.3m,安装 4 台单机容量 3MW 卧式离心泵(3 用 1 备);向永川方向输水设计流量 2.40m³/s,设计扬程 126.4m,安装 3 台单机容量 2.24MW 卧式离心泵(2 用 1 备);向大足、荣昌方向输水设计流量 7.80m³/s,设计扬程 134.9m,安装 4 台单机容量 4.7MW 卧式离心泵(3 用 1 备)。

泵房采用半地下式矩形钢筋混凝土泵房,上部为框架结构。泵房内底高程为－13.2m(以泵房室内平台层地坪标高 0.00m 计)。泵房进口地面设计标高为－0.3m,地面层净高为 10.7m,泵房尺寸为 84.6m×21.3m(长×宽)。

(4)双石加压站

双石加压站位于英山隧洞出口,承担向永川三教、大足、荣昌供水任务,设计流量 9.00m³/s,总装机容量 6.89MW。其中,提水至卢家坡高位水池向邓家岩水库输水设计流量 1.20m³/s,设计扬程 73.5m,安装 3 台单机容量 630kW 卧式离心泵(2 用 1 备);提水至秦家湾高位水池向玉滩水库输水设计流量 7.80m³/s,设计扬程 35.0m,安装 4 台单机容量 1.25MW卧式离心泵(3 用 1 备)。

泵房采用半地下式矩形钢筋混凝土泵房,上部为框架结构。泵房内底高程为－6.7m(以泵房室内平台层地坪标高 0.00m 计)。泵房进口地面设计标高为－0.3m,地面层净高为 10.7m,泵房尺寸为 66.6m×12.8m(长×宽)。

(5)黄金坡加压站

黄金坡加压站位于路孔镇尚书村、荣昌区黄金坡水厂附近,承担向荣昌北区水厂输水任务,设计流量 1.50m³/s,设计扬程 107.5m,装机容量 3.36MW。

泵房采用半地下式矩形钢筋混凝土泵房,上部为框架结构。泵房内底高程为－3.4m(以泵房室内平台层地坪标高 0.00m 计)。泵房进口地面设计标高为－0.3m,地面层净高为 10.7m,泵房尺寸为 30.6m×12.8m(长×宽),其内布置 3 台卧式离心泵(2 用 1 备)。

2.3.5 水库二级提水泵站

本工程布置有水库二级提水泵站 8 座。根据站址的地形、地质、水流、泥沙、供电、施工征地拆迁环境等条件，结合供水系统总体布局、规模、机组型式，确定8座水库二级提水泵站采用矩形泵站和圆形泵站两种布置型式。水库二级提水泵站布置型式汇总见表7。

表7　水库二级提水泵站布置型式汇总

序号	泵站名称	设计流量(m^3/s)	泵型	台数	泵站型式
1	千秋堰水库二级提水泵站	0.60	卧式离心泵	2+1	圆形泵站
2	盐井河水库二级提水泵站	4.40	卧式离心泵	2+1	圆形泵站
3	孙家口水库二级提水泵站	3.65	卧式离心泵	2+1	圆形泵站
4	同心桥水库二级提水泵站	3.30	卧式离心泵	2+1	圆形泵站
5	邓家岩水库二级提水泵站	1.35	卧式离心泵	2+1	圆形泵站
6	玉滩水库石家湾二级提水泵站	2.10	卧式离心泵	2+1	矩形泵站
		2.70	卧式离心泵	2+1	
7	玉滩水库张家坡二级提水泵站	3.00	卧式离心泵	2+1	圆形泵站
8	三奇寺水库二级提水泵站	0.35	卧式离心泵	1+1	圆形泵站

(1)千秋堰水库二级提水泵站

千秋堰水库二级提水泵站位于千秋堰水库(在建)大坝右岸上游380m处，从千秋堰水库取水供往璧山区璧北水厂，设计流量0.60m^3/s，设计扬程69.5m，装机容量945kW。

泵房采用半地下式圆形钢筋混凝土泵房，上部为框架结构。泵房进口地面设计标高336.0m，泵房室内平台层地坪标高336.3m。泵房内底高程307.5m，地下部分深28.8m。平台层设置楼梯，地面层净高10.7m。泵房内径20.0m，其内布置3台卧式离心泵(2用1备)。

(2)盐井河水库二级提水泵站

盐井河水库二级提水泵站位于盐井河水库大坝左岸上游200m处，现有盐井河水库取水泵站东北侧，设计流量4.40m^3/s，设计扬程49.5m，装机容量4.2MW。

泵房采用半地下式圆形钢筋混凝土泵房，上部为框架结构。泵房进口地面设计标高317.5m，室内平台层地坪标高317.8m。泵房内底高程296.3m，地下部分深21.5m。平台层设置楼梯，地面层净高10.7m。泵房内径26.0m，其内布置3台卧式离心泵(2用1备)。

(3)孙家口水库二级提水泵站

孙家口水库二级提水泵站位于水库大坝右岸坡地，从孙家口水库取水供往永川四水厂，设计流量3.65m^3/s，设计扬程76.8m，装机容量4.8MW。

泵房采用半地下式圆形钢筋混凝土泵房，上部为框架结构。泵房进口地面设计标高338.0m，室内平台层地坪标高338.3m。泵房内底高程323.9m，地下部分深14.4m。平台层设置楼梯，地面层净高10.7m。泵房内径26.0m，其内布置3台卧式离心泵(2用1备)。

(4)同心桥水库二级提水泵站

同心桥水库二级提水泵站位于水库大坝左岸350m处，从同心桥水库取水供往铜梁同

心桥水厂，设计流量 3.30m³/s，设计扬程 68.7m，装机容量 4.5MW。

泵房采用半地下式圆形钢筋混凝土泵房，上部为框架结构。泵房进口地面设计标高 296.0m，室内平台层地坪标高 296.3m。泵房内底高程 275.3m，地下部分深 21.0m。平台层设置楼梯，地面层净高 10.7m。泵房内径 26.0m，其内布置 3 台卧式离心泵(2 用 1 备)。

(5)邓家岩水库二级提水泵站

邓家岩水库二级提水泵站位于水库副坝左岸上游 660m 处，从邓家岩水库取水供往永川三教水厂，设计流量 1.35m³/s，设计扬程 45m，装机容量 1.2MW。

泵房采用半地下式圆形钢筋混凝土泵房，上部为框架结构。泵房进口地面设计标高 378.4m，室内平台层地坪标高 378.7m。泵房内底高程 363.7m，地下部分深 15.0m。平台层设置楼梯，地面层净高 10.7m。泵房内径为 20.0m，其内布置 3 台卧式离心泵(2 用 1 备)。

(6)玉滩石家湾二级提水泵站

石家湾二级提水泵站位于玉滩水库大坝左岸，距离水库大坝约 2.05km，从玉滩水库取水供往大足区双桥、金山和清明桥水厂，设计流量 4.80m³/s，总装机容量 8.6MW。

泵房采用半地下式矩形钢筋混凝土泵房，上部为框架结构。泵房进口地面设计标高 354.3m，室内平台层地坪标高 354.6m。泵房内底高程 324.0m，地下部分深 30.6m。平台层设置楼梯，地面层净高 10.7m。泵房平面尺寸为 65.3m×25.4m(长×宽)。

(7)玉滩张家坡二级提水泵站

张家坡二级提水泵站位于玉滩水库大坝左岸，距离水库大坝约 1.47km，从玉滩水库取水供往荣昌区黄金坡水厂和北区水厂，设计流量 3.00m³/s，设计扬程 14.7m，装机容量 945kW。

泵房采用半地下式圆形钢筋混凝土泵房，上部为框架结构。泵房进口地面设计标高 354.3m，室内平台层地坪标高 354.6m。泵房内底高程 327.0m，地下部分深 27.6m。平台层设置楼梯，地面层净高为 10.7m。泵房内径为 26.0m，其内布置 3 台卧式离心泵(2 用 1 备)。

(8)三奇寺水库二级提水泵站

三奇寺水库二级提水泵站位于水库大坝右岸上游 850m 处，作为荣昌北区水厂的备用水源，设计流量 0.35m³/s，设计扬程 49.9m，装机容量 500kW。

泵房采用半地下式圆形钢混凝土泵房，上部为框架结构。泵房进口地面设计标高 392.0m，室内平台层地坪标高 392.3m。泵房内底高程 371.7m，地下部分深 20.6m。平台层设置楼梯，地面层净高为 10.7m。泵房内径 18.0m，其内布置 2 台卧式离心泵(1 用 1 备)。

2.3.6 圣中水库

圣中水库枢纽工程由挡水建筑物、泄洪放空建筑物、上坝公路、管理房等组成。工程枢纽总体布置方案如下:挡水建筑物布置于河床，泄洪放空建筑物布置于大坝左岸，取水建筑物布置在库内左岸，其中东线取水口距大坝左坝肩约 200m，西线取水口距大坝左坝肩约

330m；金刚沱泵站出水口布置在库内右岸，距大坝右坝肩约438m。

(1)大坝

大坝为沥青混凝土心墙石渣坝，直线布置。坝顶高程257.0m，坝顶长348.0m，坝顶宽10m，最大坝高60.0m。上游坝坡综合坡比为1∶2.7。高程219.5m以下结合上游挡水围堰布置，围堰顶宽8.0m。下游坝坡综合坡比1∶2.8。上游坝面采用20cm厚混凝土预制块护坡，下游坝面采用框格梁植草护坡。

(2)泄洪放空建筑物

泄洪放空洞布置于左岸，具有泄洪、水库放空、生态放水等功能。放水塔位于坝轴线上游约155m，采用矩形塔，基础置于弱风化基岩上，塔高26.8m，塔体内净空11.4m×6.6m(长×宽)。放水塔塔身分两层放水，放水管中心高程分别为234.5m和244.5m，敷设于塔内的放水管前端设检修阀，进口设固定式拦污栅。泄洪放空洞采用城门洞形，洞身段全长399.32m，洞身标准断面2.2m×2.6m(宽×高)，顶拱圆心角120°。

在放水塔内底层工作阀前设DN200旁通管用于下游生态放水，并设DN200调流阀及自动监控设施，生态放水通过旁通管经隧洞及洞后台阶及消力池至下游河道。水库建成运行后，利用DN200生态放水管下泄生态流量。

(3)进水建筑物(金刚沱泵站出水)

长江水通过金刚沱泵站提水后经出水隧洞进入圣中水库。出水塔位于圣中水库内，距右坝肩约438m，采用岸塔式钢混凝土土结构，孔口尺寸为4m×4m(宽×高)。

(4)取水建筑物

东线输水工程的取水口位于水库左岸，距大坝约200m；西线输水工程的取水口位于水库左岸，距大坝约330m，均采用岸坡竖井式有压取水。取水建筑物均由进水口、控制闸和输水隧洞组成。

(5)永久交通道路

圣中水库工程区永久道路包括左岸上坝公路、右岸金刚沱泵站出水口连接公路及左岸扩建道路，新建道路总长1761m，扩建道路总长1700m。

(6)附属工程

为了便于圣中水库的管理，在大坝右岸坝肩设置管理房，管理房建筑面积707m^2，占地面积1061m^2。

3 工程特点及科技创新

3.1 工程特点

①渝西水资源配置工程是重庆成为直辖市以来投资最大、涉及面最广、受益人口最多的

跨多区的重大调水工程。

②整个工程穿越重庆西部多山地形，地形延绵复杂，泵站节点众多，管线超长(448.5km)且复杂，输水管线边界水位受长江和域内水库影响大。

3.2 科技创新

(1)长江大型取水工程水生态保护关键技术

根据长江金刚沱泵站取水河段鱼类卵苗时空分布规律，合理确定取水高程，优化取水头部设计，减少取水对卵苗卷载损失；通过建立取水河段水文过程与鱼类产卵行为响应关系，优化取水调度方案，在苗汛高峰期停止取水；设置人工鱼巢1万m^2，修复取水口附近鱼类产卵生境；实施增殖放流，补偿取水造成的鱼类损失。

(2)生态优先原则下引调水工程环境保护方案

将改善受水区河流生态环境用水作为工程任务，在保证工程安全的前提下对受水区已建18座中型水库生态流量下泄设施进行改造，优先下泄生态流量，并关闭部分保障程度不高的水厂退还生态流量，总计退还水量4.06亿m^3；工程布置与选址选线采取无害化穿越和生态影响最小化方案，主动避让生态保护红线20处和生态敏感区4处；取水调度优先保障生态环境用水，当取水断面来流小于生态流量时减少取水直至停止取水；通过区域治污和中水回用，以实现“增水不增污”和“水环境质量改善”。

(3)因地制宜、新老结合，构建“边水济腹、两江互备”的水安全保障体系

渝西水资源配置工程在保障常规供水的同时，按照保障10天70%生活用水的标准规划了应急备用水源。结合各区域水源条件，充分利用已建的水源工程与新建的渝西水资源配置工程互为备用；在已建水源工程不能满足应急备用要求的沙坪坝、九龙坡和江津区，通过原水管道连通实现嘉陵江、长江两江互备，并新建圣中水库作为应急水源。

(4)创新性地提出超长距离复杂有压输水管隧系统水锤防护方案

渝西水资源配置工程总调水流量43.67m^3/s，包含水源泵站7座，加压泵站5座，水库提水泵站8座，供水泵组27组，各式泵组81台，总装机功率157.1MW。新建输水管线448.507km，其中管道363.6km、隧洞80.9km，其他建筑物4km。整个工程穿越重庆西部多山地形、地形延绵复杂、泵站节点众多、管线超长且复杂、输水管线边界水位受长江和域内水库影响大。输水设施安全是工程的生命线，通过科学设定水泵防护阀门动作规律，根据输水管线地形条件创新性地设置输水管线首尾端联动阀门、配置单向调压塔、双向调压塔、防水锤空气阀门等联合措施，有效解决了项目复杂地形条件、用水需求变化多、超长距离压力管道与隧洞相结合、有压流与无压流相结合等众多难题，实现了复杂地形条件下大范围超长距离安全输水的目标。

(5)采用了“野外地质信息采集系统”“三维地质建模及其可视化系统”等专利技术，有效地提高了勘察效率，缩短了勘察周期

渝西水资源配置工程输水线路长、点多、面广、工期短、任务重。长江设计公司自主研发的“三维地质信息野外采集系统”已获得国家专利，已成功应用于多项水电工程中。该系统很好地解决了传统方法效率低、不具可视化、纸质文件资料还需要进一步数字化、费时、费力等缺陷。同时，在“三维地质信息野外采集系统”中，应用基于大型三维设计软件CATIA研发的“三维地质建模及其可视化系统”，结合工程地质特点，提供地形、地层、断层、溶洞等地质体的三维建模、可视化等，真三维地质实体模型具有快速切地质剖面、进行三维地质体展示、三维地质分析等功能，很好地解决了方案研究阶段繁重的地质分析工作，大大缩短了勘察设计工作进程，有效地提高了勘察效率，缩短了勘察周期。

(6)提出了复杂设计条件下取水泵站建筑物布置的新思路

金刚沱泵站为本工程中规模最大的水源泵站，其布置的合理性对整个工程的成败有着重大意义。在查明地形地质的基础上，充分考虑长江航道远期航运要求、自然环境因素、水文条件、泥沙淤积问题、穿越铁路交叉建筑物、衔接圣中水库等外部因素，合理布置取水泵站各建筑物，使之完美地适应复杂的设计条件，确保工程设计先进、运行安全、管理方便、供水保证率高。地面泵房开创性地采用了“下圆上方三联筒”的布置形式，泵房结构具有浓郁的时空特征，巧妙地将圆形泵房受力特点和矩形泵房的运行便利融为一体，兼具安全性、经济性和美观性，为国内外取水工程泵房设计提供了新思路。

4 工程取得的效益

渝西水资源配置工程作用巨大，不仅可以有效缓解渝西地区的缺水情势，还可以退还被挤占的农业灌溉和生态环境用水，社会效益、环境效益和经济效益显著。

该工程从长江、嘉陵江、涪江取水，充分利用渝西地区现有水源工程，优化水资源配置，实现互联互通、互调互济工程。主要覆盖沙坪坝、九龙坡、北碚、江津、合川、永川、大足、璧山、铜梁、潼南、荣昌11个区和重庆市高新区，受益面积达1.18万km^2。

该工程年供水量10.12亿m^3(占渝西地区城镇总供水量的52%)，其中城乡生活用水量4.67亿m^3，工业用水量5.45亿m^3。惠及人口近1000万。支撑渝西地区生产总值1.4万亿元，工业供水保证率达到95%以上。退还被挤占的农业用水量2.27亿m^3，灌溉面积由现状的185万亩增加到365万亩。退还被挤占的生态用水量6.8亿m^3，渝西地区每年生态用水量将达56.3亿m^3。

该工程建成后，将有效改善渝西地区缺水现状，优化供水格局，提升城市供水安全保障能力，切实改善农业灌溉条件和水生态环境，为成渝地区双城经济圈建设和“一区两群”发展提供水源保障。

撰稿/张智敏、冷星火

重庆市藻渡水库工程

▲ 重庆市藻渡水库

重庆市藻渡水库工程是国务院常务会议先后确定的172项和150项重大水利工程之一。工程建成后，非极端情况下可将下游綦江城区的防洪标准由20年一遇提高到50年一遇，可有效解决渝南片区缺水问题，是支撑渝南片区国民经济和社会发展的重大项目。

1 工程概况

1.1 工程简述

藻渡水库工程任务以防洪、供水、灌溉为主，兼顾发电。藻渡水库总库容1.99亿m^3，为大(2)型水库，防洪库容0.4975亿m^3，非极端情况下可将下游綦江城区的防洪标准由20年一遇提高到50年一遇。水库可向綦江区、万盛经济技术开发区、江津区、巴南区和南岸区供水约1.79亿m^3，可新增灌溉面积16.59万亩，改善灌溉面积6.47万亩。生态电站装机容量12MW。

工程包括水源工程和输水工程两部分。

(1)水源工程

水源工程主要建筑物由混凝土面板堆石坝、右岸溢洪道、左岸引水隧洞、放空洞和导流洞的三洞结合系统以及坝后式厂房等组成。大坝坝顶高程为379.3m，最大坝高104.5m，坝顶轴线长309m。水库正常蓄水位375m，设计洪水位($P=1\%$)376m，校核洪水位($P=0.05\%$)377.53m，防洪高水位($P=2\%$)376m，汛期限制水位366.8m，死水位342m。藻渡水库总库容1.99亿m^3，正常蓄水位相应库容1.83亿m^3，调节库容1.3511亿m^3，死库容0.48亿m^3，防洪库容0.50亿m^3。水库利用下泄生态流量和弃水发电，电站装机容量12MW，多年平均年发电量4494万kW·h，装机年利用小时数3475h。

(2)输水工程

输水工程包括总干渠、左干渠和右干渠三个部分。总干渠起点为南坪村，终点为巴南区仁流场，线路总长55.10km，总体为西北走向；左干渠起点为总干渠分水口，终点为江津区观音桥，左干渠长26.19km，总体为东西走向；右干渠起点为总干渠分水口，终点为巴南区甘家湾，右干渠长13.80km，总体为南北走向。线路总长95.08km，包括22座隧洞、16座倒虹吸、3座箱涵、3段管道和4段明渠。其中，22座隧洞总长75.53km，占线路总长的79.44%；16座倒虹吸总长6.43km，占线路总长的6.76%；3座箱涵总长0.21km，占线路总长的0.22%；3段管道总长7.76km，占线路总长的8.16%；4段明渠总长5.15km，占总干渠线路长度的5.42%。

藻渡水库水源工程和输水工程的施工工期均为60个月。其中，施工准备期15个月，主体工程施工期43个月，工程完建期2个月。首批机组发电工期58个月。工程筹建期18个月不计入总工期。藻渡水库工程特性见表1。

表 1　　　　藻渡水库工程特性

名称			数量与型式	备注
水文	坝址以上流域面积(km^2)		1179	
	多年平均年径流量(亿 m^3)		6.88	扣除上游金佛山水库、鲤鱼河引水后藻渡坝址
	多年平均流量(m^3/s)		21.9	扣除上游金佛山水库、鲤鱼河引水后藻渡坝址
	设计洪水标准及流量($P=1\%$,m^3/s)		3660	
	校核洪水标准及流量($P=0.05\%$,m^3/s)		6070	
	多年平均含沙量(kg/m^3)		0.891	
工程规模	水库	校核洪水位($P=0.05\%$,m)	377.53	
		设计洪水位($P=1\%$,m)	376.00	
		防洪高水位($P=2\%$,m)	376.00	
		正常蓄水位(m)	375.00	
		汛期限制水位(m)	366.80	
		死水位(m)	342.00	
		总库容(万 m^3)	19897	
		防洪库容(万 m^3)	4975	
		调节库容(万 m^3)	13511	
		死库容(万 m^3)	4807	
		库容系数	0.19	
		调节特性	年调节	
	灌溉工程	设计灌溉面积(万亩)	23.06	
		灌溉设计保证率(%)	一般灌溉 75,高效节水灌溉 85	
	供水工程	城乡供水量(万 m^3)	12425	
		灌溉供水量(万 m^3)	5441	
		总供水量(万 m^3)	17865	
		设计引水流量(m^3/s)	15.50	
		供水保证率(%)	95	
工程效益指标	发电效益	装机容量(MW)	12	
		保证出力(kW)	1867	
		多年平均年发电量(万 kW·h)	4494	
		装机年利用小时数(h)	3745	

1.2 工程建设意义

渝南片区位于四川盆地东南部低山丘陵与黔北山地结合地带，地势总体上南高北低，地高水低，水资源供给能力不足；长江右岸一级支流綦江由南向北贯穿渝南部区域，沿江部分城镇还存在防洪保安标准偏低等问题。在綦江一级支流藻渡河上兴建藻渡水库，能够提高綦江城区及綦江沿线水灾害防治能力、提高渝南片区供水安全保障能力、提高水生态水环境保护能力，在渝南片区的国民经济和社会发展中具有举足轻重的地位。

（1）藻渡水库事关綦江沿岸防洪安全，是保证綦江沿岸人民生命和财产安全的重要举措

綦江流域洪水频繁，约30年发生一次大洪水，其中1998年洪灾受灾人口76.1万、死亡52人，受灾农田47万亩，直接经济损失8.6亿元，渝黔铁路中断行车。綦江城区位于藻渡河口下游约63km处，建成区面积24.7km^2，城区人口24万，防洪标准应达到50年一遇。藻渡水库预留防洪库容0.4975亿m^3，使綦江城区防洪能力基本达到50年一遇水平，篆塘镇、三江街道的防洪能力也将得到较大改善。

（2）藻渡水库是解决渝南片区水资源供给不足、支撑渝南片区经济社会可持续发展的重要举措

2014年渝南片区常住人口420万，地区生产总值2633亿元。其中，藻渡水库供水区内2014年人口为232万，GDP为1426亿元，分别占渝南片区的56%和55%，藻渡水库供水区在渝南片区占有举足轻重的地位。渝南片区缺乏大型调蓄工程，应对极端天气的能力不足，水资源供需矛盾突出。藻渡水库工程建成后，可向綦江区、万盛经济技术开发区、江津区、巴南区和南岸区多年平均供水约1.79亿m^3，能够极大地提高渝南片区的供水能力，显著改善渝南片区水资源短缺的局面，极大地提高渝南片区应对连续干旱的能力，支撑渝南片区经济社会的持续发展。藻渡水库可发展灌溉面积21.14万亩，改善灌溉面积6.36万亩，为綦江区和江津区山地现代农业示范区、江津区和巴南区国家现代农业综合示范的建设提供充足的水资源保障。

（3）藻渡水库是提高重庆市主城区应急供水能力、保障饮水安全的重要举措

重庆市主城区供水系统分为长江以北的北部片区（江北区、渝北区）、长江与嘉陵江之间两江片区（渝中区、大渡口区、沙坪坝区、九龙坡区）和长江以南的南部片区（南岸区和巴南区）共3个片区。其中两江片区和南部片区2020年常住人口分别为402万、238万。目前，两江片区与南部片区在太平门过江隧道内安装了过江供水管道，输水能力4万m^3/d，实现两江片区之间的应急供水。观景口水库设置了375万m^{3}的应急备用库容，仅可满足渝中区和南岸区143万人10天的应急供水需求。藻渡水库建成后，并考虑南岸区和渝中区之间的

过江供水管道扩容，届时可满足沙坪坝区、九龙坡区和大渡口区的 343 万人和綦江城区的生活应急供水要求。藻渡水库供水范围和控灌范围示意图见图 1。

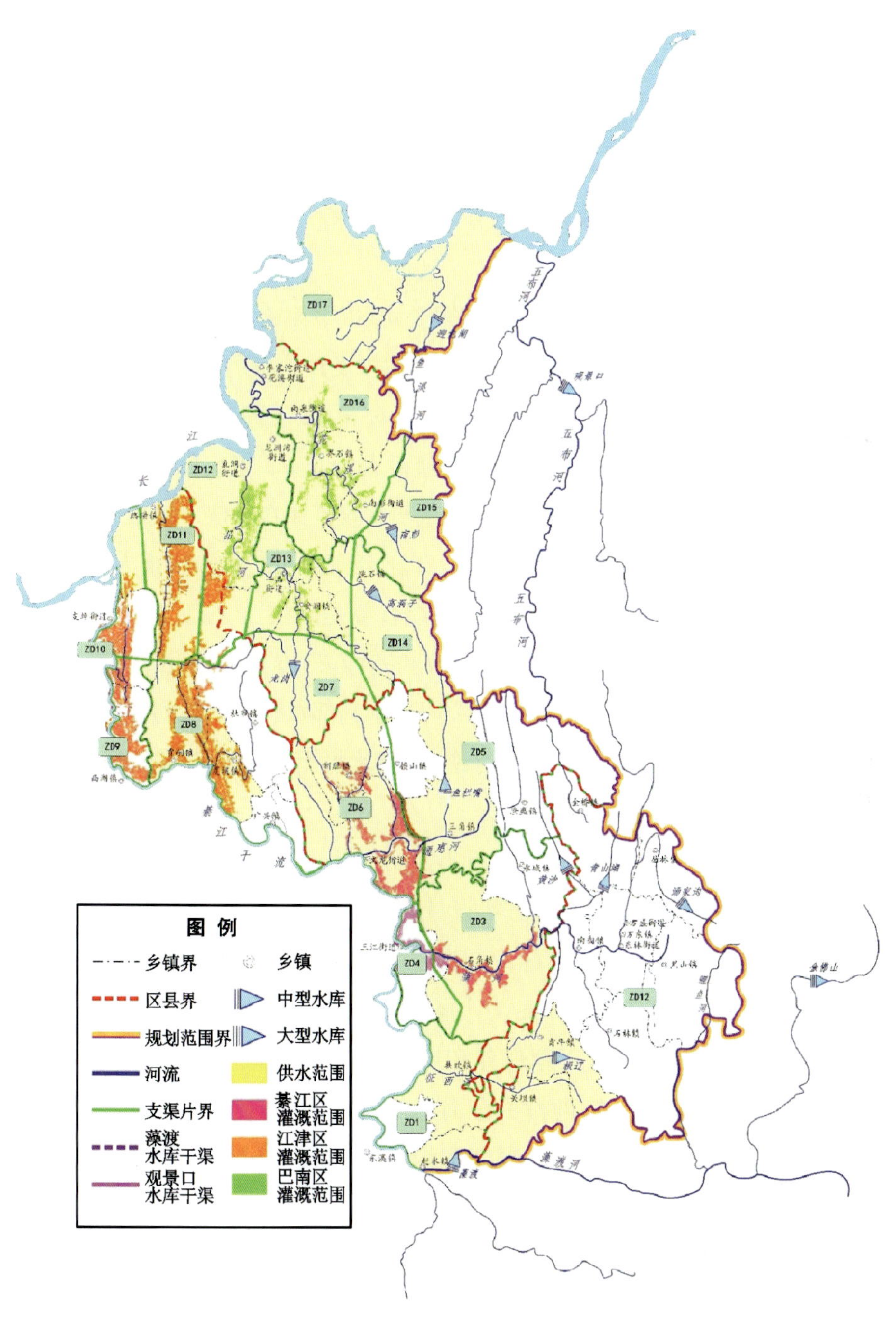

图 1　藻渡水库供水范围和控灌范围示意图

2 勘测设计方案

2.1 设计过程

2011年7月至2014年12月，重庆市水利局安排重庆市水利发展研究中心对藻渡水库开展了功能任务、建设条件、淹没方案、规模及开发方案等10项专题研究，提出藻渡水库工程开发任务以灌溉、供水为主，兼有防洪等综合利用；工程供区包括南岸区、巴南区、江津区、綦江区和万盛经济技术开发区的全部或部分区域；初步规划有建单库和建多库方案，引水方式有抽提和自流，但没有确定工程开发方案。

2015年12月，重庆市水利投资(集团)有限公司(以下简称"重庆水投集团")利用上述研究成果，启动了藻渡水库工程规划、可行性研究和初步设计阶段的勘察设计招标。

2016年2月，长江勘测规划设计研究有限责任公司(以下简称"长江设计公司")中标后组建了项目部，于2016年2月和3月两次综合查勘现场，2016年6月编制提出《重庆市藻渡水库工程规划报告(征求意见稿)》；6月28日，重庆水投集团在重庆对该报告进行了咨询。

鉴于2016年綦江城区遭遇严重洪涝灾害，2016年7月11日，重庆市人民政府召开专题会议研究藻渡水库前期工作，提出"藻渡水库功能首要是防洪"。按照重庆水投集团咨询意见和重庆市人民政府专题会议纪要精神，经修改和完善，2016年8月，长江设计公司提出《重庆市藻渡水库工程规划报告(咨询稿)》；9月26日，水利部水利水电规划设计总院(以下简称"水规总院")在北京对该报告进行了技术讨论，对藻渡水库工程任务与规模、开发方案比选等重要工作内容提出了修改意见和建议。

长江设计公司根据水规总院及重庆水投集团的意见，于2016年10月27日编制完成了《重庆市藻渡水库可行性研究阶段工程方案设计报告(送审稿)》及其附件《重庆市藻渡水库工程总体方案设计工程任务与规模专题论证报告(送审稿)》。2016年11月22—24日，水规总院在北京组织召开会议，对《工程方案设计报告》和《工程任务与规模专题论证报告》中工程建设的必要性、水文、工程地质、工程任务和规模、工程布置及主要建筑物、建设征地与移民安置、环境影响评价和水土保持进行了全面的技术咨询，并提出进一步的修改意见和建议，详见《关于印送重庆市藻渡水库工程方案设计报告技术讨论会议纪要的函》(水总规〔2017〕88号)。

长江设计公司于2017年1月编制完成《重庆市藻渡水库可行性研究阶段工程方案设计报告(修订稿)》及其附件《重庆市藻渡水库工程总体方案设计工程任务与规模专题论证报告(修订稿)》。

2018年，重庆市人民政府与贵州省人民政府在重庆签订了加快推进藻渡水库前期工作及建设的备忘录，项目移民调查工作重启。

2018年8月21日，重庆市和贵州省市人民政府联合发布了《关于禁止在藻渡水库工程占地和淹没影响区新增建设项目和迁入人口的通告》（渝府发〔2018〕38号），停建令下发标志着藻渡水库工程项目取得了重要进展。

2018年10—12月，重庆水投集团会同长江设计公司、藻渡水库工程建设征地涉及各区人民政府及有关部门组成联合调查组进行了实物调查工作。

2019年1月，长江设计公司编制完成了《重庆市藻渡水库工程可行性研究阶段建设征地实物调查报告（初稿）》和《重庆市藻渡水库工程可行性研究阶段建设征地移民安置规划大纲（征求意见初稿）》。

2019年5月，长江设计公司开展了藻渡河流域水利水电开发环境影响回顾性评价研究工作，编制完成的《藻渡河流域水利水电开发环境影响回顾性评价研究报告》通过了重庆市生态环境局、贵州省生态环境厅联合组织的审查，并以渝环函〔2019〕717号文出具了正式的审查意见。

2019年8月，水规总院在贵州省桐梓县召开了移民安置规划大纲技术讨论会，会后长江设计公司根据讨论会纪要和相关方协调意见，修改了移民安置规划大纲。

2019年3—9月，藻渡水库建设征地涉及重庆各区、贵州省桐梓县均以函件的形式对移民安置规划大纲进行了确认并提出了修改意见。根据建设征地各区（县）意见，长江设计公司对移民安置规划大纲再次进行了修改和完善。

2020年1月，水规总院在北京市召开了重庆市藻渡水库工程可行性研究报告审查会，会后长江设计公司认真落实了专家意见，对可研报告进行了全方位的修改和完善。

2020年5月，水规总院在重庆召开会议，对长江设计公司编制完成的《重庆市藻渡水库工程库区桐梓县坡渡集镇移民迁建区修建性详细规划》《重庆市藻渡水库工程建设征地工业企业处理规划专题报告》《重庆市藻渡水库工程可行性研究阶段建设征地交通复建规划专题报告》进行了审查。会议形成纪要文件《关于印送重庆市藻渡水库工程建设征地移民集镇迁建、工业企业处理、交通设施复建专题审查会议纪要的函》（水总函〔2020〕163号）。长江设计公司根据会议纪要再次对《重庆市藻渡水库工程可行性研究报告》进行了修改和完善。

2020年8月，水规总院在重庆召开重庆市藻渡水库工程可行性研究报告复审会，长江设计公司根据复审会议意见对《重庆市藻渡水库工程可行性研究报告》进行了修改和完善，主要增加了规模比选方案和分期实施方案内容。

2022年1月，水利部向国家发展和改革委员会报送重庆市藻渡水库工程可行性研究报告审查意见（水规计〔2022〕2号）。

2022年2月，水利部、重庆市人民政府、贵州省人民政府联合批复《重庆市藻渡水库工程建设征地移民规划安置规划大纲》。

2022 年 7 月，重庆市藻渡水库工程可行性研究报告通过国家发展和改革委员会委托中国国际工程咨询有限公司组织的评估。

2.2 设计方案

2.2.1 水源工程

藻渡水库枢纽布置方案为：混凝土面板堆石坝、右岸溢洪道、左岸引水隧洞、放空洞和导流洞的三洞结合系统以及坝后式厂房等。

（1）大坝

混凝土面板堆石坝坝顶高程为 379.3m，大坝最大坝高 104.5m，坝轴线长 309.0m，大坝上游迎水面混凝土面板坡比为 1∶1.4，盖重区上游坝坡坡比为 1∶2.5，大坝下游坡坡比为1∶1.4。

大坝填筑主要分为上游盖重区、上游铺盖区、垫层区、特殊垫层区、过渡区、主堆石区、次堆石区及排水区。主堆石区布置在坝轴线上游侧，次堆石区布置在坝轴线下游及高程 360.0m以下，次堆石区上游坡比为 1∶0.3。下游坝脚高程 302.0m 以下为主堆石区。大坝坝基高程 302.0m 以下设置排水区，与上游主堆石区连接，直至下游，填筑料与主堆石区相同，下游坡坡两侧设纵向排水沟。

（2）溢洪道

溢洪道利用右岸天然地形形成的回水沟谷作为溢洪道进水渠，采用岸边式溢洪道布置型式，主要由引水渠、控制闸闸室段、泄槽段、挑流鼻坎段及防冲设施 5 个部分组成。溢洪道引水渠主要由开挖形成，采用梯形断面，渠底高程 354.2m，长 228m，底宽 36m，以同心圆布置型式接天然地形。溢洪道控制闸采用驼峰堰，堰顶高程 358.7m，共 3 孔，每孔净宽 10m。溢洪道控制闸及泄槽轴线直线布置，水流以挑流方式进入主河槽。

（3）引水发电洞、放空洞、导流洞三洞合一

引水发电洞布置于河道左岸，结合放空洞布置，利用放空洞进水塔作为引水发电洞取水口，不另单独布置进水塔。采用坝后厂房方案，引水洞采用三机一洞，进口中心高程 336.50m，出口中心高程 282.45m。总长约 700m，其中放空洞结合段 280m，发电洞上平段长 158m，下平段长 176m。部分下平段均采用钢衬，钢衬段长约 104m。发电厂房总装机容量 12MW，安装 2 台单机 4.75MW 和 1 台单机 2.5MW 的卧轴混流式机组。

放空洞采用三洞结合方案，前半部分的进水塔和有压段与引水发电洞结合，后半部分与导流洞结合。放空洞全长 757.72m，前段为进水塔和有压洞段，长 394.9m，其中与引水发电

洞结合段长 280m；中部设置控制闸，闸后采用龙抬头型式与导流洞衔接；后段则与导流洞结合，结合段长 258.7m。

施工导流洞布置于河床左岸，导流洞长 693m，城门洞形断面，尺寸 8.5×10.0m（宽×高），进口高程 291m，出口高程 288m。

(4)电站厂房

地面厂房布置在堆石坝坝址后河床及岸边，厂房轴线与河道交角约 45°。

发电厂房总装机容量 12MW，安装两大一小 3 台（2 台 4.75MW+1 台 2.5MW）卧轴混流式机组。单机额定流量分别为 $7.31m^3/s$、$3.9m^3/s$，可以满足生态流量要求（枯期生态流量 $3.76m^3/s$，汛期生态流量 $7.5m^3/s$），额定水头 76.0m。

电站厂房为 3 级建筑物，挡水平台顶高程为 303.0m，机组装机高程 285.0m，建基面高程 277.1m，电机层高程 284.4m。

厂房顺河向依次布置 1 个安装场段和 3 个机组段，总长 60.8m，其中两个标准机组段长 13.5m，机组段和安装场段各长 16.9m，按一机一缝布置。

(5)生态流量泄放设施

生态基流放水管采用直径为 0.6m 的旁通管，从 1# 机组进水钢管接出（1# 机进水钢管管径 1.4m），经机组段及安装场段底板引至安装场段尾水平台阀门坑，自尾水挡墙伸出至下游河道。生态基流放水管总长约 70m，泄放生态基流时，生态水流经旁通管排入下游河道。

(6)过鱼设施

藻渡水库过鱼设施推荐采用升鱼机。升鱼机沿枢纽左岸布置，主要由集鱼站、索道提升转运系统、放流系统及观测与辅助设施等部分组成。其中，集鱼站布置在尾水渠下游，距电站厂房下沿 5.0m；索道提升转运系统沿大坝左侧的山坡布置；放流系统的卸载站、码头布置在左坝肩上游的岸坡上，并修筑岔道与左坝肩公路连接。

2.2.2 输水工程

根据藻渡水库和 5 个受水区的地理位置，输水线路采用"总干渠+左、右干渠+支渠"的布置方案。总干渠输水线路总长55.09km，左干渠输水线路总长 26.19km，右干渠输水线路总长 13.80km。

(1)总干渠

总干渠西线方案起点为南坪村，距坝址 3.10km，终点为巴南区仁流场，线路总长 55.09km，总体为西北走向，由 9 条隧洞、9 座倒虹吸、2 座箱涵和 4 段明渠组成。总干渠平面布置示意图见图 2。

图 2　总干渠平面布置示意图

总干渠在南坪村接取水塔，先以山王庙隧洞沿西北向至松山村（桩号 M0＋000～M8＋185）；然后为避开渝黔高铁，线路转为东北向，在扶欢河电站下游 600m 处以溱溪河倒虹吸下穿溱溪河后，接大岗隧洞穿越均安村后至蒲河一无名支流（桩号 M8＋185～M15＋300）；大岗隧洞线路再回到西北走向，穿越鲤鱼沟后至圈河村后，在蒲河入綦江汇口上游约 1.5km 处以温家沟倒虹吸跨越蒲河（桩号 M15＋300～M21＋836）；然后垛垛石隧洞、大河沟倒虹吸、后湾箱涵段（桩号 M21＋836～M27＋827）在綦江东侧保持约 600m 距离向北走；为避开对綦江城区东部新城组团和北部组团的影响，后湾隧洞、下坝湾倒虹吸、黄桷树隧洞、盐井坝倒虹吸、花土岗隧洞段（桩号 M27＋827～M34＋848）向东侧绕线，尽量绕过规划用地；花土

岗隧洞从浸水村出露后变为明渠段，线路向西北方向偏转，胡家湾明渠、兴农湾明渠、袁家湾明渠和枣子塝明渠傍山而行直至红星村南侧（桩号 M34+848～M40+473）；后接望石坡隧洞继续沿西北方向穿行，分别以五斗丘倒虹吸和长房子箱涵下穿陈家沟和盐井沟后到达总干渠终点巴南区仁流场（桩号 M40+473～M55+094），在仁流场核桃树设节制闸（兼顾分水），将总干渠分为左干渠和右干渠。

总干渠总长 55.094km，以隧洞和明渠为主，其中 9 座隧洞总长 44.969km，占总干渠线路长度的 81.62%，全部为城门洞形无压隧洞，净宽 2.8～3.0m；4 段明渠总长 5.154km，占总干渠线路长度的 9.36%，全部为梯形断面，渠道底宽 2.5m。交叉建筑物主要为 9 座倒虹吸和 2 座箱涵，倒虹吸总长 4.794km，占总干渠线路长度的 8.70%，全部采用钢管，管径 2.0～2.3m；2 座箱涵总长 0.177km，占总干渠线路长度的 0.32%，均为单孔矩形断面，净宽 2.8m。另外该段输水干渠还布置有分水口 4 座、节制闸 4 座、工作闸 5 座、退水闸 1 座等 14 座控制建筑物。

（2）右干渠

右干渠起点为总干渠分水口，终点为巴南区甘家湾，右干渠长 13.795km，总体为南北走向，由 4 条隧洞、2 座倒虹吸和 1 座箱涵组成。右干渠平面布置示意图见图 3。

右干渠在仁流场核桃树接长房子右节制闸，渠首田湾隧洞向正北输水 1.1km 后，接跳石倒虹吸下穿一品河（桩号 R0+000～R1+298）；然后黄荆岗隧洞、油坊箱涵和羊儿坝隧洞继续向北穿行，在跳石镇下游约 1.5km 处以桐子湾倒虹吸下穿跳石河（桩号 R1+298～R7+479）；后接木瓜园隧洞向北至南彭镇木瓜园后，为避让城镇建设区域，线路转为东北向，直至巴南区甘家湾的右干渠终点（桩号 R7+479～R13+795）。

（3）左干渠

左干渠起点为总干渠分水口，终点为江津区观音桥，左干渠长 26.191km，总体为东西走向，由 9 条隧洞、5 座倒虹吸和 3 条管道组成。左干渠平面布置示意图见图 4。

左干渠在仁流场核桃树接长房子左节制闸，为避让松树桥水库，从水库北侧进行绕线，风老隧洞、白杨湾倒虹吸、爬山岗隧洞、小河咀倒虹吸段为西北方向（桩号 L0+000～L4+828）；油榨岗隧洞在小河沟附近下穿兰海高速后线路转为正西走向，以背笼管道下穿背笼小冲沟后，接桐子林隧洞继续沿正西向至干畅沟（桩号 L4+828～L8+126）；为避让生态红线范围，桐子林隧洞转为西南方向，在红线范围以内的龙家屋基处回到正西方向，直至石梯坎接周家店管道起点（桩号 L8+126～L10+972）；周家店管道下穿 210 国道包南线和石梯坎后，接石梯坎隧洞继续向西输水至钟家沟（桩号 L10+972～L13+531）；过钟家沟后地形较为平缓，黑堰管道沿西南走向、民福溪岸边布置（桩号 L13+531～L20+728）；过新华村后，开始以隧洞穿越羊角脑山，线路重新转为正西向，直至江津区观音桥的左干渠终点（桩号 L20+728～L26+191）。

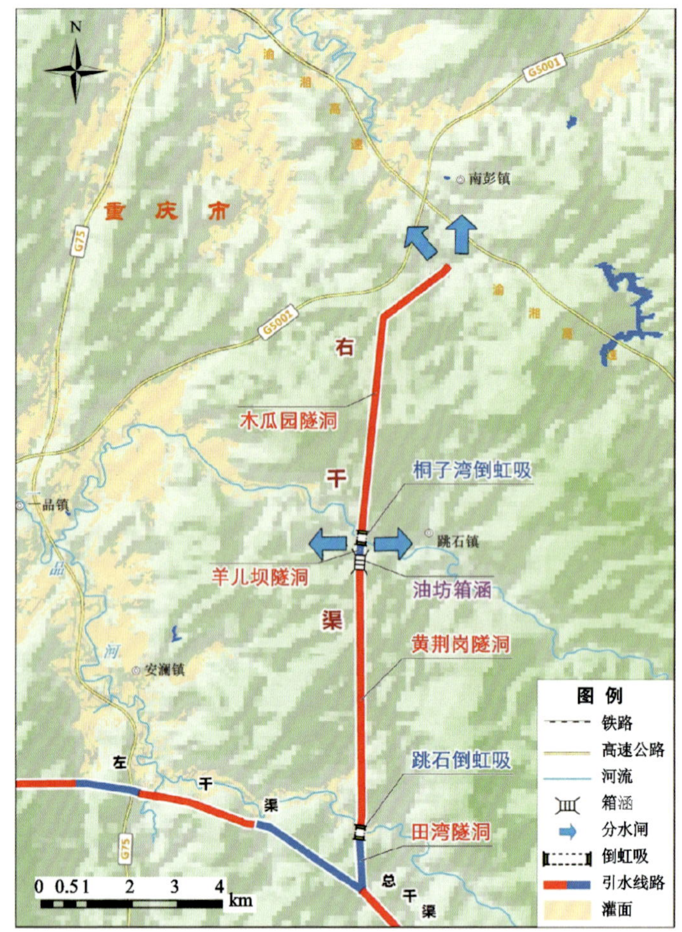

图 3　右干渠平面布置示意图

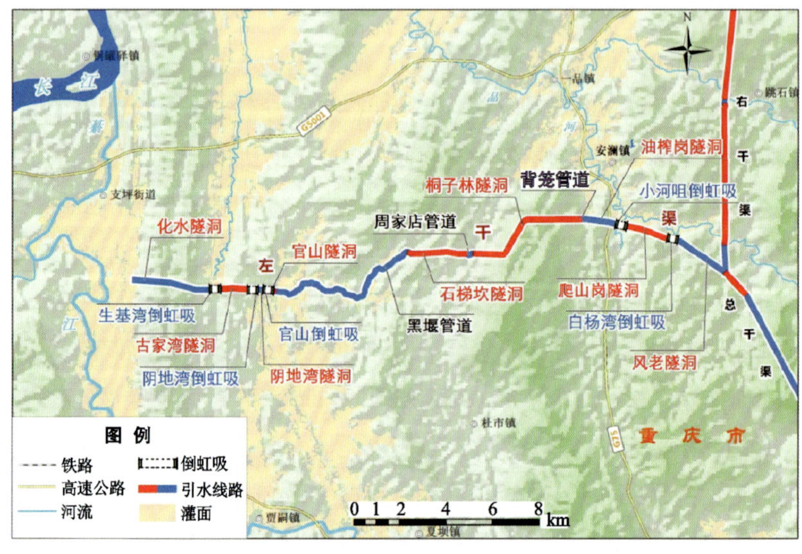

图 4　左干渠平面布置示意图

3 工程设计难点与创新

3.1 引水发电洞、放空洞、导流洞三洞合一

经枢纽布置比选，溢洪道以布置于右岸为优，电站厂房推荐左岸引水隧洞坝后式厂房方案，整个枢纽布置形成大坝占据主河床，泄洪消能建筑物与引水隧洞及电站厂房、放空兼导流洞分置两岸，相互独立、互不干扰的格局。

引水发电洞、放空洞、导流洞均布置在左岸，为优化枢纽布置，减少隧洞长度及进出口边坡开挖，节省工程投资，采用三洞合一的布置方案：放空洞中部设置控制闸，闸前为有压洞，闸后采用龙抬头型式与导流洞衔接，放空洞后段结合导流洞布置，放空洞前段进水塔和有压洞段则与发电引水洞结合布置。

放空洞全长 757.72m，前段为进水塔和有压洞段，长 394.9m，其中与引水洞发电结合段长 280m；后段与导流洞结合，结合段长 258.7m。

3.2 库区煤矿“隔、防、堵与监测相结合”防护处理

藻渡水库库内存在松藻、藻渡、平翔、兴隆、团结、油坊等煤矿（合称藻渡煤矿），上距藻渡坝址约 10km，煤矿均采自二叠系龙潭组 K_3、K_{2b}、K_1 等煤层。库区左岸分布松藻煤矿和藻渡煤矿，右岸分布兴隆煤矿、平翔煤矿、团结煤矿、油坊煤矿。

水库蓄水后，即使藻渡煤矿关闭后仍存在通过煤矿采空区向左岸松坎河邻谷渗漏，并影响松坎河水质。针对水库蓄水后存在的上述问题，煤矿段防护处理主要思路为隔、防、堵与监测相结合，煤矿防护设计思路及方案如下：

①设置藻渡水库保护煤柱，以确保煤矿段库岸稳定。松藻煤矿临藻渡河侧现有保护煤柱是按藻渡河洪水位 330m 高程设置，藻渡水库建设后需要按其校核洪水位 377.53m、围护带宽度 20m，裂缝角走向 $\delta''=70°$、上山 $\gamma''=71°$、下山 $\beta''=58°$，采用垂直剖面法计算确定保护煤柱范围。经计算保护煤柱宽 100～300m，藻渡煤矿及松藻煤矿现有采空区均未进入藻渡水库保护煤柱范围。

②左岸煤矿库岸进行防渗帷幕灌浆，有效封堵管道型岩溶通道和藻渡煤矿老煤窑采空区渗漏。防渗帷幕顺河岸布置，防渗标准为灌后透水率 $q\leqslant 5$Lu，帷幕端点延伸至上、下游相对不透水层，帷幕线路长 1194m，防渗帷幕底线高程 280～300m 开机，帷幕最大深度 97m。

③对藻渡煤矿主明斜井、副平硐及平翔煤矿相关巷道设置防水闸墙进行封堵，并在井口进行封闭。保证平翔煤矿等采空区积水不会进入藻渡水库，影响水库水质。

④对松藻煤矿排水量、库岸边坡、帷幕防渗及井巷封堵效果进行监测。当松藻煤矿排水量较大时，应及时查明原因，及时进行处理。

3.3　跨省大型水库移民安置规划工作创新

藻渡水库淹没影响重庆市、贵州省，淹没对象复杂，影响多座大型煤矿、水电站、公路、桥梁、电力等重大专项，处理难度极为复杂。水库整体淹没贵州省坡渡集镇，集镇搬迁规划约4000人，移民安置涉及行政单元多、实物量大，移民安置任务难度巨大，安置工作极具挑战性。藻渡水库位于山岭重丘区，移民专项工程复建，如公路桥梁工程，复建规划设计方案难度大。移民安置规划工作具有大场景、多数据、多维度的工作特点，移民信息和后期移民安置管理工作难度大。

藻渡水库的移民实物调查工作创新应用无人机倾斜摄影技术，改变传统移民实物调查的工作方式，大大减少了外业工作量，提高了工作效率；创新应用BIM+GIS技术，实现移民安置和重大专项规划三维可视化设计；通过形成库区淹没实物可视化的基础数据库，实现了水库淹没动态模拟并为水库工程规模论证提供了有力支撑，同时保障了移民安置规划方案的优化和比选更加直观、便捷；创新开发移民信息平台，建立了移民信息采集和管理系统，实现了“一张图”的信息集成管理与服务模式，并在藻渡水库移民安置全过程提供应用支撑和信息服务，打造藻渡水库“智慧移民”新模式，是全国移民专业工作的突破性创新。同时创新性地提出跨省大型水库移民安置新型技术路线，结合重庆市、贵州省移民安置政策，妥善安置近5000移民人口，实现了库区经济社会高质量发展。结合国家乡村振兴战略，规划建设坡渡新型旅游小镇，实现淹没集镇整体搬迁，保障了库区移民“搬得出、稳得住、能致富”。

撰稿/韩健、游万敏、胡涛、王雪波、向光红

引江补汉工程

▲ 引江补汉工程出口段开工

引江补汉工程从长江三峡库区引水入汉江，提高汉江流域的水资源调配能力，增加南水北调中线工程北调水量，提升中线工程供水保障能力，并为引汉济渭工程达到远期调水规模、向工程输水线路沿线地区城乡生活和工业补水创造条件。工程建设项目包括输水总干线工程和汉江影响河段综合整治工程两部分，其中输水总干线采用有压隧洞输水方式，工程技术难度、综合规模居世界前列。

1 工程概况

1.1 建设背景及意义

南水北调中线工程是缓解我国北方水资源严重短缺局面的重大战略性基础设施，其任务是向受水区城市提供生活、工业用水，缓解城市用水与农业、生态用水的矛盾，遏制生态环境继续恶化的趋势，促进受水区经济社会可持续发展。2014 年中线一期工程通水以来，已累计向北调水超 460 亿 m^3，极大地缓解了受水区的供用水矛盾，取得了显著的社会效益、生态效益和经济效益。

华北地区是我国水资源严重短缺的地区，因缺水而引发的河湖干涸、地下水严重超采、地面沉降等生态环境危机，对经济社会可持续发展造成严重威胁。中线工程原规划设计是作为补充水源，但通水后受水区对中线工程的依赖性很强，如天津城区已全部靠中线供水，北京城区也达 70%以上。中线已成为受水区的主力水源，但丹江口水库水源保证率低，特别是遇汉江特枯年份，丹江口水库来水量少，难以满足向北调水需求。随着京津冀协同发展战略和雄安新区建设、中原城市群建设的推进，以及华北地区地下水超采治理的实施，北方受水区用水量将进一步增长。

长江三峡水库是治理和开发长江的关键性骨干工程，是我国的战略水源地，也是长江流域的“大水缸”，多年平均入库水量超 4000 亿 m^3，总库容 450 亿 m^3，调节库容 221.5 亿 m^3，水量充沛且稳定。丹江口水库是汉江的第一个控制性大型骨干工程，是我国跨流域调水工程的重要水源地，更是汉江流域的“大水盆”，多年平均入库水量达 374 亿 m^3，总库容 295 亿 m^3，调节库容 187 亿 m^3，是南水北调中线一期工程的唯一水源地。实施引江补汉工程，连通三峡水库“大水缸”和丹江口“大水盆”，实质上是连通了长江、汉江流域与京津华北地区三地，形成新的国家骨干水网格局，将为汉江流域和京津华北地区提供更好的水源保障。

引江补汉工程是国务院确定的 172 项节水供水重大水利工程之一，也是 2022 年及后续重点推进的 150 项重大水利工程之一。按照 2002 年国务院批复的《南水北调工程总体规划》和《长江流域综合规划(2012—2030 年)》要求，在南水北调中线后续水源方案研究工作的基础上，实施引江补汉工程，不仅有利于提升汉江水资源调配能力、改善汉江中下游水生态环境问题、保障汉江生态安全，更有利于进一步发挥中线工程的效益，增加北调水量，提高中线受水区供水保障能力，缓解京津冀等华北平原水资源短缺与经济社会发展、生态环境保护之间的矛盾，推进华北地下水超采治理政策落实。工程建成后受益国土面积和人口分别为 24.3 万 km^2 和 16690 万。因此，实施引江补汉工程，实质上是完善了国家骨干水网，有利于满足人民群众对保障优质水源的向往，为实现中华民族伟大复兴的中国梦提供水资源战略支撑。

1.2 工程简述

引江补汉工程是南水北调中线工程的后续水源，从三峡大坝上游左岸约 7.5km 处的龙潭溪取水，引至丹江口大坝下游约 5km 处安乐河口入汉江，主体工程是一条长 194.3km、等效洞径 10.2m 的自流有压输水隧洞，隧洞施工方式是钻爆法＋TBM，刀盘直径为 12.2m。

按批复的可研方案，引江补汉工程多年平均引水量 39 亿 m^3。其中，中线陶岔渠首多年平均补水量 24.9 亿 m^3，向汉江中下游补水 6.1 亿 m^3，补充引汉济渭工程按远期规模引水后丹江口水库入库径流量减少 5.0 亿 m^3，向输水工程沿线补水约 3.0 亿 m^3。设计引水流量 170～212m^3/s，主要建筑物为进口建筑物、输水隧洞、石花控制建筑物、出口建筑物、检修排水建筑物和检修交通洞，抗震设防烈度为Ⅵ度，设计总工期为 108 个月。

引江补汉工程可行性研究阶段工程特性见表 1，工程总体布置见图 1。

表 1　　引江补汉工程可行性研究阶段工程特性

序号	名称	数量	序号	名称	数量
1	引水河流	长江	9	汉江影响河段治理长度(km)	5
2	供水对象	生活、工业	10	输水方式	有压
3	工程等别	Ⅰ等工程	11	断面形式	圆形单洞
4	多年平均引水量(亿 m^3)	39.0	12	等效洞径(m)	10.2
5	设计引水流量(m^3/s)	170～212	13	隧洞开挖方式	钻爆法＋TBM
6	设计最低取水位(吴淞高程，m)	175	14	TBM 最大开挖直径(m)	12.2
7	设计最高取水位(吴淞高程，m)	145	15	设计总工期(月)	108
8	输水线路长度(km)	194.8	16	静态总投资(万元)	5823463

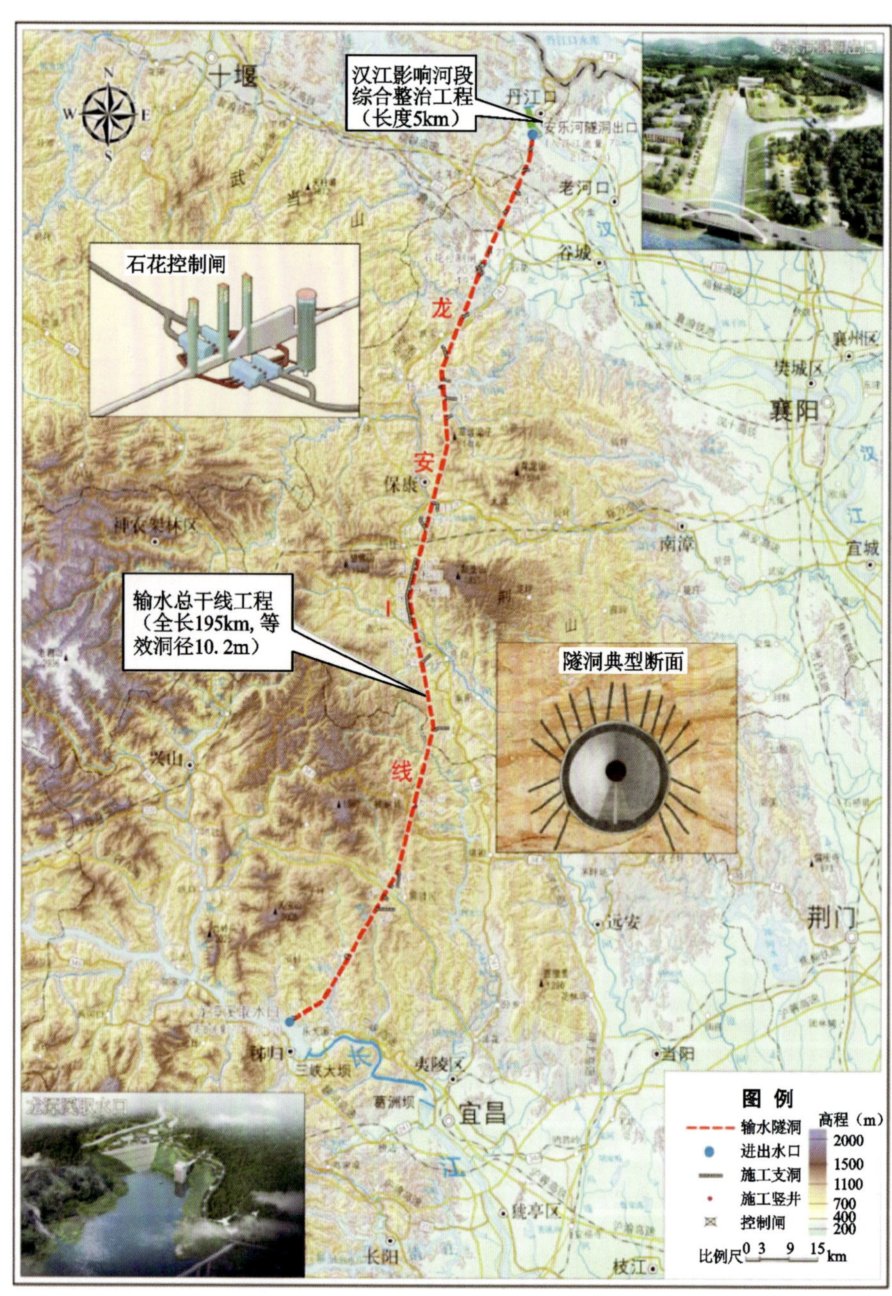

图 1　引江补汉工程总体布置示意图

勘测设计方案

2.1 设计过程

20 世纪 50 年代以来，长江水利委员会开展了小江、大宁河、龙潭溪、香溪河等一系列从长江调水的中线水源方案前期研究工作。

2017 年 4 月，水利部以水规计〔2017〕169 号文批复了《引江补汉工程规划任务书》，标志着引江补汉工程前期工作正式启动。

2019 年 9 月，长江设计公司牵头编制的《引江补汉工程规划（2019）》通过水利部水利水电规划设计总院（以下简称“水规总院”）审查。

2019 年 11 月 18 日，中共中央政治局常委、国务院总理李克强主持召开南水北调后续工程工作会议，研究部署后续工程和水利建设等工作。引江补汉工程由此拉开序幕，按照水利部要求加快推进引江补汉工程前期工作的部署，长江水利委员会组织长江设计公司等单位开展了可行性研究工作。

2020 年 9 月，中国国际工程咨询有限公司对《引江补汉工程规划（2019）》进行评估，水利部组织规划编制单位根据评估意见修订规划。2020 年 10 月，《引江补汉工程可行性研究报告》审查会在北京召开，同年 12 月通过水利部审查并以水规计〔2020〕296 号文将可行性研究报告及其审查意见函送国家发展和改革委员会。

2021 年 1 月，长江设计公司牵头编制完成的《引江补汉工程规划（2020）》通过中国国际工程咨询有限公司评估。

2021 年 5 月 14 日，习近平总书记在河南省南阳市主持召开推进南水北调后续工程高质量发展座谈会并发表重要讲话，对南水北调工作作出重大战略部署，为推进后续工程规划建设指明了方向，提供了根本遵循。为贯彻落实习近平总书记在南水北调后续工程高质量发展座谈会上的重要讲话精神，水利部组织对引江补汉工程方案进行全面检视和修改完善。

2021 年 8 月，长江设计公司修订完成的《引江补汉工程可行性研究报告》通过水规总院审查；同月水利部以水规计〔2021〕262 号文将可行性研究报告及其审查意见函送国家发展和改革委员会。

2022 年 5 月，《引江补汉工程可行性研究报告》通过中国国际工程咨询有限公司评估，形成了《咨询评估报告》（咨农地〔2022〕777 号）。2022 年 6 月，《引江补汉工程可行性研究报告》获国家发展和改革委员会批复（发改农经〔2022〕978 号）。

2022 年 6 月，《引江补汉工程输水总干线出口段初步设计报告》取得水利部准许行政许可决定书（水许可决〔2022〕30 号）。2022 年 7 月 7 日，引江补汉工程先期开工段正式开工。

2.2 设计方案

2.2.1 工程设计标准

(1)工程等别及建筑物级别

引江补汉工程年引水量大于10亿m^3,且供水对象特别重要,根据《水利水电工程等级划分及洪水标准》(SL 252—2017),确定引江补汉工程为Ⅰ等工程。

引江补汉工程由输水总干线工程和汉江影响河段整治工程两部分组成。

输水总干线工程设计流量大于$50m^3/s$,其永久性水工建筑物中输水隧洞、进出口建筑物、石花控制闸等为1级建筑物,检修交通洞(兼调压井)、石花检修排水泵站和沿线6#、8#检修交通洞泵站为2级建筑物。边坡工程根据相应建筑物级别及其对建筑物影响程度,确定输水总干线隧洞进出口边坡及安乐河整治段边坡级别为1级,检修交通洞洞口边坡级别为2级。

汉江影响河段整治工程中河道护岸、导流潜堤、河床护底、溢流堰等为3级建筑物。

对外交通道路参照三级公路标准设计;安乐河桥、羊皮滩大桥、沧浪洲连接桥荷载等级均采用公路—Ⅱ级。

(2)设计洪水标准

根据《水利水电工程等级划分及洪水标准》(SL 252—2017),输水隧洞、进出口建筑物、石花控制闸等1级建筑物设计洪水标准为100年一遇,校核洪水标准为300年一遇;检修交通洞(兼调压井)、石花检修排水泵站和沿线6#、8#检修交通洞泵站等2级建筑物设计洪水标准为30年一遇,校核洪水标准为100年一遇;汉江影响河段综合整治工程各水工建筑物设计洪水标准采用汉江相应河段堤防工程标准,为20年一遇。根据《公路桥涵设计通用规范》(JTG/TD 60—2015),确定安乐河桥、羊皮滩大桥和沧浪洲连接桥设计洪水标准采用50年一遇。

(3)抗震设计标准

根据《引江补汉工程重要工程场地地震安全性评价报告》的评价结论以及《中国地震动参数区划图》(GB 18306—2015)规定区域的地震动峰值加速度分区值,本工程各建筑物场地50年超越概率10%基岩地震动峰值加速度为0.05～0.064g,相应地震基本烈度为Ⅵ度。根据《水工建筑物抗震设计标准》(GB 51247—2018)的有关规定,建筑物的抗震设计烈度Ⅵ度,可不进行抗震分析计算,但应采取适当的抗震措施。

2.2.2 输水总干线设计方案

输水总干线工程由进口建筑物、输水隧洞、石花控制建筑物以及出口建筑物等组成,输水线路总长194.8km,其中取水口长26.0m,输水隧洞长约194.3km,出口建筑物长475.0m,输水流量随三峡水库水位变化,为170～$212m^3/s$。进口建筑物位于三峡大坝上游约7.5km

处，包括隧洞取水口和龙潭溪排导建筑物；出口建筑物位于丹江口大坝下游约 5km 处，包括出口检修闸、检修排水泵站和安乐河整治工程；石花控制建筑物位于桩号K164＋000 附近，包括调压井、控制闸、检修排水泵站等建筑物；输水隧洞沿线利用施工支洞布置 11 条检修交通洞，兼作调压井。

2.2.2.1 进口建筑物

进水口建筑物由龙潭溪取水口和排导建筑物组成。

取水口位于龙潭溪沟内，距离长江主河道约 2km，结构型式采用岸塔式，上游设置拦沙坎，坎顶标准高程 127.5m。取水塔顺流向长 26m，宽 30m，孔口尺寸 10.5m×10.5m（宽×高），底板高程 127.0m，塔顶高程 175.3m，塔内依次布置拦污栅、检修门和事故门，拦污栅布置 3 扇，单扇宽度为 6.5m。

排导建筑物主要包括拦挡坝、排导洞和排导渠。拦挡坝结合取水口上游施工围堰布置，轴线位于取水口上游 190m 处，为混凝土心墙土石坝，坝顶轴线长 208m，坝顶高程 186.0m，最大高度 42m。排导洞结合取水口导流隧洞布置，布置于龙潭溪冲沟右岸，轴线长363.02m，采用城门洞形断面，尺寸为 11m×14m（宽×高），出口设挑坎进行挑流消能。排导渠上游接龙潭溪冲沟，下游接排导洞进口明渠，采用钢筋混凝土结构，底宽 15m，深 7m。

龙潭溪取水口建筑物效果图见图 2。

图 2　龙潭溪取水口建筑物效果图

2.2.2.2 输水隧洞

（1）地质条件

隧洞线路地势总体中间高、南北低，地形地貌复杂多样，自南向北由中山、中低山逐渐向平原过渡，过渡地带丘陵、岗地等发育。沿线地面高程一般为110～1295m。隧洞最大埋深1182m，埋深≥1000m隧洞长约9.7km，占比5%，埋深≥600m隧洞长约86.8km，占比44.7%。

隧洞穿越地层岩性复杂多样，主要有中、晚元古带岩浆岩，包括闪长岩、花岗岩、辉绿岩岩脉等，蓟县系变质杂岩，震旦系、寒武系、奥陶系、二叠系及三叠系灰岩、白云岩夹页岩，志留系页岩、砂质页岩、粉砂岩，白垩系及新近系黏土质粉砂岩、粉砂岩、砂砾岩等。

隧洞沿线地质构造复杂，区域性断裂及褶皱发育。输水隧洞穿越主要褶皱有黄陵断穹、聚龙山复式向斜、金斗—鞍子寨倒转背斜、寺坪—牛头山倒转复式向斜。穿越的主要区域性断裂有雾渡河断裂、通城河断裂、转转岩—上泉坪断裂、阳日—九道断裂、城口—房县断裂（青峰断裂带北边界断裂）、白河—谷城断裂、两郧断裂，其中城口—房县断裂、通城河断裂为工程活动断裂；穿越次一级断层主要有杨岔溪断层、板仓河断层、樟村坪断层、段江—店垭断层、百峰断层、碑垭断层、土门断层、紫金断层、土关垭断层等40余条。

隧洞由硬质岩类构成的洞段长约135.8km，占比约69.9%；软质岩类构成的洞段长约58.5km，占比约30.1%；可溶岩分布洞段总长约43.7km，占洞长的22.5%。

隧洞围岩工程地质分类，Ⅱ类、Ⅲ类、Ⅳ类、Ⅴ类围岩洞段长分别约30.9km、77.3km、58.0km、28.1km，占比分别约15.9%、39.8%、29.9%、14.4%。

输水隧洞线路长、埋深大，穿越了2条活动断裂，具有地层岩性复杂多样、可溶岩和软质岩分布较多、地质构造背景复杂、总体地应力水平高等特点，具备产生涌水突泥、高外水压力、软岩大变形、坚硬岩岩爆、工程活动断裂活动性影响、浅埋洞段围岩稳定性、有害气体及放射性、高地温等工程地质问题的地质条件。

（2）建筑物平面布置

输水隧洞长约194.3km，输水流量随着三峡水库水位变化为170～212m^3/s。考虑现有TBM的制造能力和施工难度，结合隧洞工程地质条件，在满足隧洞过流能力的前提下，分段确定总干线工程隧洞内径为9.2～10.8m。根据隧洞后段减压布置方案水力过渡过程分析成果，并结合TBM掘进过程顺坡排水的要求，拟定隧洞采用“W”形纵坡布置。后段减压控制方案布置及水力条件示意图见图3。

输水隧洞采用“钻爆法＋TBM法”组合施工方案，双护盾式TBM段长度共计25.52km，敞开式TBM段长度共计93.99km，钻爆段长度共计74.78km。采用9台TBM施工，其中2台为护盾式、7台为敞开式，TBM开挖直径12.2m。

输水隧洞沿线共有30条施工支洞，选择其中11条施工支洞作为检修交通洞，同时检修交通洞兼做调压井，其余施工支洞采取封堵措施。

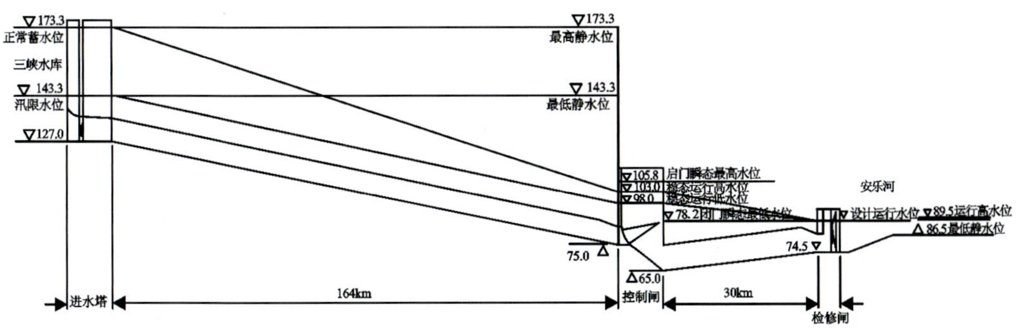

图3　后段减压控制方案布置及水力条件示意图

(3)建筑物设计

1)断面型式及洞径选择。

隧洞断面型式比选了圆形、马蹄形、圆拱直墙形3种。本工程隧洞为输水隧洞,从水力学和结构受力等多方面考虑,推荐采用圆形断面,且TBM段因采用掘进机施工,在圆形断面底部增加平轨台,可以较好改善施工条件。

隧洞沿线采取不同的隧洞内径,考虑现有TBM的制造能力和施工难度,结合隧洞工程地质条件,尽可能降低TBM最大开挖洞径,隧洞采用变洞径方案,即围岩条件较好的洞段,衬砌厚度较薄,可以适当加大隧洞内径,以减小水头损失;围岩条件较差的洞段,一次支护及二次衬砌厚度较大,可以适当减小隧洞内径。在满足隧洞过流能力的前提下,单台TBM施工段隧洞内径基本一致,分段确定隧洞内径,过水断面内径为9.2～10.8m。

2)一般地质洞段隧洞支护和衬砌结构设计。

输水隧洞采用TBM法和钻爆法组合施工,其中护盾式TBM 2台,敞开式TBM 7台,其余洞段为钻爆法施工。隧洞支护及衬砌设计综合考虑工程水文地质条件、隧洞施工工法和隧洞运行检修条件,经工程类比法和初步结构分析确定。

①钻爆法施工一般地质洞段。

钻爆法洞段主要分布于桩号30＋000～38＋229、桩号85＋450～89＋000、桩号110＋677～117＋600、桩号132＋881～148＋050、桩号163＋500～194＋285、不良地质洞段以及TBM组装洞、步进洞等洞段,过水断面形状除步进洞段为马蹄形断面以外,其他均为圆形。

钻爆法洞段支护和衬砌采用以“超前支护”和“锚喷支护”为主的初期支护型式,结合“二次衬砌”作为永久衬砌的方式。初期支护根据围岩类别、地应力水平、隧洞埋深、不良地质发育情况以及施工工法等因素采取不同的型式。针对钻爆法施工的一般地质洞段,Ⅱ类围岩随机锚喷支护,Ⅲ类围岩采用系统锚喷支护;Ⅳ类围岩、Ⅴ类围岩洞段处理坚持“管超前,严注浆,短开挖,强支护,快封闭,勤量测”的综合应对措施,除采用系统喷锚支护加钢拱架的联合支护型式外,还增加超前支护措施,如超前锚杆、超前小导管、超前管棚、超前灌浆等预加固处理措施。衬砌型式按围岩类别、耐久性要求等因素考虑,采用C30、C35、C40模筑混凝土永久衬砌,衬砌厚度40～100cm,双层配筋。

②敞开式 TBM 施工一般洞段。

敞开式 TBM 洞段采用以“超前支护”和“锚喷支护”为主的初期支护型式，结合“二次衬砌”作为永久衬砌的方式。初期支护根据围岩类别和不同埋深采取不同的型式：Ⅱ类围岩随机锚杆支护，Ⅲ类围岩（＜600m）采用钢筋排、喷锚挂网和随机钢支撑，Ⅲ类围岩（＞600m）、岩爆洞段和Ⅳ类围岩洞段采用钢筋排、喷锚挂网加系统钢支撑支护措施，Ⅴ类围岩除采用钢筋排、喷锚挂网支护加钢支撑支护措施外，还增加超前小导管、超前管棚等预支护措施。衬砌型式按围岩类别、耐久性要求等因素考虑，采用 C30、C35、C40 模筑混凝土永久衬砌，衬砌厚度 50～70cm，双层配筋。

③双护盾 TBM 洞段。

双护盾 TBM 洞段采用 C50 管片衬砌，厚度 50cm，豆砾石回填灌浆厚度 20cm。管片为矩形管片，环宽 2.0m，每环管片分 8(大)＋1(小)块，错缝拼装，环向缝、纵向缝均采用 4 个 M36 直螺栓连接，机械性能等级为 8.8 级。

3)不良地质洞段处理措施及支护衬砌结构设计。

引江补汉工程输水隧洞存在涌水突泥、高外水压力、坚硬岩岩爆、软岩变形、高地温、有害气体及放射性等工程地质问题。按照对工程的影响程度，这些问题划分为突出问题、重要问题、一般问题 3 类。突出问题为涌水突泥、高外水压力；重要问题为软岩变形、坚硬岩岩爆；一般问题为高地温、有害气体及发射性。根据本工程输水隧洞的特点，工程具体措施应对原则如下：

①对不良地质问题，坚持“预防为主，防治结合”“有疑必探，先探后掘”的方针，立足于通过超前地质预报获取有关信息，采取相应的主动措施，防患于未然。

②根据输水隧洞地质问题风险等级、影响程度、开挖方法，按照“分级治理、突出重点”的思路，采取超前处理、先掘进后处理、边挖边衬等相应的工程处理措施。

③重点关注涌水突泥、高外水压力突出地质问题，根据涌水突泥风险等级和洞段构造体规模，采取超前灌浆、边挖边衬、衬后固结灌浆防渗等工程处理措施。

④软岩变形洞段一般采用“变形留够，先柔后刚，多层初支，控制变形，二衬紧跟”的处理思路，支护结构设计考虑现场施工的可行性、及时性和便利性，争取在初期支护阶段内控制软岩变形发展，必要时及时施作永久衬砌。

⑤岩爆处治遵循“以防为主，防治结合”的原则，具体以“软化围岩、释放应力”为主要措施，及时支护减少围岩暴露时间。

⑥高地温、有害气体及放射性一般问题，加强监测，采用加强通风等措施，改善施工环境。

2.2.2.3 石花控制建筑物

石花控制建筑物布置于桩号 K164＋000 处，用于衔接前后两段有压隧洞，主要包括石花控制闸和石花检修排水泵站。

石花控制闸长 242m，依次布置溢流调压井（兼检修门井）、压坡段、工作门井、稳压室，以及主洞两侧的阀室(共4座)。溢流调压直径17m,调压井与控制闸之间为长75m的压坡段,断面型式为矩形。控制闸闸室长10m,闸内布置一扇平面工作门。闸后接稳压室,稳压室长140m,中部布置通气孔兼检修门井,稳压室下游接输水隧洞。根据阀门结构尺寸和布置要求,三套阀分两座阀室布置,上游蝶阀和锥阀布置在工作阀室内,下游蝶阀布置在检修阀室内,工作阀室断面尺寸为56m×17m×25.5m(长×宽×高),检修阀室断面尺寸为56m×8m×22.7m(长×宽×高)。

石花排水泵站布置在控制闸东侧,通过进水管与地下阀室出水洞相接,将洞内残余水与渗漏水抽排入河道。排水泵房布置4台卧式离心泵,设计总排水流量为6.0m^3/s,单泵设计流量1.5m^3/s,工作扬程96m。泵房为圆筒竖井式,内径26m。

石花控制建筑物效果图和三维示意图分别见图4、图5。

图4　石花控制建筑物效果图

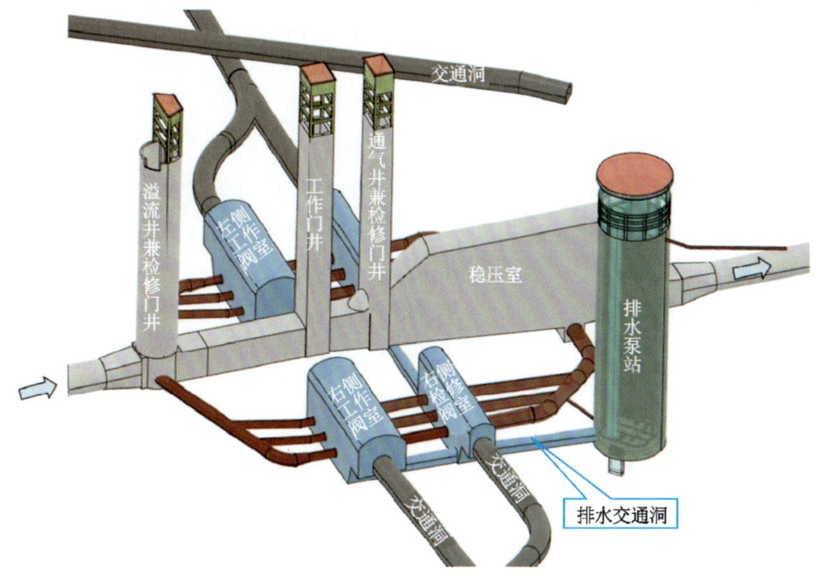

图5　石花控制建筑物三维示意图

2.2.2.4 出口建筑物

隧洞出口距安乐河口约700m，安乐河出口下游布置溢流坝壅高水位，约束出口水流经安乐河流入羊皮滩右汊后，再溯流而上至羊皮滩上口流入汉江，可进一步缩短汉江减水河段，同时羊皮滩四周形成环流，改善水生态环境。出口建筑物主要包括出口检修闸、检修排水泵站和安乐河整治工程等。

出口检修闸长35m，宽35m，包括闸室及其两侧的充水阀室。闸室单孔布置，净宽10m，底板高程74.5m，闸顶高程99.0m，布置一扇检修门。充水阀室对称布置于出口检修闸两侧，与出口检修闸为整体结构。单座充水阀阀室顺流向长17.6m，宽9.5m，净尺寸为12.6m×7m（长×宽）。

出口检修排水泵站布置在出口闸的左侧，通过矩形混凝土箱涵连接，将洞内积水排入安乐河，以满足隧洞检修条件。泵站设计总流量为14m^3/s，分高、低扬程各布置2台立式混流泵（单机流量7m^3/s，设计扬程14m，电机功率1600kW）和2台立式轴流泵（单机流量7m^3/s，设计扬程7m，电机功率800kW）。主泵站尺寸为64m×31.4m×33.5m（长×宽×高）。

安乐河整治工程包括河道扩挖防护和新建安乐河桥。安乐河桥采用预应力混凝土箱梁结构，全长97m，桥面总宽8m。

出口建筑物效果图见图6。

图6 出口建筑物效果图

2.2.2.5 检修排水建筑物

检修排水建筑物包括6#检修交通洞泵站、8#检修交通洞泵站、石花检修排水泵站及出口检修排水泵站，共4座泵站。

（1）6#检修交通洞泵站

泵站布置于6#检修交通洞内（利用6#施工支洞），检修交通洞与输水主洞连接处底板高程为112.55m，出口高程为460m，总排水净扬程高达350m，需要布置多级离心泵满足排

水需求。因此,初步规划通过三级抽排将上游洞段局部积水和渗漏水抽排至洞口茅坪河。

(2)8# 检修交通洞泵站

泵站布置于 8# 检修交通洞内(利用 8# 施工支洞),8# 检修交通洞与输水主洞连接处底板高程为 98.26m,出口高程为 350m,总排水净扬程高达 250m,需要布置多级离心泵满足排水需求。因此,初步规划通过三级抽排将上游洞段局部积水和渗漏水抽排至洞口。

2.2.3 汉江影响河段综合整治

汉江影响河段综合整治工程总体布置主要从抑制丹江口坝下减水段水位下降、平顺出口汇流段水流流态、保持河势稳定、减小对航道通航条件影响及景观打造等综合考虑,布置了羊皮滩右汊出水渠、航道整治及河道整治等相关工程。汉江影响河段综合整治工程布置示意图见图 7。

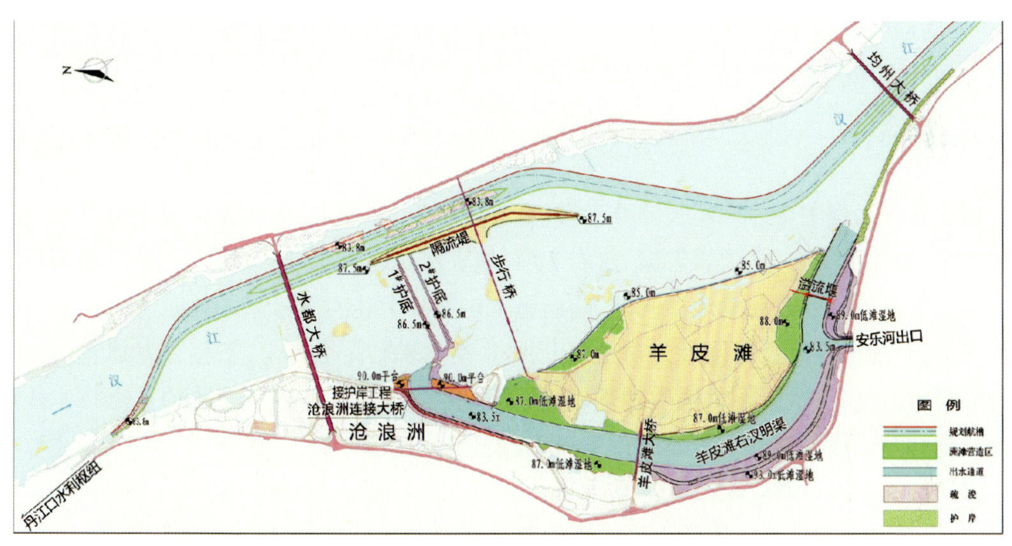

图 7 汉江影响河段综合整治工程布置示意图

3 工程特点及科技创新

3.1 工程特点

引江补汉工程具有超长深埋、地质复杂、超大断面、有压输水等特点。总结其工程技术难点,拥有 6 项全国之最:

①我国在建长度最长的有压引调水隧洞,工程单洞距离长 194.3km;

②我国在建洞径最大的长距离引调水隧洞,等效洞径 10.2m;

③我国在建引水流量最大的长距离有压引调水隧洞,最大引水流量 $212m^3/s$;

④我国在建一次性投入超大直径 TBM 施工最多的隧洞,直径 12 米级 TBM 数量 9 台;

⑤我国在建洞挖工程量最大的引调水隧洞，单洞洞挖总量近3000万m^3；

⑥我国在建综合难度最大的长距离引调水隧洞，最大埋深1182m，埋深超过600m的洞段占45%，面临坚硬岩岩爆、涌水突泥、大断裂、软岩变形、高地温、有毒气体等多重挑战。

引江补汉工程跨2个一级构造单元，埋深大，岩性复杂，软岩和可溶岩分布广，断层规模大数量多，具有“三高、两多、一软、一活动”特点。

“三高”：①高地应力，实测水平主应力最大量值35.2MPa；②高外水压力，已开展的钻孔实测最大水压超过5MPa；③高岩石强度，超硬岩分布范围广，实测最大强度达281MPa。

“两多”：①断层多，主洞穿越区域性断裂7条，地区性断层50多条；②地下水多，线路区地下水丰富，预测涌水洞段长约37.5km。

“一软”：隧洞穿越软质岩总长度达58.5km，占比约30%，预测中等及以上软岩变形风险的洞段长度17.9km。

“一活动”：线路穿越两条蠕滑型活动断裂，分别为通城河断裂和城口—房县断裂，宽度分别为30m和200m，年均位移量约0.3mm。

3.2 科技创新

引江补汉工程主要为深埋长隧洞工程，具有线路长、埋深大、地质条件复杂等特点，存在涌水突泥、高外水压力、坚硬岩岩爆、软岩变形、地表水及地下水疏排、有害气体及放射性、高地温等工程地质问题及环境地质问题，隧洞施工将面临上述问题带来的风险。

在工程可研阶段，长江设计公司组织开展了水资源配置与规模、工程方案比选、大流量输水隧洞水力过渡过程、不良地质处理、工程信息化总体方案等多个问题的重点技术攻关，为项目顺利开工建设提供了可靠的技术保障。

引江补汉工程可研阶段批复的重大科研项目工作经费共计9021万元，主要包括10个课题：①引江补汉条件下中线受水区水资源联合调配方案研究；②南水北调中线总干渠常态化大流量输水方案研究；③深埋长隧洞超前地质预报方法与灾害风险预警技术研究；④复杂地质条件下深埋长隧洞水害预测评价与控制技术研究；⑤高地应力条件下隧洞围岩灾变机理、预测及防控技术研究；⑥复杂地质条件下深埋长隧洞灌浆关键技术及试验研究；⑦隧洞围岩信息自动化采集、智能化识别及围岩地质评价体系研究；⑧高水头超长有压隧洞水动力特性及安全保障措施研究；⑨复杂地质条件下深埋长隧洞超大直径TBM设备适应性及配置研究；⑩引江补汉工程超长隧洞安全监测关键技术研究。

撰稿/武松、颜天佑、王磊

引江济淮枞阳引江枢纽

▲ 引江济淮枞阳引江枢纽

枞阳引江枢纽是引江济淮工程两大引江口门之一，是菜子湖线引江入口控制性枢纽工程。工程任务为引水、排洪、通航和水生态修复等，主要建筑物由泵站、节制闸、鱼道、船闸和跨渠交通桥等组成。

1 工程概况

1.1 工程简介

引江济淮工程沟通长江、淮河两大水系，具有保障供水、发展航运、改善水环境等巨大综合效益。按工程所在位置、受益范围和主要功能，自南向北划分为引江济巢、江淮沟通、江水北送三大工程段落，其中，引江济巢为济淮提供水源并兼顾巢湖生态引水，江淮沟通承担济淮调水和发展江淮航运，江水北送任务是将江水向淮河以北地区输水或配水。

引江济巢段由菜子湖线和西兆河线双线引江。枞阳引江枢纽是引江济淮工程两大引江口门之一，是菜子湖线引江入口控制性枢纽工程。工程任务为引水、排洪、通航和水生态修复等，主要建筑物为1级建筑物，次要建筑物为2级建筑物，临时建筑物为4级建筑物。

枢纽主要建筑物由泵站、节制闸、过鱼设施、船闸和跨渠交通桥等组成。其中，泵站引江流量为166m^3/s（正向引江150m^3/s、船闸用水16m^3/s）；节制闸具有引江和排洪两大功能，引水流量150m^3/s，设计排洪流量1150m^3/s；船闸级别为Ⅲ级，通航1000吨级船舶，兼顾2000吨级船舶；过鱼设施由入湖仿自然通道和入江鱼道组成，其中入湖仿自然通道解决鱼类的入湖洄游问题，入江鱼道解决鱼类洄游进入长江问题；交通桥跨越船闸航道和泵站上游引渠，总长1150.0m，路面总宽9.5m。枞阳引江枢纽工程特性见表1。

表1　　枞阳引江枢纽工程特性

名称		数量	备注
代表性流量	泵站引江流量(m^3/s)	166	正向引江150 m^3/s、船闸用水16m^3/s
	节制闸设计自引流量(m^3/s)	230	
	节制闸设计排洪流量(m^3/s)	600	反向排洪，原枞阳闸排洪设计流量
	节制闸校核排洪流量(m^3/s)	1288	反向排洪，原枞阳闸排洪校核流量
设计水位	长江侧设计洪水位(m)	16.85	长江1954年型洪水位+0.5m
	菜子湖侧设计洪水位(m)	16.35	菜子湖100年一遇洪水位
	长江侧最高检修水位(m)	10.41	长江侧11月至次年3月$P=$20%洪水位
	菜子湖侧最高检修水位(m)	10.41	长江侧11月至次年3月$P=$20%洪水位

续表

名称			数量	备注
工程规模	工程等别	工程等别(等)	Ⅰ	Ⅰ等、大(1)型
		船闸级别(级)	Ⅲ	
		道路等级(级)	三	
	设防标准	地震基本设防烈度(度)	Ⅶ	地震动峰值加速度为 0.125g
主要建筑物	节制闸	型式		胸墙式平底闸
		孔数(孔)	7	
		单孔净宽(m)	8	总净宽 56m
		闸门型式、尺寸(宽×高)(m×m)	8×7.5	潜孔平面滚动门
		启闭机型式		2×500kN 卷扬式启闭机
		设计流量规模(m^3/s)	166/216	正向引水/反向抽排
	泵站	装机容量(MW)	17	3400kW×5
		型式		单线一级船闸
	通航建筑物	闸室有效尺寸(长×宽×最小槛上水深,m×m×m)	240×23×5.2	
		过闸最大吨位(t)	8000	四排两列 1000 吨级京淮货
		年最大单向通过能力(万 t)	1961.5	
	过鱼设施	入湖仿自然通道		仿自然通道与鱼道结合
		入江鱼道		垂直竖缝式鱼道
	交通桥	道路等级(级)	三	
		设计车速(km/h)	30	
		桥面宽度(m)	9.5	
		桥梁荷载等级	公路一Ⅱ级	
施工		总工期(月)	48	
经济指标	工程效益指标	最大船舶吨级	1000	
		规划过闸运量(远景 2040 年,万 t/a)	2740	上行 1955 万 t/a、下行785 万 t/a
	投资	总投资(万元)	287109.43	2017 年第一季度价格水平
		建筑工程(万元)	112515.46	
		机电设备及安装工程(万元)	10719.48	
		金属结构设备及安装工程(万元)	10790.83	
		临时工程(万元)	11079.15	
		独立费用(万元)	24545.34	
		基本预备费(10%,万元)	13572.02	
		移民投资(万元)	96671.25	
		环境保护工程投资(万元)	2181.29	
		水土保持工程投资(万元)	5034.61	

引江济淮工程(安徽段)枞阳引江枢纽工程建设单位为安徽省引江济淮集团有限责任公司,勘察单位为安徽省水利水电勘测设计院,设计单位为长江勘测规划设计研究有限责任公司。

1.2 工程任务

根据国家发展和改革委员会(发改农经〔2016〕2523号),引江济淮工程任务为:以城乡供水和发展江淮航运为主,结合灌溉补水和改善巢湖及淮河水生态环境。

(1)保障城乡供水

向安徽省的巢湖周边、沿淮及淮北地区和河南省东南部的周口、商丘部分地区城乡生活及工业生产供水,保障5117万人饮水安全和煤炭、火电等重要行业用水安全。结合改善巢湖周边、沿淮及淮北地区等输水沿线地区的农业灌溉补水条件,退还长期被挤占的农业灌溉用水。

(2)发展江淮航运

依托引江济淮输水工程,按高等级航道标准,沟通江淮水系,构建淮河水系第二条航运入江主通道,形成平行于京杭大运河的我国第二条南北水运大动脉,完善跨区域现代综合运输体系,实现淮河航道网与长江航道网互联互通,促进长江经济带与中原经济区的协调发展。

(3)改善河湖环境

在加强流域水污染防治、显著削减污染负荷的基础上,依托引江济淮工程条件,沟通江湖水系,增加江水入湖,促进巢湖生态环境综合治理和湖区水质改善。同时依托引江济淮调入水量,退还淮河流域被挤占的河道生态用水和深层地下水开采量,增加补充淮河生态环境用水。

本次引江济巢段是引江济淮的水源工程,同时也可相机为巢湖提供生态补水,其工程布局首先要满足济淮调水规模和水量要求,也要结合发挥改善巢湖水生态环境作用。引江济巢工程由引江口门、输水河道、提水泵站、交叉建筑等组成。西兆河输水线路利用凤凰颈闸站引江口门和扩疏后的西河、兆河输水河道进行输水;菜子湖输水线路利用枞阳引江枢纽引江口门,沟通菜巢分水岭后,引江水经小合分线入派河,同时庐江枢纽船闸可沟通菜子湖与巢湖航运。

为满足引江济淮工程引水、通航、防洪等需要,按线路整体规划,在引江入口建控制性枢纽工程即枞阳枢纽,由节制闸、船闸、泵站和过鱼设施等组成。枞阳枢纽是引江济淮工程的引水口门之一,又担负菜子湖排洪任务。其工程任务为引水、排洪、通航和水生态修复等。

2 工程设计方案

2.1 勘察设计概况

2.1.1 可行性研究批复

2015年6月22日,长江勘测规划设计研究有限责任公司等联合编制完成《引江济淮工

程可行性研究报告》并上报水利部。水利部水利水电规划设计总院于 2015 年 7 月 14—17 日在北京召开《引江济淮工程可行性研究报告》审查会并形成审查意见(水总设〔2015〕1321 号)。2015 年 12 月水利部以水规计〔2015〕482 号文将可行性研究报告报送国家发展和改革委员会。2016 年 6 月环保部以环审〔2016〕77 号文批复了该项目环评报告。2016 年 8 月中国国际工程咨询有限公司审议通过了可行性研究报告，形成了评估意见(咨农地〔2016〕1479 号)。2016 年 12 月 2 日，国家发展和改革委员会以发改农经〔2016〕2523 号文批复了《引江济淮工程可行性研究报告》。

2.1.2 初步设计批复

2017 年 9 月 29 日，水利部联合交通运输部以《水利部 交通运输部关于引江济淮工程安徽段初步设计报告的批复》(水许可决〔2017〕19 号)批复了《引江济淮工程(安徽段)初步设计报告》。

2.2 枢纽布置

枞阳引江枢纽主要由泵站、节制闸、船闸、过鱼设施、跨渠交通桥等建筑物组成。船闸布置在梅林隔堤内侧(安庆市迎江区)，泵站布置在原船闸左侧，位于广济江堤桩号 40＋577 处，船闸与泵站相邻平行布置，中心线间距 200m，船闸靠左、泵站靠右，上游共渠。节制闸布置在原枞阳闸西南侧约 300m 处，鱼道布置在原枞阳闸处。

2.3 工程等别及设计标准

根据《水利部 交通运输部关于引江济淮工程安徽段初步设计报告的批复》(水许可决〔2017〕19 号)，引江济淮工程等别为Ⅰ等，工程规模为大(1)型，枞阳引江枢纽主要建筑物为 1 级建筑物，设计洪水标准为 100 年一遇，校核洪水标准为 300 年一遇。引江济巢段航道按Ⅲ级航道标准设计，枞阳船闸级别为Ⅲ级，设计船舶吨位为 1000 吨级，兼顾 2000 吨级船舶。

2.4 主要建筑物

2.4.1 节制闸

节制闸采用胸墙式平底闸型式，共 7 孔，单孔净宽 8.0m，总净宽 56.0m。水闸底槛高程为 4.10m，闸顶高程 18.35m，闸室顺水流向长 21.0m，中间闸墩厚 1.70m，边墩厚 1.15m。闸室底板采用多孔一联整体式结构，共 3 联，中间为三孔一联、左右两侧两个边孔为两孔一联，三孔一联、两孔一联闸室底板宽度分别为 29.7m 和 20.0m，底板厚 2.0m。

工作闸门布置于菜子湖侧，闸上交通桥布置于长江侧，中间设一道检修闸门。闸门胸墙布置在主门槽菜子湖侧，胸墙底高程 11.60m，胸墙在闸墙为固支结构。节制闸检修平台高程 18.35m，闸门门槽两侧设检修工作桥。长江侧交通桥汽车荷载标准为公路—Ⅱ级，桥面净宽 7.0m，桥面高程 18.35m，公路桥采用 C40 钢筋混凝土梁板式桥梁，主梁断面 0.60m×

1.20m(宽×高)。

枞阳引江枢纽节制闸工程见图1。

图1　枞阳引江枢纽节制闸工程

2.4.2 泵站

泵站共布置5台3150ZLQ33.7－6.58型立式轴流泵,配5台TL3400－44/4000电机,单机功率3400kW,总装机容量17MW。泵站主要建筑物依次为长江侧前池、泵房、菜子湖侧前池、检修闸以及电气控制楼等。

泵站为堤身式块基型泵站,两侧采用引堤与广济圩江堤连接,共同防御长江侧洪水。根据泵站引水和排水方向不同,泵站具有双向进水和双向出水功能。泵房顺水流向长36.8m,包括中间厂房段和上、下游闸门控制段。

进水流道底板高程－5.43m,出水流道底板高程－0.43m,中间层高程4.37m,上部厂房地坪高程10.82m,检修层高程16.55m,电机层和检修层之间两侧设封闭楼梯交通。长江侧闸门控制段启闭台高程18.35m,菜子湖侧闸门控制启闭台高程16.35m。站身电机层以下为墩墙结构,以上采用墩墙与框架结合布置,上部厂房采用框架结构。

菜子湖侧前池连接泵室与下游排洪进水闸,采用正向进、出水,两侧连接段采用钢筋混凝土空箱式挡墙。排洪进水闸菜子湖侧设置拦污栅,泵站侧设交通桥。排洪进水闸采用开敞水闸型式,考虑拦污栅布置宽度要求,闸室单孔净宽取5.0m,共8孔,总净宽40.0m。水闸底槛高程4.10m,闸顶高程16.00m,闸室顺水流向长14.50m,闸墩厚1.0m。公路桥桥面宽8.0m,桥面高程16.00m,荷载标准为公路－Ⅱ级。

枞阳引江枢枢纽船闸及泵站工程见图2。

图2　枞阳引江枢枢纽船闸及泵站工程

2.4.3　船闸

船闸布置于梅林隔堤内侧(安庆市迎江区),与泵站相邻平行布置、上游共渠,船闸与泵站中心线间距为200m。船闸上游引航道中心线与长江左汊左岸(岸线为近乎圆弧的曲线)切线夹角约80°,船闸下游引航道中心线与局部调整后的长河河道中心线夹角为15°。船闸上闸首距广济圩堤堤脚约520m。

船闸闸室有效尺寸为240.0m×23.0m×5.2m(长×宽×门槛水深),闸室底板顶高程为−3.0m。上、下游引航道底高程分别为−3.0m和3.3m。

2.4.4　过鱼设施

过鱼设施布置在长河枞阳老闸处,由入湖仿自然通道和入江鱼道组成,其中入湖仿自然通道解决鱼类的入湖洄游问题,在菜子湖水位高于长江水位情况下启用;入江鱼道解决鱼类洄游进入长江问题,在长江水位高于菜子湖水位时启用。

2.4.5　交通桥

桥梁跨越船闸航道上游引航道和泵站上游引渠,总长1150.0m,路面总宽9.5m、净宽6.5m。设计荷载为公路－Ⅱ级。引桥为跨径为30m的简支"T"形梁,主桥为主跨跨径为120m的预应力混凝土连续刚构桥,桥墩基础为钢筋混凝土灌注桩基础。

3　工程特点及技术创新

3.1　工程特点

3.1.1　总体布置方案难度大

枞阳引江枢纽为引江济淮工程菜子湖线引江入口控制性枢纽,工程建设任务为引水、排洪、通航及生态修复等，须综合考虑多方面因素拟定总体布置方案。

现状工程位于长河入长江口附近，包括原枞阳闸和原长河船闸，地跨铜陵市枞阳县、桐城市鲟鱼镇和安庆市迎江区3县(区)。枞阳引江枢纽布置应不改变工程区防洪格局，尽量减少对长江行洪影响；节制闸应选在河势相对稳定的河段上，尽量使进、出闸水流平顺均匀，避免发生偏流，防止有害的冲刷和淤积；船闸线路具有足够的直线段长度，上下游航线衔接顺畅，满足进出安全通航要求；枢纽总体布置时应尽量利用现有长河河道或原船闸航道，以节省工程量并减少征地拆迁范围，有利于施工导流和施工场地布置；枞阳县城长河堤防已经建设达标，堤内人口稠密、高楼林立，枢纽布置时以不占压枞阳县城为前提；鲟鱼镇为桐城市唯一沿江名片，工程布置时尽量少占用，保持区域地块完整性。

根据以上布置原则，拟定了上口门、中口门和下口门3种枢纽总布置方案，从船闸通航条件、对长江防洪及堤防体系的影响、对第三人合法水事权益影响、对河势的影响、水闸和泵站运行条件、地形地质条件、工程施工、工程管理、主要工程量等方面进行了综合比选，推荐中口门方案。

3.1.2 地基处理及边坡支护难度大

枞阳引江枢纽工程位于枞阳县城南侧，南邻长江，场地地形平坦，属河流冲击地貌。场址区广泛分布淤泥质重粉质壤土层，局部夹薄层砂壤土、细砂，呈灰色，软—流塑状，属高压缩性土，节制闸处厚度一般为3.0～10.0m，泵站及船闸、桥梁处一般厚度在10m以上。枞阳引江枢纽各建筑物建基面多位于淤泥质重粉质壤土层，各建筑物上下游渠道、基坑边坡开挖高度较大，边坡土质以淤泥质重粉质壤土为主，地质条件差，建筑物地基处理及边坡支护难度大。

3.2 主要科技创新

3.2.1 深厚淤泥质土层地基处理

枞阳引江枢纽工程场址区广泛分布淤泥质重粉质壤土层，属高压缩性土层，地质条件差，建筑物存在软土地基上的不均匀沉降变形、抗滑稳定、岸坡和基坑稳定等问题。

根据枞阳引江枢纽各建筑物结构荷载情况，结合各建筑物运行条件，采用了多种软土地基处理手段联合处理的方式，有效解决了存在的问题，其中船闸和泵站主体建筑物基础采用了钻孔灌注桩进行地基处理，节制闸闸室主体段采用了格栅布置的水泥土搅拌桩进行地基处理，鱼道穿堤段采用了水泥土换填进行地基处理。

3.2.2 船闸与泵站深基坑支护

枞阳引江枢纽船闸与泵站平行布置，船闸布置于新建梅林隔堤内侧，施工时船闸与泵站位于同一基坑。为保障施工期防洪度汛安全，退建梅林隔堤采用了先建方案，梅林隔堤先行建设，填筑完成后开挖船闸与泵站基坑，再进行主体结构工程施工，船闸与泵站基坑深度达29.65m。枢纽场区广泛分布深厚淤泥质重粉质壤土层，土体条件差，存在深层抗滑稳定

问题。

枞阳枢纽基坑边坡采用水泥土搅拌桩成墙布置进行边坡加固，有效解决了深基坑边坡抗滑稳定问题。水泥土搅拌桩采用了双向搅施工工艺，提高了水泥土搅拌桩均匀性，保证了成桩质量，减少了对桩周土体的扰动，提高了施工效率，具备良好的工程特性和社会经济效益。

3.2.3 双向过鱼设施

枞阳过鱼设施由入湖仿自然通道和入江鱼道组成，其中入湖仿自然通道解决鱼类的入湖洄游问题，在菜子湖水位高于长江水位情况下启用；入江鱼道解决鱼类洄游进入长江问题，在长江水位高于菜子湖水位时启用，实现了不同江湖关系下的双向过鱼，达到了江湖连通的效果，是国内首条实现入江与入湖的双向鱼道。同时过鱼设施设置了补水渠，可兼顾灌江纳苗。

撰稿/高乐、王程

图书在版编目（CIP）数据

长江设计集团改革发展 20 年重大工程科技创新．水利规划与水网 /
长江设计集团有限公司编著．
—武汉 ：长江出版社，2022.9
ISBN 978-7-5492-8492-4
Ⅰ．①长…　Ⅱ．①长…　Ⅲ．①水利工程－技术革新－湖北
②水利规划－技术革新－湖北　Ⅳ．① TV

中国版本图书馆 CIP 数据核字 (2022) 第 162432 号

长江设计集团改革发展 20 年重大工程科技创新．水利规划与水网
长江设计集团有限公司　编著

责任编辑： 郭利娜　闫彬　许泽涛
装帧设计： 彭微
出版发行： 长江出版社
地　　址： 武汉市江岸区解放大道 1863 号
邮　　编： 430010
网　　址： http://www.cjpress.com.cn
电　　话： 027-82926557（总编室）
027-82926806（市场营销部）
经　　销： 各地新华书店
印　　刷： 湖北金港彩印有限公司
规　　格： 787mm×1092mm
开　　本： 16
印　　张： 22.25
彩　　页： 8
字　　数： 530 千字
版　　次： 2022 年 9 月第 1 版
印　　次： 2022 年 9 月第 1 次
书　　号： ISBN 978-7-5492-8492-4
定　　价： 268.00 元